各章作者名单

第 1 章 郑粉莉 张加琼 王 磊 王 彬 关颖慧

第 2 章 王 磊 郑粉莉 张加琼 刘 刚

第 3 章 郑粉莉 王 磊 安 娟 卢 嘉 王 伦

第 4 章 王 磊 王 彬 郑粉莉 桑琦明 左小锋 王一菲 梁春林

第 5 章 郑粉莉 王 磊 张加琼 富 涵 左小锋 王一菲 桑琦明

第 6 章 刘 刚 郑粉莉 杨维鸽 冯志珍 师宏强 谷 举

第 7 章 石 昊 范昊明 许秀泉

第 8 章 关颖慧 张会兰 王 平 王 彬 吴海龙 陈祖明 吴福勇 王文刚

第 9 章 沈海鸥 郑粉莉 王 磊 贾燕锋 王 彬 马仁明 刘 刚 师宏强 李洪丽

前　言

东北黑土区是我国最大的商品粮生产基地，目前东北粮食年产量占全国的22.3%，商品率占全国的1/3以上，是国家粮食的“压舱石”。然而，仅有百余年垦殖历史的东北黑土地，因高强度的开发利用和掠夺式经营，黑土发生严重退化，现有60%以上的旱作农田发生了水土流失，平均黑土层厚度已由20世纪50年代的60～80 cm下降到如今的20～40 cm，每年土壤侵蚀造成的粮食减产高达14.7%，严重威胁我国粮食安全和生态安全。然而，由于缺乏有效的黑土侵蚀退化调控技术，黑土区土壤退化仍呈现继续恶化的发展态势，从而导致粮食产能可持续发展受到损害；如不及时保护黑土地，其结果将导致黑土资源承载力下降，区域生态环境趋劣，抵御自然灾害能力降低，极大地削弱区域粮食生产能力和区域生态功能，导致中国最大的粮仓出现问题，影响国家粮食安全和中国人的“饭碗”。

我国东北黑土区不同于其他水蚀区，土壤侵蚀具有年内交替进行和多种侵蚀外营力（水力、风力、重力和冻融等）在空间交互叠加的特征，导致水土流失综合治理难度大，影响了治理工程的实施效果。而我国现有水土流失综合治理技术体系和模式大多是针对单一侵蚀营力，不能直接应用于黑土区多营力复合侵蚀的调控。因此，揭示冻融、风力、水力多种外营力交互叠加作用下的黑土复合侵蚀过程驱动机制，明晰水土保持措施阻控复合侵蚀的机理，构建水土保持措施适宜性评价方法，确定复合土壤侵蚀强度分级，不仅丰富复合土壤侵蚀理论研究，而且为黑土侵蚀退化防治和宝贵黑土资源的可持续利用提供重要的科学依据，也为建立复合侵蚀预报模型提供重要的理论支撑。

本书从东北黑土区复合土壤侵蚀过程驱动机制、水土保持措施阻控复合侵蚀的机理、水土保护措施适宜性评价、复合土壤侵蚀强度分级等方面较系统地研究东北黑土区复合侵蚀特征，这些皆是当前土壤侵蚀研究的重点，也是国际土壤侵蚀研究的热点和前沿所在。据此，本书在以下方面具有一定的创新性：①阐明了东北黑土区冻融、风力和水力多种外营力交互叠加作用下的复合土壤侵蚀特征与驱动机制，分离了各侵蚀营力交互作用对坡面土壤侵蚀的贡献，丰富了复合土壤侵蚀理论；②创造性构建了格网状点穴法的REE示踪方法，阐明了长缓坡黑土坡面不同侵蚀外营力（水力、风力、融雪）作用下季节尺度的坡面侵蚀速率时空分布特征，明晰了不同垄作方式下黑土坡面侵蚀–沉积空间分布特征，为坡面水土保持措施精准布设提供了理论指导；③揭示了水蚀过程关键驱动因子交互作用对黑土坡面侵蚀过程的影响，深化了对水蚀过程机理的认识；④首次划分了东北黑土区多种外营力作用的复合土壤侵蚀强度分级，为针对性地开展土壤侵蚀防治、保护黑土不退化和面积不减少这一目标提供了重要指导；⑤创造性提出了坡面水土保持措施阻控复合侵蚀路径的分析方法，并揭示了坡面水土保持措施防治冻融侵蚀和水力侵蚀的力学机制；⑥评估了水土保持措施防治复合侵蚀的有效性，首次将能值分析用于水土保持措施的适宜性评价，实现了对各类水土保持措施效益评价统一衡量，为水土保持措施有效性评价提供了新的方法。鉴于多种外营力作用下复合侵蚀过程的复杂性和研究技术手段尚不成熟，作者知识水平有限，本书的部分研究成果还是初步的，有些研究结论需进一步论证和深化。

本书以复合土壤侵蚀理论研究为突破口，以复合侵蚀防治机理研究为抓手，以黑土侵蚀退化防治为目标，共有 9 章内容。分别是：第 1 章，多种外营力作用的复合侵蚀研究动态与研究重点；第 2 章，东北黑土区多营力作用的复合土壤侵蚀特征及其季节性交替；第 3 章，黑土区水蚀过程关键驱动力因子交互作用对坡面土壤侵蚀的影响；第 4 章，冻融作用影响黑土坡面土壤侵蚀的机理分析；第 5 章，多种侵蚀营力叠加作用对黑土坡面复合土壤侵蚀的影响；第 6 章，东北黑土区坡面侵蚀–沉积空间分布特征；第 7 章，东北黑土区复合侵蚀强度分级；第 8 章，黑土区坡面水土保持措施阻控复合侵蚀的路径与力学机制；第 9 章，黑土区水土保持措施分析与适宜性评价。全书结构清晰，各章相对独立阐述一个中心问题，且章与章之间相互联系和前后递进，构成了本书的结构体系。本书的写作分工如下：第 1 章由郑粉莉、张加琼、王磊、王彬、关颖慧执笔，第 2 章由王磊、郑粉莉、张加琼和刘刚执笔，第 3 章由郑粉莉、王磊、安娟、卢嘉和王伦执笔，第 4 章由王磊、王彬、郑粉莉、桑琦明、左小锋、王一菲、梁春林执笔，第 5 章由郑粉莉、王磊、张加琼、富涵、左小锋、王一菲和桑琦明执笔，第 6 章由刘刚、郑粉莉、杨维鸽、冯志珍、师宏强和谷举执笔，第 7 章由石昊、范昊明和许秀泉执笔，第 8 章由关颖慧、张会兰、王平、王彬、吴海龙、陈祖明、吴福勇和王文刚执笔，第 9 章由沈海鸥、郑粉莉、王磊、贾燕锋、王彬、马仁明、刘刚、师宏强和李洪丽执笔。全书由郑粉莉统稿和定稿，王彬、师宏强、王磊和王伦完成全书的编写工作。

本书研究成果主要来自作者承担的各类科研项目，包括国家重点研发计划“战略性国际科技创新合作”重点专项“黑土侵蚀防治机理与调控技术”（2016YFE0202900）、美丽中国生态文明建设科技工程专项子课题“黑土侵蚀风险评估及坡耕地保土提质技术集成”（XDA23060502）的资助、国家自然科学基金面上项目“黑土区多种外营力互作的坡面侵蚀过程与机制”（41571263）。作者在土壤侵蚀和水土保持的理论学习和实践过程中，始终得到国内许多前辈、外国专家和同仁的指教，以及领导的支持与同事们的大力帮助，特别感谢恩师唐克丽研究员的精心培养，感谢导师周佩华研究员的指导，感谢老前辈朱显谟院士的栽培和鼓励，感谢承继成院士、陈永宗研究员、江忠善研究员、景可研究员、张信宝研究员、蔡强国研究员等老师的指导，感谢中国科学院水利部水土保持研究所历届所长李玉山研究员、田均良研究员、李锐研究员、邵明安院士、刘国彬研究员的支持，感谢黄土高原土壤侵蚀与旱地农业国家重点实验室历届主任唐克丽研究员、邵明安院士、雷廷武教授、李占斌教授、刘宝元教授支持鼓励，感谢美国合作者

Chi-hua Huang、Xunchang Zhang（John）、Glenn V. Wilson、Jean L. Steiner、Martin A. Locke、Jia Yafei、Mustafa Siddik Altinaka、Mark R. Williams、Matt J. M. Romkens、Robert R. Wells、Ronald L. Bingner、Prasanna H. Gowda、Dennis C.、Flanagan、Zhang Yaoxin 给予的帮助和支持，还要特别感谢历届研究生安娟、胡伟、耿晓东、张孝存、温磊磊、李桂芳、杨维鸽、冯志珍、卢嘉、钟科元、姜义亮、覃超、徐锡蒙、张会茹、刘远利、高燕、丁晓斌、易祎、边锋、吴红艳、何超、富涵、何煦、左小锋、王一菲、桑琦明、师宏强、杨坪坪、张勇刚、谷举和王伦，以及蒙古留学生 Myadagbadam Batdorj 和 Zoljargal Sainbuyan 的努力工作和辛勤劳动。

本书是数十名科研人员共同的劳动成果，多次研讨，几经修改，虽不尽完善，但基本反映出目前对东北黑土区多侵蚀营力作用的复合土壤侵蚀机理及其防治的主要认识。由于所集成的研究项目的时间限制，以及撰写人员的水平所限，书中难免有疏漏之处，如能得到读者赐教，将不胜感谢。

郑粉莉

2020 年 8 月于杨凌

目　录

第1章　多种外营力作用的复合侵蚀研究动态与研究重点

全球黑土以其土质肥沃和粮食高产对人类的生存与发展做出了巨大贡献，但过度开发利用导致全球黑土均出现了严重土壤侵蚀。1934年美国发生的“黑风暴”事件，不但导致全美生态灾难，也敲响了全球农田土壤侵蚀灾害的警钟；20世纪50年代苏联发生的“黑风暴”事件导致苏联的粮食危机。中国黑土分布区，包括黑龙江省、吉林省、辽宁省和内蒙古自治区，总面积1.03×10^6 km^2，是我国最大的商品粮生产基地，商品率占全国的1/3以上，是国家粮食的“压舱石”（水利部等 ，2010）。然而，仅有百余年垦殖历史的东北黑土地，由于高强度的开发利用和掠夺式经营，出现了严重退化，黑土生产力降低，黑土层平均厚度已由20世纪50年代的60～80 cm下降至当前的20～40 cm（水利部等，2010），约10%的农耕地黑土层流失殆尽，出现“破皮黄”现象，每年土壤侵蚀造成的粮食减产高达 14.7%（刘兴土和阎百兴，2009），严重威胁国家的粮食安全和生态安全。然而，与我国其他水蚀区相比，黑土区土壤侵蚀研究基础相对薄弱，导致土壤侵蚀退化防治工作缺乏强有力的理论支持。尤其是，东北黑土区土壤侵蚀是在水力、风力、冻融和融雪、重力等多种侵蚀外营力交替和叠加作用下发生的复合侵蚀，而我国现有的适用于单一侵蚀营力作用下的水土保持技术规范及标准很难适用于该区域的复合土壤侵蚀过程调控。因此，迫切需要加强黑土区多种侵蚀外营力相互交替和叠加作用下的土壤侵蚀过程与机理研究，为针对性地保护宝贵的黑土资源提供理论和技术支撑。

当前世界范围内土壤侵蚀过程与机理研究取得了重要进展，为土壤侵蚀防治、土壤资源可持续性利用和粮食安全保障作出了重要贡献。然而，现有研究大多基于单一侵蚀外营力作用下的侵蚀过程与机理研究，对冻融、风力、水力等多种外营力在时间上交替和在空间上叠加的复合侵蚀过程研究非常薄弱，尤其是各种侵蚀外营力之间相互叠加、相互作用和相互影响的机理尚不清楚，极大地限制了多种外营力作用下的复合侵蚀预报模型的研发，也导致这种特殊侵蚀环境下的土壤侵蚀强度评价标准制定、水保措施配置及土壤生产力保育等缺乏强有力的理论依据和技术支撑。因此，认清复合土壤侵蚀的研究现状，查明当前研究中存在的问题，厘清今后的研究重点，对强化复合侵蚀理论研究和指导水土保持实践具有重要意义。

1.1　国内外研究现状及发展动态分析

本节从单一侵蚀营力作用下的土壤侵蚀过程与机理、多种营力作用下的复合土壤侵蚀过程与机理分析国内外研究动态，查清当前土壤侵蚀研究存在的主要科学问题；并基于大量文献的集成分析，提出复合土壤侵蚀研究的重点。

1.1.1 单一侵蚀营力作用的土壤侵蚀过程与机理研究

1. 水蚀过程与机理研究

1）侵蚀性降雨特征研究

一般情况下，天然降雨只有产生地表径流后才会引起坡面土壤侵蚀，因此将能够引起土壤侵蚀的降雨称为侵蚀性降雨（郑粉莉等，1994；王万忠，1984）。由于不同地域在气候、土壤、地形及下垫面条件等方面的差异，侵蚀性降雨的标准也有所不同。侵蚀性降雨可以使用降雨侵蚀力、降雨强度、降雨能量等参数定量表征。降雨侵蚀力是衡量侵蚀性降雨引起土壤侵蚀的潜在能力，而降雨强度和降雨能量是制约降雨侵蚀力的关键因子；降雨过程中雨滴的大小和终点速度决定了降雨能量的强弱，而降雨能量又与降雨强度有密切关系。降雨强度和雨滴直径的研究大多表明二者之间存在显著的幂函数关系（吴光艳等，2011；黄炎和等，1992；江忠善等，1983）。Laws（1941）研究结果表明，当降雨高度为 7～8 m 时，95%的雨滴可以达到终点速度；当降雨高度大于 20 m 时，所有雨滴均可达到终点速度。Wishmeier 和 Smith（1958）将降雨侵蚀力（EI_{30}）定义为降雨能量（E）和最大 30 min 降雨强度（I_{30}）的乘积，并确定了侵蚀性降雨的标准降雨量（12.7 mm）。高峰等（1989）通过对典型黑土区天然侵蚀性降雨资料和农耕地侵蚀情况的分析，确定了黑土区农耕地发生侵蚀的临界基本雨量标准为 8.9 mm，暴雨基本雨量标准为 13.9 mm。

降雨类型也对坡面侵蚀有显著影响，目前降雨类型对坡面土壤侵蚀的影响研究多基于对径流小区的长期观测和天然降雨资料的分析。根据降雨量、降雨历时和降雨强度等将天然降雨划分为不同的降雨类型，进而分析坡面土壤侵蚀与不同降雨类型之间的关系（Han et al.，2017；吴发启等，1999）。Wei 等（2006）通过对多年的降雨资料进行对比分析，发现大雨强和短历时的降雨类型造成的坡面土壤侵蚀最为严重。张宪奎等（1992）通过对东北黑土区 97 场降雨资料的分析，也发现短历时、高强度的暴雨是引起该区土壤侵蚀的主要降雨类型。然而，上述研究都只是针对次降雨的特征，没有考虑次降雨过程中降雨强度和降雨能量的波动变化及强弱次序对坡面土壤侵蚀影响。次降雨过程中降雨强度随降雨历时变化的变化及其不同组合顺序称为降雨雨型，天然降雨存在时空变异性，有时瞬时降雨强度比平均降雨强度高出几个数量级（Dunkerley，2008）。温磊磊等（2012）通过野外模拟降雨试验将雨型划分为峰值型、均匀型、延迟型和减弱型，研究发现减弱型降雨雨型引起的黑土坡面土壤侵蚀量是其他雨型的 1.0～1.5 倍。郑粉莉等（2016）将降雨雨型进一步划分为峰值型、谷值型、减弱型、均匀型和增强型分析雨型对坡面土壤侵蚀的影响，研究表明峰值型降雨引起的坡面侵蚀量达到均匀型降雨的 1.2～1.8 倍，而值得注意的是引起土壤侵蚀量较大的峰值型、谷值型和减弱型降雨在典型黑土区天然降雨中出现的频次超过 70%。Flanagan 和 Foster（1989）研究了平均降雨强度相同的 6 种雨型对土壤侵蚀的影响，发现极值降雨强度出现越晚，径流量和侵蚀量越大。Jia 等（2010）研究了降雨量相同的 6 种雨型对土壤入渗的影响，发现极值降雨强度出现越早的雨型对累积入渗量的影响越大，进一步印证了前人的研究结果。因此，次降雨过程中降雨雨型的变化实际上是降雨能量和降雨强度交互作用在时间上的分配不均造成的，这说明土壤侵蚀的强弱不仅与降雨强度大小在降雨过程中的分布有关，还与降雨能量与降雨强度交互作用在降雨过程中的分布有关。而目前相对于降雨强度，降雨能量对坡面侵蚀过程的影响研究相对较少，尤其是有关降雨能量与降雨强度交互作用对坡面侵蚀过程的影响研究更是鲜有报道，有待进一步加强。

2）降雨与径流侵蚀研究

降雨是坡面水蚀的最主要驱动因子，降雨通过雨滴击溅与搬运和径流分离与搬运的方式作用于表层土壤，使土壤发生分散、搬运和沉积过程。当前有关降雨侵蚀过程与机理的研究主要集中在土壤入渗、坡面产流机制与路径、土壤可蚀性、降雨击溅、侵蚀发生临界、水流搬运能力、侵蚀方式演变、近地表土壤水文条件等方面（Xu et al.，2018；Wang et al.，2017；Liu et al.，2016；An et al.，2012，2015；安娟等，2011；姚文艺等，2011；Huang et al.，1996），并在基于坡面水流水力学和水动学参数（流速、径流功率、雷诺数、流态、阻力系数、切应力、径流剪切力等）解释坡面水蚀过程水动力学机制方面取得了重要进展（Wang et al.，2017；Li et al.，2016；Liu et al.，2016；Ma et al.，2014；An et al.，2012，2015；Jomaa et al.，2013；李鹏等，2005；张光辉等，2001；Zhang et al.，1998），为水蚀预报模型构建提供了重要的理论基础。有关坡面水蚀过程与机理研究进展前人已做了详细的综述（史志华和宋长青，2016；Guo et al.，2015；Sun et al.，2013；郑粉莉和高学田，2003）。这里仅分析雨滴侵蚀、径流侵蚀及降雨和径流交互作用对坡面土壤侵蚀影响的研究现状。

（1）雨滴侵蚀研究

国内外学者对降雨能量对溅蚀的影响展开了深入的研究（胡伟等，2016；高学田和包忠谟，2001；王贵平，1998；汤立群，1995；范荣生和李占斌，1993；Sharma et al.，1993；Nearing and Bradford，1985；Gilley and Finker，1985；Morgan et al.，1984）。Hu 等（2016）研究结果表明，在相同降雨强度下，当降雨能量增加 1.5～1.9 倍，坡面各方向黑土溅蚀总量增加 4.9～9.3 倍，坡面溅蚀量均为向下坡最大，侧坡溅蚀量次之，向上坡溅蚀量最小。郑粉莉等（1995）的研究结果表明，当用纱网覆盖消除 99%的雨滴打击能量后，土壤入渗率提高 23%，坡面总侵蚀量减少 31%～55%。Lu 等（2016）研究结果也表明，雨滴打击造成的坡面土壤侵蚀是径流冲刷的 3.6～19.8 倍，雨滴击溅对坡面侵蚀的贡献率可达 78.3%以上。吴普特和周佩华（1992）指出消除雨滴打击后坡面侵蚀的主要驱动力为薄层水流的拖曳力，而雨滴击溅作用造成的坡面侵蚀占总侵蚀量的 70%以上。Lu 等（2016）指出雨滴打击在土壤团聚体破坏和坡面侵蚀中起主导作用，雨滴打击引起的土壤侵蚀量是径流冲刷的 3.6～19.8 倍。雨滴击溅能够显著增加径流的侵蚀和泥沙搬运能力（郑粉莉，1998）。安娟等（2011）通过纱网覆盖消除雨滴打击，结果显示坡面侵蚀量减少 59.4%～71.6%。

雨滴侵蚀主要包含降雨开始阶段雨滴打击引起的土壤溅蚀及坡面径流形成后雨滴

打击对坡面径流的扰动作用。溅蚀可细分为干土溅散、湿土溅散、泥浆溅散和地表板结四个阶段（郭耀文，1997；张洪江，2008）。坡面径流形成后雨滴打击通过对坡面薄层径流的扰动作用进而影响坡面水流的剥蚀和搬运能力（郑腾辉等，2016）。研究表明（王玲，2016；Palmer，1965），坡面薄层水流形成后，雨滴打击对土壤击溅侵蚀的影响受制于坡面薄层水流水深和雨滴直径的对比关系，当坡面薄层水流水深小于雨滴直径时，雨滴击溅侵蚀增加；当坡面薄层水流水深与雨滴直径相当时，雨滴对地表土壤击溅侵蚀的作用最大；而当坡面薄层水流水深大于雨滴直径时，雨滴击溅侵蚀与薄层水流水深之间存在负相关的关系；当薄层水流水深超过雨滴直径 3 倍时，雨滴对地表土壤击溅的侵蚀作用可以忽略。

雨滴打击对坡面土壤侵蚀贡献较大主要归因于两个方面：一是雨滴打击作用导致土壤结构破坏，土壤可蚀性降低，从而加剧了坡面水蚀过程；二是雨滴打击减少或减缓了降雨入渗，增加了坡面径流紊动性，从而增加了坡面径流的分散和搬运能力，导致坡面侵蚀速率增大（Wischmeier and Smith，1958）。影响雨滴侵蚀的主要因素有降雨特征、土壤性质、地形特征与地表植被覆盖状况等（胡伟等，2016；李光录等，2009）。

（2）坡面径流侵蚀研究

径流是影响坡面土壤水蚀的另外一个主要因素，上坡汇水面积是汇流流量大小的主导因素，其也影响坡下方的降雨入渗和坡面径流强度。研究表明，上坡来水的含沙量大小直接影响下方水流的挟沙能力，进而影响坡面侵蚀量及坡面侵蚀方式（姜义亮等，2017；Xu et al.，2017；Li et al.，2016；Wen et al.，2015；郑粉莉和高学田，2004；郑粉莉，1998）。在坡度和降雨强度一定的条件下，单位上方来水量越大，所引起的侵蚀量也相应越大，因此控制上方来水量将显著减少坡面侵蚀量（Li et al.，2018；Li et al.，2016；郑粉莉和高学田，2004；肖培青和郑粉莉，2003）。当上方汇流量超过临界值，坡面侵蚀方式会发生改变（Knapen et al.，2007；蔡强国，1998），一旦坡面侵蚀方式由片蚀转变为细沟侵蚀，集中水流的土壤剥蚀能力增加的同时，对坡面侵蚀泥沙的搬运能力也随之增大，造成输沙量急剧增大（姜义亮等，2017；马美景等，2016；Shen et al.，2015；He et al.，2014）。温磊磊（2013）的研究指出片蚀和细沟侵蚀方式下，增加相同汇流强度时，细沟侵蚀下侵蚀增加率是片蚀下侵蚀增加率的 1.4 倍；李桂芳（2016）通过模拟降雨和模拟汇流试验的结果表明，当黑土区坡面细沟侵蚀为主时，上方汇流增加的坡面侵蚀量较坡面以片蚀为主时增大 4～62 倍。Shen 等（2018）指出，以细沟侵蚀为主的坡面土壤侵蚀是以片蚀为主的 2 倍以上。

降雨过程中土壤侵蚀是雨滴打击和坡面汇流共同作用的结果，降雨通过直接打击地表而分散土壤颗粒，使细小土粒进入集中水流。径流搬运一方面使坡面分散的土壤颗粒发生迁移，另一方面径流对坡面的冲刷作用也会造成更严重的土壤侵蚀（吴淑芳等，2010）。东北黑土区特有的长缓坡地形导致上方汇流成为该地区土壤侵蚀的主要驱动力之一（郑粉莉等，2019），上方汇流不仅会导致坡面侵蚀的加剧，而且会加速坡面侵蚀方式由片蚀向沟蚀的演变（张新和等，2007）。因此，坡面汇流侵蚀是坡面土壤侵蚀产沙的主要途径。有关研究表明当坡面产生细沟后，径流剥蚀作用是坡面细沟侵蚀的主要驱动力（丁文峰等，2003；张科利和秋吉康宏，1998）。而地形因素中的坡度、坡长和坡型是影响坡面汇流侵蚀的重要因素，同时耕作方式（顺坡垄作、横坡垄作）引起的地表微地形变化也会显著改变坡面汇流过程路径（Xu et al.，2018）。由于顺坡垄作措施方便大型机械耕作且有利于排水等原因，目前顺坡垄作仍为黑土区坡耕地主要的垄作方式，而顺坡垄作的垄-沟系统恰恰是人为将平坦坡面改造为细沟侵蚀区（垄沟）和细沟间侵蚀区（垄丘），加剧了坡面土壤侵蚀的严重程度。已有研究表明，细沟侵蚀主要是雨滴对土壤颗粒的冲击剥离和地表径流对土壤颗粒的搬运作用造成的（Wang et al.，2017；Kinnell，2005）。在顺坡垄作系统中，由于犁底层土壤容重较大，不易遭受侵蚀，所以土壤侵蚀通常先发生在垄丘与垄沟的交接处的垄丘坡脚（Meyer et al.，1980）。东北黑土区由于其特殊的漫川漫岗地貌特征，大型机械耕作难以严格按照等高线进行横坡垄作，所以在坡面上出现了顺坡垄作、横坡垄作和斜坡垄作相互交错的不同垄作方式。如今大型机械的犁耕深度可以超过25 cm，甚至达到45 cm（Zhao et al.，2018），这也就造成了长缓坡地形条件下耕作方式所引起的土壤侵蚀更加剧烈（边锋等，2016；郑粉莉等，2016）。因此，区分降雨和汇流作用下垄–沟系统侵蚀部位和揭示坡面侵蚀–沉积速率分布规律是今后应重点强化的研究方向。

（3）降雨和径流交互作用对坡面土壤侵蚀的影响

降雨和径流作为坡面水蚀过程中最重要的两种驱动营力，对坡面水蚀过程有重要影响。Foster等（1968）的研究指出消除雨滴打击能量后，细沟侵蚀量减少一半。Young和Wiersman（1973）在预先存在细沟的坡面上研究了降雨和径流共同作用下的坡面侵蚀过程，结果表明雨滴击溅能量是使土壤颗粒发生初始分散的主要作用，而分散土粒的搬运主要依靠细沟水流的作用；但也有部分研究认为坡面径流会抵消雨滴的打击作用（Ghadiri and Payne，1981）。研究表明，雨滴打击作用下土壤颗粒的分散和搬运能力受坡面水流深度的影响（尹武君等，2011；李光录等，2009；Moss and Green，1983；Mutchler and Hansen，1970）。当坡面同时存在降雨侵蚀和汇流冲刷时，雨滴侵蚀能力会因水流对雨滴打击的消散作用而降低；但无论是否存在降雨对径流的扰动作用，坡面土壤侵蚀率随径流雷诺数的增加而增加（Guo et al.，2010；Ferreira and Singer，1985）。降雨侵蚀和径流侵蚀之间的相互作用也受土壤类型的影响，降雨与汇流交互作用对坡面侵蚀的影响在有关土壤类型中表现为相互促进，而在另一些土壤类型中表现为相互抵消（Rouhipour et al.，2006）。例如，Wang等（2020）的研究表明，上方汇流与降雨的协同作用加速了在顺坡垄作中黑土坡面的土壤流失，降雨和汇流的协同效应作用下的土壤流失量较降雨和汇流单独作用的总和增加了21.1%～56.7%。因此，今后应加强降雨和径流交互作用对坡面土壤侵蚀的影响研究，区分降雨和径流交互作用对坡面土壤侵蚀产生正向效应和负向效应的临界条件，为垄作方式选择和坡面侵蚀防治提供理论指导。

3）融雪径流侵蚀研究

积雪融化产生的径流对土壤颗粒进行冲刷和搬运的过程与融雪过程中冻融作用引起土壤性状的改变是土壤融雪侵蚀两个主要的研究方向（范昊明等，2013，2011b）。融雪径流量是影响融雪侵蚀的最重要因素，融雪径流量的大小与上坡融雪汇水面积及坡面地形有关。经过多次冻融循环会引起土壤物理力学性质的改变，一方面造成土壤孔隙度增加，另一方面也产生了大量的可侵蚀物质（范昊明等，2011a；林燕等，2003）。此外，融雪可通过改变土壤渗透性、土壤含水量、土壤可蚀性，进而影响融雪期间的坡面侵蚀量。相关研究表明，融雪径流、表层土壤解冻深度和解冻期表层土壤可蚀性等对融雪侵蚀起决定性作用（范昊明等，2013；焦剑等，2009；史彦江等，2009；周宏飞等，2009；Oygarde，2003）。范昊明等（2010）通过模拟融雪径流冲刷试验得出土壤解冻深度对坡面径流量和侵蚀量有较大影响。在土壤解冻初期，表层土壤解冻后下层仍存在相对不透水的冻层，其造成坡面细沟侧蚀加剧而下切侵蚀缓慢，细沟侧蚀导致细沟沟壁发生崩塌，进而增加了可供径流搬运的侵蚀物质，造成后期融雪径流侵蚀急剧增大。此外，土壤解冻深度与坡面侵蚀量的关系还受融雪径流量的控制，当融雪径流量较大时，坡面侵蚀量与土壤解冻深度呈正相关关系；而当融雪径流量较小时，二者呈负相关关系（范昊明等，2010）。邱璧迎等（2014）采用室内人工模拟融雪水冲刷试验研究表明，融雪径流量为影响土壤侵蚀的首要因素。融雪季节反复的冻融循环改变了土壤结构和物理力学性质，进而造成土壤可蚀性增大和坡面侵蚀增加，然而经过 15 次冻融循环后，随着冻融循环次数的继续增加，坡面侵蚀量逐渐趋于稳定（范昊明等，2011a，2009；刘佳等，2009a，2009b）。焦剑等（2009）通过分析我国东北地区 27 个典型流域水文站的径流泥沙资料，发现融雪期输沙模数占该区全年输沙模数的比例可达 5.8%～27.7%，同时融雪输沙模数与流域面积呈现出显著的幂函数关系，流域地貌特征也对融雪侵蚀有显著影响，并且这种幂函数的递减趋势在丘陵漫岗区尤为突出，其输沙模数为山区的 2.9 倍。Carlos 等（2018）利用 LiDAR 和 ^{137}Cs 示踪技术等方法对芬兰一个农地小流域的研究表明，泥沙输移量最大的时间均出现在融雪侵蚀期，并且农地是流域侵蚀产沙的主要来源。有关融雪侵蚀过程中冻融作用对土壤抗侵蚀能力的影响及壤中流形成对坡面侵蚀的影响等方面的研究仍较薄弱，有待进一步加强。

2. 土壤风蚀研究

土壤风力侵蚀是指地表土壤颗粒在风力的搬运下发生移动，包括细粉尘和沙尘以悬移方式迁移，也包括较粗颗粒在近地表发生跃移和蠕移。风力侵蚀过程包括挟带起沙、输移及沉积三个阶段（胡云锋等，2003；Shao and Lu，2000）。影响风蚀的因子主要包括风力、地表覆盖状况和土壤性质三个方面（邹学勇等，2014）。风速是造成风力侵蚀的动力条件，一般用风速、风向、湍流情况描述，其中风速是最重要的指标。风速越大则被吹蚀的土壤颗粒越多，同时风蚀物质的搬运距离也更远。地表状况主要包括植被（残茬）覆盖状况、地形特征、砾石和结皮覆盖等。土壤性质主要包括颗粒组成、有机质含量、土壤水分、土壤碳酸钙含量、土壤容重和植物根系（何清等，2010；何文清等，2005）。

土壤性质、地形变化和植被覆盖是影响风蚀的重要因素。一般情况下，黏粒含量较多的土壤抗风蚀能力越强；随土壤水分含量增大，风蚀速率显著减小（邹学勇等，2014；刘铁军等，2013a，2013b）；地形特征对风蚀的影响主要是坡度和坡向。和继军等（2010）研究了两种不同质地土壤在同坡度下的风蚀特征，发现风蚀量随着坡度的增大增加到一定程度后会出现转折点而逐渐减小，对于壤土和砂壤土，其风蚀临界坡度分别为 20°和 10°。坡向对风蚀的影响表现在迎风坡发生吹蚀，而背风坡发生沉积。此外，植被（残茬覆盖）也是影响风蚀的重要因素。刘汉涛等（2006）通过野外原位风洞试验研究，发现土壤风蚀量随着作物秸秆留茬高度的增加而降低，当秸秆高度为 30 cm 时，风蚀量仅为无残差覆盖处理的 1/4 左右。这表明近地表微弱的地形变化即会引起风场的差异，保护性耕作措施可以有效减少农耕地的风力侵蚀。此外，净风和挟沙风对农地风蚀的影响也有所不同，周海燕等（2013）研究表明，挟沙风使农田的风蚀速率显著增加，土壤风蚀速率随净风风速的增加呈指数函数增加，而其随挟沙风风速的增加呈二次曲线函数递增。另外，地被覆盖也对风蚀有重要影响。

东北黑土区风力侵蚀面积为 8.02 万 km^2，占黑土区总土地面积的 7.37%（水利部，2018；鄂竟平，2008）。受特殊地理位置的影响，东北黑土区晚春季节大风天气频繁，地表裸露，融雪后地表土层变得干燥、疏松，加之该区域漫川漫岗的地形特征，强劲的风力使农耕地风蚀作用更加强烈（Zhang et al.，2015）。随着全球气候变化，东北黑土区近年来气候趋向暖干化的发展趋势，这必将导致该区风蚀的进一步发展，也将导致风蚀强度增加及风蚀面积扩张的发展趋势（刘铁军等，2011）。但目前东北黑土区农田风蚀的研究还相对薄弱，有待今后进一步加强。

3. 冻融侵蚀研究

冻融作用是由于土壤孔隙水在低温下结冰后发生体积膨胀和收缩，改变了土壤颗粒的连接方式，从而造成土壤结构破坏和物理性质改变（张科利和刘宏远，2018；刘笑妍等，2017；肖俊波，2017；侯仁杰，2016；张海欧等，2016；肖东辉等，2015，2014a，2014b；王恩姮等，2014a，2014b，2010；王展等，2013；McGreevy and Whalley，1985），进而影响土壤可蚀性和土壤入渗性，增加土壤风蚀量（刘彦辰等，2016；魏霞等，2015，2012；Wang et al.，2013；Li et al.，2010；Römkens，2010；Froese et al.，1999；Kok and McCool，1990）。土壤含水量和土壤质地是控制冻融过程中土体结构变化幅度的主要因素（Eigenbrod，1996）。冻融作用会影响土壤可蚀性和临界剪切力（左小锋等，2020；Wang et al.，2020；肖俊波，2017），从而改变土壤的侵蚀速率（张辉等，2017；Liu et al.，2017a）。Ban 等（2016）开展了室内模拟坡面冻融和融雪侵蚀试验，发现解冻后的坡面径流最大含沙量高于无冻融作用的坡面；Liu 等（2017b）的冲刷试验表明，受冻融循环影响的黑土可蚀性增加了 36.5%，并且冻融循环作用对土壤侵蚀的影响与初始土壤含水量密切相关。Wei 等（2019）基于模拟降雨试验表明，初始土壤含水量对土壤侵蚀的影响大于冻融循环次数。Ferrick 和 Gatto（2005）的模拟地表径流冲刷试验表明，当土壤含水量从 16%～18%增加到 37%～40%时，在经历一次冻融循环后，平均含沙浓度是无冻融处理的 2.4～5.0 倍。Coote 和 Malcolm（1988）认为土壤在春季解冻期比作物生长期更容易受到侵蚀；而表层土壤迅速饱和及未解冻层土壤入渗能力下降是增加坡面侵蚀的直接原因（王飞超等，2018；Nishimura et al.，2011）。

影响冻融作用对土壤抗侵蚀能力的因素主要有土壤冻结前的初始含水量、冻融循环次数和土壤温度、土壤团聚体稳定性和土壤抗剪强度等（王彬，2013；刘佳等，2009b；

Lehrsch，1998）。Kvaernø 和 Øygarden（2006）的研究表明，冻融作用降低了土壤结构在降雨条件下的稳定性，而且这种影响在粉黏土上表现得更为突出；Oztas 和 Fayetorbay（2003）指出，当冻融循环次数从 3 次增加到 6 次时，湿团聚体稳定性增加，但当冻融循环次数超过 6 次时，土壤团聚体稳定性减小。Coote 和 Malcolm（1988）的研究结果表明，土壤的抗剪强度与冻融作用、冻融循环次数及土壤水压力有关，土壤水分和温度会影响土壤对侵蚀抵抗能力的重新组合，土壤抗剪强度和团聚体稳定性的动态变化可导致土壤可蚀性的变化，但其具体作用机理仍不明了。毕贵权等（2010）通过不同含水率的冻融循环试验分析了冻融循环作用对土壤含水率的影响，试验结果表明土壤在冻融循环后干密度逐渐减小，在冻融循环前期土壤冻胀剧烈，后期以沉降变形为主。Coote 和 Malcolm（1988）研究表明，冬春季冻融循环期间土壤抗剪强度为夏季的 1/17。此外，冻融循环次数对土壤力学性质也有显著影响（Liu et al.，2016），随着冻融循环次数的增加，土体的弹性模量、破坏强度、黏聚力和内摩擦角均显著降低（Ghazavi and Roustaie，2009）。然而，当冻融循环次数超过某个阈值时，其对土壤强度的影响趋于稳定（Tang et al.，2018）。倪万魁和师华强（2014）研究了冻融循环作用对土壤微结构和强度的影响，结果表明随着冻融循环次数的增加，土壤的原始胶结结构逐渐被破坏，表现为颗粒重新排列，土体结构趋于疏松，说明反复冻融作用使土壤颗粒之间原有胶结逐渐减弱，造成土壤黏聚力不断降低，内摩擦角增大。王大雁等（2005）研究了冻融循环对土壤物理性质的影响，指出冻融使土体逐渐稳定，冻融过程是土体从活跃向稳定的发展过程，多次冻融改变了土壤的物理性质，使得土体向较为稳定的动态平衡发展。Viklander（1998）通过研究反复冻融循环对土壤结构的影响，发现多次冻融后土壤孔隙比趋于一个稳定值，松散土和密实土均有此现象，并提出了残余孔隙比的概念。范昊明等（2010）的研究表明冻土层的存在降低了土壤的渗透能力，从而增加了地表径流和坡面侵蚀。冻融交替作用本身不产生土壤侵蚀，但其对土壤结构和可蚀性的影响使东北地区的土壤侵蚀更具复杂性，因此明晰冻融作用对土壤侵蚀的潜在影响是非常必要的。

冬春季节的冻融作用对土壤的可蚀性影响较大，导致表层土壤疏松易受侵蚀（Liu et al.，2017a）。因此，冻融作用对土壤侵蚀的影响应得到重视。然而，冻融作用并不总是导致土壤结构退化，因为在土壤含水量较低时，土壤的空孔隙体积可能足以容纳水分的膨胀，进而对土壤结构产生影响（Dagesse，2010，2011）。鉴于连续性的土壤孔隙可以减小水结冰后引起的土体膨胀，Walder 和 Hallet（1986）提出了一种土壤的“冰透镜”模型，在该模型中，由于水分在化学势梯度下产生非常高的隆起应力，未冻结的水向冻结点移动。这些冻融应力导致许多土壤性质的变化，包括土壤容重、团聚体稳定性、孔隙度、土壤抗剪强度、黏聚力、穿透阻力和渗透性等，这些相互作用又会进一步影响土壤侵蚀特性（Liu et al.，2017a，2016）。因此，冻融作用是影响寒冷地区土壤侵蚀的重要因素之一（Van Klaveren and McCool，2010；Coote and Malcolm，1988）。

综上所述，虽然冻融侵蚀的研究取得了重要进展，但冻融作用影响土壤抗侵蚀能力的机理、冻融对融雪侵蚀过程的作用影响及冻融界面土壤抗侵蚀能力动态变化等方面的研究还有待加强。

1.1.2　多种外营力交互作用的坡面复合土壤侵蚀研究

复合土壤侵蚀是自然条件下多种侵蚀营力（水力、风力、重力、冻融等）作用下的交错/交互复合作用的过程（Hu，2012；Hu et al.，2009；Boardman，2006）。自然界中常见的复合侵蚀形式（如风-水复合侵蚀、冻融-水力复合侵蚀、冻融-风-水复合侵蚀等）多具有一定的周期性（Assouline et al.，2017；Hu，2012；谢胜波等，2012）。目前关于复合侵蚀的研究主要分为两种不同观点：①交错式复合侵蚀（交替性复合侵蚀），强调多种侵蚀营力在时间序列上形成具有交错（交替）作用的特殊侵蚀过程，即某一特定侵蚀营力产生的侵蚀现象和环境成为后续另一营力侵蚀过程的背景和条件，并随之产生“1+1>2”或“1+1<2”的累加/抑制效应。②交互式复合侵蚀（叠加式复合侵蚀），强调多种侵蚀营力在特定时间同时作用而形成的侵蚀现象，如“风驱雨”（wind-driven rainfall）作用下的侵蚀过程（Erpul et al.，2003）和春末夏初坡面冻融交替与融雪过程同时作用的侵蚀过程。目前，交错式复合侵蚀研究大多集中在风、水两相复合侵蚀方面，在风–水复合侵蚀时空分布、侵蚀强度、主导因素等方面取得了较深入的认识和丰富的成果（Zhang et al.，2018a）；交互式复合侵蚀研究主要集中在风、水（雨）同时作用（“风驱雨”）下的坡面侵蚀过程方面，交互式复合侵蚀过程实质上是对非主导侵蚀营力通过影响主导侵蚀营力而使其产生侵蚀程度相应变化过程的研究（Marzen et al.，2016）；另外，针对东北黑土区坡面冬春—夏初期间冻融、融雪、降雨复合作用的特点，目前冻融交替和融雪径流交互作用的复合侵蚀研究方面也开展了少量的研究。下面分别分析侵蚀外营力的季节性交替、冻融作用与风水复合侵蚀、风力水力互作侵蚀等方面的研究动态。

1. 侵蚀外营力的季节性交替

侵蚀外营力的季节交替是全球复合土壤侵蚀区的显著特点，而侵蚀营力的季节性交替也加剧了土壤侵蚀的严重强度。通常不同的季节具有一个或两个以上的主导侵蚀外营力，如东北黑土区春季的主导侵蚀外营力包括冻融、融雪（水力）与风力，而夏秋和早秋季节的主导侵蚀外营力则仅是水力（降雨和径流），晚秋和早冬季节的主导侵蚀营力为冻融与风力（郑粉莉等，2019）。当前，对季节性土壤侵蚀变化的研究主要集中在春季的融雪侵蚀和夏季的降雨侵蚀（Lundekvam and Skoien，1998；Kirby and Mehuys，1987），但不同侵蚀外营力在年内的季节性变化却鲜有报道，特别是在不同侵蚀外营力作用下，随着季节变化的坡面土壤侵蚀和沉积分布特征变化研究仍然比较匮乏，有待今后强化研究（冯奇等，2018；Wall et al.，1988）。

2. 冻融作用与风水复合侵蚀研究

土壤冻融作用与风蚀、水蚀、重力侵蚀等共同或交替发生，使土壤侵蚀过程不同于单一营力侵蚀。近年来，土壤冻融作用对风蚀和水蚀的研究主要集中在土壤冻融作用对土壤风蚀速率和土壤风力可蚀性的影响及冻融与风蚀的相互关系研究（Liu et al.，2017a，2017b；Xie et al.，2017；Wang et al.，2014；刘佳，2011；Ferrick and Gatto，2005）。冻融-水力复合侵蚀研究在冻融作用、冻结温度、冻结锋面对土壤可蚀性、团聚体结构的影响及冻融作用对水蚀方式和速率的影响等方面也取得了一定的进展（刘绪军等，2015；赵显波等，2015；王恩姮等，2014b；范昊明等，2013；王彬，2013；Römkens，2010；温美丽等，2009；周丽丽等，2009；Kvaernø and Øygarden，2006；Oztas and Fayetorbay，2003；Lehrsch，1998）；而对土壤冻融作用与风力/水力复合侵蚀的研究相当薄弱，尤其是冻融-风力-水力作用下的复合侵蚀的影响研究还鲜见报道，有待今后进一步加强。

当前，冻融/融雪侵蚀研究则主要集中在时空分布特征、水热交互作用、土壤结构、冻融温度、融冻深度、产流机制、土壤分离能力等方面（孙宝洋等，2019；程圣东等，2018；孙宝洋，2018；Gao et al.，2018，2015；程根伟等，2017；Musa et al.，2016；付强等，2016，2015；李占斌等，2015；魏霞等，2015；赵显波等，2015；范昊明等，2013；焦剑等，2009；Kvaernø and Øygarden，2006），而对冻融与融雪交互作用仍不明晰，且在二者交互作用过程中，融雪径流是主导驱动力，而冻融作用通过影响土壤可蚀性而提供物质来源，因此如何表征冻融过程中水热迁移/热通量特征参数而揭示冻融作用和融雪径流复合侵蚀应为值得注意的研究动向。

3. 风力水力互作的复合土壤侵蚀

风力水力复合侵蚀是风力和水力对同一侵蚀对象的共同或交替作用，从而产生有别于单一营力的侵蚀、搬运和沉积过程。按照风力和水力的耦合方式，可分为动力耦合和媒介耦合两种。动力耦合是风力作用于雨滴形成“风驱雨”，从而改变雨滴的侵蚀动能，实质是风力影响下的水蚀，风力和水力具有时间和空间同步性。媒介耦合是风力和水力对可蚀性下垫面的交替作用，由于风蚀和水蚀发生的临界条件限制，实质是风力侵蚀和水力侵蚀交替或叠加发生（杨会民等，2016）。风力和水力的交错或交叠作用，导致一种侵蚀营力对地表物质的侵蚀、搬运和沉积改变另一种侵蚀发生的物质基础和地表条件，从而形成有别于单一营力作用的复合侵蚀（Song et al.，2006）。因此，媒介耦合式的风水复合侵蚀在时间上交错或交叠发生，在空间上同地或异地发生。这种模式的风水复合侵蚀较“风驱雨”侵蚀更复杂，是研究的难点和重点所在。

目前，风水复合侵蚀研究在区域划分、时空变化、侵蚀强度、侵蚀能量特征及影响因素等方面取得重要成果（Zhang，2017；Field et al.，2009；Gendugov and Glazunov，2009；海春兴等，2002；Bullard and Livingstone，2002；唐克丽，2000，1991；Xu，2000；张平仓，1999）。我国风水复合侵蚀研究最具代表性的成果集中在黄土高原地区风蚀水蚀交错带。“七五”黄土高原地区综合考察表明，黄土高原侵蚀最严重的地区，不是降雨量较多的水蚀地区，而是在降雨量为 400 mm 左右的水蚀风蚀交错带（张攀等，2019a，2019b；张洋等，2016；脱登峰等，2012a，2012b；唐克丽等，1993；唐克丽，1991）。该区水蚀、风蚀发展强烈，且全年交替进行，相互促进，成为黄土高原侵蚀最为强烈的地区（刘昌明和成立，2000）。风水两相作用是一个复杂的循环体系（Harrison，1998），风力或水力中一种侵蚀能量的迭加可以弥补另一种能量的减少，因而风水两相共同作用会对土壤侵蚀产生加速作用（高学田和唐克丽，1996）。风水交错侵蚀是固（土壤颗粒）、液（水）、气（风）三种介质在时间和空间上的交互和叠加作用，其表现为一种侵蚀外营力作用于土壤后另一种侵蚀外营力在此基础上的再作用过程（宋阳等，2006）。Bullard

和 McTainsh（2003）在总结了前人研究成果的基础上对澳大利亚的风水两相作用进行了研究，其指出景观敏感性、过程系统及环境的时空变化是风水交互作用的三个主要驱动力。我国对风水两相侵蚀的特征及风蚀水蚀交错带地貌的发育过程已开展了较多的研究工作（刘章等，2016；孙艳萍等，2012；黄金柏等，2011；海春兴等，2002；查轩和唐克丽，2000）。高学田和唐克丽（1997）认为风蚀水蚀交互作用在时间尺度上是短促的水蚀对风蚀形态的再作用过程和长历时的风蚀对水蚀形态的再作用过程，它们之间相互交替、共同作用于地表侵蚀过程。脱登峰等（2014，2012a，2012b）利用人工模拟降雨与风洞试验相结合的研究方法，分析了风力和水力复合作用下坡面土壤侵蚀过程，结果表明风水两相侵蚀之间具有显著的正交互效应，风蚀对坡面微地形的改变促进了后期坡面水蚀的加剧。王禹等（2010b）基于 ^{137}Cs 示踪技术和 USLE 侵蚀预报模型，量化了东北黑土区迎风坡和背风坡的水蚀量和风蚀量。Zhang 等（2019，2018a，2018b）用 ^{7}Be 和 ^{137}Cs 示踪方法分析了风水复合侵蚀下，风蚀和水蚀坡面空间分布特征及其对总侵蚀的贡献。

目前风水复合侵蚀研究不足之处表现在以下方面：首先，目前的研究对象多为干旱区河流–沙丘系统，而对半干旱区和半湿润区的丘陵、山地研究较少。对于半干旱或半湿润区域的丘陵、山地区域，其地形地貌、地表物质组成、植被条件、土壤含水量等与干旱区完全不同，风水复合侵蚀更为复杂，也更具代表性。因而，在半干旱或半湿润区域研究风水复合侵蚀更具代表性，更利于明确复合侵蚀过程和机理。其次，风蚀和水蚀的相互作用机制有待深入。目前的研究更注重两者的相互促进效应，而对二者的相互抑制效应重视不足（杨会民，2017）。风力的强烈分选作用导致地表粗化，从而影响水蚀过程中地表粗糙度、产流产沙时间、径流流速和路径、水分入渗等。在坡长较短时，风蚀导致径流流速增加，入渗减小，水蚀发生时间提前，水蚀速率增大（Tuo et al.，2016）。然而，上述在风力和水力（径流）方向相同条件下得出的结果是否适用于野外有代表性的风蚀迎风坡面（风向和径流风向几乎相反）目前还没有得到验证。另外，水蚀形成沟谷加剧风力磨蚀，从而加剧风蚀（张庆印等，2012）。然而，细沟发育也可能增大地表粗糙度，进而减小风蚀。再次，风水复合侵蚀过程和机理研究亟需加强。由于风蚀和水蚀在发生范围、影响区域、侵蚀物质输移方向与维度、风力和水力的搬运能力、侵蚀事件的时间尺度等方面均存在巨大差异（Field et al.，2009），风水复合侵蚀机理多为简单的定性描述（Gendugov and Glazunov，2009；Xu，2000）。最后，对冻融作用影响下的风水复合侵蚀研究滞后。在风力、水力、冻融共同作用的区域，研究者往往采取忽略其中影响较弱的一个外营力的方式来简化研究。例如，黄土高原水蚀风蚀交错带通常忽略了冻融，简化为风水交错侵蚀；而东北黑土区常常忽略了风蚀，简化为冻融–水力侵蚀。

另外，除风水两相侵蚀外营力作用下风水复合侵蚀外，在高纬度和高海拔地区，冻融作用也是多营力复合侵蚀的重要组成部分。李秋艳等（2010）从空间上将我国复合侵蚀区大体划分为半干旱风水复合侵蚀区和海岸风水复合侵蚀区。东北黑土区由于其特殊的地理环境，其侵蚀特征除风水两相侵蚀外还包括冻融作用和融雪径流等多种因素，对于东北黑土区特殊环境下多侵蚀外营力的研究刚刚起步，对冻融、降雨径流和融雪等多侵蚀外营力互作的坡面侵蚀特征研究有待加强。

综上所述，目前针对多侵蚀外营力共同作用下的坡面侵蚀研究的成果相对较少，且大多集中在风蚀水蚀交错区；而对于特殊环境下水力（降雨、融雪）、风力、冻融和重力等多侵蚀外营力交互叠加作用下的复合侵蚀研究相对较少，至今尚未有能预报复合侵蚀的模型，严重影响了复合土壤侵蚀区土壤侵蚀的防治。因此，迫切需要强化多种外营力叠加作用下的复合侵蚀理论与防治技术研究。

4. 复合土壤侵蚀的数值模拟

目前，土壤侵蚀模型主要针对单侵蚀营力作用过程开发，其中水蚀预报模型和风蚀预报模型已研究得非常深入。水蚀预报模型以USLE（universal soil loss equation）、WEPP（water erosion prediction project）和EUROSEM（European soil erosion model）等为代表（Wang et al.，2013；Morgan et al.，1998）；风蚀预报模型以RWEQ（revised wind erosion equation）、TEAM（texas erosion analysis model）和WEPS（wind erosion prediction system）等为代表（Fryrcar et al.，2001）。针对风水复合侵蚀的定性分析已取得丰富的研究成果，且“风驱雨”作用下的坡面侵蚀定量描述也取得了有益的进展。而冻融和融雪侵蚀预报则相对薄弱（张科利和刘宏远，2018），当下主要以融雪模块的形式嵌套在水蚀预报模型中，如RUSLE（revised universal soil loss equation）、WEPP、SMEM（snow melt erosion model）和SWAT（soil and water assessment tool）等；以及考虑下垫面空间异质性的IWAN（integrated winter erosion and nutrient load model）（范昊明等，2013；Flerchinger and Saxton，1989）。但是，上述冻融和融雪侵蚀模型多适用于较大空间尺度，未能考虑由土壤空间异质性导致的势能–动能–热能间的相互转化问题。基于多营力互作的复合侵蚀数值模拟还处于初步探索阶段，模型的开发和建立将是今后研究的重点。Hu 等（2009）对冻融–风蚀–水蚀交替复合侵蚀现象进行了界定，并提出了适用于复合侵蚀预报的概念模型（unified omnivorous model）（Hu，2012）。构建复合侵蚀模型的关键在于如何描述冻融过程。近期部分学者借鉴美国农业部西北流域研究中心开发的SHAW（simultaneous heat and water）（Flerchinger and Saxton，1989）模型构架，尝试描述冻融侵蚀过程，并取得了较大的进展。该模型能够考虑能量通量、水量通量、系统上边界能量和下边界条件，每个节点平衡方程可写为隐式有限差分，并能够采用迭代Newton-Raphson方法求解。

1.2　东北黑土区土壤侵蚀研究现状分析

在东北黑土区，水蚀（降雨和融雪径流）、风蚀和冻融侵蚀在年内交替和在空间叠加是该区土壤侵蚀严重的主要原因（王玉玺等，2002；郑粉莉等，2019）。数十年来，研究者从不同角度开展了黑土区土壤侵蚀研究，并取得重要进展。

（1）东北黑土区侵蚀环境演变：明确了东北区侵蚀环境的演变历史和查明了土壤侵蚀研究现状（阎百兴等，2008；水利部等，2010；刘运河和唐德富，1988），剖析了黑土区风蚀环境条件（杨新等，2006），分析了东北黑土区土壤侵蚀环境和水土流失特点（张晓平等，2006；范昊明等，2004），讨论了冻融侵蚀发生的气候环境条件（张瑞芳等，

2009，2008）。

（2）不同季节坡面侵蚀的主控因子研究：4 月的冻融作用能明显增加土壤侵蚀，而夏秋高强度的侵蚀性降雨是导致土壤侵蚀量增加的主要原因（Li et al.，2010）；春季降雨能加强冻融和融雪作用，进而加剧坡面侵蚀（Hu et al.，2012，2009；Li et al.，2010）。

（3）坡面侵蚀–沉积变化规律：范昊明等（2005）发现从岗顶至坡下部，坡面侵蚀–沉积依次为岗顶溅蚀带、片蚀加强带、片蚀强烈带、片蚀减缓带和坡下沉积带，并认为各侵蚀带分布状况受地面坡度、坡长及坡形的影响。杨维鸽等（2016）的研究表明，凸型坡侵蚀强度呈现强—弱—较强—弱—沉积强的分布规律；而复合坡侵蚀受坡度和坡长的综合影响，侵蚀强度呈现弱—强—弱—较强—沉积强的分布规律。王禹等（2010a）基于 ^{137}Cs 示踪技术发现，在厚层黑土区的直型坡面，土壤侵蚀速率沿坡长变化存在周期性的强弱交替现象，其平均坡长约为 142 m。冯志珍（2018）的研究结果也表明，在薄层黑土区土壤侵蚀速率沿坡长变化存在 144～150 m 和 75～88 m 主周期和次周期性的强弱交替分布规律。An 等（2014a）的研究结果表明，黑土区坡面侵蚀随坡长变化表现为轻度（坡顶）—强（坡中部）—沉积（坡下部）的变化趋势。

（4）冻融和融雪侵蚀研究：基于田间观测和模拟试验分析了融雪径流量、冻融循环、表层土壤解冻深度等因子对融雪侵蚀的影响（刘佳，2011；范昊明等，2010，2009；景国臣等，2008），划分了冻融侵蚀类型（景国臣，2003），并基于土壤物理力学性质的测定，分析了冻融作用影响黑土坡面土壤侵蚀的机理（王恩姮等，2014a，2014b，2010；王展等，2013；范昊明等，2011b；温美丽，2009）；还有学者基于模拟降雨和模拟径流冲刷试验量化了冻融作用对黑土坡面侵蚀的影响（刘笑妍等，2017；邱璧迎等，2014；范昊明等，2011b，2010）。范昊明等（2013）基于对融雪侵蚀研究进展的分析，提出了积雪融化产生的径流对土壤颗粒进行冲刷和搬运的过程及融雪过程中冻融作用引起土壤性状的改变是土壤融雪侵蚀两个主要的研究方向。

（5）降雨侵蚀和径流侵蚀研究：降雨驱动力对侵蚀的作用贡献大于坡面汇流驱动力的作用贡献，雨滴侵蚀对黑土区坡面水蚀的贡献率可达 72.3%～96.2%（温磊磊，2013；安娟等，2011）；同时对于顺坡垄作坡面，上方汇流与降雨的协同作用加速了坡面土壤流失，降雨和汇流的协同效应使土壤流失量比二者单独作用的总和增加了 21.1%～56.7%（Wang et al.，2020）。

（6）坡面严重侵蚀部位的界定：在顺坡垄作坡面以汇流侵蚀主导时，坡面侵蚀产沙大多来自垄丘与垄沟的坡脚处，其对坡面侵蚀产沙的贡献占 90%以上，而在降雨和汇流协同作用下，坡面侵蚀产沙主要来自垄丘，其贡献占 53.0%～67.5%（Wang et al.，2020）。同时，研究还发现，对于 320 m 长缓坡，无论是融雪侵蚀还是降雨侵蚀，坡面侵蚀最严重的部位出现在坡长为 167～203 m 的坡面中部。而在流域尺度，坡面侵蚀最严重的部位是流域上游（杨维鸽，2018）。这些结论为坡面重点侵蚀部位的侵蚀防治提供了理论依据。

（7）坡面土壤侵蚀影响因子研究：量化了降雨特征对坡面侵蚀的影响（詹敏等，1998）；分析了降雨雨型对坡面侵蚀的影响，发现减弱型降雨（降雨过程中雨强先大后小）引起的侵蚀量最大（An et al.，2014b；温磊磊等，2012）；探讨了坡度和坡长对坡面侵蚀的影响，发现随着坡度的增加坡面侵蚀产沙量变化复杂（李桂芳等，2015；李洪丽等，2013），当地面坡度大于2°时，坡面侵蚀量急剧增加（An et al.，2014a）；建立了坡面侵蚀速率与坡度和坡长关系式（杨维鸽等，2016）。剖析了横坡垄作、顺坡垄作、斜坡垄作及顺坡窄垄作和宽垄作等方式对黑土坡面土壤侵蚀的影响，发现正常条件下顺坡垄作方式是造成坡面水蚀的重要原因（边锋等，2016；何超等，2018；Xu et al，2018；赵玉明等，2012），而在极端暴雨条件下横坡垄和斜坡垄断垄现象是加剧黑土坡面水蚀的途径（桑琦明等，2020；王磊等，2018；郑粉莉等，2016）；同时研究还发现，顺坡垄作的宽垄种植较窄垄种植可显著减少侵蚀量（王磊等，2019）。

（8）模型建立及模拟：建立了土壤可蚀性估算模型（王彬等，2012）、坡面水蚀预报模型（张宪奎等，1992；林素兰等，1997）及考虑冻融作用的农耕地土壤风蚀模型（武欣慧等，2016）。

1.3 复合土壤侵蚀研究存在的问题与研究重点

1.3.1 复合土壤侵蚀研究存在的问题

1. 复合土壤侵蚀过程研究

目前复合土壤侵蚀过程研究存在以下问题：①多关注单一侵蚀营力作用下的特定侵蚀过程，而较少考虑多侵蚀营力互作下非线性耦合的复合土壤侵蚀过程研究，缺乏对自然条件下各侵蚀营力及其交互作用对土壤侵蚀贡献的量化研究；②对水力或风力驱动下的水蚀过程和风蚀过程的研究较为深入，而对风水复合侵蚀过程研究相对较少，现有研究大多关注风水复合侵蚀（前期风蚀作用对后期水蚀的影响）过程研究，较少关注水风复合侵蚀（前期水蚀作用对后期风蚀的影响）过程研究；③冻融–风力–水力–重力交互和叠加的复合侵蚀过程研究还相对薄弱，现有研究大多关注冻融作用对风蚀和水蚀过程的影响研究，很少关注冻融–风力–水力交互和叠加作用对侵蚀过程的影响，尤其是冻融–风力–水力–重力交互和叠加作用的复合土壤侵蚀过程研究仍是空白；④从流域尺度评估冻融–风力–水力交互和叠加作用对流域侵蚀产沙贡献的研究还是空白，有关冻融–风力–水力–重力交互和叠加作用对沟蚀的影响还鲜见报道；⑤复合土壤侵蚀研究方法与技术尚待进一步创新。

2. 复合土壤侵蚀交互叠加过程的力学机制研究

目前冻融过程和冻融–融雪侵蚀过程中水热迁移和应力变化的定量刻画严重不足，一定程度上限制了以冻融作用为纽带的复合侵蚀过程机理的深入研究；风水复合侵蚀及水风复合过程，尤其是风力–水力–重力交互和叠加过程的力学和动力学机制研究有待进一步加强。

3. 基于侵蚀动力过程的坡面复合侵蚀数值模拟

目前，国内外尚缺乏针对冻融–水力（融雪、降雨）复合作用的坡面土壤侵蚀过程模拟，大多仍采用水蚀、风蚀等单一营力的侵蚀预报模型进行分别预报后，再结合实测数据叠加分析的方法研究复合侵蚀问题。对于现有的多营力复合侵蚀过程模拟中，由于将侵蚀营力单独分析和过度假设导致参数失真问题给模型模拟带来很大的误差，尤其是冻融过程数值模拟与较为成熟的水蚀预报模型缺乏共同参数（力学指标、水热迁移等）衔接及大多侧重概念描述而非过程机理定量刻画等原因，冻融–水力复合侵蚀动力过程数值模拟研究非常薄弱。此外，风水复合侵蚀过程/水风复合侵蚀过程模拟模型研发还鲜见报道，尤其是冻融–风力–水力复合侵蚀过程模拟模型的研究更是空白。

4. 复合土壤侵蚀防治机理研究

当前世界范围内适用于单一侵蚀营力（水力或风力）作用下的土壤侵蚀防治机理研究取得了重要成果，其在坡面和流域尺度土壤侵蚀防治中起到了重要作用。然而，适用于多营力交互和叠加作用下的复合土壤侵蚀防治机理的研究还相对薄弱，从而在一定程度上影响了复合土壤侵蚀的防治效果，也使得针对复合土壤侵蚀防治的技术缺乏强有力的理论支撑。因此，迫切需要加强复合土壤侵蚀防治的机理研究。

1.3.2　复合土壤侵蚀研究的重点

基于对国内外多营力复合侵蚀的研究动态分析，提出以下复合土壤侵蚀的研究重点。

（1）多种外营力相互作用的坡面复合侵蚀过程机制。目前大多研究聚焦单一侵蚀外营力作用下的坡面侵蚀特征和过程研究，但有关不同季节坡面侵蚀过程与主控影响因子研究，以及多种侵蚀营力互作机制的研究相当薄弱。因此，迫切需要强化复合土壤侵蚀的理论研究，揭示多种外营力相互作用的复合侵蚀过程与机制。

（2）冻融作用对土壤抗侵蚀能力的影响机制。虽然这方面的研究取得了重要进展，但冻融作用对土壤抗侵蚀能力的影响机理、融雪侵蚀过程土壤抗侵蚀能力的动态变化机制等方面的研究还相当薄弱。当前研究重点应是冻融作用下土壤可蚀性动态变化机制，土壤抗侵蚀能力对冻融作用的响应机制等。

（3）区分和量化冻融作用、融雪、降雨径流和风力侵蚀对坡面侵蚀和沟蚀的贡献。各种侵蚀外营力相互叠加和相互影响，但目前各侵蚀营力间交互作用的机理、叠加效应和反馈机理尚不清楚。因此区分多种侵蚀营力对坡面片蚀、细沟和浅沟侵蚀过程的主导作用，量化各侵蚀营力对切沟侵蚀的贡献是当前需要强化的研究领域。

（4）复合侵蚀作用的流域尺度泥沙来源的诊断。由于多营力相互作用和相互叠加，东北黑土区流域泥沙来源更加复杂，需要建立针对这种特殊侵蚀环境的复合指纹示踪方法，以便更有效地诊断流域泥沙来源，为流域水土保持规划提供重要科学支持。

（5）复合土壤侵蚀预报模型研发。国内外现有成熟的土壤侵蚀模型，皆是针对单一营力的水蚀或风蚀预报，目前尚未有适用于复合侵蚀的预报模型，因此亟待开展相关研究。

（6）复合土壤侵蚀防治措施的有效性评价。数十余年来，国家在东北黑土区先后启动了一系列水土流失综合治理试点工程。由于理论研究滞后于生产实践，治理工程实施效果不佳。因此，迫切需要开展复合土壤侵蚀防治措施评价工作，科学回答保护黑土地应采取哪些技术措施等重大技术问题，为国家宏观决策和工程实施提供重要科技支撑。

（7）东北黑土区复合土壤侵蚀防治分区。黑土区属于多营力叠加的复合土壤侵蚀区，但现阶段中国尚未有关于黑土区复合侵蚀分区的图件，严重影响了黑土区侵蚀防治工作的开展。因此亟待开展东北黑土区复合土壤侵蚀防治分区研究。

主要参考文献

安娟, 郑粉莉, 李桂芳, 等. 2011. 不同近地表土壤水文条件下雨滴打击对黑土坡面养分流失的影响. 生态学报, 31(24): 7579-7590.

毕贵权, 张侠, 李国玉, 等. 2010. 冻融循环对黄土物理力学性质影响的试验. 兰州理工大学学报, 36(2): 114-117.

边锋, 郑粉莉, 徐锡蒙, 等. 2016. 东北黑土区顺坡垄作和无垄作坡面侵蚀过程对比. 水土保持通报, 36(1): 11-16.

蔡强国. 1998. 坡面细沟发生临界条件研究. 泥沙研究, (1): 54-61.

程根伟, 范继辉, 彭立. 2017. 高原山地土壤冻融对径流形成的影响研究进展. 地球科学进展, 32(10): 1020-1029.

程圣东, 杭朋磊, 李占斌, 等. 2018. 初始解冻深度对冻融坡面侵蚀产沙过程的影响. 西安理工大学学报, 34(3): 257-263, 293.

丁文峰, 李占斌, 鲁克新, 等. 2003. 坡面细沟发生临界水动力条件初探. 土壤学报, 40(6): 822-828.

鄂竟平. 2008. 中国水土流失与生态安全综合科学考察总结报告. 中国水土保持, (12): 3-7.

范昊明, 蔡强国, 崔明. 2005. 东北黑土漫岗区土壤侵蚀垂直分带性研究. 农业工程学报, 21(6): 8-11.

范昊明, 蔡强国, 王红闪. 2004. 中国东北黑土区土壤侵蚀环境. 水土保持学报, 18(2): 66-70.

范昊明, 郭萍, 武敏, 等. 2011a. 春季解冻期白浆土融雪侵蚀模拟研究. 水土保持通报, 31(6): 130-133.

范昊明, 钱多, 周丽丽, 等. 2011b. 冻融作用对黑土力学性质的影响研究. 水土保持通报, 31(3): 81-84.

范昊明, 武敏, 周丽丽, 等. 2013. 融雪侵蚀研究进展. 水科学进展, 24(1): 146-152.

范昊明, 武敏, 周丽丽, 等. 2010. 草甸土近地表解冻深度对融雪侵蚀影响模拟研究. 水土保持学报, 24(6): 28-31.

范昊明, 张瑞芳, 周丽丽, 等. 2009. 气候变化对东北黑土冻融作用与冻融侵蚀发生的影响分析. 干旱区资源与环境, 23(6): 48-53.

范荣生, 李占斌. 1993. 坡地降雨溅蚀及输沙模型. 水利学报, (6): 24-29.

冯奇, 肖飞, 杜耘, 等. 2018. 丹江口典型区域土壤侵蚀年内季节性分布研究. 环境科学与技术, 41(6): 168-174.

冯志珍. 2018. 东北薄层黑土区土壤侵蚀-沉积对土壤质量和玉米产量的影响研究. 杨陵: 西北农林科技大学博士学位论文.

付强, 侯仁杰, 李天霄, 等. 2016. 冻融土壤水热迁移与作用机理研究. 农业机械学报, 47(12): 99-110.

付强, 侯仁杰, 王子龙, 等. 2015. 冻融期积雪覆盖下土壤水热交互效应. 农业工程学报, 31(15): 101-107.

高峰, 詹敏, 战辉. 1989. 黑土区农地侵蚀性降雨标准研究. 中国水土保持, (11): 21-23, 65.

高学田, 包忠谟. 2001. 降雨特性和土壤结构对溅蚀的影响. 水土保持学报, 15(3): 24-26, 47.

高学田, 唐克丽. 1997. 神府—东胜矿区风蚀水蚀交互作用研究. 土壤侵蚀与水土保持学报, 3(4): 2-8.

高学田, 唐克丽. 1996. 风蚀水蚀交错带侵蚀能量特征. 水土保持通报, 16(3): 27-31, 60.

郭耀文. 1997. 雨滴侵蚀特征分析. 中国水土保持, (4): 15-17.

海春兴, 史培军, 刘宝元, 等. 2002. 风水两相侵蚀研究现状及我国今后风水蚀的主要研究内容. 水土保持学报, 16(2): 50-52, 56.
何超, 王磊, 郑粉莉, 等. 2018. 垄作方式对薄层黑土区坡面土壤侵蚀的影响. 水土保持学报, 32(5): 24-28.
何清, 杨兴华, 艾力・买买提明, 等. 2010. 塔中地区土壤风蚀的影响因子分析. 干旱区地理, 33(4): 502-508.
何文清, 赵彩霞, 高旺盛, 等. 2005. 不同土地利用方式下土壤风蚀主要影响因子研究——以内蒙古武川县为例. 应用生态学报, 16(11): 2092-2096.
和继军, 唐泽军, 蔡强国. 2010. 内蒙古农牧交错区农耕地土壤风蚀规律的风洞试验研究. 水土保持学报, 24(4): 35-39.
侯仁杰. 2016. 冻融土壤水热互作机理及环境响应研究. 长春: 东北农业大学硕士学位论文.
胡伟, 郑粉莉, 边锋. 2016. 降雨能量对东北典型黑土区土壤溅蚀的影响. 生态学报, 36(15): 4708-4717.
胡云锋, 刘纪远, 庄大方. 2003. 土壤风力侵蚀研究现状与进展. 地理科学进展, 22(3): 188-195.
黄金柏, 付强, 王斌, 等. 2011. 黄土高原北部水蚀风蚀交错带坡面降雨分析. 农业工程学报, 27(8): 108-114.
黄炎和, 卢程隆, 郑添发, 等. 1992. 闽东南天然降雨雨滴特征的研究. 水土保持通报, 12(3): 29-33.
江忠善, 宋文经, 李秀英. 1983. 黄土地区天然降雨雨滴特性研究. 中国水土保持, (3): 34-38.
姜义亮, 郑粉莉, 温磊磊, 等. 2017. 降雨和汇流对黑土区坡面土壤侵蚀的影响试验研究. 生态学报, 37(24): 8207-8215.
焦剑, 谢云, 林燕, 等. 2009. 东北地区融雪期径流及产沙特征分析. 地理研究, 28(2): 333-344.
景国臣. 2003. 冻融侵蚀的类型及其特征研究. 中国水土保持, (10): 21-22, 46.
景国臣, 张丽华, 李爽. 2008. 黑龙江省融雪水侵蚀形式及防治技术. 黑龙江水利科技, 36(6): 37-39.
李光录, 吴发启, 赵小风, 等. 2009. 雨滴击溅下薄层水流的输沙机理研究. 西北农林科技大学学报(自然科学版), 37(9): 149-154.
李桂芳. 2016. 典型黑土区坡面土壤侵蚀影响因素与动力学机理研究. 北京: 中国科学院研究生院(陕西杨陵: 中国科学院教育部水土保持与生态环境研究中心)博士学位论文.
李桂芳, 郑粉莉, 卢嘉, 等. 2015. 降雨和地形因子对黑土坡面土壤侵蚀过程的影响. 农业机械学报, 46(4): 147-154, 182.
李洪丽, 韩兴, 张志丹, 等. 2013. 东北黑土区野外模拟降雨条件下产流产沙研究. 水土保持学报, 27(4): 49-52, 57.
李鹏, 李占斌, 郑良勇, 等. 2005. 坡面径流侵蚀产沙动力机制比较研究. 水土保持学报, 19(3): 66-69.
李秋艳, 蔡强国, 方海燕. 2010. 风水复合侵蚀与生态恢复研究进展. 地理科学进展, 29(1): 65-72.
李占斌, 李社新, 任宗萍, 等. 2015. 冻融作用对坡面侵蚀过程的影响. 水土保持学报, 29(5): 56-60.
林素兰, 黄毅, 聂振刚, 等. 1997. 辽北低山丘陵区坡耕地土壤流失方程的建立. 土壤通报, 28(6): 261-253.
林燕, 谢云, 王晓岚. 2003. 土壤水蚀模型中的融雪侵蚀模拟研究. 水土保持学报, 17(3): 16-20.
刘昌明, 成立. 2000. 黄河干流下游断流的径流序列分析. 地理学报, 55(3): 257-265.
刘汉涛, 麻硕士, 窦卫国, 等. 2006. 土壤风蚀量随残茬高度的变化规律研究. 干旱区资源与环境, 20(4): 182-185.
刘佳. 2011. 东北黑土冻融作用机理与春季解冻期土壤侵蚀模拟研究. 沈阳: 沈阳农业大学硕士学位论文.
刘佳, 范昊明, 周丽丽, 等. 2009a. 春季解冻期降雨对黑土坡面侵蚀影响研究. 水土保持学报, 23(4): 64-67.
刘佳, 范昊明, 周丽丽, 等. 2009b. 冻融循环对黑土容重和孔隙度影响的试验研究. 水土保持学报, 23(6): 186-189.
刘铁军, 赵显波, 赵爱国, 等. 2013a. 东北黑土地土壤风蚀风洞模拟试验研究. 水土保持学报, 27(2):

67-70.
刘铁军, 刘艳萍, 赵显波. 2013b. 黑土地冻融作用与土壤风蚀研究. 北京: 中国水利水电出版社.
刘铁军, 珊丹, 郭建英, 等. 2011. 东北黑土区土壤风力侵蚀及发展趋势分析. 安徽农业科学, 39(36): 22387-22389.
刘笑妍, 张卓栋, 张科利, 等. 2017. 不同尺度下冻融作用对东北黑土区产流产沙的影响. 水土保持学报, 31(5): 45-50.
刘兴土, 阎百兴. 2009. 东北黑土区水土流失与粮食安全. 中国水土保持, (1): 17-19.
刘绪军, 景国臣, 杨亚娟, 等. 2015. 冻融交替作用对表层黑土结构的影响. 中国水土保持科学, 13(1): 42-46.
刘彦辰, 王瑄, 周丽丽, 等. 2016. 冻融坡面土壤剥蚀率与侵蚀因子关系分析. 农业工程学报, 32(8): 136-141.
刘运河, 唐德富. 1988. 水土保持. 哈尔滨: 黑龙江科学技术出版社.
刘章, 杨明义, 张加琼. 2016. 黄土高原水蚀风蚀交错带坡耕地土壤风蚀速率空间分布. 科学通报, 61(Z1): 511-517.
马美景, 王军光, 郭忠录, 等. 2016. 放水冲刷对红壤坡面侵蚀过程及溶质迁移特征的影响. 土壤学报, 53(2): 365-374.
倪万魁, 师华强. 2014. 冻融循环作用对黄土微结构和强度的影响. 冰川冻土, 36(4): 922-927.
邱璧迎, 范昊明, 武敏, 等. 2014. 上坡融雪径流对下坡融雪影响的模拟试验. 中国水土保持科学, 12(5): 72-76.
桑琦明, 王磊, 郑粉莉, 等. 2020. 东北黑土区坡耕地斜坡垄作与顺坡垄作土壤侵蚀对比分析. 水土保持学报, 34(3): 73-78.
史彦江, 宋锋惠, 罗青红, 等. 2009. 伊犁河谷缓坡地融雪侵蚀特征研究. 新疆农业科学, 46(5): 1111-1116.
史志华, 宋长青. 2016. 土壤水蚀过程研究回顾. 水土保持学报, 30(5): 1-10.
水利部. 2018. 中国水土保持公报.
水利部, 中国科学院, 中国工程院. 2010. 中国水土流失防治与生态安全·东北黑土区卷. 北京: 科学出版社.
宋阳, 刘连友, 严平. 2006. 风水复合侵蚀研究述评. 地理学报, 61(1): 77-88.
孙宝洋. 2018. 季节性冻融对黄土高原风水蚀交错区土壤可蚀性作用机理研究. 杨陵: 西北农林科技大学博士学位论文.
孙宝洋, 李占斌, 肖俊波, 等. 2019. 冻融作用对土壤理化性质及风水蚀影响研究进展. 应用生态学报, 30(1): 337-347.
孙艳萍, 张晓萍, 徐金鹏, 等. 2012. 黄土高原水蚀风蚀交错带植被覆盖时空演变分析. 西北农林科技大学学报(自然科学版), 40(2): 143-150, 156.
汤立群. 1995. 坡面降雨溅蚀及其模拟. 水科学进展, 6(4): 304-310.
唐克丽. 1991. 黄土高原地区土壤侵蚀区域特征及其治理途径. 北京: 中国科学技术出版社.
唐克丽. 2000. 黄土高原水蚀风蚀交错区治理的重要性与紧迫性. 中国水土保持, (11): 11-12, 17.
唐克丽, 侯庆春, 王斌科, 等. 1993. 黄土高原水蚀风蚀交错带和神木试区的环境背景及整治方向. 中国科学院水利部西北水土保持研究所集刊(神木水蚀风蚀交错带生态环境整治技术及试验示范研究论文集), (2): 2-15.
脱登峰, 许明祥, 马昕昕, 等. 2014. 风水交错侵蚀条件下侵蚀泥沙颗粒变化特征. 应用生态学报, 25(2): 381-386.
脱登峰, 许明祥, 郑世清, 等. 2012a. 风水两相侵蚀对坡面产流产沙特性的影响. 农业工程学报, 28(18): 142-148.
脱登峰, 许明祥, 郑世清, 等. 2012b. 黄土高原风蚀水蚀交错区侵蚀产沙过程及机理. 应用生态学报,

23(12): 3281-3287.
王彬. 2013. 土壤可蚀性动态变化机制与土壤可蚀性估算模型. 杨凌: 西北农林科技大学博士学位论文.
王彬, 郑粉莉, 王玉玺. 2012. 东北典型薄层黑土区土壤可蚀性模型适用性分析. 农业工程学报, 28(6): 126-131.
王大雁, 马巍, 常小晓, 等. 2005. 冻融循环作用对青藏粘土物理力学性质的影响. 岩石力学与工程学报, 24(23): 4313-4319.
王恩姮, 卢倩倩, 陈祥伟. 2014a. 模拟冻融循环对黑土剖面大孔隙特征的影响. 土壤学报, 51(3): 490-496.
王恩姮, 赵雨森, 夏祥友, 等. 2014b. 冻融交替后不同尺度黑土结构变化特征. 生态学报, 34(21): 6287-6296.
王恩姮, 赵雨森, 陈祥伟. 2010. 季节性冻融对典型黑土区土壤团聚体特征的影响. 应用生态学报, 21(4): 889-894.
王飞超, 任宗萍, 李鹏, 等. 2018. 模拟降雨下冻融作用对坡面侵蚀过程的影响. 水土保持研究, 25(1): 72-75, 83.
王贵平. 1998. 细沟侵蚀研究综述. 中国水土保持, (8): 24-26.
王磊, 何超, 郑粉莉, 等. 2018. 黑土区坡耕地横坡垄作措施防治土壤侵蚀的土槽试验. 农业工程学报, 34(15): 141-148.
王磊, 师宏强, 刘刚, 等. 2019. 黑土区宽垄和窄垄耕作的顺坡坡面土壤侵蚀对比. 农业工程学报, 35(19): 176-182.
王玲. 2016. 陡坡地水蚀过程与泥沙搬运机制. 杨陵: 西北农林科技大学博士学位论文.
王万忠. 1984. 黄土地区降雨特性与土壤流失关系的研究III——关于侵蚀性降雨的标准问题. 水土保持通报, (2): 58-63.
王禹, 杨明义, 刘普灵. 2010a. 典型黑土直型坡耕地土壤侵蚀强度的小波分析. 核农学报, 24(1): 98-103, 87.
王禹, 杨明义, 刘普灵. 2010b. 东北黑土区坡耕地水蚀与风蚀速率的定量区分. 核农学报, 24(4): 790-795.
王玉玺, 解运杰, 王平. 2002. 东北黑土区水土流失成因分析. 水土保持科技情报, (3): 27-29.
王展, 张玉龙, 虞娜, 等. 2013. 冻融作用对土壤微团聚体特征及分形维数的影响. 土壤学报, 50(1): 83-88.
魏霞, 李勋贵, Huang C H. 2015. 交替冻融对坡面产流产沙的影响. 农业工程学报, 31(13): 157-163.
魏霞, 丁永建, 李勋贵. 2012. 冻融侵蚀研究的回顾与展望. 水土保持研究, 19(2): 271-275.
温磊磊. 2013. 降雨和汇流对典型黑土区农耕地侵蚀过程的影响研究. 杨陵: 西北农林科技大学博士学位论文.
温磊磊, 郑粉莉, 杨青森, 等. 2012. 雨型对东北黑土区坡耕地土壤侵蚀影响的试验研究. 水利学报, 43(9): 1084-1091.
温美丽, 刘宝元, 魏欣, 等. 2009. 冻融作用对东北黑土容重的影响. 土壤通报, 40(3): 492-495.
吴发启, 赵晓光, 朱首军. 1999. 黄土高原南部侵蚀能量组成与分级特征. 土壤侵蚀与水土保持学报, 5(4): 56-61.
吴光艳, 吴发启, 尹武君, 等. 2011. 陕西杨凌天然降雨雨滴特性研究. 水土保持研究, 18(1): 48-51.
吴普特, 周佩华. 1992. 雨滴击溅在薄层水流侵蚀中的作用. 水土保持通报, 12(4): 19-26, 47.
吴淑芳, 吴普特, 宋维秀, 等. 2010. 黄土坡面径流剥离土壤的水动力过程研究. 土壤学报, 47(2): 223-228.
武欣慧, 刘铁军, 孙贺阳. 2016. 考虑冻融作用的东北黑土地耕作土壤风蚀统计模型研究. 干旱区资源与环境, 30(6): 147-152.
肖东辉, 冯文杰, 张泽, 等. 2015. 冻融循环作用下黄土渗透性与其结构特征关系研究. 水文地质工程地质 42(4): 43-49.

肖东辉, 冯文杰, 张泽. 2014a. 冻融循环作用下黄土孔隙率变化规律. 冰川冻土, 36(4): 907-912.
肖东辉, 冯文杰, 张泽, 等. 2014b. 冻融循环对兰州黄土渗透性变化的影响. 冰川冻土, 36(5): 1192-1198.
肖俊波. 2017. 季节性冻融对土壤可蚀性影响的试验研究. 杨陵: 西北农林科技大学硕士学位论文.
肖培青, 郑粉莉. 2003. 上方汇水汇沙对坡面侵蚀过程的影响. 水土保持学报, 17(3): 25-27, 41.
谢胜波, 屈建军, 韩庆杰. 2012. 青藏高原冻融风蚀形成机理的实验研究. 水土保持通报, 32(2): 64-68.
阎百兴, 杨育红, 刘兴土, 等. 2008. 东北黑土区土壤侵蚀现状与演变趋势. 中国水土保持, (12): 26-30.
杨会民. 2017. 半固定风沙土坡面风水复合侵蚀试验研究. 北京: 北京师范大学博士学位论文.
杨会民, 王静爱, 邹学勇, 等. 2016. 风水复合侵蚀研究进展与展望. 中国沙漠, 36(4): 962-971.
杨维鸽. 2018. 典型黑土区土壤侵蚀对土壤质量和玉米产量的影响研究. 北京: 中国科学院大学(陕西杨陵: 中国科学院教育部水土保持与生态环境研究中心)博士学位论文.
杨维鸽, 郑粉莉, 王占礼, 等. 2016. 地形对黑土区典型坡面侵蚀-沉积速率空间分布特征的影响. 土壤学报, 53(3): 572-581.
杨新, 郭江峰, 刘洪鹄, 等. 2006. 东北典型黑土区土壤风蚀环境分析. 地理科学, 6(4): 4443-4448.
姚文艺, 肖培青, 申震洲, 等. 2011. 坡面产流过程及产沙临界对立地条件的响应关系. 水利学报, 42(12): 1438-1444.
尹武君, 王健, 刘旦旦. 2011. 地表水层厚度对雨滴击溅侵蚀的影响. 灌溉排水学报, 30(4): 115-117.
查轩, 唐克丽. 2000. 水蚀风蚀交错带小流域生态环境综合治理模式研究. 自然资源学报, 15(1): 97-100.
詹敏, 厉占才, 信玉林. 1998. 黑土侵蚀区降雨参数与土壤流失关系. 黑龙江水专学报, 1: 40-43.
张光辉, 卫海燕, 刘宝元. 2001. 坡面流水动力学特性研究. 水土保持学报, 15(1): 58-61.
张海欧, 解建仓, 南海鹏, 等. 2016. 冻融交替对复配土壤团粒结构和有机质的交互作用. 水土保持学报, 30(3): 273-278.
张洪江. 2008. 土壤侵蚀原理. 第二版. 北京: 中国林业出版社.
张辉, 李鹏, 鲁克新, 等. 2017. 冻融作用对坡面侵蚀及泥沙颗粒分选的影响. 土壤学报, 54(4): 836-843.
张科利, 刘宏远. 2018. 东北黑土区冻融侵蚀研究进展与展望. 中国水土保持科学, 16(1): 17-24.
张科利, 秋吉康宏. 1998. 坡面细沟侵蚀发生的临界水力条件研究. 土壤侵蚀与水土保持学报, 4(1): 42-47.
张攀, 姚文艺, 刘国彬, 等. 2019a. 砒砂岩区典型小流域复合侵蚀动力特征分析. 水利学报, 50(11): 1384-1391.
张攀, 姚文艺, 刘国彬, 等. 2019b. 土壤复合侵蚀研究进展与展望. 农业工程学报, 35(24): 154-161.
张平仓. 1999. 水蚀风蚀交错带水风两相侵蚀时空特征研究——以神木六道沟小流域为例. 土壤侵蚀与水土保持学报, 5(3): 93-94.
张庆印, 樊军, 张晓萍. 2012. 水蚀对风蚀影响的室内模拟试验. 水土保持学报, 26(2): 75-79.
张瑞芳, 王瑄, 范昊明, 等. 2009. 我国冻融区划分与分区侵蚀特征研究. 中国水土保持科学, 7(2): 24-28.
张瑞芳, 范昊明, 王瑄, 等. 2008. 辽宁省冻融侵蚀发生的气候环境条件分析. 水土保持研究, 15(2): 8-12.
张宪奎, 许靖华, 邓育江, 等. 1992. 黑龙江省土壤流失方程的研究. 水土保持通报, 12(4): 1-9, 18.
张晓平, 梁爱珍, 申艳, 等. 2006. 东北黑土水土流失特点. 地理科学, 26(6): 687-692.
张新和, 郑粉莉, 张鹏, 等. 2007. 黄土坡面侵蚀方式演变过程中汇水坡长的侵蚀产沙作用分析. 干旱地区农业研究, 25(6): 126-131.
张洋, 李占斌, 张翔, 等. 2016. 内蒙古风蚀水蚀交错区土壤侵蚀的空间分布特征. 内蒙古农业大学学报(自然科学版), 37(6): 50-58.
赵显波, 刘铁军, 许士国, 等. 2015. 季节冻土区黑土耕层土壤冻融过程及水分变化. 冰川冻土, 37(1): 233-240.

赵玉明, 刘宝元, 姜洪涛. 2012. 东北黑土区垄向的分布及其对土壤侵蚀的影响. 水土保持研究, 19(5): 1-6.

郑粉莉, 边锋, 卢嘉, 等. 2016. 雨型对东北典型黑土区顺坡垄作坡面土壤侵蚀的影响. 农业机械学报, 47(2): 90-97.

郑粉莉. 1998. 坡面降雨侵蚀和径流侵蚀研究. 水土保持通报, 18(6): 20-24.

郑粉莉, 高学田. 2004. 坡面汇流汇沙与侵蚀—搬运—沉积过程. 土壤学报, 41(1): 134-139.

郑粉莉, 高学田. 2003. 坡面土壤侵蚀过程研究进展. 地理科学, 23(2): 230-235.

郑粉莉, 唐克丽, 张成娥. 1995. 降雨动能对坡耕地细沟侵蚀影响的研究. 人民黄河, (7): 22-24, 46, 62.

郑粉莉, 唐克丽, 白红英, 等. 1994. 子午岭林区不同地形部位开垦裸露地降雨侵蚀力的研究. 水土保持学报, 8(1): 26-32.

郑粉莉, 张加琼, 刘刚, 等. 2019. 东北黑土区坡耕地土壤侵蚀特征与多营力复合侵蚀的研究重点. 水土保持通报, 39(4): 314-319.

郑腾辉, 邢媛媛, 何凯旋, 等. 2016. 雨滴击溅与薄层水流混合侵蚀的输沙机理. 西北农林科技大学学报(自然科学版), 44(3): 211-218.

周海燕, 王瑛珏, 樊恒文, 等. 2013. 宁夏中部干旱带砂田抗风蚀性能研究. 土壤学报, 50(1): 41-49.

周宏飞, 王大庆, 马健, 等. 2009. 新疆天池自然保护区春季融雪产流特征分析. 水土保持学报, 23(4): 68-71.

周丽丽, 王铁良, 范昊明, 等. 2009. 未完全解冻层对黑土坡面降雨侵蚀的影响. 水土保持学报, 23(6): 1-4, 37.

邹学勇, 张春来, 程宏, 等. 2014. 土壤风蚀模型中的影响因子分类与表达. 地球科学进展, 29(8): 875-889.

左小锋, 王磊, 郑粉莉, 等. 2020. 冻融循环和土壤性质对东北黑土抗剪强度的影响. 水土保持学报, 34(2): 30-35, 42.

An J, Liu Q J, Wu Y Z. 2015. Optimization of the contour ridge system for controlling nitrogen and phosphorus losses under seepage condition. Soil Use and Management, 31(1): 89-97.

An J, Zheng F, Wang B. 2014a. Using ^{137}Cs technique to investigate the spatial distribution of erosion and deposition regimes for a small catchment in the black soil region, Northeast China. Catena, 123: 243-251.

An J, Zheng F, Han Y. 2014b. Effects of rainstorm patterns on runoff and sediment yield processes. Soil Science, 179(6): 293-303.

An J, Zheng F, Liu J, et al. 2012. Invistigating the role of raindrop impact on hydodyamicmechanisms of soil erosion under simulated rainfall conditions. Soil Science, 177(8): 517-526.

Assouline S, Govers G, Nearing M A. 2017. Erosion and lateral surface processes. Vadose Zone Journal, 16(12): 2011-2017.

Ban Y B, Lei T W, Liu Z Q, et al. 2016. Comparison of rill flow velocity over frozen and thawed slopes with electrolyte tracer method. Journal of Hydrology, 534: 630-637.

Boardman J. 2006. Soil erosion science: Reflections on the limitations of current approaches. Catena, 68(2): 73-86.

Bullard J E, McTainsh G H. 2003. Aeolian-fluvial interactions in dryland environments: Examples, concepts and Australia case study. Progress in Physical Geography, 27(4): 471-501.

Bullard J E, Livingstone I. 2002. Interactions between aeolian and fluvial systems in dryland environments. Area, 34(1): 8-16.

Carlos G, Pasi V, Janolof L, et al. 2018. Spatial modeling of sediment transfer and identification of sediment sources during snowmelt in an agricultural watershed in boreal climate. Science of the Total Environment, 612: 303-312.

Coote D R, Malcolm C A. 1988. Seasonal variation of erodibility indices based on shear strength and aggregate stability in some ontario soils. Canadian Journal of Soil Science, 68(2): 405-416.

Dagesse D F. 2011. Effect of freeze-drying on soil aggregate stability. Soil Science Society of America

Journal, 75(6): 2111-2121.
Dagesse D F. 2010. Freezing-induced bulk soil volume changes. Canadian Journal of Soil Science, 90(3): 389-401.
Dunkerley D. 2008. Rain event properties in nature and in rainfall simulation experiments: A comparative review with recommendations for increasingly systematic study and reporting. Hydrological Processes, 22(22): 4415-4435.
Eigenbrod K D. 1996. Effects of cyclic freezing and thawing on volume changes and permeabilities of soft fine-gained soils. Canadian Geotechnical Journal, 33(4): 529-537.
Erpul G, Norton L D, Gabriels D. 2003. Sediment transport from interrill areas under wind-driven rain. Journal of Hydrology, 276(1): 184-197.
Ferreira A G, Singer M J. 1985. Energy dissipation for water drop impact into shallow pools. Soil Science Society of America Journal, 49(6): 1537-1542.
Ferrick M G, Gatto L W. 2005. Quantifying the effect of a freeze-thaw cycle on soil erosion: Laboratory experiments. Earth Surface Processes and Landforms, 30(10): 1305-1326.
Field J P, Breshears D D, Whicker J J. 2009. Toward a more holistic perspective of soil erosion: Why aeolian research needs to explicitly consider fluvial processes and interactions. Aeolian Research, 1(1): 9-17.
Flanagan D C, Foster G R. 1989. Storm pattern effect on nitrogen and phosphorus losses in surface runoff. Transactions of the ASAE, 32(2): 535-544.
Flerchinger G N, Saxton K E. 1989. Simultaneous heat and water model of a freezing snow-residue-soil system I. Theory and development. Transactions of the ASAE, 32(2): 565-571.
Foster G R, Meyer L D, Huggins L F. 1968. Simulation of overland flow on short field plots. Water Resources Research, 4(6): 1179-1187.
Froese J C, Cruse R M, Ghaffarzadeh M. 1999. Erosion mechanics of soils with an impermeable subsurface layer. Soil Science Society of America Journal, 63(6): 1836-1841.
Fryrcar D W, Chen W N, Lester C. 2001. Revised wind erosion equation. Annals of Arid Zone, 40(3): 265-279.
Gao X F, Li F H, Chen C, et al. 2018. Effects of thawed depth on the sediment transport capacity by melt water on partially thawed black soil slope. Land Degradation & Development, 30(1): 84-93.
Gao X, Xie Y, Liu G, et al. 2015. Effects of soil erosion on soybean yield as estimated by simulating gradually eroded soil profiles. Soil & Tillage Reasearch, 145: 126-134.
Gendugov V M, Glazunov G P. 2009. Unity of mechanisms of water and wind erosion of soils. Eurasian Soil Science, 42(5): 553-560.
Ghadiri H, Payne D. 1981. Raindrop impact stress. Journal of Soil Science, 32(1): 41-49.
Ghazavi M, Roustaie M. 2009. The influence of freeze-thaw cycles on the unconfined compressive strength of fiber-reinforced clay. Cold Regions Science & Technology, 61(2): 125-131.
Gilley J E, Finker S C. 1985. Estimating soil detachment caused by raindrop impact. Transactions of the ASAE, 28(1): 140-146.
Guo Q K, Hao Y F, Liu B Y. 2015. Rates of soil erosion in China: a study based on runoff plot data. Catena, 124: 68-76.
Guo T, Wang Q, Li D, et al. 2010. Sediment and solute transport on soil slope under simultaneous influence of rainfall impact and scouring flow. Hydrological Processes, 24(11): 1446-1454.
Han Y, Zheng F, Xu X. 2017. Effects of rainfall regime and its character indices on soil loss at loessial hillslope with ephemeral gully. Journal of Mountain Science, 14(3): 527-538.
Harrison Y. 1998. Late Pleistocene aeolian and fluvial interactions in the development of the Nizzana dune field, Negev Desert, Israel. Sedimentology, 45(3): 507-518.
He J, Li X, Jia L, et al. 2014. Experimental study of rill evolution processes and relationships between runoff and erosion on clay loam and loess. Soil Science Society of America Journal, 78(5): 1716-1725.
Hu L J. 2012. Towards exploring the hybrid soil erosion processes: theoretical considerations. Journal of Soil and Water Conservation, 67(6): 155-157.
Hu L J, Yang H J, Wang Z M, et al. 2009. Alternate actions of freeze-thaw, wind and water generate a unique

hybrid soil erosion phenomenon. Journal of Soil and Water Conservation, 64(2): 59-60.

Hu W, Zheng F, Bian F. 2016. The directional components of splash erosion at different raindrop kinetic energy in the Chinese Mollisol region. Soil Science Society of America Journal, 80(5): 1329-1340.

Huang C H, Laflen J M, Bradford J M. 1996. Evaluation of the detachment-transport coupling concept in the WEPP rill erosion equation. Soil Science Society of America Journal, 60(3): 734-739.

Jia G W, Zhan T L, Chen Y M, et al. 2010. Influence of Rainfall Pattern on the Infiltration into Landfill Earthen Final Cover. Berlin: Springer Berlin Heidelberg: 641-645.

Jomaa S, Barry D A, Heng B C. 2013. Effect of antecedent conditions and fixed rock fragment coverage on soil erosion dynamics through multiple rainfall events. Journal of Hydrology, 484: 115-127.

Kinnell P I A. 2005. Raindrop-impact-induced erosion processes and prediction: A review. Hydrological Processes, 19(14): 2815-2844.

Kirby P C, Mehuys G R. 1987. The seasonal variation of soil erosion by water in Southwestern Quebec. Canadian Journal of Soil Science, 67(1): 55-63.

Knapen A, Poesen J, Govers G, et al. 2007. Resistance of soils to concentrated flow erosion: a review. Earth Science Reviews, 80(1-2): 75-109.

Kok H, McCool D K. 1990. Quantifying freeze-thaw-induced variability of soil strength. Transactions of ASAE, 33(2): 501-506.

Kvaernø S H, Øygarden L. 2006. The influence of freeze-thaw cycles and soil moisture on aggregate stability of three soils in Norway. Catena, 67(3): 175-182.

Laws J O. 1941. Measurements of the fall-velocity of water-drops and raindrops. Transactions, American Geophysical Union, 22(3): 709-721.

Lehrsch G A. 1998. Freeze-thaw cycles increase near-surface aggregate stability. Soil Science, 163(1): 63-70.

Li C, Holden J, Grayson R. 2018. Effects of rainfall, overland flow and their interactions on peatland interrill erosion processes. Earth Surface Processes and Landforms, 43(7): 1451-1464.

Li G, Zheng F, Lu J, et al. 2016. Inflow rate impact on hillslope erosion processes and flow hydrodynamics. Soil Science Society of America Journal, 80(3): 711-719.

Li R, Zhu A X, Song X, et al. 2010. Seasonal dynamics of runoff-sediment relationship and its controlling factors in black soil region of northeast China. Journal of Resources and Ecology, 1(4): 345-352.

Liu H Y, Yang Y, Zhang K L, et al. 2017a. Soil erosion as affected by freeze-thaw regime and initial soil moisture content. Soil Science Society of America Journal, 81(3): 459-467.

Liu J, Chang D, Yu Q. 2016. Influence of freeze-thaw cycles on mechanical properties of a silty sand. Engineering Geology, 210: 23-32.

Liu T J, Xu X T, Yang J. 2017b. Experimental study on the effect of freezing-thawing cycles on wind erosion of black soil in Northeast China. Cold Regions Science & Technology, 136: 1-8.

Lu J, Zheng F, Li G F, et al. 2016. The effects of raindrop impact and runoff detachment on hillslope soil erosion and soil aggregate loss in the Mollisol region of Northeast China. Soil & Tillage Research, 161: 79-85.

Lundekvam H, Skoien S. 1998. Soil erosion in Norway. An overview of measurements from soil loss plots. Soil Use and Management, 14(2): 84-89.

Ma R M, Li Z X, Cai C F. 2014. The dynamic response of splash erosion to aggregate mechanical breakdown through rainfall simulation events in Ultisols (subtropical China). Catena, 121: 279-287.

Marzen M, Iserloh T, De Lima J L M P, et al. 2016. The effect of rain, wind-driven rain and wind on particle transport under controlled laboratory conditions. Catena, 145: 47-55.

McGreevy J P, Whalley W B. 1985. Rock moisture content and frost weathering under natural and experimental conditions: A comparative discussion. Arctic & Alpine Research, 17(3): 337-346.

Meyer L D, Harmon W C, Mcdowell L L. 1980. Sediment sizes eroded from crop row sideslopes. Transactions of the ASAE, 23(4): 891-898.

Morgan R P C, Morgan D D V, Finney H J. 1984. A predictive model for the assessment of soil erosion risk. Journal of Agricultural Engineering Research, 30(3): 245-253.

Morgan R P C, Quinton J N, Smith R E, et al. 1998. The European Soil Erosion Model (EUROSEM): A dynamic approach for predicting sediment transport from fields and small catchments. Earth Surface Processes and Landforms, 23(6): 527-544.

Moss A, Green P. 1983. Movement of solids in air and water by raindrop impact. Effects of drop-size and water-depth variations. Soil Research, 21(3): 257-269.

Musa A, Liu Y, Wang A, et al. 2016. Characteristics of soil freeze-thaw cycles and their effects on water enrichment in the rhizosphere. Geoderma, 264: 132-139.

Mutchler C K, Hansen L M. 1970. Splash of a waterdrop at terminal velocity. Science, 169(3952): 1311-1312.

Nearing M A, Bradford J M. 1985. Single waterdrop splash detachment and mechanical properties of soils. Soil Science Society of America Journal, 49(3): 547-552.

Nishimura T, Kamachi N, Imoto H, et al. 2011. Prefreeze soil moisture and compaction affect water erosion in partially melted andisols. Soil Science Society of America Journal, 75(2): 691-698.

Oygarde L. 2003. Rill and gully development during an extreme winter runoff event in Norway. Catena, 50(2): 217-242.

Oztas T, Fayetorbay F. 2003. Effect of freezing and thawing processes on soil aggregate stability. Catena, 52(1): 1-8.

Palmer R S. 1965. Water drop impact forces. Transactions of the ASAE, 8(1): 69-70.

Römkens M J M. 2010. Erosion and Sedimentation Research in Agricultural Watersheds in the USA: From Past to Present and Beyond. Oxford, Mississippi, USA: 17-26.

Rouhipour H, Ghadiri H, Rose C W. 2006. Investigation of the interaction between flow-driven and rainfall-driven erosion processes. Soil Research, 44(5): 503-514.

Shao Y, Lu H. 2000. A simple expression for wind erosion threshold friction velocity. Journal of Geophysical Research Atmospheres, 105(D17): 22437-22443.

Sharma P P, Gupta S C, Foster G R. 1993. Predicting soil detachment by raindrops. Soil Science Society of America Journal, 57(3): 674-680.

Shen H, Wen L, He Y, et al. 2018. Rainfall and inflow effects on soil erosion for hillslopes dominated by sheet erosion or rill erosion in the Chinese Mollisol region. Journal of Mountain Science, 15(10): 2182-2191.

Shen H, Zheng F, Wen L, et al. 2015. An experimental study of rill erosion and morphology. Geomorphology, 231: 193-201.

Song Y, Yan P, Liu L Y. 2006. A review of the research on complex erosion by wind and water. Journal of Geographical Sciences, 16(2): 231-241.

Sun L Y, Fang H Y, Qi D L, et al. 2013. A review on rill erosion process and its influencing factors. Chinese Geographical Science, 23(4): 389-402.

Tang L, Cong S, Geng L, et al. 2018. The effect of freeze-thaw cycling on the mechanical properties of expansive soils. Cold Regions Science & Technology, 145: 197-207.

Tuo D F, Xu M X, Gao L Q, et al. 2016. Changed surface roughness by wind erosion accelerates water erosion. Journal of Soils and Sediments, 16(1): 105-114.

Van Klaveren R W, McCool D K. 2010. Freeze-thaw and water tension effects on soil detachment. Soil Science Society of America Journal, 74(4): 1327-1338.

Viklander P. 1998. Permeability and volume changes in till due to cyclic freeze/thaw. Canadian Geotechnical Journal, 35(3): 471-477.

Walder J S, Hallet B. 1986. The physical basis of frost weathering: Toward a more fundamental and unified perspective. Arctic & Alpine Research, 18(1): 27-32.

Wall G J, Dickinson W T, Rudra R P, et al. 1988. Seasonal soil erodibility variation in Southwestern Ontario. Canadian Journal of Soil Science, 68(2): 417-424.

Wang L, Zheng F, Zhang X C, et al. 2020. Discrimination of soil losses between ridge and furrow in longitudinal ridge-tillage under simulated upslope inflow and rainfall. Soil & Tillage Research, 198: 104541.

Wang B, Steiner J, Gowda P, et al. 2017. Impact of rainfall pattern on interrill erosion process. Earth Surface Processes and Landforms, 42(12): 1833-1846.

Wang B, Zheng F, Romkens M J M, et al. 2013. Soil erodibility for water erosion: a perspective and Chinese experiences. Geomorphology, 187: 1-10.

Wang L, Shi Z H, Wu G L, et al. 2014. Freeze/thaw and soil moisture effects on wind erosion. Geomorphology, 207: 141-148.

Wei X, Huang C, Wei N, et al. 2019. The impact of freeze-thaw cycles and soil moisture content at freezing on runoff and soil loss. Land Degradation & Development, 30(5): 515-523.

Wei W, Chen L, Fu B, et al. 2006. The effect of land uses and rainfall regimes on runoff and soil erosion in the semi-arid loess hilly area, China. Journal of Hydrology, 335(3): 247-258.

Wen L, Zheng F, Shen H, et al. 2015. Rainfall intensity and inflow rate effects on hillslope soil erosion in the Mollisol region of Northeast China. Natural Hazards, 79(1): 381-395.

Wischmeier W H, Smith D D. 1958. Rainfall energy and its relationship to soil loss. Transaction, American Geophysical Union, 39(2): 285-291.

Xie S B, Qu J J, Xu X T, et al. 2017. Interactions between freeze-thaw actions, wind erosion desertification, and permafrost in the Qinghai-Tibet Plateau. Natural Hazards, 85(2): 829-850.

Xu J X. 2000. The wind-water two-phase erosion and sediment-producing processes in the middle Yellow River basin, China. Science in China Series D-earth Sciences, 43(2): 176-186.

Xu X, Zheng F, Wilson G V, et al. 2018. Comparison of runoff and soil loss in different tillage systems in the Mollisol region of Northeast China. Soil & Tillage Research. 177: 1-11.

Xu X, Zheng F, Wilson G V, et al. 2017. Upslope inflow, hillslope gradient, and rainfall intensity impacts on ephemeral gully erosion. Land Degradation & Development, 28(8): 2623-2635.

Young R A, Wiersma J L. 1973. The role of rainfall impact in soil detachment and transport. Water Resources Research, 9(6): 1629-1636.

Zhang J Q, Yang M Y, Deng X X, et al. 2019. The effect of tillage on sheet erosion on sloping fields in the wind-water erosion crisscross region of the Chinese Loess Plateau. Soil & Tillage Research, 187: 235-245.

Zhang J Q, Yang M Y, Deng X X, et al. 2018a. Beryllium-7 measurements of wind erosion on sloping fields in the wind-water erosion crisscross region on the Chinese Loess Plateau. Science of the Total Environment, 615: 240-252.

Zhang J Q, Yang M Y, Sun X J, et al. 2018b. Estimation of wind and water erosion based on slope aspects in the crisscross region of the Chinese Loess Plateau. Journal of Soils and Sediments, 18(4): 1620-1631.

Zhang X, Zhou Q, Chen W, et al. 2015. Observation and modeling of black soil wind-blown erosion from cropland in Northeastern China. Aeolian Research, 19: 153-162.

Zhang X C. 2017. Evaluating water erosion prediction project model using cesium-137-derived spatial soil redistribution data. Soil Science Society of America Journal, 81(1): 179-188.

Zhang X C, Nearing M K, Miller W P. 1998. Modeling interrill sediment delivery. Soil Science Society of America Journal, 62(2): 438-444.

Zhao P, Li S, Wang E, et al. 2018. Tillage erosion and its effect on spatial variations of soil organic carbon in the black soil region of China. Soil & Tillage Research, 178: 72-81.

第 2 章　东北黑土区多营力作用的复合土壤侵蚀特征及其季节性交替

我国东北黑土区的土壤侵蚀是在水力、风力、冻融、重力等多营力作用下发生的复合侵蚀，其特征表现为各侵蚀类型在时间上的交替和在空间上的叠加。然而，过去的研究主要针对单一侵蚀营力作用下侵蚀过程研究，而对多营力相互作用、相互叠加的复合土壤侵蚀的研究相对较少；尤其是与我国其他水蚀区相比，东北黑土区土壤侵蚀机理研究相当薄弱。当前黑土区坡面土壤侵蚀研究已在侵蚀现状与危害（水利部等，2010；水利部，2013）、单一侵蚀外营力作用下的侵蚀过程（李洪丽等，2013）、影响因素（阎百兴等，2008；张晓平等，2006；范昊明等，2004）、侵蚀速率估算（An et al.，2014；王禹，2010；阎百兴等，2008）、土壤可蚀性（Wang et al.，2013；张科利等，2001）、冻融作用对土壤结构影响（王彬，2013；王彬等，2012；刘佳等，2009a，2019b）等方面取得了一定成果。然而，迄今为止，对多种外营力互作的坡面侵蚀过程与机制的研究鲜有报道。为此，本章基于长期科研积累和大量的试验观测数据，阐明东北黑土区多种外营力作用的复合土壤侵蚀季节性变化特征，不但可丰富复合侵蚀理论，而且对坡面水土保持措施的精准布设也有重要指导意义。

2.1　东北黑土区复合土壤侵蚀的基本特征

东北黑土区复合土壤侵蚀的基本特征可归纳为以下几个方面：

（1）多营力复合侵蚀的典型时空特征为季节性更替和空间叠加：受特殊的地理环境和人为过度垦殖的影响，黑土区坡面土壤侵蚀的显著特点是多种外营力作用下的复合土壤侵蚀在时间上的更替和在空间上的叠加。在时间尺度的季节性更替表现为晚春季节发生融雪侵蚀与昼融夜冻互相交替的复合侵蚀（图 2-1），接着发生耕作侵蚀和风蚀叠加的复合侵蚀（图 2-2），随后在夏季和秋季以水蚀为主（图 2-3），而后晚秋季节由于整地发生耕作侵蚀，以及冬季和早春季节发生的土壤冻胀作用引起土壤颗粒位移和临空部分土体位移（图 2-4）。在空间尺度上表现为水蚀（降雨径流侵蚀和融雪径流侵蚀）、风蚀、重力侵蚀、冻融侵蚀并存，且相互叠加、相互作用，加剧了黑土坡面土壤侵蚀的严重性。室内模拟试验研究结果表明，冻融作用明显加剧了土壤水蚀和风蚀强度，其中在 50 mm/h 和 100 mm/h 降雨强度，有冻融试验处理的坡面水蚀量较未经冻融试验处理分别增加 89.6%和 52.5%；在 9 m/s 和 15 m/s 风速下，有冻融试验处理的土壤风蚀量较未经冻融试验处理分别增加 102.7%和 144.1%；前期土壤冻融与风蚀作用的叠加使坡面水蚀量在 3°和 7°的坡度上分别增加 10.9%和 20.8%。

图 2-1　东北黑土区晚春季节的融雪侵蚀现象

图 2-2　东北黑土区晚春季节的耕作侵蚀与扬尘现象

图 2-3　东北黑土区夏季的坡耕地水蚀

（2）黑土长缓坡汇流作用引起的土壤侵蚀更加突出：受长缓坡地形和顺坡垄作的影响，坡面汇流引起的土壤侵蚀更加明显。东北黑土区坡耕地坡长一般为百米甚至千米。加上顺坡垄作形成的一系列垄–沟系统，加大了坡面汇流作用对坡面侵蚀的贡献。室内模拟降雨试验表明，对于无垄作裸露休闲黑土坡面，在 50 mm/h 或 100 mm/h 降雨强度下，当坡面汇流速率由 10 L/min 增加到 20 L/min 时，坡面侵蚀量增加 1.2～4.7 倍；而对于顺坡垄作坡面，同样试验条件下，坡面侵蚀量增加 1.4～7.6 倍；充分说明了在东北黑土区特殊的长缓坡地形条件下，顺坡垄作明显加大了汇流对坡面土壤侵蚀的作用。

图 2-4 东北黑土区晚春季节的土壤冻胀裂隙与土体位移现象

（3）雨滴打击是黑土坡面水蚀过程的主要驱动力：与我国其他水蚀类型区相比，雨滴打击是东北黑土区坡面土壤侵蚀的主要驱动力。黑土坡面雨滴打击作用对坡面侵蚀的贡献可达到 72.3%～96.2%；而在西北黄土区雨滴侵蚀对坡面侵蚀的贡献占 35%～61%（郑粉莉，1998），在南方红壤区坡面雨滴侵蚀对坡面侵蚀的贡献为 27%～76%（李朝霞，2005）。野外原位模拟降雨试验表明，黑土地表秸秆覆盖量仅为 2 kg/m^2，即可减少 87%的坡面侵蚀量，进一步证明了雨滴打击作用是黑土区坡面侵蚀的主要驱动力，黑土区坡面侵蚀防治应以增加地面覆盖消除雨滴侵蚀为主要途径。

（4）壤中流形成是加剧黑土坡面侵蚀强度的主要驱动因子：由于东北黑土层下覆母质多为黄土状亚黏土或湖相沉积物，土壤质地较为黏重，加之长期耕作形成了坚硬的犁底层，容易导致在雨季和融雪过程中形成壤中流。而壤中流的形成极大降低土壤颗粒间的黏结力，使土壤可蚀性增加，从而加剧坡面土壤侵蚀。室内模拟试验结果表明，与无壤中流发生相比，坡面壤中流的形成使坡面侵蚀量增加了 68.3%～74.3%（An et al.，2012）。

（5）坡度仍是地形因子中影响坡面水蚀的关键因子：尽管东北黑土区坡耕地的坡长较长且坡度较缓，属于典型的长缓坡地形，坡度仍是地形因子中影响坡面水蚀的关键因子。野外观测表明，对于裸露休闲处理的 20 m 坡长的径流小区，当坡度从 3°增加到 5°时，坡面侵蚀强度由 1490.7 t/（km^2·a）增加到 3585.0 t/（km^2·a），增加了 1.40 倍，且侵蚀方式由片蚀为主演变为细沟侵蚀为主，而当地面坡度由 3°增加到 8°时，坡面侵蚀强度达 8867.9 t/（km^2·a），增加了 4.95 倍。同时，室内模拟降雨试验也表明，75 mm/h 和 100 mm/h 降雨强度下，坡度 7.5°和 10°坡面的水蚀强度分别是 5°坡面的 5.08 倍和 1.69 倍。^{137}Cs 示踪技术估算的长坡面侵蚀速率也表明，在长缓坡（坡长为 300～700 m）坡耕地上，当坡度大于 2°时，坡面侵蚀速率随坡度的增大而急剧增加，坡面侵蚀速率（E）与坡度（S）和坡长（L）的关系方程为 $E = 153.88\, S^{1.13}L^{0.15}$（$R^2$=0.73，$p$<0.05）（杨维鸽等，2016），再次佐证了即使在长缓坡地形的黑土区坡度对坡面侵蚀的影响仍然有重要作用。

（6）黑土区长缓坡侵蚀–沉积空间分布特征明显：与西北黄土高原和南方红壤区不

同，黑土区长缓坡侵蚀–沉积空间分布特征明显（图 2-5），且在不同土壤类型区和不同坡型条件下，坡面侵蚀–沉积空间分布规律也不尽相同。大多情况下，坡面中部侵蚀严重，而坡脚沉积严重，由此导致坡脚发生“埋藏土壤”的现象（图 2-6），也因此导致黑土坡面侵蚀严重，出现河流输沙量较小和泥沙输移比很小的现象（王志杰等，2013）。

图 2-5　长缓坡黑土坡面侵蚀–沉积空间分布

图 2-6　长缓坡坡脚泥沙沉积剖面

（7）坡耕地浅沟侵蚀和生产道路侵蚀严重：受高强度降雨和长缓坡地形的影响，无论是在横坡垄作坡面还是在顺坡垄作坡面，浅沟侵蚀非常严重。据野外调查，一场暴雨可使浅沟沟槽下切 2～8 cm，浅沟侵蚀量可达 3000～5000 t/km^2（图 2-7）。坡耕地浅沟侵蚀的结果不但造成大量土壤养分流失，且使耕地面积减少，直接影响黑土地的质量和数量。此外，由于坡面汇流面积大，加上高强度暴雨频繁发生，生产道路侵蚀严重，一场大暴雨或晚春融雪径流，就会导致农田生产道路变成一条深度为 50～80 cm 的侵蚀沟（图 2-8），严重影响农业生产活动，造成耕地数量减少。正如当地村民所说的“一场暴雨和融雪汇流就让道路变成沟”。

图 2-7　坡耕地浅沟侵蚀

图 2-8　生产道路侵蚀严重

2.2　多营力作用的坡面复合土壤侵蚀季节交替特征

多营力复合侵蚀最显著的特征就是各侵蚀营力在时间上的交替和在空间上的叠加。而当前如何定量刻画多营力作用下坡面复合侵蚀的季节性变化并阐明各营力作用下的坡面侵蚀输移过程一直是研究重点。前人利用 ^{137}Cs 示踪技术对长尺度坡面侵蚀–沉积进行了研究（Hu and Zhang，2019；Zhang，2017；方海燕等，2013；刘刚等，2007；王禹等，2010a，2010b；杨明义，2001；张信宝等，1989），利用 ^{7}Be 和 ^{210}Pb 等核素示踪技术对雨季或风季坡面侵蚀–沉积空间分布进行了分析（Hu and Zhang，2019；Zhang et al.，2018；方海燕等，2013；刘刚等，2007；张信宝等，2004；杨明义，2001）；而有关不同营力作用下坡面侵蚀速率及侵蚀–沉积空间变化的研究鲜有报道。稀土元素（REE）作为一种理想的示踪剂，具有与土壤结合能力强、分析灵敏度高、土壤背景含量低、可供选择的元素多等特点，在土壤侵蚀研究中得到了广泛的应用（Zhang et al.，2017；Deasy and Quinton，2010；Polyakov et al.，2009；Liu et al.，2003；Zhang et al.，2003；Zhang et al.，2001）。Zhang 等（2001）证明了稀土元素氧化物与土壤直接混合在坡面尺度上示踪土壤侵蚀的可行性，为在较大的农地坡面上示踪土壤侵蚀提供了可能。Liu 等（2003）采用 REE 技术的条带法研究了 100 m 长的坡面在 4 年内的土壤侵蚀特征，结果表明通过收集径流泥沙测得的土壤侵蚀量与基于 REE 技术的土壤侵蚀量基本一致，表明 REE 示踪技术能很好地估算坡面土壤流失量。Kimoto 等（2006）在 0.68 hm^2 的小流域使用 6 种稀土元素标识流域内不同的地貌单元，评估了 REE 技术对多年尺度的土壤再分布和泥沙来源分析的适用性，发现稀土元素技术适用于流域内沉积物源的追踪。可见，稀土元素示踪技术可为泥沙来源和空间侵蚀–沉积特征的识别提供可靠信息（Polyakov et al.，2009；Kimoto et al.，2006）。然而，从不同部位侵蚀的泥沙在坡面上的空间再分布仍然是示踪技术需要解决的难题之一。

目前对土壤侵蚀的研究主要集中在次侵蚀事件、年际和更长时间尺度上（Polyakov et al.，2009；Kimoto et al.，2006；Polyakov and Nearing，2004）。而迄今为止，关于不同侵蚀外营力作用下，随着季节变化的坡面土壤侵蚀–沉积空间研究仍然比较匮乏，尤其是农地长缓坡土壤侵蚀的季节性变化及空间分布特征研究鲜有报道。因此，通过在典型黑土区选取长缓坡农耕地坡面布设 320 m×5 m 的大型自然坡面径流场，采用网格状点穴法施放 8 种稀土元素示踪不同侵蚀外营力作用下坡面侵蚀速率的季节性变化，量化不同季节土壤侵蚀和沉积的空间分布及不同坡段对侵蚀量的贡献，其研究结果可深化农耕地坡面土壤侵蚀的季节性规律，丰富复合侵蚀理论研究，也为坡面水土保持措施精准布设提供重要科学依据。

2.2.1　试验设计与研究方法

1. 野外大型自然坡面径流场布设

野外大型自然坡面径流观测场位于黑龙江省齐齐哈尔市克山县粮食沟小流域（125°49′56″E，48°3′46″N）的农耕地，属于典型厚层黑土区（水利部等，2010）。大型坡面径流场于 2017 年建造，其长度为 320 m，宽度为 5 m，面积为 1600 m^2，地表处理为裸露休闲。径流场四周用高度为 40 cm 的铁皮隔离，径流场出口处安装一套 xyz-2 型径流泥沙自动收集装置（哈尔滨柏亮科技开发有限公司），实时监测次降雨下坡面径流场的径流和侵蚀过程（图 2-9）。

根据研究区多年（1960～2014 年）风向分布特征，在大型坡面径流场附近选择坡长为 470 m，平均坡度为 5°的农耕地，在坡中部 N-S 方向上以 78.5 m 为间隔安装 4 台多方向梯度集沙仪（图 2-10）。集沙仪高度为 1 m，可同时收集 8 个方向（N、NE、E、SE、S、SW、W 和 NW）及 5 个不同高度范围（0～5 cm、5～10 cm、10～20 cm、20～40 cm 和 40～100 cm）的风蚀物质（共计 40 个样品）。

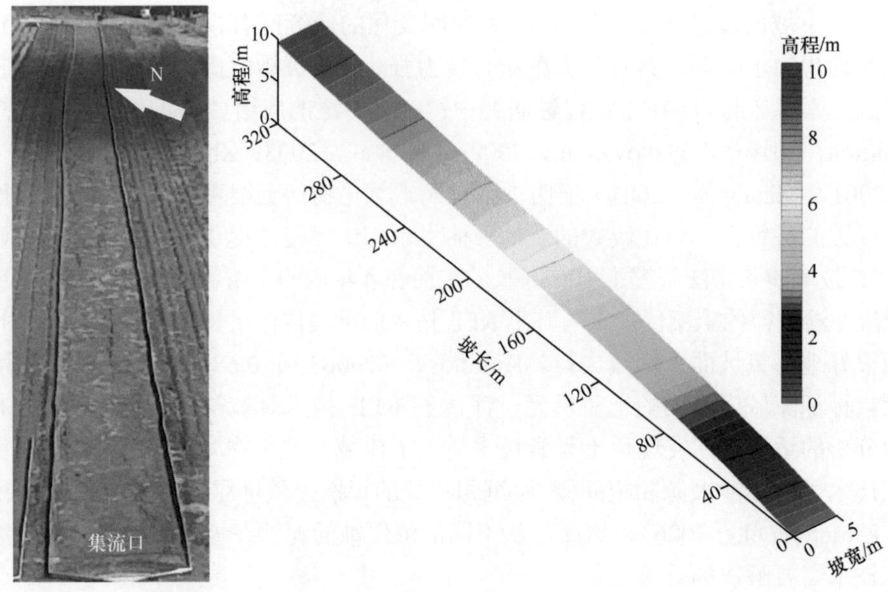

图 2-9　农耕地坡面径流场照片及 DEM

图 2-10　农耕地坡面集沙仪安装位置及照片

2. 观测期间的气象特征

研究开始于 2017 年，在降雪前完成稀土元素的施放，2018 年依据侵蚀外营力的季节更替分批次进行坡面采样。使用 ONSET HOBO U30 自动气象站（Onset Computer Corporation，Bourne，MA，USA）进行降雨、风速风向、气温等指标的观测，数据记录间隔为 5 min。结合当地标准气象站资料，2017～2018 年的降雪量为 31.8 mm，2018 年的降雨量为 485 mm。第一次降雨发生在 2018 年 6 月 7 日，最后一次降雨发生在 9 月 29 日（图 2-11）。试验观测期间，主导风向为 NW 和 NNW，占各风向的 29.8%。无风天气占 32.3%（图 2-12）。

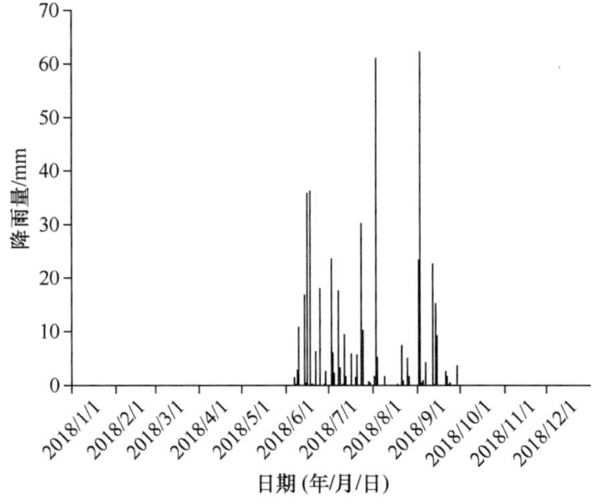

图 2-11　研究区 2018 年 1 月 1 日至 12 月 31 日降雨特征

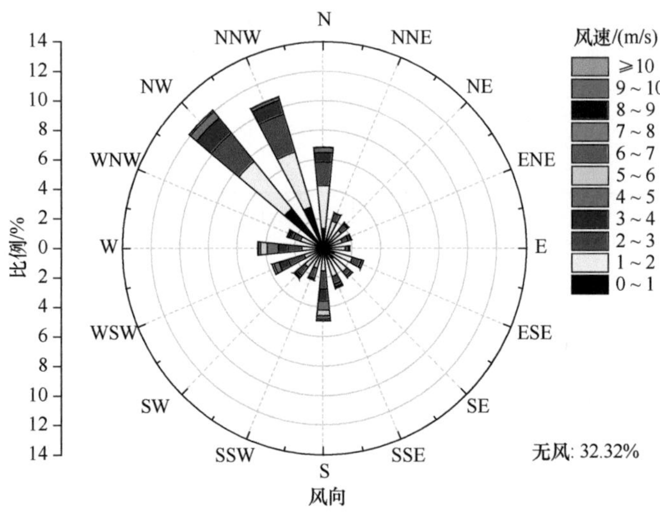

图 2-12　研究区 2018 年 1 月 1 日至 6 月 30 日风速和风向特征

3. 大型自然坡面径流场 REE 布设

1）供试土壤和稀土元素氧化物的特性

供试土壤为黑土，土壤颗粒组成中黏粒（< 2 μm）、粉粒（2～50 μm）与砂粒（50～2000 μm）质量分数分别为 40.6%、48.7%和 10.7%，土壤有机质质量分数为 37.0 g/kg（重铬酸钾氧化–外加热法），pH 为 6.1（水浸提法，水土比 2.5∶1）。本章使用了 8 种不同的粉末状稀土氧化物（Eu_2O_3、Gd_2O_3、Tb_4O_7、Sm_2O_3、CeO_2、La_2O_3、Yb_2O_3 和 Nd_2O_3），用于示踪不同坡位侵蚀速率的空间分布（表 2-1）。

2）网格状点穴法布设方案

以 40 m×5 m 为一个坡段，将整个径流场划分为 8 个坡段。采用网格状点穴法进行稀土元素的布设，每个 40 m 坡段共有 28 个布设点，整个 320 m×5 m 的径流场上共有 224 个布设点。每个布设点为一个直径为 0.5 m 的圆形，0～120 m 坡段和 120～320 m 坡段施放稀土元素的深度分别为 2 cm 和 5 cm。每个布设点沿坡宽方向间隔 1 m 或 1.25 m，即布设 4 个或 3 个点；沿坡长方向间隔 5 m（图 2-13）。

表 2-1 稀土元素氧化物参数及坡面地形特征

坡段/m	平均坡度/（°）	稀土元素氧化物	施放深度/cm	土壤背景值浓度/（mg/kg）	施放浓度/（mg/kg）
0～40	1.2	Eu_2O_3	2	1.08	43.2
40～80	1.4	Gd_2O_3	2	4.44	177.6
80～120	1.4	Tb_4O_7	2	0.676	33.8
120～160	2.0	Sm_2O_3	5	5.51	165.3
160～200	2.1	CeO_2	5	61.7	1234.0
200～240	2.7	La_2O_3	5	31.3	626.0
240～280	2.8	Yb_2O_3	5	2.33	93.2
280～320	2.2	Nd_2O_3	5	31.1	622.0

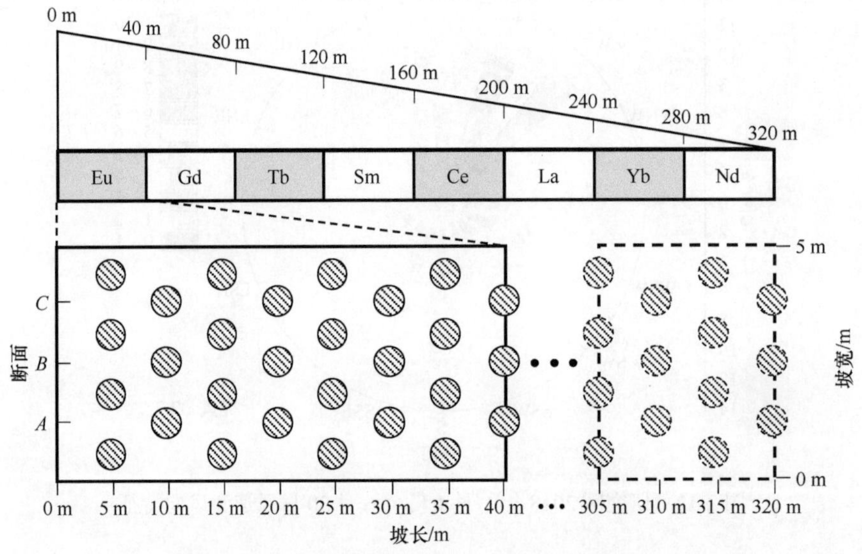

图 2-13 农耕地坡面径流场稀土元素网格状点穴法布设

3）稀土元素布设

为使稀土氧化物与土壤充分均匀混合，本章结合运用逐步稀释法和筛分法。首先使用未标记土壤对稀土元素的浓度逐步稀释，再将稀土元素标记的土壤与未标记的土壤进一步均匀混合。在操作过程中需要确保各种稀土元素之间无交叉污染，具体操作步骤如下所述（Liu et al.，2003）：

（1）通过土壤容重和体积计算每个布设点位置所需的混合土壤质量。在试验径流场旁边的农耕地上取表层 0～20 cm 土壤过 2 mm 筛，土壤质量含水量约为 11%。

（2）根据试验要求计算所需要的稀土元素氧化物质量，使用万分之一天平称取所需质量的稀土氧化物后与 200 g 过 2 mm 筛的土壤充分混合，混合均匀后再加入 500 g 过

2 mm 筛的土壤，继续混合均匀。

（3）重复上述操作直至所需土壤与稀土元素充分均匀混合，后续总共加试验土样混合 5 次，此过程是将高浓度的稀土元素氧化物粉末逐步稀释的过程。

完成上述土壤与 REE 的混合后，使用一个直径为 50 cm、高度为 10 cm 的圆形金属模具（在内部标记有高度刻度）进行标记土壤的布设（图 2-14）。使用两个皮尺来确定布设点的位置。具体操作步骤如下：①将金属模板插入土壤中至预定深度，使用小铲子将金属模板内部的土壤移出，确保移除内部土壤后底部土面平整［图 2-14（a）］；②将制备好的标记土壤放入金属模板中；并用铲子将表面整平，轻拍压实［图 2-14（b）］；同时，将一根长度为 50 cm 的细钢钎插入标记土壤区域的中心，插入深度为 30 cm；③用水雾喷壶润湿标记的土壤区域，以促进稀土元素氧化物与土壤的结合［图 2-14（c）］。

图 2-14　稀土元素与土壤混合物的布设

4. 季节性 REE 土壤样品采集

为了防止在采样过程中人为践踏对土壤的干扰，制作了一个长 6 m、宽 0.2 m、高 0.3 m 的钢桥，在不接触土壤表面的情况下其中心位置可以承重约 200 kg［图 2-15（a）］。在事先布设标记土壤的区域进行 REE 土壤样品的采集，每个标记点按照特定位置采集相同体积的 5 个土壤样品，将 5 个土样混合代表该标记点的平均值［图 2-15（b）］，每个标记的土壤区收集的土壤样品装袋并贴上标签。最后，在取样后的孔中填入空白土，使地表恢复原状。如图 2-16 所示，首先根据初始标记点判断采样点发生侵蚀还是沉积，然后根据稀土元素布设深度来确定采样深度，确保所有布设稀土元素的土壤均被完全采集。土壤样品采集时间分别为当年融雪后（2018 年 3 月 20 日）、风季后（2018 年 6 月 3 日）和雨季后（2018 年 10 月 14 日）。为了保证不同采样时间的采样点位置不重复，制作了一个铁圈来确定采样位置，样品采集完成后在采样点上插入一根竹签进行标记。5

个采样点的位置在下一次采样时顺时针移动到圆圈内的未采样区域。

图 2-15　不同侵蚀季节后坡面采样

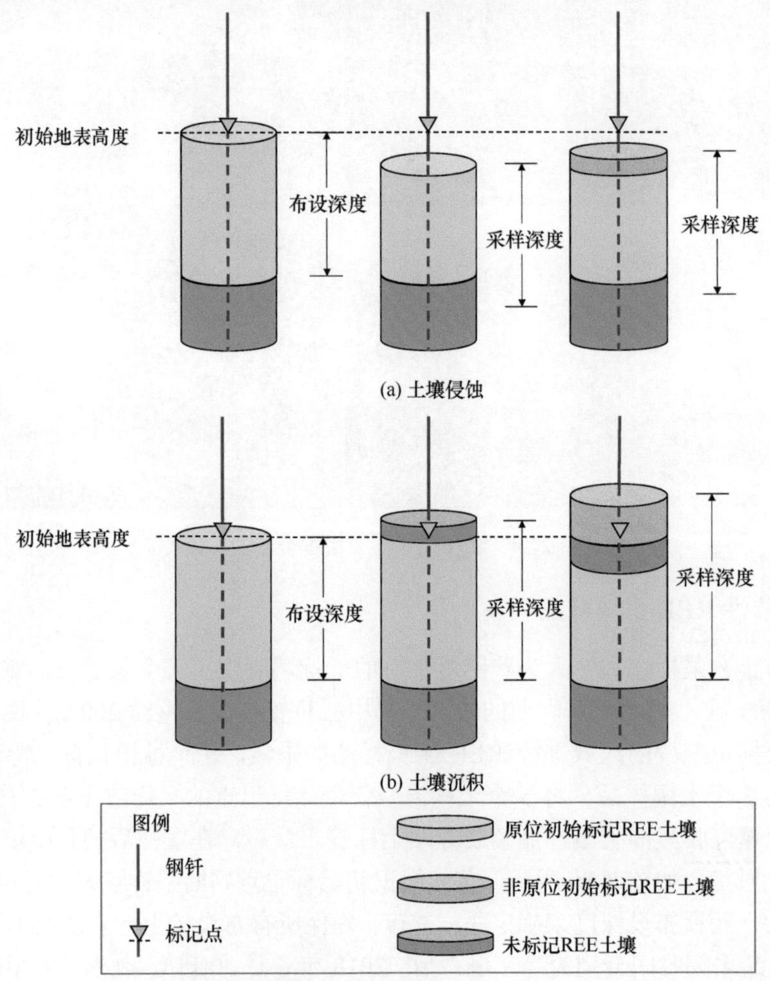

图 2-16　土壤侵蚀和沉积条件下土样采集示意图

（a）采样深度等于稀土元素布设深度；（b）采样深度大于稀土元素布设深度

5. 样品处理及数据分析

稀土元素的测试使用电感耦合等离子体质谱仪（ICP-MS）按照 Xiao 等（2017）的方法进行。样品检测在陕西地建土地工程质量检测有限责任公司完成。基于土壤样品的稀土元素含量计算了土壤侵蚀量和沉积量（Zhang et al.，2017；Michaelides et al.，2010），计算公式如下：

$$d_{\mathrm{b}} = (H_{\mathrm{c}}/M_{\mathrm{c}}) \times M_{\mathrm{b}} \tag{2-1}$$

$$d_{\mathrm{i}} = (H_{\mathrm{c}}/M_{\mathrm{c}}) \times M_{\mathrm{i}} \tag{2-2}$$

其中，

$$M_{\mathrm{c}} \times C_{\mathrm{i}} = M_{\mathrm{i}} \times O_{\mathrm{i}} + M_{\mathrm{b}} \times B_{\mathrm{i}} \tag{2-3}$$

$$M_{\mathrm{i}} = M_{\mathrm{c}} - M_{\mathrm{b}} \tag{2-4}$$

式中，d_{i}为原位标记土壤的剩余深度（cm）；d_{b}为从其他位置迁移到该区域的土壤深度（cm）；H_{c}为采集土壤样品的深度（cm）；M_{c}为采样器一次采集土壤样品的重量（g）；C_{i}为原位标记稀土元素最终实测浓度（mg/g）；M_{i}为原位标记稀土元素土壤剩余重量（g）；O_{i}为稀土元素施放浓度（mg/g）；M_{b}为未标记稀土元素的土壤重量（g）；B_{i}为土壤的背景值浓度（mg/g）。

基于小波分析诊断坡面土壤侵蚀的侵蚀–沉积空间分布特征。小波分析是一种时间尺度的信号分析方法，可以区分时间序列的主周期（Luo et al.，2019；王禹等，2010a）。本书采用 Morlet 小波能够有效地提取出特征时间尺度信号在不同时刻的强度信息，并能消除以实小波变换系数为判据所产生的虚假振荡，其定义为

$$\phi(t) = \mathrm{e}^{\mathrm{i}ct}\mathrm{e}^{-t^2/2} \tag{2-5}$$

对于时间序列 $f(t)$，其连续小波变换定义为

$$W_{\mathrm{f}}(a,b) = \frac{1}{\sqrt{a}}\int_{-\infty}^{\infty} f(t)\mathrm{e}^{\mathrm{i}c\left(\frac{t-b}{a}\right)}\mathrm{e}^{\frac{t}{a}\left(\frac{t-b}{a}\right)^2}\mathrm{d}t \tag{2-6}$$

式中，$W_{\mathrm{f}}(a, b)$为小波系数；a为尺度变量；b为时间变量；i 为虚数；c为常数。

小波方差可以反映小波能量在不同尺度的分布，可以用来确定一个时间序列的主周期（Gao et al.，2014；Li et al.，2008）。在本研究中，时间序列以沿坡长方向的土壤侵蚀速率来表示。小波方差的计算公式如下（Gao et al.，2014）：

$$\mathrm{Var}(a) = \sum \left(W_{\mathrm{f}}\right)^2 (a,b) \tag{2-7}$$

式中，Var（a）为小波方差。

2.2.2 不同外营力作用下黑土坡面侵蚀速率的季节变化和空间分布特征

1. 晚春融雪径流侵蚀特征

从当年降雪到次年春季积雪融化（11 月至次年 3 月），土壤侵蚀一般主要发生在

春季融雪产生径流的几天内。长缓坡黑土坡面不同位置的融雪侵蚀速率变化为–3.3～4.4 kg/m^2（图 2-17）。坡面年融雪侵蚀速率为 537.3 t/km^2。如图 2-17 所示，融雪侵蚀从坡顶到坡脚呈现出强、弱交替变化，土壤侵蚀较严重的区域主要出现在 120～280 m 坡段，其中 120～160 m 坡段的土壤侵蚀最为严重。土壤沉积主要发生在坡脚 30 m 处。

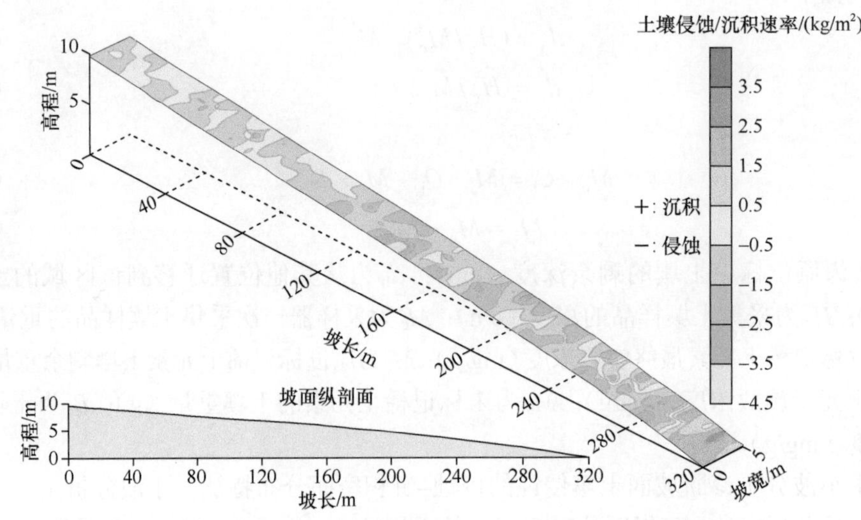

图 2-17 融雪季节坡面侵蚀–沉积空间分布特征（2018 年 3 月 5 日）

在大型自然坡面径流场观测的基础上，通过进一步观测野外标准径流小区（20 m×5 m）裸露休闲地面处理的春季融雪径流侵蚀，发现 20 m 长的黑土坡面年融雪侵蚀强度变化为 0.1～0.5 t/km^2，与长缓坡大型自然径流场融雪侵蚀量有较大差异（表 2-2），这是由于径流小区融雪汇流面积较小，而长缓坡径流场融雪面积为径流小区的 16 倍，较长的坡长为融雪径流提供了充足的上方汇流流量。此外，自然坡面径流小区观测结果还表明，不同地表处理的坡面融雪径流量和含沙浓度有较大差异，顺坡垄作下的融雪侵蚀最为严重。在 3°和 5°坡度下，顺坡垄作坡面的融雪径流含沙浓度分别为 1.2 kg/m^3 和 1.4 kg/m^3，而平坡（无垄）对照处理的融雪径流含沙浓度分别为 0.3 kg/m^3 和 0.5 kg/m^3，相同坡度下前者为后者的 2.4 倍和 4.2 倍。与平坡对照坡面相比，3°和 5°坡度下的顺坡垄作坡面融雪径流量分别增大 80.4 倍和 6.4 倍，融雪径流侵蚀速率分别增大 196.1 倍和 26.8 倍。随着坡度的增加，顺坡垄作坡面径流量和土壤侵蚀速率分别增加 4.9%和 22.5%，平坡对照黑土坡面的径流量和土壤侵蚀速率分别增大 13.2 倍和 9.0 倍。这表明，无论

表 2-2 径流小区坡面融雪径流侵蚀特征

坡度/（°）	地表处理	径流量/mm	土壤侵蚀速率/［t/（km^2·a）］	含沙浓度/（kg/m^3）
3	顺坡垄作	8.1	9.9	1.2
	平坡对照	0.1	0.1	0.5
5	顺坡垄作	5.5	12.1	2.2
	平坡对照	1.3	0.5	0.3

坡面水蚀的侵蚀外营力是降雨还是汇流，亦或冻融循环作用下的融雪径流侵蚀，顺坡垄作的黑土坡面更容易发生严重的土壤侵蚀。

东北黑土区的融雪径流侵蚀过程往往伴随着表层土壤昼融夜冻的循环交替（王一菲等，2019）。地表土壤解冻深度越深，融雪径流产流时间越早，相应的融雪径流量和坡面侵蚀量也越大（范昊明等，2010）。此外，上方汇流也是影响融雪径流量的重要因素，上方汇流一方面加速坡下积雪的融化速率，另一方面随着径流能量的累积，热量的增加也加速了积雪的融化，进而导致融雪径流量进一步增加（邱璧迎等，2014）。虽然融雪一般在一周内就会结束，但由于黑土区坡耕地坡长较长、上方汇水面积较大，融雪水可能会导致剧烈的坡面径流侵蚀（图 2-18）。因此，强化融雪径流侵蚀研究对防治坡耕地土壤侵蚀有重要的意义。

图 2-18　研究区春季融雪侵蚀

2. 融雪径流侵蚀后晚春早夏农田土壤风蚀特征

春季融雪结束后至春播和幼苗期，农田地表基本无植被覆盖，加之此时处于风季（10 月至次年 5 月），降雨较少且风力较大，致使该季节农田土壤风蚀相对严重。由于每年降雪后至积雪全部融化时期内地表土壤处于冻结状态或被积雪覆盖，因而无风蚀发生，所以本章仅考虑融雪结束后至降雨前的风蚀。大型自然坡面径流场观测结果表明，坡面不同部位的风蚀速率为–3.0～3.6 kg/m^2。坡面年风蚀速率为 363.1 t/km^2（图 2-19）。由于地表粗糙度和微地形起伏及观测场附近防护林带对近地表风场的影响，坡面土壤侵蚀和沉积分布没有明显规律，坡面土壤侵蚀和沉积从坡顶到坡脚呈交替斑块状分布。在坡面顶部观察到一些土壤沉积，这可能与本研究区主风向有关。

通过大型自然坡面径流场附近农耕地安装的多方向集沙仪对近地表跃移质的观测，进一步获得了农耕地土壤风蚀信息。坡耕地不同位置的 4 台集沙仪的单宽输沙量显示，N、NE、E、SE、S、SW、W 和 NW 方向的平均单宽输沙量分别为 218.0 g/m、123.4 g/m、136.9 g/m、136.8 g/m、151.1 g/m、158.5 g/m、153.5 g/m 和 235.5 g/m。布设的 4 台集沙仪的单宽输沙量的方向分布均表现为 NW 方向最大，N 方向次之，NE 方向最小。整个地块的单宽输沙量在 W-E 方向表现出先增大后减小的变化趋势（图 2-20）。各个方向的风蚀输沙量大小变化与研究区风季的风向分布特征呈现出较好的一致性，即同为 NW 方向最大，这也与通过 REE 示踪观测到的大型自然坡面径流场在坡顶处的沉积现象一致。

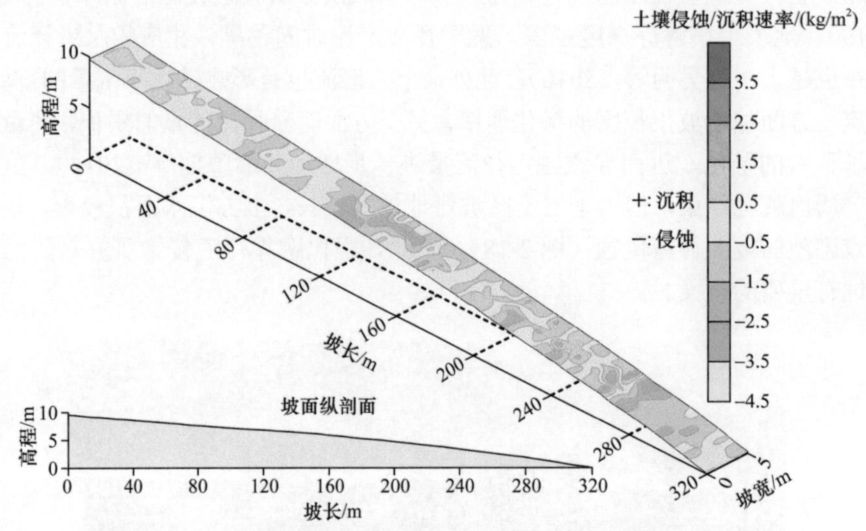

图 2-19　风蚀季节坡面侵蚀–沉积空间分布特征（2018 年 5 月 30 日）

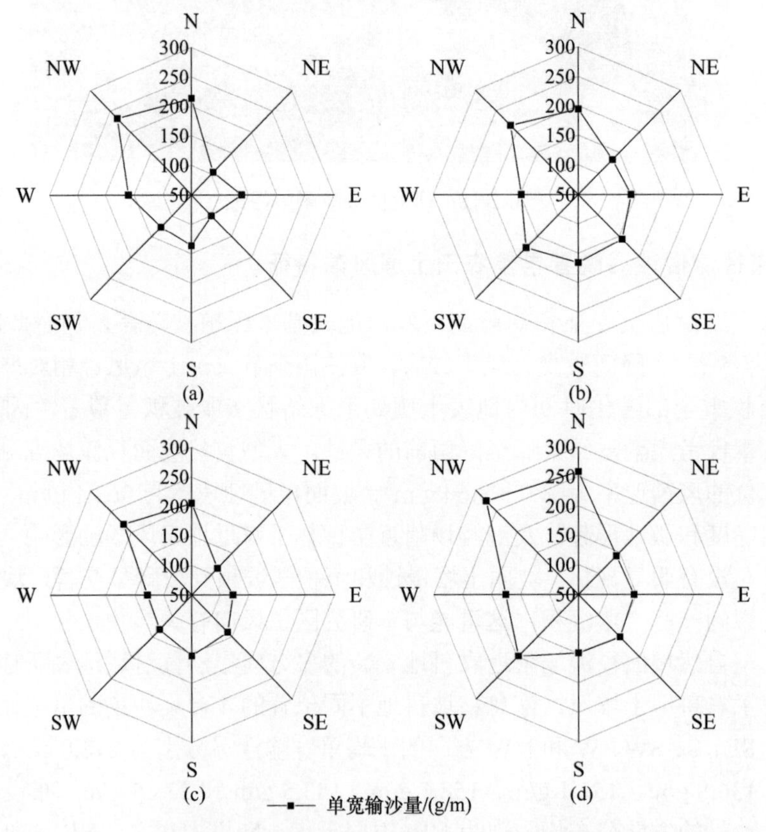

图 2-20　农耕地不同方向的单宽输沙量分布

从融雪季节到雨季之间有一个相对的空窗期，通常持续 2～3 个月。这个时段很少发生侵蚀性降雨，因而坡面基本无水蚀发生，而风蚀成为主要的侵蚀外营力。特别是前期积雪融化过程，连续的昼融和夜冻过程使土壤团聚体破碎（Oztas and Fayetorbay，2003），土壤表面趋于松散且抗侵蚀能力较弱（Formanek et al.，1984），为积雪融化后的农田土壤风蚀发生提供了丰富的物质来源。Zhang 等（2018）研究表明，风蚀与坡度呈线性或指数相关，在坡面凸起处会发生较为严重的土壤侵蚀。这与本章的结果类似，即在约 120 m 和 280 m 的凸地形位置风蚀速率较高。此结果表明，采用保护性耕作措施（留茬、残渣覆盖等）对防治农田土壤风蚀至关重要。

3. 风蚀后夏秋雨季坡面水蚀特征

坡面在风季后和降雪前主要发生降雨侵蚀（5～10 月）。如图 2-21 所示，降雨引起的坡面不同位置土壤侵蚀速率变化为–0.4～–9.3 kg/m^2，沉积速率为 0.5～5.1 kg/m^2。黑土坡面年降雨侵蚀速率为 2350.6 t/km^2，明显大于风蚀和融雪径流侵蚀速率，说明降雨仍是研究区主要的侵蚀外营力。图 2-21 还表明，黑土坡面降雨侵蚀从坡顶到坡脚逐渐增大，在 120～240 m 坡段达到最大，平均侵蚀速率为–4.4 kg/m^2。土壤沉积主要发生在坡脚 290～320 m 坡段，平均沉积速率为 2.7 kg/m^2。

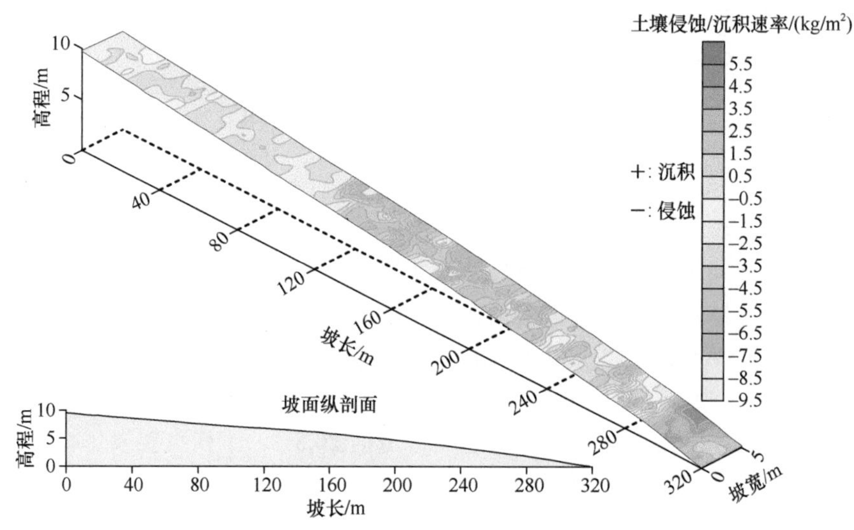

图 2-21　雨季坡面侵蚀–沉积空间分布特征（2018 年 10 月 14 日）

位于大型自然坡面径流场附近的气象观测结果表明，径流场所在的区域年降雨量 485.0 mm，观测到坡面产生径流并造成土壤侵蚀的侵蚀性降雨共计 13 次，侵蚀性降雨量为 374.8 mm，其中有 5 场次降雨量均在 30 mm 以上，造成夏秋雨季坡面土壤侵蚀速率为 2776.8 t/km^2，这与 REE 示踪观测到的结果基本一致。如图 2-22 所示，黑土坡面降雨侵蚀量较大值分别出现在 8 月 3 日和 9 月 3 日，这两场次降雨量分别为 61.0 mm 和 62.2 mm，属于罕见的暴雨，分别造成了 887.4 t/km^2 和 975.6 t/km^2 的坡面土壤侵蚀量，占黑土坡面年总侵蚀量的 67.1%，这也进一步证实了造成东北黑土区严重坡面土壤侵蚀的降雨主要是短历时高强度的暴雨（张宪奎等，1992）。

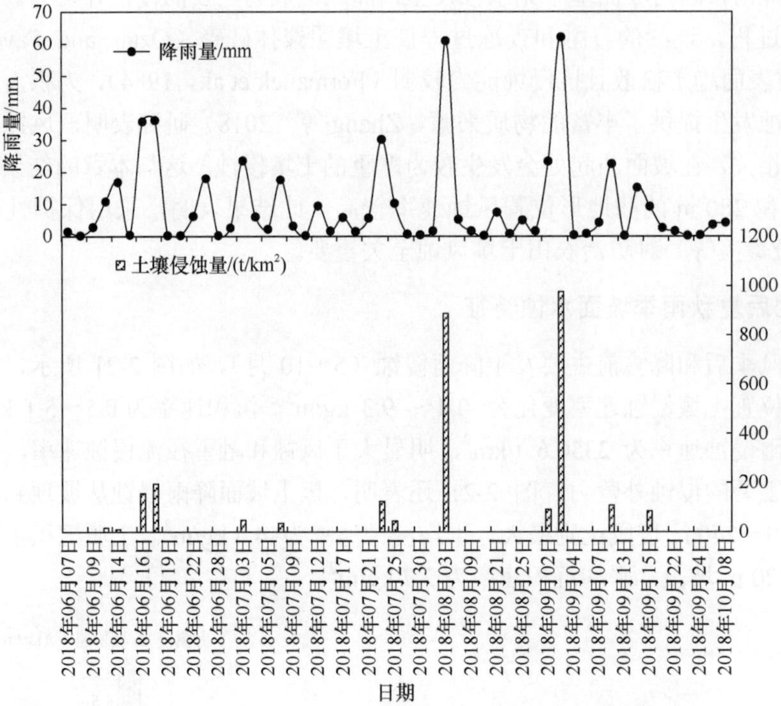

图 2-22　坡面径流场次降雨和坡面侵蚀特征

2.2.3　长缓坡黑土坡面不同坡段土壤侵蚀–沉积特征

根据布设的不同稀土元素将大型自然径流场 320 m 坡长划分为 8 个坡段，分别定量描述了各坡段的土壤侵蚀量或沉积量。在融雪季节，320 m 长缓坡 8 个坡段的土壤侵蚀和沉积量分别为 95.6～289.9 kg 和 0～214.6 kg（图 2-23）。随着坡面上方汇水面积的增大，土壤侵蚀量在坡中部 120～240 m 坡段急剧增加；最大坡面侵蚀量出现在 120～160 m 的坡段，平均侵蚀速率为 1.4 kg/m²，占总侵蚀量的 20.5%。沉积主要发生在坡下部，尤其是 280～320 m 坡段，平均沉积速率为 1.1 kg/m²。

在风蚀季节（3～5 月），320 m 坡长各坡段土壤风力侵蚀和沉积均有发生，风蚀量和沉积量分别为 23.5～313.8 kg 和 5.4～102.7 kg（图 2-24）。8 个坡段的净风蚀量变化为 29.8～313.8 kg。0～120 m 的坡上部风蚀量较小，而到 120～160 m 的坡中部风蚀量陡然增加，随后其又减小到与坡上部相同水平。在 320 m 坡长最大风蚀量出现在 280～320 m 的坡段，平均风蚀速率为 1.6 kg/m²。总体而言，当坡长大于 160 m 时，土壤风蚀量和沉积量均呈逐渐增加的趋势；而坡长小于 160 m 时，土壤风蚀量呈波动变化，而沉积量均呈先减少后增加的变化趋势。

降雨引起的土壤侵蚀量和沉积量显著大于融雪径流侵蚀量和风蚀量。320 m 坡长各个坡段土壤侵蚀量和沉积量分别为 95.9～991.8 kg 和 5.4～439.2 kg（图 2-25）。坡上部土壤侵蚀强度相对较小，侵蚀速率变化为 2.2～2.6 kg/m²。但当坡长超过 120 m，侵蚀速率急剧增大，在 120～160 m 坡段侵蚀速率达到最大，其值为 5.0 kg/m^2。除靠近坡脚处的 280～320 m 坡段外，整个坡面沉积不明显。从坡顶到坡脚，坡面侵蚀速率先缓慢增加，在 120 m 后达到最大值，然后逐渐减小到最小值。

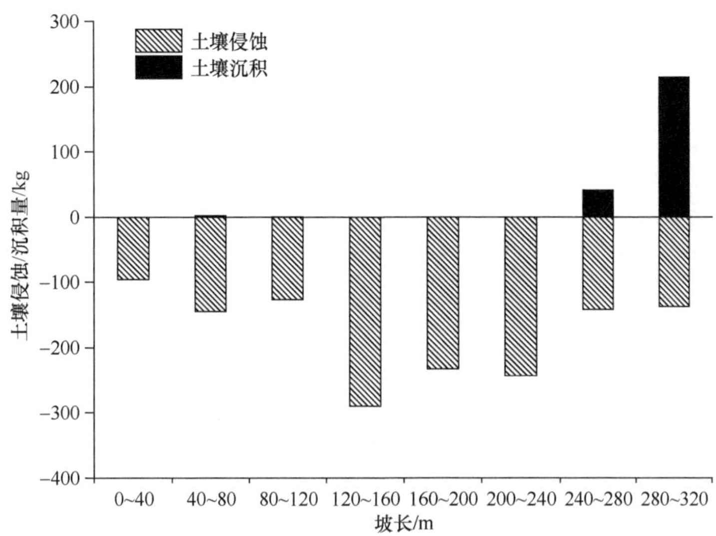

图 2-23　融雪季节后坡面不同坡段的土壤侵蚀–沉积量

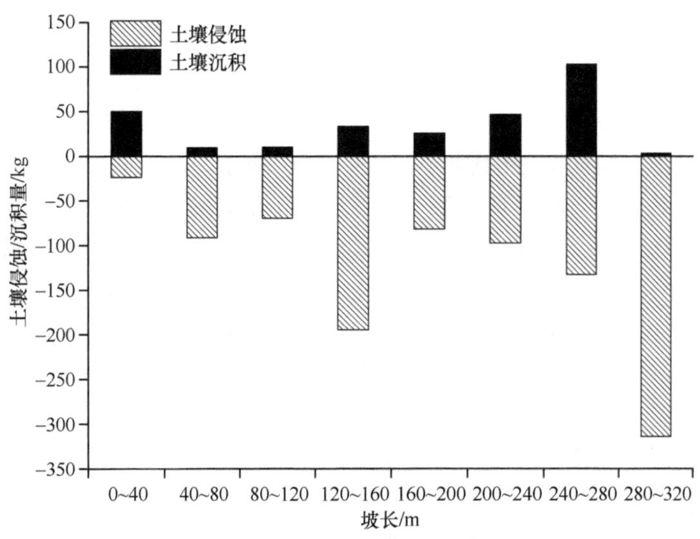

图 2-24　风蚀季节后坡面不同坡段的土壤侵蚀–沉积量

上述结果表明，在融雪期和降雨期，坡面土壤侵蚀–沉积空间分布相似，即均呈现坡上部侵蚀较弱，中下部侵蚀强烈，坡脚发生沉积。融雪和降雨后坡面泥沙搬运受径流输移过程控制（Zhang et al.，2017）。从图 2-17 和图 2-21 可以看出，0～120 m 坡段土壤侵蚀速率相对较弱，120～280 m 坡段侵蚀严重，这可能受径流量沿坡长增加逐渐增加的影响，导致坡下部侵蚀速率增大（Polyakov and Nearing，2004）。此外，坡度的微小变化也是造成 120～280 m 坡段侵蚀严重的原因。与 0～120 m 坡段相比，120～280 m 坡段的坡度由 1°增加到 3°，而坡度的增加加速了坡面流速，导致该坡段的径流侵蚀力和输沙能力增强（Fox and Bryan，2000）。

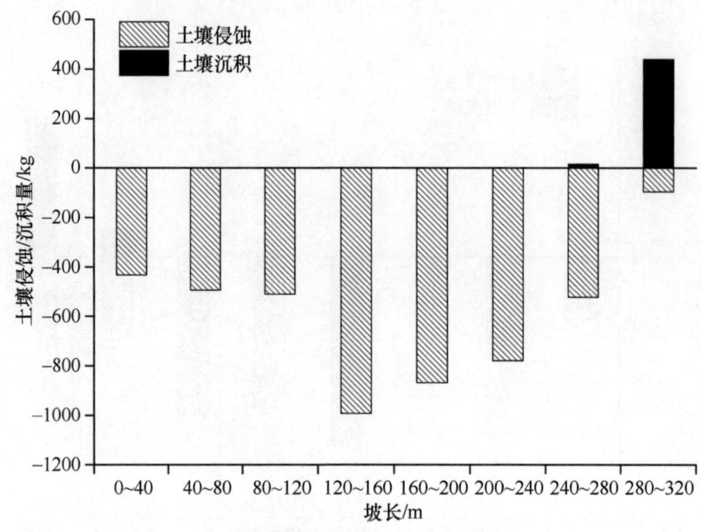

图 2-25　雨季后坡面不同坡段的土壤侵蚀–沉积量

2.2.4　融雪和降雨侵蚀作用下黑土坡面不同坡段泥沙迁移的空间格局

通过在不同坡段标记不同的稀土元素，可以得到不同坡段的泥沙迁移特征。分析坡面融雪和降雨对黑土坡面水蚀的影响，如图 2-26 所示，融雪径流的坡面泥沙搬运能力相对较弱。施放 Eu（0～40 m 坡段）、Gd（40～80 m 坡段）、Tb（80～120 m 坡段）、Sm（120～160 m 坡段）、Ce（160～200 m 坡段）、La（200～240 m 坡段）、Yb（240～280 m 坡段）、Nd（280～300 m 坡段）坡段的侵蚀泥沙在其坡下区域的沉积量分别占该坡段侵蚀量的 76.5%、52.8%、44.4%、24.5%、13.2%、13.9%、4.5%和 0。前三个坡段（0～120 m）侵蚀的泥沙主要沉积在坡下，而后面五个坡段（120～320 m）侵蚀的泥沙大多被输移出径流场。

降雨侵蚀引起的泥沙输移量明显增大。标记区的土壤从各坡段中剥离出来，并沉积在坡下部。由于降雨和上方汇流的影响，从稀土元素施放坡段分离出来的土壤在该段之下的坡面上几乎均有分布（图 2-27）。其中 Eu、Gd、Tb、Sm、Ce、La、Yb 和 Nd 坡段侵蚀出来的泥沙在其坡下的沉积量分别占该坡段侵蚀量的比例分别为 61.6%、65.3%、58.9%、22.4%、23.5%、30.1%、10.0%、0。前两个坡段（0～80 m）侵蚀出的泥沙在下坡段沉积量相对较大，而之后的坡段（80～320 m）坡面的沉积作用有所减弱。

上述结果表明，大部分泥沙从 Eu（0～40m）和 Gd（40～80m）坡段分离并沉积在下坡 80 m 内（图 2-26、图 2-27）。从 Tb（80～120 m）段分离出来的泥沙在下坡 80 m 内沉积作用不明显，这与图 2-17 和图 2-21 所示的 120～240 m 坡段土壤侵蚀较严重的结果相一致。120～240 m 坡度土壤侵蚀较严重的另外一个原因是该区域的坡度发生了

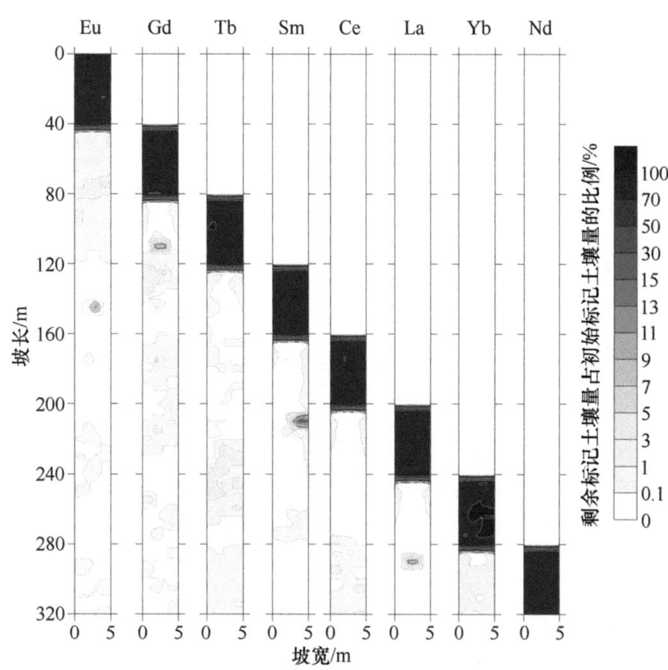

图 2-26　融雪季节后坡面不同坡段泥沙迁移空间分布特征

剩余标记土壤重量占初始标记土壤重量的比例包括原位标记区域的土壤和在下坡沉积的土壤

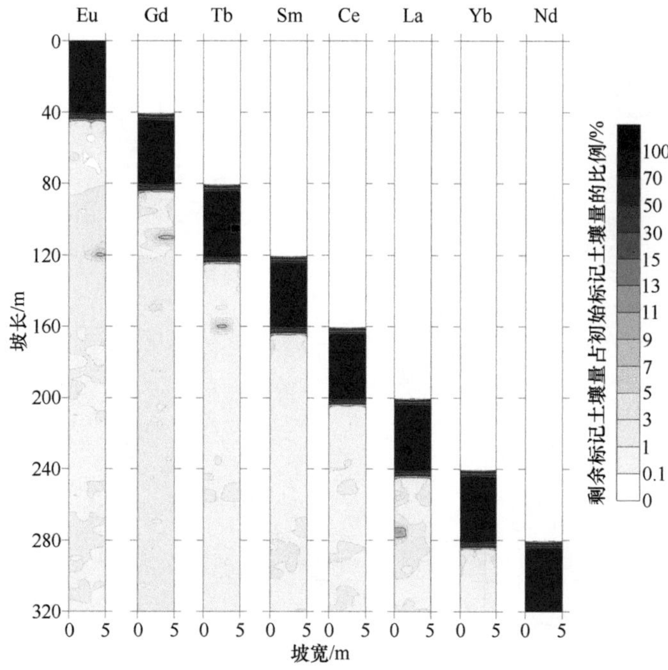

图 2-27　雨季后坡面不同坡段泥沙迁移空间分布特征

剩余标记土壤重量占初始标记土壤重量的比例包括原位标记区域的土壤和在下坡沉积的土壤

变化，由于整个径流场坡面呈微凸形，以 120 m 为界，其上坡段地面坡度约 1°，而其下坡段坡面坡度为 2°～3°。坡度越陡，径流输沙能力越大（Zhang et al.，2009；Fox and Bryan 2000），受地形影响，坡上部（0～120 m 坡段）径流挟沙能力较弱，泥沙输移距离较短。而在 120 m 坡长之后，随着坡度的增大，径流的挟沙能力增加。导致 120～280 m 坡段的泥沙沉积减少。径流场出口附近（280～320 m 坡段）的坡度再次减小至小于 1°，导致该地区沉积量陡然增大。

2.2.5　黑土坡面侵蚀速率随坡长变化的特征分析

小波方差能有效地反映不同坡长尺度下侵蚀强度的变化周期，进而确定沿坡长方向侵蚀和沉积的强弱交替变化特征。选取 *A*、*B*、*C* 三个沿坡长方向的纵断面（图 2-28），对长缓坡黑土坡面在不同季节的侵蚀–沉积变化进行小波分析。结果表明在融雪侵蚀期间，三个自坡顶到坡脚的纵断面侵蚀速率的小波方差均包含一个主周期和一个次周期，小波方差峰值所对应的坡长尺度基本相同，沿坡长方向的坡面侵蚀–沉积速率的主周期

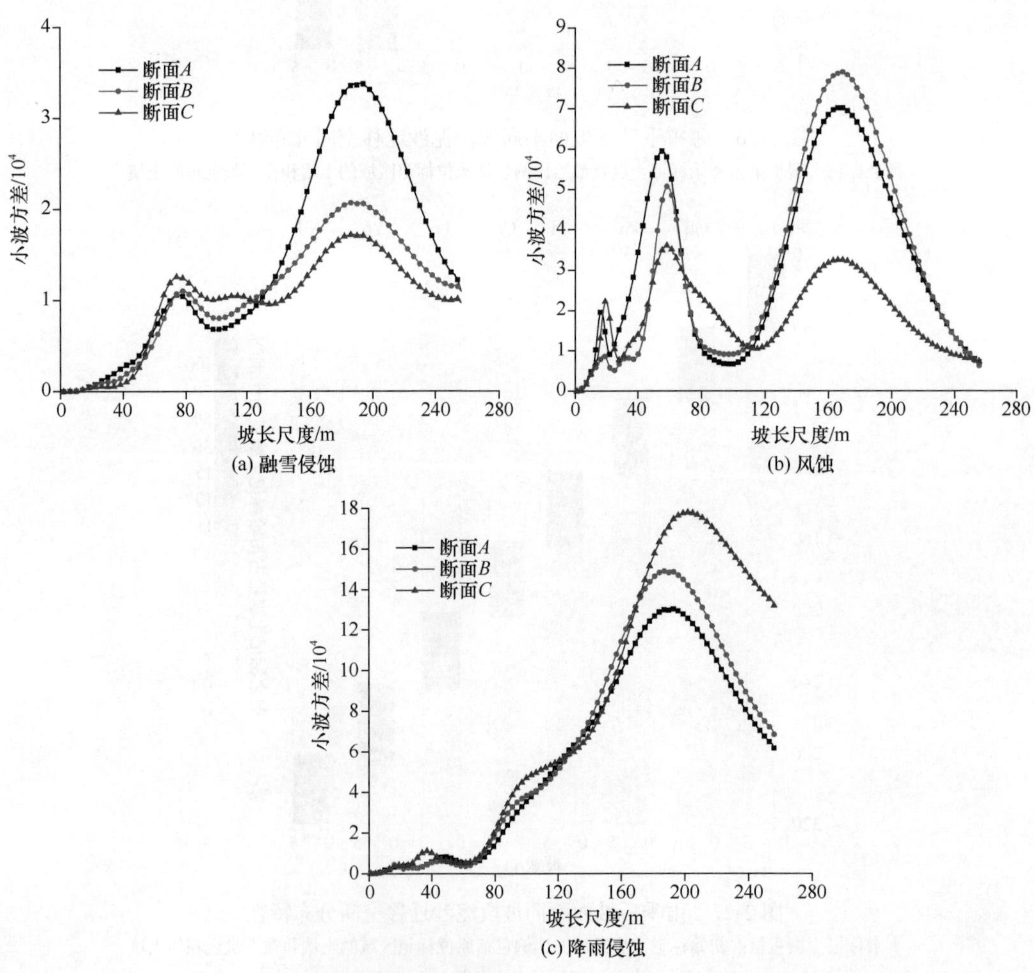

图 2-28　不同季节各坡面不同断面侵蚀速率在坡长尺度上的小波方差

为 188～192 m，次周期为 74～78 m［图 2-28（a）］。在风蚀期间，小波方差有一个主周期和两个次周期。土壤侵蚀速率主周期为 167～169 m，次周期为 55～58 m 和 17～20 m［图 2-28（b）］。雨季坡面水蚀后，三个纵断面侵蚀速率的小波方差只包含一个主周期，而没有明显的次周期，而且三个纵断面的主周期对应的坡长尺度比较接近，为 191～203 m［图 2-28（c）］。

2.3　研究成果的应用

本章首次将基于格网的稀土元素点穴法应用于长缓坡黑土坡面径流场的土壤侵蚀研究。与以往的研究相比，如将稀土元素与土壤的混合物均匀播撒在土壤表面的全坡面布设法（Polyakov et al.，2009；Kimoto et al.，2006；Polyakov and Nearing，2004），可以获得更全面的坡面侵蚀信息，但仅能说明表层土壤在坡面的迁移特征，难以提供深层土壤迁移过程。局部区域布设法如条带法和点穴法在确定特定位置的土壤侵蚀深度方面相对更加准确（Michaelides et al.，2010）。本章采用的点穴法是基于条带法与全坡面布设之间的基于网格状布设的方法，具有统计学基础而且具有更高的空间分辨率来示踪泥沙来源（Haddadchi et al.，2019）。然而，条带法和点穴法都是利用局部变化来代表空间分布的整体特征的方法，在一定程度上忽略了未标记区域的局部变化对整个研究对象的影响。此外值得注意的是，未标记区域的原始土壤移动可能会稀释有稀土元素标记的泥沙，这会使来自特定位置的侵蚀量被低估（Michaelides et al.，2010；Kimoto et al.，2006）。然而，本章采用的在稀土元素布设区域原位取样的方法可以在一定程度上减少泥沙迁移过程中元素稀释的影响。综上所述，基于网格状布设的点穴法具有操作简单、成本低、能够有效表达坡面侵蚀–沉积空间变化特征等优点，适用于大尺度条件下土壤侵蚀和沉积分布的研究。

2.4　结　　语

本章在长期研究积累的基础上，结合网格点穴法的稀土元素示踪技术、野外大型自然坡面径流场和标准径流小区土壤风蚀动态监测等，阐明了黑土区坡面复合土壤侵蚀特征，研究了黑土区长缓坡土壤侵蚀的季节性交替变化及其空间分布特征，丰富了复合土壤侵蚀的基础理论，也为精准实施坡面水土保持措施提供了重要科学依据。主要结论如下：

（1）黑土坡面复合侵蚀的基本特点有：多营力复合侵蚀在时间上的季节性更替和在空间上的叠加，黑土长缓坡汇流作用引起的土壤侵蚀更加突出，雨滴打击是黑土坡面水蚀过程的主要驱动力，壤中流形成是加剧黑土坡面侵蚀严重强度的主要驱动因子，坡度仍是地形因子中影响坡面水蚀的关键因子，黑土区长缓坡侵蚀–沉积空间分布特征明显，坡耕地浅沟侵蚀和生产道路侵蚀严重。

（2）在多侵蚀外营力交错作用下，农耕地长缓坡黑土坡面年土壤侵蚀速率为 3251.0 t/（km^2·a），其中融雪径流侵蚀、风蚀和降雨侵蚀速率分别为 537.3 t/（km^2·a）、

363.1 t/（km^2·a）和 2350.6 t/（km^2·a）。融雪季节坡面侵蚀–沉积速率为–3.3～4.4 kg/m^2；风蚀季节坡面侵蚀–沉积速率为–3.0～3.6 kg/m^2；雨季坡面侵蚀–沉积速率为–9.3～5.1 kg/m^2。融雪径流和降雨引起的坡面水蚀是主要的侵蚀外营力，占每年土壤流失总量的 88.7%。同时，长缓坡黑土坡面土壤侵蚀受局部地形变化的影响，长缓坡较陡地形部位更容易受到水蚀和风蚀的共同影响。

（3）不同季节各侵蚀外营力作用下的黑土坡面土壤侵蚀速率及其空间分布有所差异。融雪季节坡面侵蚀从坡顶到坡脚呈现出强、弱交替变化，土壤侵蚀最严重的区域出现在坡中部 120～160 m 坡段，土壤沉积主要发生在坡脚 30 m 处。风蚀季节坡面土壤侵蚀和沉积分布没有明显规律，坡面土壤侵蚀和沉积从坡顶到坡脚呈交替斑块状分布。雨季坡面侵蚀从坡顶到坡脚逐渐增大，在 120～240 m 的坡段侵蚀最严重，但之后又逐渐减弱，并且土壤沉积主要发生在坡脚 290～320 m 坡段。

（4）查明了长缓坡融雪径流和降雨径流的泥沙输移比。与降雨径流相比，融雪径流泥沙输移比相对较小；对于 320 m 坡长从坡顶至坡脚以 40 m 坡长为间隔的 8 个坡段，降雨径流泥沙输移比分别为 38.4%、34.7%、41.1%、77.6%、76.5%、69.9%、90.0%和100%，其变化为 34.7%～100%；对应 8 个坡段融雪径流泥沙输移比分别为 23.5%、47.2%、55.6%、75.5%、86.8%、86.1%、95.5%和 100%，其变化为 23.5%～100%。

（5）融雪侵蚀期间，沿坡长方向的坡面侵蚀–沉积速率的主周期为 188～192 m，次周期为 74～78 m。风蚀期间坡面土壤侵蚀速率主周期为 167～169m，次周期为 55～58 m 和 17～20 m。降雨侵蚀期间，三个纵断面侵蚀速率的小波方差只包含一个 191～203 m 的主周期，而没有明显的次周期。正是由于水力、风力和融雪径流侵蚀交互叠加作用使黑土坡面年土壤侵蚀速率沿坡长方向存在有 167～203 m 的强弱交替变化。

主要参考文献

范昊明, 蔡强国, 王红闪. 2004. 中国东北黑土区土壤侵蚀环境. 水土保持学报, 18(2): 66-70.

范昊明, 武敏, 周丽丽, 等. 2010. 草甸土近地表解冻深度对融雪侵蚀影响模拟研究. 水土保持学报, 24(6): 28-31.

方海燕, 盛美玲, 孙莉英, 等. 2013. ^{137}Cs 和 $^{210}Pb_{ex}$ 示踪黑土区坡耕地土壤侵蚀对有机碳的影响. 应用生态学报, 24(7): 1856-1862.

李朝霞. 2005. 降雨过程中红壤表土结构变化与侵蚀特点. 武汉: 华中农业大学博士学位论文.

李洪丽, 韩兴, 张志丹, 等. 2013. 东北黑土区野外模拟降雨条件下产流产沙研究. 水土保持学报, 27(4): 49-52, 57.

刘刚, 杨明义, 刘普灵, 等. 2007. 近十年来核素示踪技术在土壤侵蚀研究中的应用进展. 核农学报, 21(1): 101-105, 16.

刘佳, 范昊明, 周丽丽, 等. 2009a. 春季解冻期降雨对黑土坡面侵蚀影响研究. 水土保持学报, 23(4): 64-67.

刘佳, 范昊明, 周丽丽, 等. 2009b. 冻融循环对黑土容重和孔隙度影响的试验研究. 水土保持学报, 23(6): 186-189.

邱璧迎, 范昊明, 武敏, 等. 2014. 上坡融雪径流对下坡融雪影响的模拟试验. 中国水土保持科学, 12(5): 72-76.

水利部. 2013. 第一次全国水利普查水土保持情况公报. 中国水土保持, (10): 2-3, 11.

水利部, 中国科学院, 中国工程院. 2010. 中国水土流失防治与生态安全·东北黑土区卷. 北京: 科学出版社.

王彬. 2013. 土壤可蚀性动态变化机制与土壤可蚀性估算模型. 杨陵: 西北农林科技大学博士学位论文.

王彬, 郑粉莉, 王玉玺. 2012. 东北典型薄层黑土区土壤可蚀性模型适用性分析. 农业工程学报, 28(6): 126-131.

王一菲, 郑粉莉, 周秀杰, 等. 2019. 黑土农田冻结–融化期土壤剖面温度变化特征. 水土保持通报, 39(3): 57-64.

王禹. 2010. ^{137}Cs 和 $^{210}Pb_{ex}$ 复合示踪研究东北黑土区坡耕地土壤侵蚀速率. 北京: 中国科学院研究生院(杨陵: 中国科学院教育部水土保持与生态环境研究中心)硕士学位论文.

王禹, 杨明义, 刘普灵. 2010a. 典型黑土直型坡耕地土壤侵蚀强度的小波分析. 核农学报, 24(1): 98-103, 87.

王禹, 杨明义, 刘普灵. 2010b. 东北黑土区坡耕地水蚀与风蚀速率的定量区分. 核农学报, 24(4): 790-795.

王志杰, 简金世, 焦菊英, 等. 2013. 基于RUSLE的松花江流域不同侵蚀类型区泥沙输移比估算. 水土保持研究, 20(5): 50-56.

阎百兴, 杨育红, 刘兴土, 等. 2008. 东北黑土区土壤侵蚀现状与演变趋势. 中国水土保持, (12): 26-30.

杨明义. 2001. 多核素复合示踪定量研究坡面侵蚀过程. 杨陵: 西北农林科技大学博士学位论文.

杨维鸽, 郑粉莉, 王占礼, 等. 2016. 地形对黑土区典型坡面侵蚀–沉积速率空间分布特征的影响. 土壤学报, 53(3): 572-581.

张科利, 蔡永明, 刘宝元, 等. 2001. 土壤可蚀性动态变化规律研究. 地理学报, 56(6): 673-681.

张宪奎, 许靖华, 卢秀琴, 等. 1992. 黑龙江省土壤流失方程的研究. 水土保持通报, 12(4): 1-9, 18.

张晓平, 梁爱珍, 申艳, 等. 2006. 东北黑土水土流失特点. 地理科学, 26(6): 687-692.

张信宝, 冯明义, 张一云, 等. 2004. 川中丘陵区 ^{7}Be 在土壤中的分布和季节性本底值. 核技术, 27(11): 873-876.

张信宝, 李少龙, 王成华, 等. 1989. 黄土高原小流域泥沙来源的 ^{137}Cs 法研究. 科学通报, (3): 210-213.

郑粉莉. 1998. 坡面降雨侵蚀和径流侵蚀研究. 水土保持通报, 18(6): 20-24.

An J, Zheng F L, Liu J, et al. 2012. Invistigating the role of raindrop impact on hydodyamicmechanisms of soil erosion under simulated rainfall conditions. Soil Science, 177(8): 517-526.

An J, Zheng F L, Wang B. 2014. Using Cs-137 technique to investigate the spatial distribution of erosion and deposition regimes for a small catchment in the black soil region-Northeast China. Catena, 123: 243-251.

Deasy C, Quinton J N. 2010. Use of rare earth oxides as tracers to identify sediment source areas for agricultural hillslopes. Solid Earth, 1(1): 111-118.

Formanek G E, Mccool D K, Papendick R I. 1984. Freeze-thaw and consolidation effects on strength of a wet silt loam. Transactions of the ASAE, 27(6): 1749-1752.

Fox D M, Bryan R B. 2000. The relationship of soil loss by interrill erosion to slope gradient. Catena, 38(3): 211-222.

Gao P, Geissen V, Temme A, et al. 2014. A wavelet analysis of the relationship between Loess Plateau erosion and sunspots. Geoderma, 213: 453-459.

Haddadchi A, Hicks M, Olley J M, et al. 2019. Grid - based sediment tracing approach to determine sediment sources. Land Degradation & Development, 30(17): 2088-2106.

Hu Y, Zhang Y. 2019. Using ^{137}Cs and Pb_{ex} to investigate the soil erosion and accumulation moduli on the southern margin of the Hunshandake Sandy Land in Inner Mongolia. Journal of Geographical Sciences, 29(10): 1655-1669.

Kimoto A, Nearing M A, Shipitalo M J, et al. 2006. Multi-year tracking of sediment sources in a small agricultural watershed using rare earth elements. Earth Surface Processes and Landforms, 31(14): 1763-1774.

Li C H, Yang Z F, Huang G H, et al. 2008. Identification of relationship between sunspots and natural runoff in the Yellow River based on discrete wavelet analysis. Expert Systems with Applications, 36(2): 3309-3318.

Liu P, Tian J, Zhou P, et al. 2003. Stable rare earth element tracers to evaluate soil erosion. Soil & Tillage Research, 76(2): 147-155.

Luo J, Zheng Z, Li T, et al. 2019. Characterization of runoff and sediment associated with rill erosion in sloping farmland during the maize-growing season based on rescaled range and wavelet analyses. Soil & Tillage Research, 195: 104359.

Michaelides K, Ibraim I, Nord G, et al. 2010. Tracing sediment redistribution across a break in slope using rare earth elements. Earth Surface Processes and Landforms, 35(5): 575-587.

Oztas T, Fayetorbay F. 2003. Effect of freezing and thawing processes on soil aggregate stability. Catena, 52(1): 1-8.

Polyakov V O, Kimoto A, Nearing M A, et al. 2009. tracing sediment movement on a semiarid watershed using rare earth elements. Soil Science Society of America Journal, 73(5): 1559-1565.

Polyakov V O, Nearing M A. 2004. Rare earth element oxides for tracing sediment movement. Catena, 55(3): 255-276.

Wang B, Zheng F L, Römkens M J M, et al. 2013. Soil erodibility for water erosion: A perspective and Chinese experiences. Geomorphology, 187: 1-10.

Xiao H, Liu G, Liu P, et al. 2017. Developing equations to explore relationships between aggregate stability and erodibility in Ultisols of subtropical China. Catena, 157: 279-285.

Zhang G H, Liu Y M, Han Y F, et al. 2009. Sediment transport and soil detachment on steep slopes: I. Transport capacity estimation. Soil Science Society of America Journal, 73(4): 1291-1297.

Zhang J Q, Yang M Y, Sun X J, et al. 2018. Estimation of wind and water erosion based on slope aspects in the crisscross region of the Chinese Loess Plateau. Jornal of Soil and Sediments, 18(4): 1620-1631.

Zhang Q, Lei T, Huang X. 2017. Quantifying the sediment transport capacity in eroding rills using a REE tracing method. Land Degradation & Development, 28(2): 591-601.

Zhang X C. 2017. Evaluating water erosion prediction project model using cesium-137-derived spatial soil redistribution data. Soil Science Society of America Journal, 81(1): 179-188.

Zhang X C, Nearing M A, Polyakov V O, et al. 2003. Using rare-earth oxide tracers for studying soil erosion dynamics. Soil Science Society of America Journal, 67(1): 279-288.

Zhang X C, Friedrich J M, Nearing M A, et al. 2001. Potential use of rare earth oxides as tracers for soil erosion and aggregation studies. Soil Science Society of America Journal, 65(5): 1508-1515.

第3章　黑土区水蚀过程关键驱动力因子交互作用对坡面土壤侵蚀的影响

第2章多营力作用下的坡面侵蚀季节性变化研究表明，水蚀仍是黑土区主要的侵蚀类型，而引起黑土区坡面水蚀过程的关键驱动力因子包括降雨特征（降雨量、降雨强度、降雨能量、降雨历时等）、坡面汇流（降雨汇流和融雪汇流）和壤中流。已有研究表明，在降雨特征对坡面水蚀影响中，以降雨能量与降雨强度对坡面水蚀的影响最显著（王占礼等，1998；郑粉莉等，1989）；已有研究结果表明，雨滴打击作用对黑土坡面土壤侵蚀有重要影响，其引起的侵蚀量可占坡面侵蚀量的72%以上（An et al.，2012）。此外，由于东北黑土区长缓坡较长和土壤质地相对黏重，坡面汇流和壤中流对坡面水蚀有重要的影响（安娟等，2011）。为此本章基于控制条件的室内外模拟试验，分降雨强度与降雨能量交互作用、降雨强度与坡面汇流交互作用，以及地表径流、雨滴打击与壤中流交互作用对黑土区坡面水蚀过程的影响进行研究，以期深化黑土坡面水蚀过程机理，并为黑土坡面侵蚀防治提供重要科学依据。

3.1　试验设计与研究方法

3.1.1　降雨强度与降雨能量对坡面水蚀影响的试验设计与研究方法

1. 野外径流小区观测与数据处理

1）野外径流小区观测

试验径流小区位于黑龙江省哈尔滨市宾县水土保持科技园（127°25′34″E，45°45′43″N），径流小区规格为20 m×5 m标准径流小区，共有3°和5°两个径流小区，地表处理为平坡（无垄作、裸露休闲）。每个径流小区在集流口处设置一套三级分流桶[图3-1（a）]。坡面径流量和土壤侵蚀量的观测采用传统的集流桶观测方法，每场次降雨后进行浑水径流样的采集，之后在室内进行土壤侵蚀量的计算（何超等，2018）。

采用SL-2型虹吸式自记雨量计进行天然降雨过程的实时观测[图3-1（b）]，根据坡面径流小区的产流情况从2011～2016年的实时降雨数据中提取侵蚀性降雨共计70场次。

(a) 径流小区　(b) 自记雨量计

图 3-1　标准径流小区和自记雨量计

2）数据处理

基于野外天然降雨观测的次降雨过程数据，根据 RUSLE2 模型的降雨能量计算公式进行次降雨能量的计算（Renard et al.，1997），公式如下：

$$E = \sum_{k=1}^{m} e_k \Delta V_k \tag{3-1}$$

$$e = 0.29\left[1 - 0.72\exp\left(-0.082i\right)\right] \tag{3-2}$$

式中，E 为一次降雨的总动能（MJ/hm^2）；k =1，2，…，n 表示一次降雨过程按雨强分为 n 个时段；ΔV_k 为第 k 时段雨量（mm）；e_k 为每一时段的单位雨量降雨动能［MJ/（hm^2·mm）］；i 为降雨强度（mm/h）。

2. 野外模拟降雨试验设计

1）试验材料

模拟降雨试验在黑龙江省哈尔滨市宾县水土保持科技园进行，该科技园位于东北黑土区的典型薄层黑土区，供试土壤采自坡耕地 0～20 cm 的耕层土壤。土壤颗粒组成中黏粒（< 2 μm）、粉粒（2～50 μm）和砂粒（50～2000 μm）质量分数分别为 29.4%、61.3% 和 9.3%，土壤有机质质量分数为 23.8 g/kg（重铬酸钾氧化-外加热法），pH 为 6.1（水浸提法，水土比 2.5∶1）。降雨设备为中国科学院水利部水土保持研究所研制的便携侧喷式人工降雨装置，降雨高度 2～10 m，降雨均匀度大于 85%。试验土槽为 2 m（长）×0.5 m（宽）×0.6 m（深）的可升降钢槽（图 3-2）。模拟降雨试验过程中，使用激光雨滴谱仪（LPM，Adolf Thies GmbH & Co. KG，Germany）进行降雨能量的测定（图 3-2）。

2）试验设计

根据野外调查结果和相关文献资料（郑粉莉等，2016），本节设计犁底层土壤容重 1.38 g/cm^3，耕层土壤容重 1.20 g/cm^3。基于当地坡耕地平均坡度变化范围为 1°～7°，设计试验坡度为 3°和 5°。结合东北黑土区侵蚀性降雨标准（詹敏等，1998；张宪奎等，1992；高峰等，1989），设计 2 个降雨强度（50 mm/h 和 100 mm/h，即 0.83 mm/min 和 1.67 mm/min）。

图 3-2　试验土槽和激光雨滴谱仪照片

本节采用中国科学院水利部水土保持研究所研制的侧喷式人工模拟降雨装置，降雨设备包括两个侧喷式降雨机，可以提供降雨强度为 30～165 mm/h 且降雨均匀度大于 85%的模拟降雨。目前，改变降雨能量的方法主要有改变降雨强度、改变雨滴大小（雨滴发生器）和改变雨滴下落高度等（薛燕妮等，2007；郑粉莉等，1998a）。前人研究结果表明（Laws，1941），人工模拟降雨试验中所有雨滴均达到终点速度所需的降雨高度为 20 m 以上，而当降雨高度达到 7～8 m 时，95%以上的雨滴可以达到终点速度。为此，本节采用在不改变降雨强度基础上，通过改变降雨高度可获得不同的降雨能量。对此，本试验研究以 2 m 步长设计 5 个降雨高度（2 m、4 m、6 m、8 m 和 10 m），形成 50 mm/h 和 100 mm/h 两个降雨强度下的 10 个降雨能量，分析降雨强度和降雨能量交互作用对坡面水蚀的影响。每个试验处理设计 2 个重复，每场次试验降雨历时为 45 min。具体试验设计见表 3-1。

表 3-1　降雨强度与降雨能量对坡面水蚀影响的试验设计

坡度/（°）	降雨强度/（mm/h）	降雨高度/m
3	50	2、4、6、8、10
	100	2、4、6、8、10
5	50	2、4、6、8、10
	100	2、4、6、8、10

3）试验步骤

（1）试验土槽底部均匀分布有排水孔，在装填土壤前先用纱布填充试验土槽底部的排水孔，随后填入 5 cm 厚的细沙层作为透水层。根据野外测定的犁底层、耕作层的土壤容重分别装填试验土槽。沙层之上填装 10 cm 厚、土壤容重为 1.30 g/cm^3 的下层土壤及 20 cm 厚、土壤容重为 1.38 g/cm^3 的犁底层；之后在犁底层上填装 20 cm 厚、土壤容重为 1.2 g/cm^3 的耕作层，采用分层填土法，每 5 cm 为一层。同时填土时还要将试验土槽四周边界压实，减少边界效应的影响。

（2）在正式降雨之前，用纱网覆盖试验土槽，并以 30 mm/h 降雨强度进行预降雨直至坡面产流为止，以保证试验前期坡面土壤水分条件一致和消除试验土槽表面的空间变异。预降雨结束后，用塑料布覆盖试验土槽，静置 12 h 以保证土壤水分均匀分布，之后开始正式降雨试验。

（3）正式降雨试验开始后，待坡面产流后每隔 2～3 min 采集径流样。降雨结束后，将径流样的上层清液缓慢倒出，收集径流桶中的泥沙，然后放入 105℃的烘箱烘干测得泥沙质量。

4）激光雨滴谱仪测定降雨能量

本节使用激光雨滴谱仪（LPM）进行降雨能量的测定（图 3-2）。LPM 是一种基于光学原理的雨滴测量器（Adolf Thies GmbH and Co. KG，Germany），当雨滴穿过 46 cm^2 的截面传感器中的红外激光束，即可通过处理接收该光束的光电二极管的信号来表征雨滴的大小、直径和速度特征。该装置根据雨滴直径从 0.125～8.5 mm 进行分类，并确定其最终速度和穿过传感器的各粒级雨滴数量。LPM 将不同大小类别的雨滴数量及其下落速度相加，并每隔 1 min 输出一次数据，将这些 1 min 测量值汇总为单位时间降雨能量（KE_t），计算公式如下（Fornis et al.，2005）：

$$KE_t=\left(\frac{\pi}{12}\right)\left(\frac{1}{10^6}\right)\left(\frac{3600}{t}\right)\left(\frac{1}{A}\right)\sum_{i=1}^{n}n_iD_i^3\left(V_{D_i}\right)^2 \tag{3-3}$$

$$I=\left(\frac{\pi}{6}\right)\left(\frac{3.6}{10^3}\right)\left(\frac{1}{At}\right)\sum_{i=1}^{n}n_iD_i^3 \tag{3-4}$$

式中，I 为降雨强度（mm/h）；A 为仪器接收雨滴的传感器面积（0.0046 m^2）；n_i 为第 i 类雨滴数量；D_i 为第 i 类雨滴的直径（mm）；V_{D_i} 为第 i 类雨滴的下落速度；t 为降雨历时（60s）。

单位雨量下的降雨能量（KE_r）的计算公式如下：

$$KE_r=\frac{KE_t}{I} \tag{3-5}$$

通过对降雨过程的实时观测，在 Thies Clima LNM 软件中导出目标降雨强度下的雨滴谱图（图 3-3）。本节降雨试验历时 45 min，以 15 min 为间隔采集一次雨滴谱，共采集 4 次雨滴谱作为 4 次重复。相同降雨强度和高度下的雨滴谱在试验过程中类同（图 3-3），以 6 m 降雨高度下的 50 mm/h 和 100 mm/h 降雨强度的雨滴谱为例，随降雨强度的增大，雨滴直径和下落速度均呈现出增加的趋势。

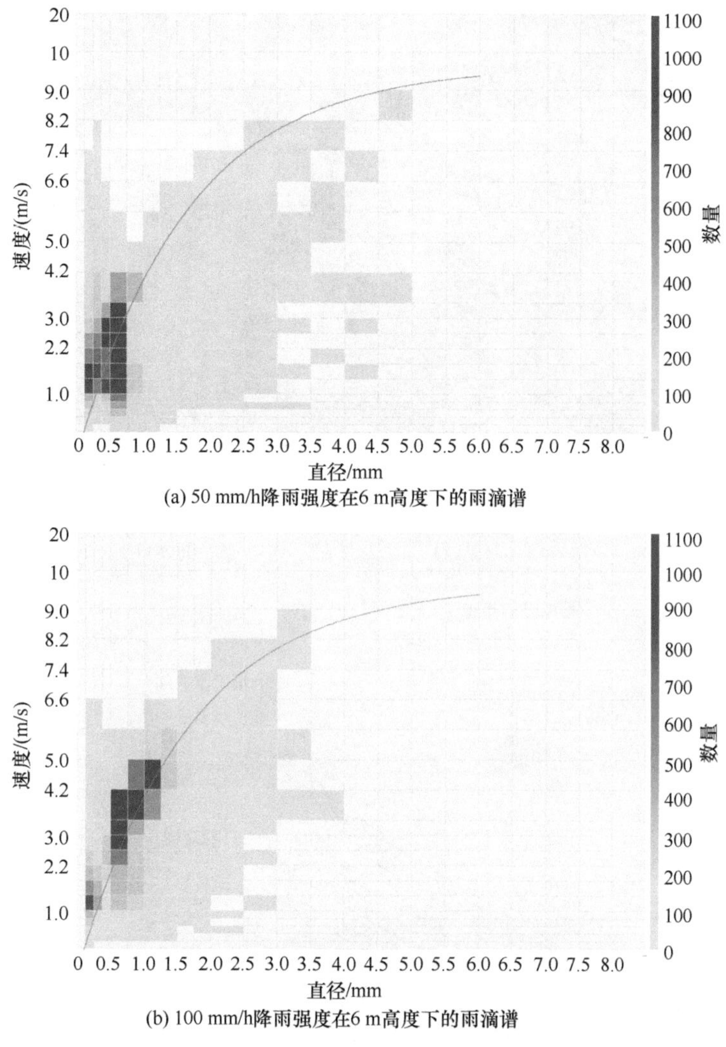

图 3-3　50 mm/h 和 100 mm/h 降雨强度下的雨滴谱

3.1.2　降雨强度与坡面汇流对坡面水蚀影响的试验设计与研究方法

1. 试验设计

1）试验材料

野外试验仍在黑龙江省哈尔滨市宾县水土保持科技园进行（图 3-4），该科技园位于东北黑土区的典型薄层黑土区，供试土壤采自坡耕地 0～20 cm 的耕层土壤。试验所用的降雨机也仍采用中国科学院水利部水土保持研究所研制的侧喷式人工模拟降雨装置。降雨设备包括两个侧喷式降雨机，降雨高度为 6.5 m。试验小区为长 10 m、宽 2 m、坡度为 5°的自然坡面，上方汇流装置由恒压箱、稳流槽和连接水管等组成，可提供汇流流量为 10～70 L/min。稳流槽放置于试验小区坡面顶部，通过连接水管与恒压箱连接（图 3-5）。

图 3-4　试验小区及试验设备

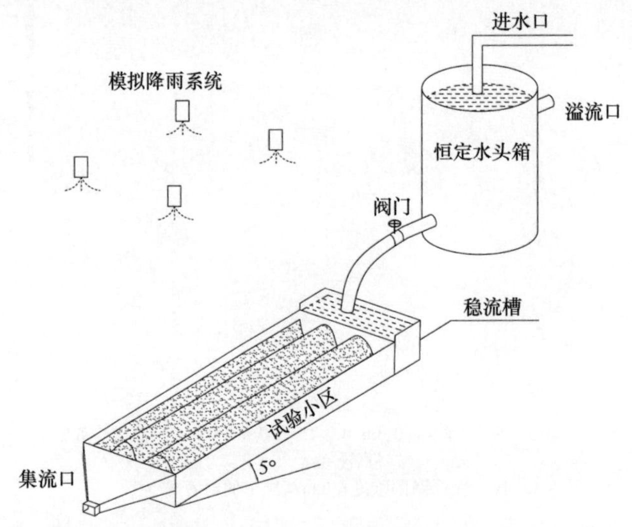

图 3-5　试验小区和设备示意图

2）试验设计

根据东北黑土区侵蚀性降雨标准，造成严重土壤侵蚀的降雨多为短历时、高强度的暴雨（詹敏等，1998；张宪奎等，1992；高峰等，1989）。依据高降雨强度侵蚀降雨事件的记录（I_5 =1.85 mm/min，I_{15} ≥0.87 mm/min），设计了 2 个降雨强度 50 mm/h 和 100 mm/h，即 0.83 mm/min 和 1.67 mm/min（Jiang et al.，2019）。上方汇流流量根据径流系数、坡度和降雨强度进行设计。通过 2010～2016 年标准径流小区观测资料，该区域坡面径流系数为 0.11～0.86，平均值为 0.30。因此本节采用 0.30 为径流系数设计上方汇流流量。选取 10 L/min、20 L/min、30 L/min、40 L/min 和 50 L/min 分别代表 50 mm/h 降雨强度和上方汇水面积为 40 m^2、80 m^2、120 m^2、160 m^2 和 200 m^2 时的汇流流量。径流小区坡度为 5°，代表了黑土区农耕地的平均坡度（范昊明等，2004）。试验设计 2 个降雨强度、5 个汇流流量及 1 个坡度，每个试验处理重复 2 次，共计 17 个试验处理（表 3-2）。

表 3-2　降雨与坡面汇流对坡面水蚀影响的试验设计

试验处理		
仅上方汇流/（L/min）（IR）	汇流+50 mm/h 降雨/（mm/h）（IR + 50 RI）	汇流+100 mm/h 降雨/（mm/h）（IR + 100 RI）
—	0 IR + 50 RI	0 IR + 100 RI
10 IR	10 IR + 50 RI	10 IR +100 RI
20 IR	20 IR + 50 RI	20 IR +100 RI
30 IR	30 IR + 50 RI	30 IR +100 RI
40 IR	40 IR + 50 RI	40 IR +100 RI
50 IR	50 IR + 50 RI	50 IR +100 RI

注：—表示无数据；0 IR 表示无上方汇流；0 IR+50 RI 表示仅 50 mm/h 降雨；10 IR+50 RI 表示 10 L/min 汇流+ 50 mm/h 降雨交互作用；以此类推。

3）试验步骤

根据野外调查并结合当地的耕作习惯，设计顺坡垄作系统的垄高为 15 cm，垄间距为 65 cm。在每个径流小区内制作 3 条垄沟、2 条垄丘。垄丘和垄沟土壤容重分别为 1.10 g/cm^3 和 1.25 g/cm^3，保持每个试验处理的沟–垄形状相一致。

在试验前一天，用纱网覆盖试验小区，以 30 mm/h 降雨强度进行预降雨直至坡面产流为止，保证试验前期土壤条件的一致性。预降雨结束后，为防止试验小区土壤水分蒸发和减缓结皮形成，用塑料布覆盖试验小区，静置 12 h 后开始正式降雨。

正式降雨试验开始前，在小区两侧分别放置 10 个标记牌。使用佳能 EOS 5D MarkII 相机对径流小区进行摄影测量，保持相机焦距、拍摄角度及相机高度一致，相邻两张相片的重叠度大于 80%。之后进行降雨强度的率定，确保径流小区各个位置的降雨均匀度大于 85%，当实测降雨强度与目标降雨强度误差小于 5%时，即可开始正式降雨。降雨开始后，仔细观察坡面产流和侵蚀情况，记录初始产流时间并收集第一个径流泥沙样，待产流稳定后每隔 2～3 min 采集径流样。降雨结束后，待坡面无明显积水，再次对径流小区进行摄影测量，像片拍摄与试验前保持一致。降雨结束后，静置径流泥沙样品 12 h，小心倒出径流样的上层清液，然后放入恒温设置为 105℃的烘箱，烘干后测得泥沙质量。

4）数据分析

采用 Agisoft Photoscan 1.2.5 软件（Agisoft LLC，St. Petersburg，Russia）进行摄影测量相片的处理。软件运行流程包括对齐照片、生成密集点云、点云降噪、校正坐标和点云输出等步骤。基于生成的高精度点云数据（0.5 cm×0.5 cm），使用 Surfer 13.0 软件（Golden Software LLC，Colorado，USA）进行 DEM 的制作。

根据不同降雨条件下垄沟中的径流宽度，将垄沟中心位置左右各延伸 10 cm 的范围定义为垄沟侵蚀区，其余区域为垄丘侵蚀区（图 3-6）。

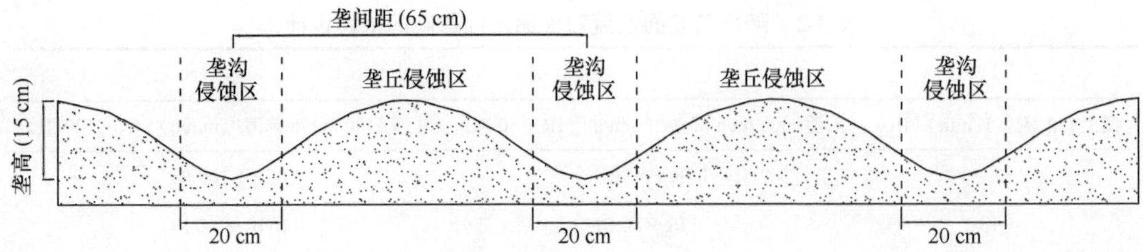

图 3-6 垄沟和垄丘侵蚀区横断面示意图

通过点云数据制作径流小区坡面 DEM，沿坡长方向以 0.25 m 为间隔提取共计 40 个横断面，进而将坡面划分为 40 个坡段，根据每次试验处理前后横断面的差异，计算径流小区不同区段的垄丘和垄沟侵蚀量。计算方法如下：

$$V_{\mathrm{f}}=\sum_{i=1}^{n}V_i=\sum_{i=1}^{n}A_i\times S \tag{3-6}$$

式中，V_{f}为垄沟的侵蚀量（cm^3）；n 为段数（等于 40）；V_i为第 i 段垄沟的侵蚀量（cm^3）；A_i为第 i 段的侵蚀沟横断面积（cm^2）；S 为相邻横断面之间的距离（25 cm）。

$$V_{\mathrm{r}}=\sum_{j=1}^{n}V_j=\sum_{j=1}^{n}A_j\times S \tag{3-7}$$

式中，V_{r}为垄丘侵蚀量（cm^3）；n 为坡段的数量；V_j为 j 段垄丘侵蚀体积（cm^3）；A_j为 j 段的横断面积（cm^2）。

$$\mathrm{SL_f}=V_f\times\rho_{\mathrm{bf}} \tag{3-8}$$

式中，$\mathrm{SL_f}$为垄沟土壤损失（g）；ρ_{bf}为垄沟土壤容重（1.25 g/cm^3）。

$$\mathrm{SL_r}=V_{\mathrm{r}}\cdot\rho_{\mathrm{br}} \tag{3-9}$$

式中，$\mathrm{SL_r}$为垄丘土壤损失（g）；ρ_{br}为垄丘土壤容重（1.10 g/cm^3）。

3.1.3 地表径流、壤中流和雨滴打击对坡面水蚀影响的试验设计与研究方法

1. 试验设计

1）试验材料

模拟降雨试验在黄土高原土壤侵蚀与旱地农业国家重点实验室人工模拟降雨大厅进行。人工模拟降雨试验装置为中国科学院水利部水土保持研究所研制的侧喷式自动模拟降雨系统。降雨高度为 16 m，降雨雨滴直径和分布与天然降雨相似（周佩华等，2000）。降雨强度变化范围为 20～200 mm/h，降雨均匀度大于 85%，最大连续降雨时间可达 12 h。

试验土壤采自黑土区吉林省榆树市刘家镇合心村南城子屯（44°43′28″N，126°11′47″E）坡耕地 0～20 cm 的耕层土壤，其黏粒、粉粒与砂粒含量分别为 20.30%、76.38%和 3.32%，pH 为 5.92。试验土风干后未过筛，沿自然节理将其掰成小于 4 cm 的土块以保持原有的土壤结构。

试验所用的土槽尺寸规格为长 100 cm、宽 50 cm 和深 45 cm，试验土槽下端设集流装置采集径流泥沙样。在试验土槽底板均匀打孔，用于模拟天然透水状况。试验供水系统由恒压箱和连接水管组成，恒压箱通过供水管连接试验土槽。在试验过程中，通过稳压供水装置对试验土槽从下而上供水，使土壤水分充分饱和或形成壤中流。对于设计的土壤水分饱和的试验处理，采用供水装置从试验土槽底部供水，调节恒压箱的供水水位与试验土槽最底点的高度相同，利用土壤毛管吸水原理使试验土槽水分充分饱和；对于有壤中流的试验处理，调节恒压箱的供水水位高于试验土槽最底点的高度 20 cm，在试验土槽表面形成壤中流。具体试验装置见图 3-7。

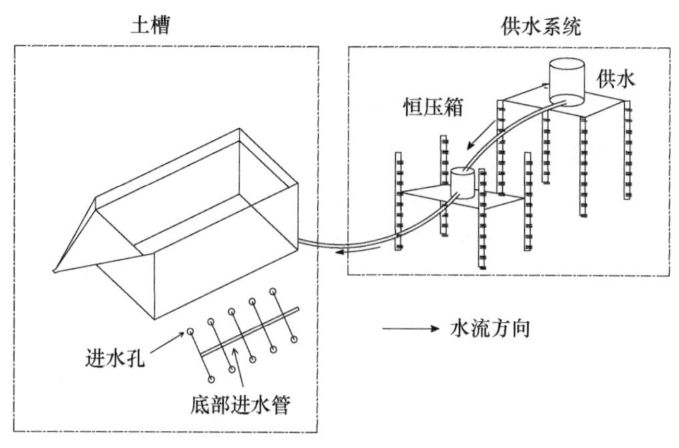

图 3-7　模拟试验装置

2）试验设计

针对东北黑土区坡面不同部位的近地面土壤水文条件状况（自由下渗、土壤水分饱和、壤中流发生），结合野外实际观测，设计了 3 个水文条件：自由下渗（无壤流发生，FD+R）、土壤水分饱和（Sa+R）、壤中流 20 cm+降雨（SP20+R）。为了探究雨滴打击作用在不同近地表土壤水文条件下对坡面水蚀过程的影响，设计了无纱网和纱网覆盖两个地表处理。有纱网覆盖的试验处理是通过在距试验土槽 10 cm 的上方架设尼龙纱网（孔径约 1 mm×1 mm）消除雨滴打击，剖析无雨滴打击下近地表土壤水文条件对坡面水蚀过程的影响；无纱网覆盖的试验处理用来分析有雨滴打击下近地表土壤水文条件对坡面的水蚀过程；然后比较地表径流、壤中流、雨滴打击对坡面水蚀过程的影响。模拟降雨试验过程，用色斑法测定纱网覆盖上方和下方雨滴直径，用于计算雨滴能量。东北典型薄层黑土区坡耕地的坡度一般为 1°～7°，因此试验设计坡度为 5°。结合当地侵蚀性降雨标准（高峰等，1989），设计降雨强度为 60 mm/h，此降雨雨强可引起强度土壤侵蚀（詹敏等，1998；张宪奎等，1992）。试验设计具体见表 3-3。

3）试验步骤

试验步骤包括装填试验土槽、预降雨、正式降雨试验和径流泥沙样处理，其中，预降雨过程中将 1 mm×1 mm 尼龙纱网覆盖在距试验土槽土壤表面 10 cm 高度处以减弱雨滴打击对试验土槽表面的影响；其他试验步骤与 3.1.1 节类同。

表 3-3　地表径流、雨滴打击和壤中流对坡面水蚀影响的试验设计

降雨	坡度和土壤容重	近地表土壤水文条件	有、无纱网覆盖
降雨强度 60 mm/h；降雨历时为 60 min	地表坡度为 5°；犁底层和耕层土壤容重分别为 1.38 g/cm^3 和 1.20 g/cm^3	自由下渗	无（对照）
			有
		土壤水分饱和	无（对照）
			有
		壤中流+降雨	无（对照）
			有

对于自由下渗试验处理，预降雨结束 24 h 后，根据设计的目标降雨强度（60 mm/h）进行正式降雨试验。对于土壤水分饱和的试验处理，预降雨结束 24 h 后，用供水系统从试验土槽底供水给试验土槽，当供水系统的水位与试验土槽表面最底点高度相同且有水滴在试验土槽表面渗出时即达到土壤水分饱和条件，然后根据设计的目标降雨强度进行正式降雨试验。对于壤中流+降雨试验处理，同样用供水系统从试验土槽底部供水，调节供水系统的水位高于试验土槽表面最底点高度的 20 cm，待试验土槽土壤表面有壤中流发生时，根据设计的目标降雨强度进行正式降雨试验。无论是土壤水分饱和试验处理还是壤中流+降雨试验处理，整个降雨过程中对试验土槽始终供水直到降雨试验结束。

正式降雨后，一旦坡面有径流发生，每隔 2 min 采集一次径流泥沙样，待径流稳定后取样间隔增加到 5 min，整个降雨过程持续 60 min。降雨过程中，用温度计测量径流温度，用以计算水流黏滞系数。降雨过程中，每隔 5 min 用高锰酸钾染色剂法监测断面上的径流流速。

2. 径流水力学参数和侵蚀产沙水动力参数计算

对坡面径流流态和性质的描述，大都借鉴河流动力学的原理。常采用的指标包括：径流深、流速、雷诺数（*Re*）、弗汝德数（*Fr*）和阻力系数。其中，径流深和流速是最基本的要素，试验过程中可测量得到，其他参数利用相应的明渠水力学公式计算获得。坡面径流的水动力特性很大程度上决定了产沙特征和侵蚀量的多少，常采用的参数包括径流剪切力、水流功率和单位水流功率。

试验过程中测量所得的流速只是表层流速，要加以校正才能获得平均流速。通过下面的公式计算：

$$V=kV_{\mathrm{m}} \tag{3-10}$$

式中，V_{m} 为表层流速（cm/s）；V 为平均流速（cm/s）；k 为系数，层流时取值 0.67，过渡流为 0.7，湍流为 0.8（Grag et al.，1996）。

雷诺数和弗汝德数用来判定水流流态。利用 *Re* 可以判定水流是层流还是紊流。当 $Re<500$ 时，水流为层流；当 $Re>500$ 时，水流处于紊流状态。*Fr* 是水流的惯性力和重力的比值，是用来判别水流为急流还是缓流的参数。当 $Fr<1$ 时，水流为缓流；当 $Fr>1$ 时，水流为急流状态。表达式为

$$\begin{cases} Re = \dfrac{VR}{\nu} \\ Fr = \dfrac{V}{\sqrt{gh}} \end{cases} \tag{3-11}$$

式中，ν 为运动黏滞性系数（cm^2/s）；R 为水力半径（cm）；V 为平均流速（cm/s）；h 为径流深（m）；g 为重力加速度，取值 9.8（m/s^2）。

阻力系数（f）是径流向下运动过程中受到的来自水土界面的阻滞水流运动力的总称，表达式为

$$f = \frac{8gRJ}{V^2} \tag{3-12}$$

式中，R 为水力半径（m）；J 为水面能坡（m/m）；V 为水流平均流速（m/s）。

径流剪切力是分离土壤的主要动力，分散土粒并将土粒挟带出坡面。计算公式如下（Foster et al.，1984）：

$$\tau = \gamma RJ \tag{3-13}$$

式中，τ 为径流剪切力（Pa）；γ 为水的重度（N/m^3）。

Bagnold（1966）认为水流功率和径流剪切力存在显著的相关关系，二者的关系利用式（3-14）表达：

$$W=\tau V \tag{3-14}$$

式中，W 为水流功率［N/（m·s）］；V 为平均流速（m/s）。

杨志达（2000）根据常规泥沙输送方程提出了单位水流功率概念，并将单位水流功率定义为流速与坡降的乘积：

$$\varphi=VJ \tag{3-15}$$

式中，φ 为单位水流功率（m/s）；J 为水面坡降（m）。

3.2　降雨强度和降雨能量交互作用对黑土坡面水蚀的影响

降雨是坡面土壤侵蚀的主要外营力之一，通常使用降雨侵蚀力来表示一场降雨所能造成土壤侵蚀的潜在能力，其基本表达式是基于降雨的动能（E）与最大 30 min 降雨强度（I_{30}）的乘积（郑粉莉等，1994；王万忠，1984；Wischmeier and Smith，1978），因此降雨强度和降雨能量是影响降雨侵蚀力和坡面水蚀的主要因素（王占礼等，1998；郑粉莉等，1989）。雨滴打击地表土壤引起土壤团聚体的破坏和迁移称为雨滴溅蚀，其使地表土粒分散，为径流的搬运提供了大量物质来源，从而增加坡面侵蚀量。另外，雨滴打击增加坡面径流的扰动进而提高了泥沙输移能力，因此雨滴击溅作用是土壤剥蚀与薄层水流泥沙输移的主要驱动力（李光录等，2009）。吴普特和周佩华（1992）指出消除雨滴打击后坡面侵蚀的主要驱动力为薄层水流的拖曳力，而雨滴击溅作用造成的坡面侵蚀占总侵蚀量的 70%以上。降雨能量是表征雨滴打击力的指标也是影响溅蚀的重要因

素。Meshesha 等（2016）基于室内人工模拟降雨试验，通过激光雨滴谱仪建立了 1.5～202 mm/h 的降雨强度下雨滴能量与降雨强度的关系。胡伟等（2016）通过色斑法研究了不同降雨能量对土壤溅蚀的影响，提出雨滴溅蚀发生的临界能量为 3～6 J/（m^2·mm）。高学田和包忠谟（2001）将降雨动能与雨滴中数直径的乘积定义为降雨溅蚀力，并指出随着降雨能量的增加，溅蚀量增加，二者呈线性关系。当前对降雨强度对坡面土壤侵蚀的影响研究已经非常丰富，基本囊括了我国所有的土壤类型区（霍云梅等，2015；张会茹和郑粉莉，2011；耿晓东，2010；郑粉莉，1998b），而对降雨能量影响坡面侵蚀过程的研究相对较少，且多集中于对溅蚀量的影响（胡伟等，2016；安娟等，2011），尤其是降雨能量与降雨强度交互作用下黑土坡面侵蚀过程研究鲜有报道。因此，本节基于野外径流小区定位观测和野外模拟降雨试验，结合降雨能量的测定，分析降雨强度和降雨能量交互作用对黑土坡面水蚀过程的影响。

3.2.1 天然降雨条件下降雨能量对黑土坡面水蚀的影响分析

1. 基于聚类分析的侵蚀性降雨特征

基于 SPSS 23.0 软件的聚类分析功能，首先对 2011～2016 年的侵蚀性降雨数据进行 *Z*-Score 标准化处理，选取次降雨指标中的降雨量、降雨历时、最大 30 min 降雨强度及次降雨能量作为聚类的特征变量，随后采用 *K*-Means 聚类方法将 70 场侵蚀性降雨划分为 3 种类型，将 3 种降雨类型分别命名为 P_1、P_2 和 P_3。对分类结果进行单因素方差分析得出划分的 3 种降雨雨型差异显著（$P<0.05$），分类结果合理。降雨量和降雨能量是影响侵蚀性降雨类型划分的最重要因素，根据聚类结果分析得出，P_1 为小降雨能量、长历时雨型，其降雨能量变化为 9.5～22.3 J/（m^2·mm），降雨历时变化为 12.5～28.1 h；P_2 为小降雨能量、短历时雨型，其降雨能量变化为 8.8～39.1 J/（m^2·mm），降雨历时变化为 0.4～12.8 h；P_3 为大降雨能量、短历时雨型，其降雨能量变化为 16.4～42.2 J/（m^2·mm），降雨历时变化为 1.6～11.6 h（表 3-4）。

表 3-4 基于聚类分析的不同降雨类型特征

降雨雨型	频次/次	特征变量	最小值	最大值	平均值	标准误差	总和
P_1	13	降雨量/mm	11.9	39.5	21.4	2.2	332.3
		降雨历时/h	12.5	28.1	17.70	1.23	
		降雨能量/［J/（m^2·mm）］	9.5	22.3	15.5	1.2	
		最大 30 min 降雨强度 I_{30} /（mm/h）	2.7	40.4	12.5	2.6	
P_2	33	降雨量/mm	1.7	18.4	10.8	0.7	465.3
		降雨历时/h	0.4	12.8	5.25	0.61	
		降雨能量/［J/（m^2·mm）］	8.8	39.1	21.7	1.2	
		最大 30 min 降雨强度 I_{30} /（mm/h）	2.5	32.2	14.3	1.2	
P_3	24	降雨量/mm	14.5	42.9	30.1	1.4	488.8
		降雨历时/h	1.6	11.6	7.13	0.86	
		降雨能量/［J/（m^2·mm）］	16.4	42.2	25.5	1.2	
		最大 30 min 降雨强度 I_{30} /（mm/h）	11.4	68.4	26.9	3.6	

2. 基于径流小区观测的黑土坡面径流和侵蚀年际变化特征

坡面径流小区观测结果表明（表 3-5），2011～2016 年侵蚀性降雨量变化为 133.1～297.2 mm，平均年侵蚀性降雨量为 213.8 mm，约占年降雨量的 49.4%。在 3°和 5°两个坡度下，坡面多年平均径流量分别为 58.4 mm 和 60.4 mm，两个坡度下年际径流量变化分别为 34.9～89.5 mm 和 37.9～89.6 mm；两个坡度下对应的多年平均土壤侵蚀量为 1490.7 t/(km^2·a)和 3585.0 t/(km^2·a)，二者侵蚀量年际变化分别为 593.8～2615.0 t/(km^2·a)和 1276.8～10 612.5 t/（km^2·a)。年侵蚀性降雨量的最大年份出现在 2013 年，相对应的坡面径流量最大值也出现在该年份。然而，两个坡度下坡面的年土壤侵蚀量的最大值出现在 2011 年，其原因是 2011 年 7 月 28 日出现的极端降雨事件，降雨侵蚀力达到 33.5 J/（m^2·mm），造成了 6061.2 t/km^2 的坡面土壤侵蚀量。

表 3-5　不同坡度径流小区的年径流量和侵蚀量

年份	年侵蚀性降雨量/mm	年径流量/mm		年土壤侵蚀强度/［t/（km^2·a)］	
		3°坡面	5°坡面	3°坡面	5°坡面
2011	195.7	65.2	72.3	2615.0	10612.5
2012	296.8	71.9	80.9	2043.1	3101.9
2013	297.2	89.5	89.6	1354.5	1407.3
2014	133.1	49.5	43.5	593.8	1276.8
2015	152.3	34.9	37.9	688.0	1574.9
2016	207.4	39.1	38.3	1649.7	3536.7
平均	213.8	58.4	60.4	1490.7	3585.0

3. 黑土坡面土壤侵蚀量与降雨能量的关系分析

通过对天然降雨条件下降雨能量和坡面侵蚀速率进行拟合，结果表明坡面侵蚀速率随降雨能量的增加而显著增大（$P<0.01$），二者呈指数函数关系（$R^2>0.53$）(图 3-8)。在小降雨能量、长历时雨型（P_1）下［图 3-8（a)、(d)］，坡面侵蚀速率相对较小，3°和 5°坡面的土壤侵蚀速率变化分别为 2.3～81.3 t/km^2 和 3.4～129.8 t/km^2。P_2 为小降雨能量、短历时雨型，其造成的坡面侵蚀量略大于 P_1 型降雨［图 3-8（b)、(e)］，两个坡度下坡面侵蚀速率变化分别为 2.5～308.6 t/km^2 和 3.6～976.6 t/km^2。引起坡面侵蚀速率最大的降雨为 P_3 型降雨（大降雨能量、短历时雨型）［图 3-8（c)、(f)］，其发生频率占侵蚀性降雨的 34.2%；两个坡度下该雨型的坡面侵蚀速率变化分别为 16.3～1417.8 t/km^2 和 67.2～6061.2 t/km^2，其引起的土壤侵蚀量占全年总侵蚀量的 47.2%～93.9%。当坡度从 3°增加到 5°时，P_1、P_2 和 P_3 三种雨型下坡面土壤侵蚀速率分别增大 0.4～5.2 倍、0.2～10.3 倍和 0.7～29.1 倍。

3.2.2　基于模拟试验的降雨强度和能量交互作用对黑土坡面水蚀的影响

基于野外径流小区的观测资料表明，降雨能量对坡面侵蚀量具有显著影响，尤其是在极端降雨条件下，坡面侵蚀量急剧增加。然而，由于野外条件复杂多变，很难区分降雨强度和降雨能量交互作用对坡面侵蚀的影响。为此，通过设计开展野外模拟降雨试验，剖析降雨强度和降雨能量交互作用对黑土坡面土壤侵蚀的影响，并量化降雨强度和降雨能量对黑土坡面土壤侵蚀的贡献。

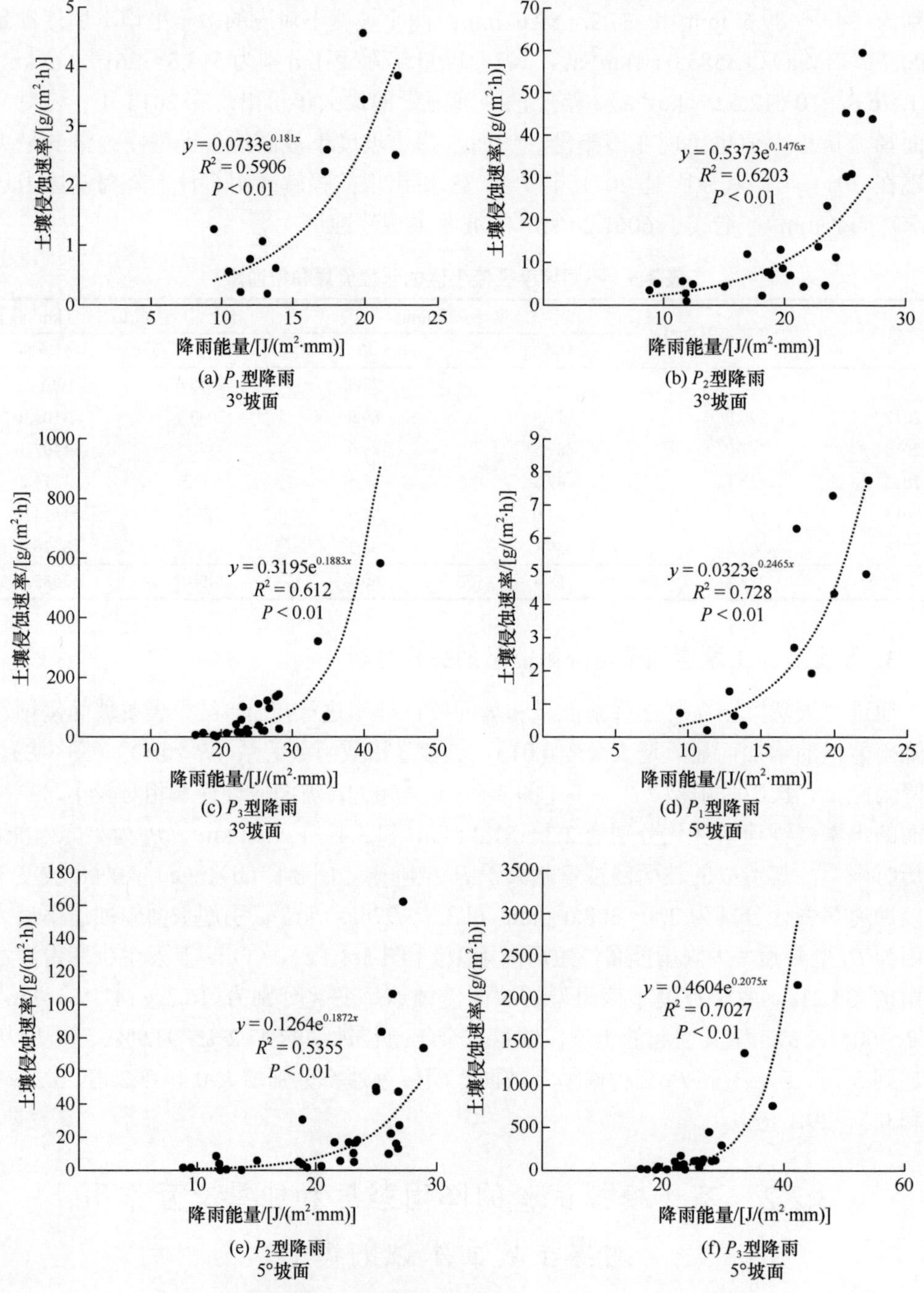

图 3-8 不同雨型和坡度下降雨能量与坡面侵蚀速率的拟合关系

1. 相同降雨强度下降雨能量随雨滴降落高度变化的变化

为了区分降雨强度和降雨能量对黑土坡面土壤侵蚀的影响，设计了在保持降雨强度不变而通过改变降雨高度的方法形成相同降雨强度下不同的降雨能量，并使用激光雨滴谱仪测定降雨能量。试验结果表明，在 50 mm/h 和 100 mm/h 降雨强度下，雨滴中数直径变化分别为 1.24～1.27 mm 和 1.39～1.43 mm，单位雨量降雨能量变化分别为 4.13～8.33 J/（m^2·mm）和 6.46～14.76 J/（m^2·mm），且 100 mm/h 降雨强度下的雨滴中数直径大于 50 mm/h 降雨强度下的（表 3-6），对应的前者的降雨能量也大于后者。与 2 m 降雨高度相比，随着降雨高度由 2 m 增加到 10 m，50 mm/h 和 100 mm/h 降雨强度下的降雨能量分别增加 51.2%～102.4%和 37.5%～129.7%；而相同降雨高度下，随着降雨强度的增加，降雨能量增大 1.4～1.9 倍。显著性检验结果表明，相同降雨高度下不同降雨强度的单位时间降雨能量和单位雨量降雨能量均有极显著差异（P<0.01），相同降雨强度下不同降雨高度的单位时间降雨能量和单位雨量降雨能量均有极显著差异（P<0.01）。

表 3-6　不同降雨强度和高度下的雨滴特征

降雨强度 /（mm/h）	雨滴中数直径 /mm	降雨高度/m	单位时间降雨能量±标准差 /［J/（m^2·h）］	单位雨量降雨能量±标准差 /［J/（m^2·mm）］
50	1.27±0.04	2	202.13±1.97 e	4.13±0.04 e
	1.25±0.02	4	309.38±3.49 d	6.21±0.07 d
	1.27±0.01	6	342.24±2.98 c	6.92±0.06 c
	1.24±0.03	8	368.52±4.98 b	7.40±0.10 b
	1.26±0.01	10	413.34±6.47 a	8.33±0.13 a
100	1.40±0.05	2	644.67±60.44 e**	6.46±0.60 e**
	1.43±0.01	4	882.20±10.03 d**	8.85±0.11 d**
	1.42±0.02	6	1278.21±11.98 c**	12.81±0.12 c**
	1.39±0.10	8	1411.27±19.02 b**	14.17±0.19 b**
	1.41±0.01	10	1471.91±13.02 a**	14.76±0.13 a**

**表示相同降雨高度下 50 mm/h 和 100 mm/h 降雨强度结果有显著差异（P<0.01）。

注：表中同一列不同字母表示相同降雨强度下不同高度的降雨能量结果有显著差异（P<0.01）。

2. 降雨强度和降雨能量对黑土坡面径流量和侵蚀量的影响

在相同的降雨能量处理下，坡面径流量随着降雨强度的增加而显著增大（P<0.05），而随着降雨能量增加，径流量无显著变化（P>0.05，表 3-7）。在 50 mm/h 降雨强度下，两个坡度的坡面径流量变化为 26.1～28.9 mm 和 29.8～31.9 mm；在 100 mm/h 降雨强度下，两个坡度的坡面径流量变化分别为 45.7～47.8 mm 和 48.0～48.9 mm。在相同降雨强度下，坡面径流量随降雨能量的变化没有显著差异（P>0.05）。然而，随着降雨强度的增加，坡面径流量显著增大（P<0.05），两个坡度下的坡面径流量随降雨强度的增加分别增加 1.7～1.9 倍和 1.5～1.6 倍。当降雨能量接近时，如 50 mm/h 降雨强度下降雨能量为 6.21 J/（m^2·mm）和 100 mm/h 降雨强度下降雨能量为 6.46 J/（m^2·mm）时，100 mm/h 降雨强度下的坡面径流量是 50 mm/h 降雨强度下的 1.6～1.8 倍；当 50 mm/h 降雨强度下

降雨能量为 8.33 J/（m^2·mm）和 100 mm/h 降雨强度下降雨能量为 8.85 J/（m^2·mm）时，100 mm/h 降雨强度下的坡面径流量是 50 mm/h 降雨强度下的 1.5～1.6 倍。此外，坡度的增加也会引起坡面径流量的增大，在 50 mm/h 降雨强度下，坡度为 5°时的径流量是坡度为 3°时的 1.1～1.2 倍；而当降雨强度为 100 mm/h 时，5°坡面径流量为 3° 坡面的 1.0～1.1 倍。

表 3-7　不同降雨强度、降雨能量和坡度下的黑土坡面径流量

降雨强度/（mm/h）	单位面积降雨能量±标准差 / ［J/（m^2·mm）］	径流量±标准差/mm	
		3°坡面	5°坡面
50	4.13±0.04	26.1±0.4 Ab	30.5±0.4 Ab
	6.21±0.07	27.1±0.7 Ab	29.8±0.6 Ab
	6.92±0.06	28.3±0.6 Ab	29.8±0.7 Ab
	7.40±0.10	26.9±0.8 Ab	30.7±0.7 Ab
	8.33±0.13	28.9±0.7 Ab	31.9±0.8 Ab
100	6.46±0.60	47.8±0.7 Aa	48.6±0.6 Aa
	8.85±0.11	45.7±0.9 Aa	48.1±0.8 Aa
	12.81±0.12	45.9±1.0 Aa	48.0±0.9 Aa
	14.17±0.19	46.2±1.3 Aa	48.9±1.1 Aa
	14.76±0.13	45.8±1.4 Aa	48.8±1.1 Aa

注：表中同一列不同大写字母表示相同坡度和降雨强度下不同降雨能量处理结果有显著差异（Duncan"s test，$P<0.05$）；同一行不同小写字母表示相同坡度和降雨能量试验处理下不同降雨强度处理结果有显著差异（Duncan"s test，$P<0.05$）。

降雨强度、降雨能量和坡度均对土壤侵蚀量有显著影响（$P<0.05$）。表 3-8 表明，随着降雨强度的增加，相同坡度和降雨能量下的坡面土壤侵蚀量增加 1.6～2.1 倍。随着降雨能量的增加，坡面土壤侵蚀量呈阶梯式的增大，在 50 mm/h 降雨强度下，当降雨能量从 4.13 J/(m^2·mm)增加到 8.33 J/(m^2·mm)，坡面土壤侵蚀量增大 1.2～1.9 倍；在 100 mm/h 降雨强度下，当降雨能量从 6.46 J/（m^2·mm）增加到 14.76 J/（m^2·mm），坡面土壤侵蚀量增大 1.3～2.1 倍。当降雨能量接近时，如 50 mm/h 降雨强度下降雨能量为 6.21 J/（m^2·mm）和 100 mm/h 降雨强度下降雨能量为 6.46 J/（m^2·mm）时，100 mm/h 降雨强度下的坡面土壤侵蚀量是 50 mm/h 降雨强度下的 1.3～1.4 倍；当 50 mm/h 降雨强度下降雨能量为 8.33 J/（m^2·mm）和 100 mm/h 降雨强度下降雨能量为 8.85 J/（m^2·mm）时，100 mm/h 降雨强度下的坡面径流量是 50 mm/h 降雨强度下的 1.2～1.3 倍。此外，坡度的增加也显著增加了坡面侵蚀量，其中 100 mm/h 降雨强度下 5°坡面土壤侵蚀量为 635.3～1209.9 g/m^2，是坡度为 3°时平均土壤侵蚀量 377.7～777.6 g/m^2 的 1.5～1.7 倍；而 50 mm/h 降雨强度下 5°坡面土壤侵蚀量为 3°坡面的 1.6～1.8 倍。Ducan 显著性检验结果表明，在 3°和 5°坡度下，当降雨能量分别为≥6.92 J/（m^2·mm）和 12.81 J/（m^2·mm），即降雨高度大于 6 m 时，坡面侵蚀量随降雨强度的增加不显著（$P>0.05$）。当降雨能量为 4.13 J/（m^2·mm）和 6.46 J/（m^2·mm），即降雨高度为 2 m 时的坡面侵蚀量与其余降雨能量处理下的坡面侵蚀量均有显著差异（$P<0.05$）。这表明，当降雨高度≥6 m 时，其降雨能量所产生的坡面侵蚀量无明显差别，而降雨高度<4 m 时，则需要通过改变雨滴直径或降雨强度等方式消

除降雨能量的差异。

表 3-8　不同降雨强度、降雨能量和坡度下的黑土坡面侵蚀量

降雨强度/（mm/h）	单位面积降雨能量±标准差/［J/（m^2·mm）］	土壤侵蚀量±标准差/（g/m^2）	
		3°坡面	5°坡面
50	4.13±0.04	229.5±14.5 Db	368.2±9.8 Db
	6.21±0.07	276.7±22.3 CDb	478.6±28.4 Cb
	6.92±0.06	344.8±23.2 BCb	555.4±14.4 Bb
	7.40±0.10	364.5±12.5 ABb	673.0±16.0 Ab
	8.33±0.13	420.8±23.1 Ab	700.1±17.1 Ab
100	6.46±0.60	377.7±16.9 Ca	635.3±25.4 Ca
	8.85±0.11	563.9±34.7 Ba	852.6±52.3 Ba
	12.81±0.12	665.7±32.1 Ba	1009.1±35.4 Ba
	14.17±0.19	774.4±31.3 Aa	1174.3±53.7 Aa
	14.76±0.13	777.6±34.2 Aa	1209.9±44.4 Aa

注：表中同一列不同大写字母表示相同坡度和降雨强度下不同降雨能量处理结果有显著差异（Duncan's test，$P<0.05$）；同一列不同小写字母表示相同坡度和降雨能量试验处理下不同降雨强度处理结果有显著差异（Duncan's test，$P<0.05$）。

相同降雨强度下，降雨能量的变化对径流量的影响不显著，但对侵蚀量具有极显著的影响（$P<0.01$）。降雨强度和坡度对径流量和侵蚀量均有显著的影响（$P<0.05$）。这表明坡面径流量的变化主要受降雨强度和坡度的控制，而降雨能量对坡面径流量的影响不显著（表 3-9）。

表 3-9　降雨强度、降雨能量和坡度对径流量和侵蚀量影响的显著性检验

因子	*P* 值	
	径流量	侵蚀量
降雨强度	<0.001	<0.001
降雨能量	0.805	<0.001
坡度	0.039	<0.001

3. 降雨强度和降雨能量对黑土坡面径流和侵蚀过程的影响

在各试验处理下，坡面径流率均呈现出先增大后趋于稳定的趋势（图 3-9）。在相同坡度和降雨能量处理下，平均径流率随着降雨强度的增大而增加。在 50 mm/h 和 100 mm/h 降雨强度下，5 个降雨能量下 3°坡面的平均径流率分别为 33.8～36.1 mm/h 和 56.9～61.6 mm/h；5°坡面的平均径流率分别为 38.3～39.4 mm/h 和 58.8～62.7 mm/h，100 mm/h 降雨强度下的平均径流率是 50 mm/h 降雨强度的 1.6～1.8 倍。当降雨强度相同时，相同坡度下随着降雨能量的增加，坡面径流率没有明显差异。在相同降雨强度和降雨能量下，当坡度较小时，坡面产流时间随坡度的增大而增加。此外，在 50 mm/h 和 100 mm/h 降雨强度下，5°坡面径流率增大至稳定阶段的时间较 3°坡面提前 3.2～5.4 min。

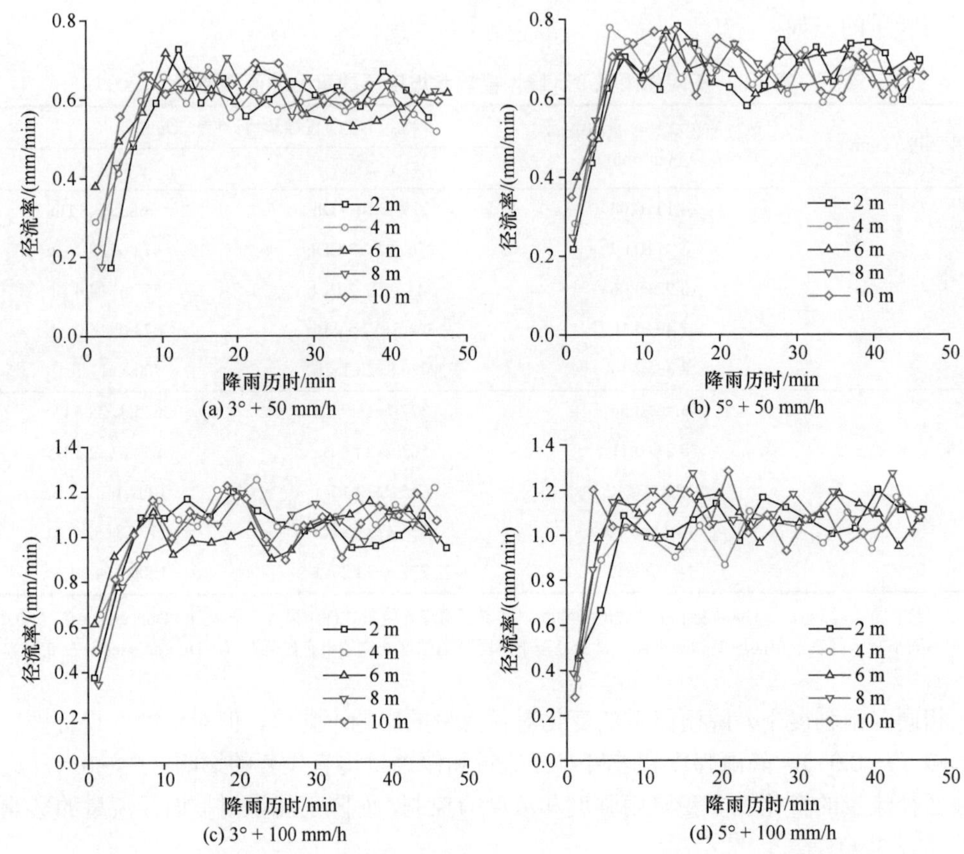

图 3-9　不同降雨强度、降雨能量和坡度条件下径流率随降雨历时变化的变化

在整个试验过程中，坡面侵蚀方式以片蚀为主，没有形成细沟。在 50 mm/h 和 100 mm/h 降雨强度下，5 个降雨能量下 3°坡面的平均侵蚀速率分别为 286.7～545.4 g/（m^2·h）和 431.6～1050.6 g/（m^2·h）；5°坡面的平均侵蚀速率分别为 461.8～871.8 g/（m^2·h）和 850.8～1729.6 g/（m^2·h）（图 3-10）。在相同的坡度和降雨能量条件下，100 mm/h 降雨强度下的平均土壤侵蚀速率为 50 mm/h 降雨强度下的 1.8～2.0 倍。然而，坡面侵蚀速率在 2 个降雨强度和 2 个坡度下均随着降雨能量的增加而增加。在 50 mm/h 降雨强度下，与 2 m 高度的降雨能量相比，当降雨能量从 4.13 J/（m^2·mm）增加到 8.33 J/（m^2·mm），坡面平均侵蚀速率增加 7.2%～90.2%。在 100 mm/h 降雨强度下，当降雨能量从 6.46 J/（m^2·mm）增加到 14.76 J/（m^2·mm），坡面平均侵蚀速率增加 35.9%～143.4%。随着坡度从 3°增加到 5°，两个降雨强度下相同降雨高度的坡面平均侵蚀速率增大 1.6～2.0 倍和 1.4～2.0 倍。

4. 黑土坡面土壤侵蚀速率与降雨能量的关系分析

通过对不同试验处理下降雨能量和坡面侵蚀速率进行拟合，发现坡面侵蚀速率随降雨能量的增加而显著增大（$P<0.01$），与天然降雨下坡面侵蚀速率与降雨能量的关系一致，人工模拟降雨条件下二者也呈指数函数关系（$R^2>0.83$）（图 3-11）。拟合方程的斜率大小反映侵蚀量随降雨能量增加的增大幅度，在降雨能量一定的情况下，在 50 mm/h 和

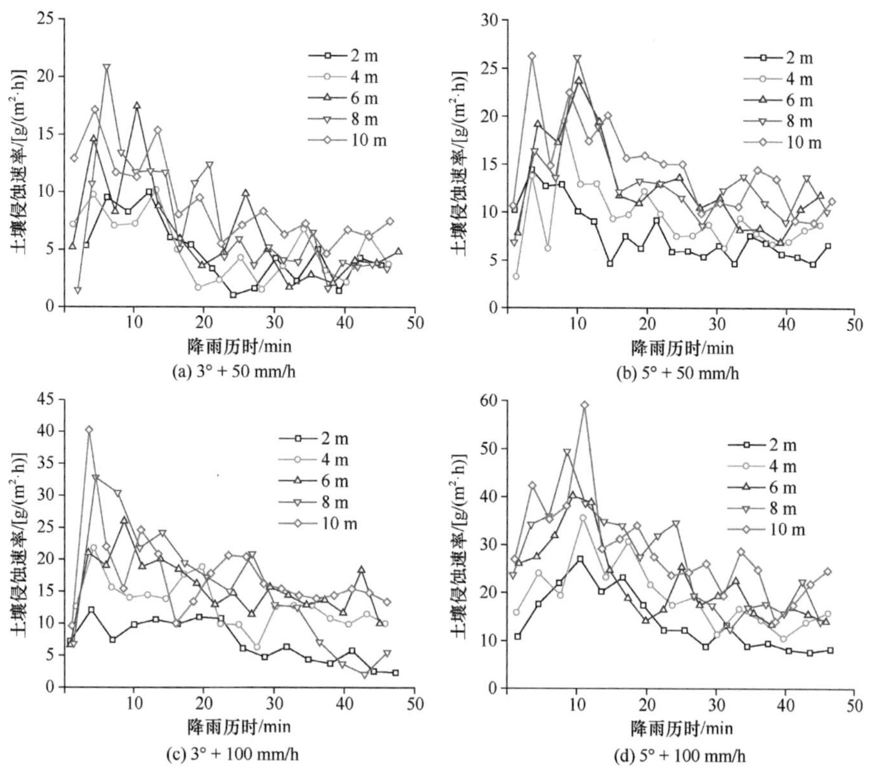

图 3-10　不同降雨强度、降雨能量和坡度条件下土壤侵蚀速率随降雨历时的变化

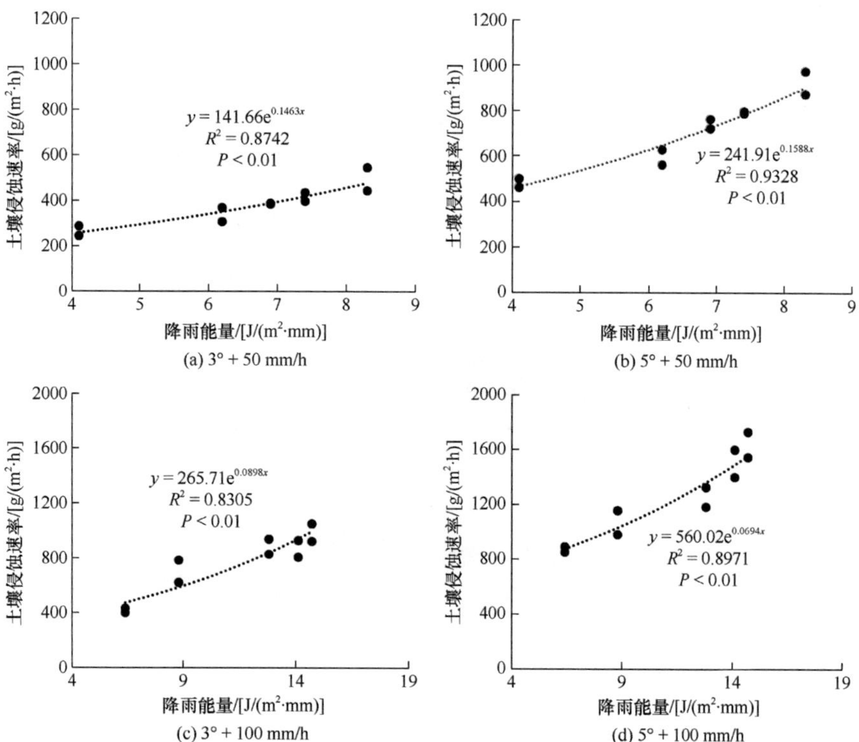

图 3-11　不同降雨强度和坡度下黑土坡面土壤侵蚀速率与降雨能量的关系

100 mm/h 降雨强度下 5°坡面的侵蚀量可以达到 3°坡面的 1.4～1.9 倍和 1.7～2.6 倍，这表明坡度的增大可以使雨滴击溅坡面产生的溅蚀量增加，另外坡度较大时径流的输沙能力增强，最终导致坡面侵蚀量的增加。

5. 降雨强度和降雨能量交互作用对黑土坡面水蚀的影响

不同降雨强度和降雨能量的交互作用对坡面土壤侵蚀量的影响有所差异，通过 Matlab 2013a 软件进一步分析土壤侵蚀速率（SL）与降雨强度（RI）和降雨能量（KE）的关系，方程拟合结果显示 R^2 值均大于 0.91，表明了较好的拟合结果。图 3-12 显示，2 个坡度下坡面土壤侵蚀速率皆随着降雨强度和降雨能量的增加而增大，但增加幅度有所差异，其中 5°坡面的土壤侵蚀速率随降雨强度和降雨能量增加的增加幅度明显大于 3°坡面。在降雨强度和降雨能量交互作用下，坡面土壤侵蚀速率与降雨强度和降雨能量的关系式可用 $\mathrm{SL}=\mathrm{RI}^a+\mathrm{KE}^b+c$ 来表示，并且土壤侵蚀速率随降雨能量增加的增加幅度大于随降雨强度增加的增加幅度，表明降雨能量是侵蚀性降雨过程中控制坡面土壤侵蚀的关键因子。

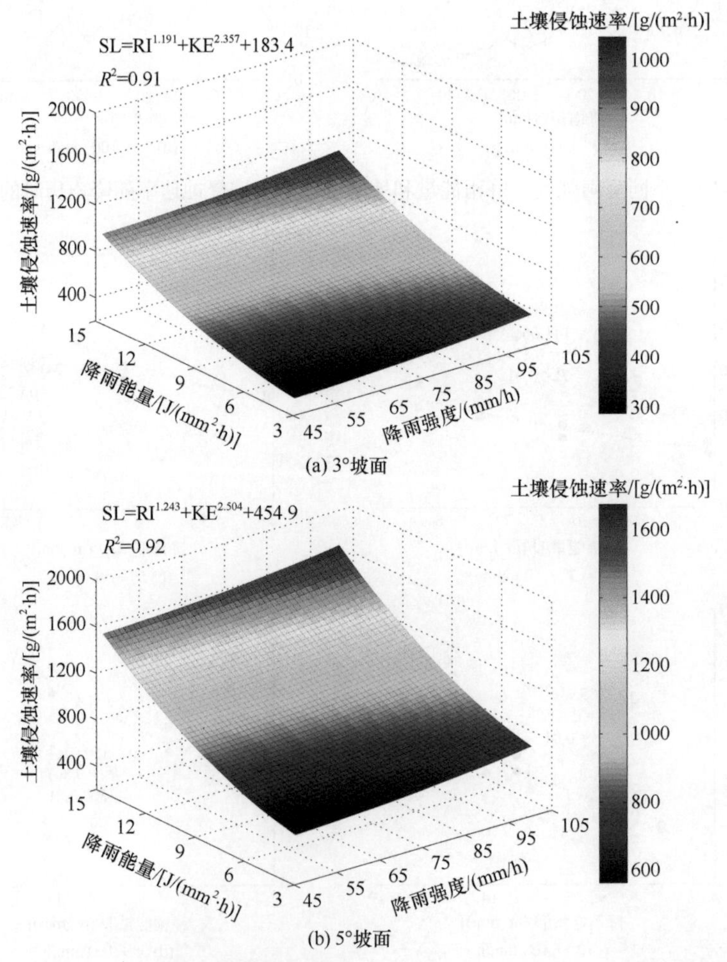

图 3-12　不同坡度下坡面土壤侵蚀速率与降雨强度和降雨能量的关系

为了进一步分析不同坡度下降雨强度和降雨能量对坡面侵蚀的影响及贡献，采用多因素方差分析进行其交互效应的检验（表 3-10、表 3-11），结果表明，在 3°和 5°坡度处理下，降雨强度和降雨能量均对坡面土壤侵蚀量具有极显著影响（P<0.01），并且降雨强度和降雨能量的交互作用也对坡面侵蚀量具有显著影响（P<0.05）。因子贡献率结果显示，降雨强度对坡面侵蚀量的贡献率最大，其次是降雨能量。在 3°坡度处理下，降雨强度和降雨能量对坡面侵蚀量的贡献率分别达到 62.0%和 30.1%；在 5°坡度处理下，降雨强度和降雨能量对坡面侵蚀量的贡献率分别达到 58.5%和 36.6%。此外，在 3°和 5°坡度处理下，降雨强度和降雨能量的交互作用对坡面侵蚀量的贡献率分别为 4.5%和 4.8%。可以看出，随着坡度的增加，降雨强度和降雨能量的交互作用对坡面侵蚀量的贡献率差异不大，但是降雨强度的贡献率随坡度增加略有降低，而降雨能量的贡献率有所增大，这表明坡度的增加促进了降雨能量对坡面侵蚀量的影响。

表 3-10 基于多因素方差分析的降雨强度和降雨能量的交互作用对 3°坡面土壤侵蚀量影响的主体间效应检验及贡献率

变量	影响因素	III 类平方和	自由度	均方	F 值	显著性	因子贡献率/%
土壤侵蚀量	降雨强度	463911.9	1	463911.9	350.778	<0.01	62.0
	降雨能量	230055.1	4	57513.8	43.488	<0.01	30.1
	降雨强度×降雨能量	38848.9	4	9712.2	7.344	<0.01	4.5
	误差	13225.2	10	1322.5			3.4
	总计	746041.1	19				

表 3-11 基于多因素方差分析的降雨强度和降雨能量的交互作用对 5°坡面土壤侵蚀量影响的主体间效应检验及贡献率

变量	影响因素	III 类平方和	自由度	均方	F 值	显著性	因子贡献率/%
土壤侵蚀量	降雨强度	886912.4	1	886912.4	398.052	<0.01	58.5
	降雨能量	563004.8	4	140751.2	63.170	<0.01	36.6
	降雨强度×降雨能量	41331.8	4	10333.0	4.637	0.022	4.8
	误差	22281.3	10	2228.1			0.1
	总计	1513530.3	19				

3.2.3 天然降雨和模拟降雨下降雨能量对坡面水蚀影响的对比分析

降雨能量对坡面土壤侵蚀的影响主要体现在雨滴击溅作用引起的土壤团聚体分散和地表粗糙度的变化。降雨强度、雨滴直径和雨滴终点速度决定了降雨能量的大小。天然降雨条件下次降雨能量不仅受降雨强度的控制，还与降雨量和降雨历时有关。由于天然降雨雨型的不同会导致坡面侵蚀的差异，这里选择与人工模拟降雨最相似的 P_3 型天然降雨（大降雨能量、短历时）数据，对比分析天然降雨和模拟降雨条件下降雨能量对坡面水蚀的影响。从坡面水蚀量与降雨能量的关系可知（图 3-13），天然降雨的降雨能量普遍大于人工模拟降雨，当降雨能量相近时，在 3°和 5°坡度下，天然降雨所造成的坡面侵蚀速率均比人工模拟降雨小，但是二者造成的坡面侵蚀速率的变化趋势基本一致，均呈现出指数函数关系（$R^2>0.62$，$P<0.01$），这也从侧面验证了人工模拟降雨试验可以较好地研究降雨能量对坡面水蚀过程的影响。

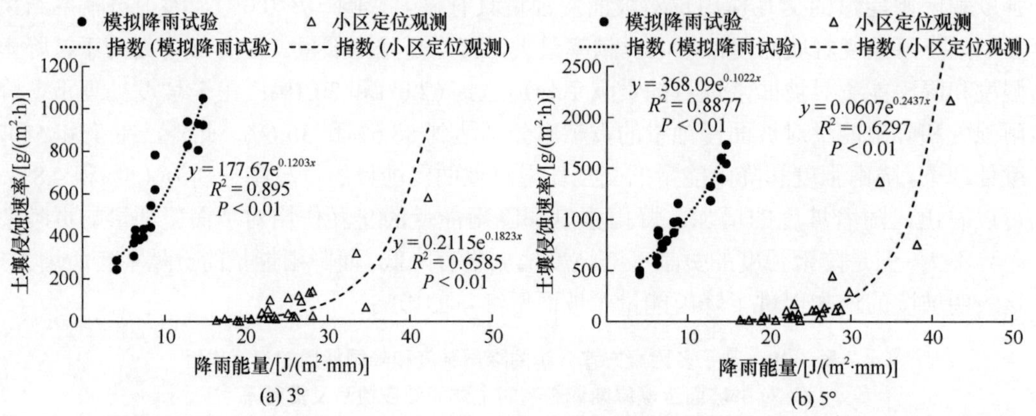

图 3-13　天然降雨和模拟降雨条件下坡面土壤侵蚀速率与降雨能量的关系对比

本节模拟试验在不改变降雨强度的情况下，通过增加降雨高度的方式使雨滴在下落过程中获得更大的速度从而增加其撞击地表时的能量。在所有模拟降雨试验处理下，坡面仅发生片蚀，尚未出现细沟侵蚀，这表明坡面侵蚀方式主要受雨滴击溅和坡面薄层水流搬运作用的共同影响。雨滴打击对降雨–径流–土壤的作用深度与水文条件有关，自由下渗条件下雨滴击溅导致的坡面侵蚀量大于壤中流和土壤水分饱和处理（安娟等，2011）。Lu 等（2016）指出雨滴打击在土壤团聚体破坏和坡面侵蚀中起主导作用，雨滴打击引起的土壤侵蚀量是径流冲刷的 3.6～19.8 倍。雨滴击溅能够显著增加径流的侵蚀和泥沙搬运能力（郑粉莉，1998a），安娟等（2011）通过纱网覆盖消除雨滴打击，结果显示坡面侵蚀量减少 59.4%～71.6%。富涵（2019）的研究表明消除雨滴打击作用后坡面稳定产流速率减少 18.9%～68.9%，其原因是消除雨滴打击对坡面径流的扰动使坡面产流速率快速趋于稳定。

在天然降雨条件下，薄层水流深度一般小于 2 cm，所以雨滴击溅一方面通过直接打击分散地表土壤极大加速了坡面侵蚀过程，另一方面雨滴的能量也以湍流的形式转移到地表径流中，增加土壤侵蚀速率（Wischmeier and Smith，1958）。坡面薄层水流对降雨能量具有明显的耗散作用，随着水流深度的增加，雨滴打击地表的动能减小，从而溅蚀量也减少，因此土壤溅蚀量与薄层水流深度呈显著的负相关关系（尹武君等，2011）。本节中，坡面径流以漫流为主要形式，径流深度均小于 0.5 cm，因此雨滴击溅对坡面溅蚀受径流深度影响较小，而较大取决于降雨能量的大小。在相同降雨强度下，当降雨能量增加 2.0～2.3 倍，相对应的坡面侵蚀量增加 1.7～2.3 倍，而 Hu 等（2016）的研究结果表明当相同降雨强度下降雨能量增加 1.5～1.9 倍时，坡面溅蚀量增加 4.8～7.1 倍，该结果大于本研究结果的原因是后者仅以溅蚀量作为研究对象，即统计雨滴打击造成的土壤分散和位移，而本研究中雨滴打击造成土壤分散后需要径流搬运后才可计为侵蚀量，这就使坡面侵蚀量的大小受到径流含沙浓度和挟沙能力的影响。此外，土壤密实度也是影响坡面溅蚀量的重要因素，其影响土壤的固结程度和黏结力，密实度高的土壤抗雨滴击溅能力强，同时也影响雨滴与地表接触后的能量传递（尹武君等，2010）。

通过对降雨强度、降雨能量和坡度与坡面径流量和侵蚀量进行相关分析（表 3-12），可以发现降雨强度是影响坡面径流量和侵蚀量的最重要指标，其与降雨能量、径流量和侵蚀量的相关性均呈极显著正相关。降雨能量与坡面侵蚀量呈极显著正相关且与坡面径流量呈显著正相关。坡面径流量和侵蚀量均与坡度呈显著正相关关系。这表明降雨强度、降雨能量和坡度均是坡面侵蚀量的重要因素，但降雨强度和降雨能量是影响坡面侵蚀的关键因子，并且降雨能量与土壤侵蚀量的相关系数最大，进一步说明了降雨能量是侵蚀性降雨过程中影响坡面土壤侵蚀量的决定因素。因此在分析降雨对坡面侵蚀影响的过程中，降雨能量的影响不可忽视。

表 3-12　坡面径流量和侵蚀量与降雨强度、降雨能量和坡度之间的皮尔逊相关关系

因子	降雨强度	降雨能量	坡度	坡面径流量	坡面侵蚀量
降雨强度	1				
降雨能量	0.695**	1			
坡度	—	—	1		
坡面径流量	0.986**	0.689*	0.141*	1	
坡面侵蚀量	0.658**	0.826**	0.519*	0.725**	1

*表示在 0.05 水平（双尾），相关性显著；**表示在 0.01 水平（双尾），相关性显著。

注：—表示无数据。

3.2.4　小　　结

基于野外模拟试验，对比研究了不同坡度条件下，降雨强度和降雨能量的交互作用对黑土坡面侵蚀的影响，量化了降雨强度、降雨能量及二者交互作用对坡面水蚀的贡献，深化了对黑土坡面水蚀机理的认识。主要研究结论如下所述：

（1）夏秋季节水力侵蚀在黑土坡面侵蚀过程中占主导地位，天然降雨条件下，3°和 5°径流小区坡面土壤侵蚀量分别为 593.8～2615.0 t/（km^2·a）和 1276.8～10 612.5 t/（km^2·a）。为此，阐明了引起典型黑土区侵蚀性降雨特征，发现降雨强度和降雨能量集中于 11.4～68.4 mm/h 和 16.4～42.2 J/（m^2·mm）是引起侵蚀的主要雨型，其发生频率占侵蚀性降雨的 34.2%，引起的土壤侵蚀量占全年总侵蚀量的 47.2%～93.9%。

（2）通过模拟降雨试验进一步发现，对于 50 mm/h 降雨强度，当降雨能量从 4.13 J/（m^2·mm）增加到 8.33 J/（m^2·mm），坡面土壤侵蚀量增加 1.2～1.9 倍；对于 100 mm/h 降雨强度，当降雨能量从 6.46 J/（m^2·mm）增加到 14.76 J/（m^2·mm）时，坡面土壤侵蚀量增加 1.3～2.1 倍。

（3）在各试验处理下，坡面径流率随降雨过程变化均呈现出先增大后趋于稳定的趋势，而侵蚀速率呈现出波动减小的趋势。随着降雨强度的增加，坡面平均径流率增加 1.6～1.8 倍，坡面侵蚀速率增加 1.8～2.0 倍。当坡度从 3°增加到 5°，在 50 mm/h 和 100 mm/h 两个降雨强度下相同降雨高度的坡面平均侵蚀速率增大 1.6～2.0 倍和 1.4～2.0 倍，反映了降雨强度对坡面水蚀过程有重要影响。

（4）对比了天然降雨和模拟降雨条件下降雨能量对坡面水蚀的影响，发现在相同降雨能量下，尽管天然降雨引起的坡面水蚀量小于模拟降雨，但坡面侵蚀速率随降雨能量变化的变化趋势基本一致，即坡面水蚀量与降雨能量均呈现出指数函数关系（$SL=a\times e^{b\times KE}$）；分别建立了天然降雨不同雨型下黑土坡面水蚀量与降雨能量的关系式（$R^2>0.53$，$P<0.01$）和模拟降雨条件下坡面水蚀量与降雨能量的关系式（$R^2>0.83$，$P<0.01$）。在降雨强度和降雨能量交互作用下，坡面土壤侵蚀速率与降雨强度和降雨能量的关系式可用 $SL=RI^a+KE^b+c$ 进行表征。

（5）量化了降雨强度、降雨能量及二者交互作用对坡面水蚀的贡献，发现在3°和5°坡度处理下，降雨强度对坡面侵蚀量的贡献率分别达到62.0%和58.5%，降雨能量对坡面侵蚀量的贡献率分别达到30.1%和36.6%；降雨强度和降雨能量交互作用对坡面侵蚀量的贡献率分别为4.5%和4.8%。

3.3 降雨和上方汇流交互作用对垄–沟系统坡面水蚀的影响研究

降雨和汇流是坡面水蚀的主要驱动力因子，其对坡面土壤侵蚀量起着决定作用（郑粉莉和高学田，2004；郑粉莉，1998a）。降雨过程中雨滴打击对土壤团聚体的破坏和土壤颗粒的剥蚀有显著的影响（Lu et al.，2016），而径流是坡面泥沙搬运的主要动力来源（Xu et al.，2017；肖培青和郑粉莉，2003）。Wen 等（2015）通过室内试验分析了降雨和汇流对坡面土壤侵蚀的贡献，结果发现降雨强度对坡面土壤侵蚀量的影响大于汇流流量。Li 等（2016）和边锋等（2016）基于室内模拟试验研究降雨和汇流对东北黑土坡面土壤侵蚀的影响，结果表明，汇流流量对坡面土壤侵蚀的影响取决于主导侵蚀方式（片蚀为主或细沟侵蚀为主）。Tian 等（2017）通过野外原位模拟试验探讨了降雨和汇流对土壤侵蚀的影响，发现降雨在低汇流流量下对坡面侵蚀量的增加起着重要作用。然而，Li 等（2018）研究表明，在英格兰北部彭宁山脉坡面侵蚀主要受上方汇流的影响，而降雨和汇流间的交互作用反而显著降低了泥沙浓度。坡面流包括片流和集中流（Gilley et al.，1990），在坡耕地顺坡垄作系统中片流和集中水流均有发生，表现为垄丘上发生片流，垄沟中发生集中流。在顺坡垄作坡面，顺坡而下的垄沟对坡面径流路径及土壤侵蚀和沉积有重要影响（Zhang and Miller，1996；Lu et al.，1987）。在这种由垄–沟系统组成的坡耕地中，垄丘作为分水岭，地表径流从相邻垄丘间的垄沟中排出，从而造成片蚀和细沟侵蚀同时发生（Liu et al.，2016；Alonso et al.，1988；Meyer and Harmon，1985；Meyer et al.，1980）。东北黑土区地形多为漫川漫岗的丘陵状坡地，由于夏秋季降雨集中，降雨和汇流的共同作用明显，加上人们的耕作习惯多为顺坡垄作，导致坡耕地水土流失日益严重（Wang et al.，2020）。目前，降雨和汇流对坡面侵蚀的影响研究已有较多报道（Wu et al.，2019；姜义亮等，2017；Wen et al.，2015），然而，东北黑土区的长缓坡地形促进了降雨和汇流的交互作用，尤其是长缓坡农耕地顺坡垄作系统中二者交互作用对坡面水蚀的影响相对薄弱，针对这两种水蚀动力因子对顺坡垄–沟系统坡面侵蚀机理尚缺乏相关研究。因此，本节基于野外原位模拟试验，设计不同降雨强度和汇流流量组合的试验处理，对比研究不同降雨强度和不同上方汇流流量的交互作用对坡面土壤侵蚀的影响，分离顺坡垄–沟系统中垄丘和垄沟对坡面水蚀的贡献，以期为坡面侵蚀严重部位诊断和精确实施坡面水土保持措施提供科学依据。

3.3.1　垄–沟系统坡面径流率和侵蚀速率对上方汇流和降雨的响应

垄–沟系统坡面径流率受上方汇流流量和降雨强度的共同影响（图 3-14），在仅有上方汇流试验处理下，坡面产流时间随汇流流量的增大而减小。在 10IR（10 L/min 汇流流量）处理下，径流率随试验时间的增加逐渐增大。当汇流流量大于 20 L/min 时，坡面径流率先迅速增加，然后趋于稳定［图 3-14（a）］。在 50IR（50 L/min 汇流流量）处理下，坡面径流率分别是 10IR、20IR、30IR 和 40IR（10 L/min、20 L/min、30 L/min 和 40 L/min 汇流流量）处理的 18.2 倍、4.6 倍、1.9 倍和 1.2 倍。在 5 个上方汇流流量和 50 mm/h 降雨强度［图 3-14（b）］组合的试验处理中，随汇流流量的增加，坡面产流时间提前。

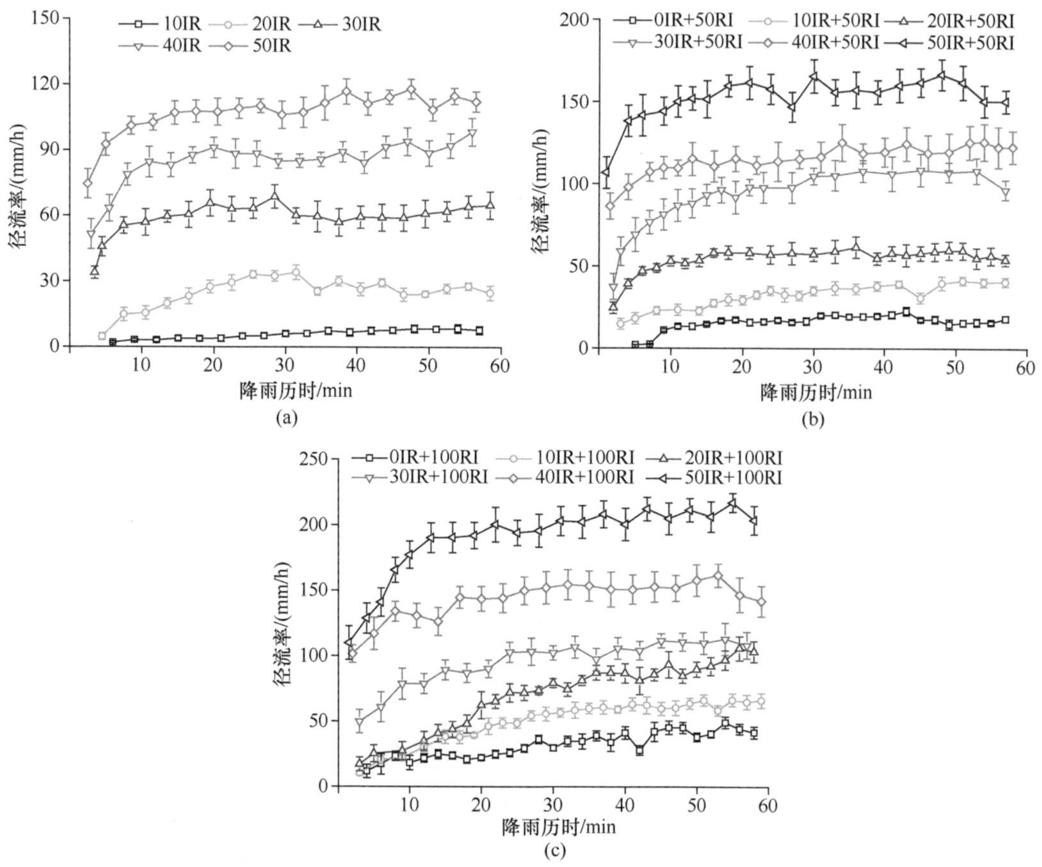

图 3-14　不同试验处理下坡面径流率的变化

与仅有上方汇流试验处理相比，10IR+50RI（10 L/min 汇流流量结合 50 mm/h 降雨强度）和 20IR+50RI（20 L/min 汇流流量结合 50 mm/h 降雨强度） 试验处理下的坡面径流率分别增加 5.5 倍和 2.2 倍；当汇流流量大于 30 L/min 时，坡面径流率增加 1.4～1.6 倍。对于 5 个上方汇流流量和 100 mm/h 降雨强度［图 3-14（c）］组合的试验处理中，与仅有上方汇流试验处理相比，10IR+100RI（10 L/min 汇流流量结合 100 mm/h 降雨强度）和 20IR+100RI（20 L/min 汇流流量结合 100 mm/h 降雨强度）试验处理下的坡面径流率分别增加 8.8 倍和 2.8 倍；当汇流流量大于 30 L/min 时，坡面径流率增加 1.6～1.8 倍。

与坡面径流率相比，垄–沟系统坡面土壤侵蚀速率试验过程中波动较大，并出现多个峰值（图 3-15）。坡面土壤侵蚀速率峰值主要出现在前 20 min，之后逐渐下降并趋于稳定。如图 3-15（a）所示，5 个汇流流量下的坡面土壤侵蚀速率为 0.1～1.7 kg/（m^2·h)。5 个汇流流量与 50 mm/h 降雨强度交互作用的坡面土壤侵蚀速率变化为 0.1～3.5 kg/(m^2·h)，分别是 5 个汇流试验处理的 2.5 倍、1.2 倍、1.4 倍、1.4 倍和 1.5 倍［图 3-15（b)］。5 个汇流流量和 100 mm/h 降雨强度交互作用的坡面土壤侵蚀速率增加到 0.1～8.1 kg/（m^2·h)，分别是相应的仅上方汇流处理的 6.1 倍、3.1 倍、3.7 倍、4.3 倍和 4.5 倍［图 3-15（c)］。

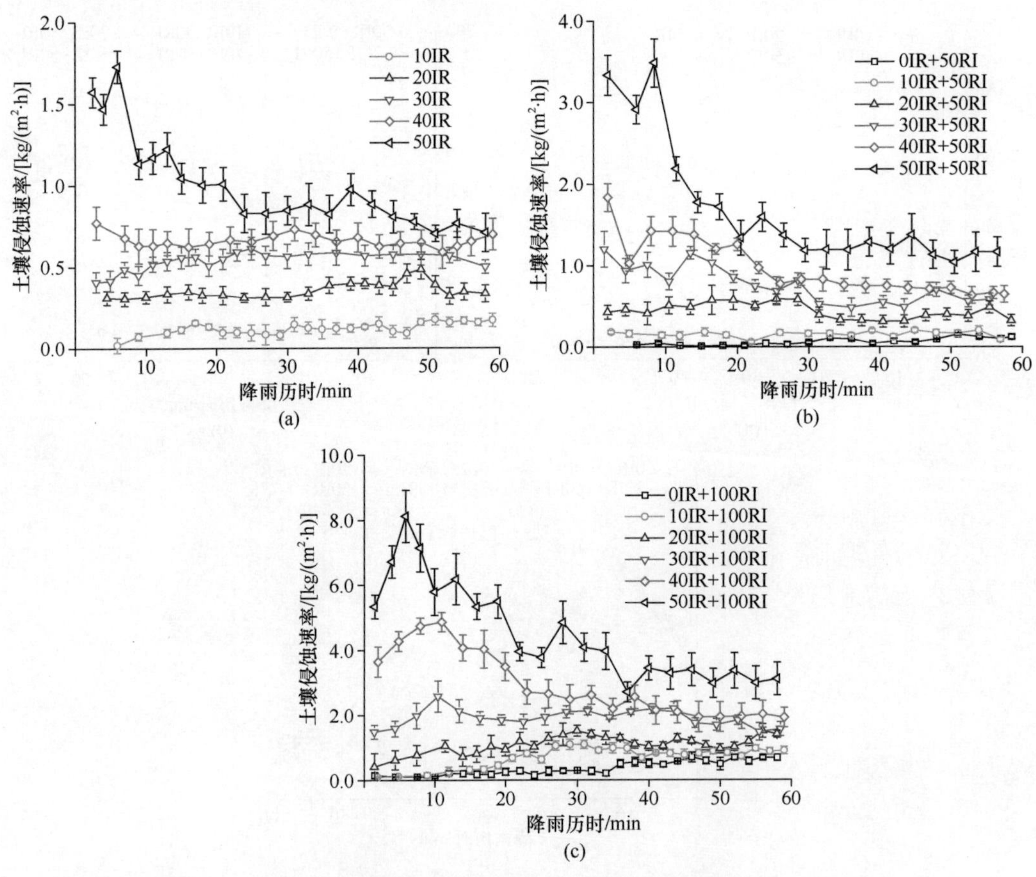

图 3-15 不同试验处理下坡面土壤侵蚀速率的变化

3.3.2　降雨和上方汇流的交互作用对垄–沟系统坡面水蚀的影响

当汇流流量从 10 L/min 增加到 50 L/min 时，仅上方汇流试验处理的坡面土壤侵蚀量增加了 21.6 倍，而汇流和 2 个降雨强度的交互作用下坡面侵蚀量分别增加 5.2 倍和 3.1 倍（表 3-13）。上方汇流与 100 mm/h 降雨交互作用与仅上方汇流处理的坡面侵蚀量存在显著差异（$P<0.05$）。降雨和汇流交互作用的坡面土壤侵蚀量均大于仅上方汇流处理和仅降雨处理的总和，这表明了上方汇流与降雨的交互作用加速了坡面土壤流失。但在 2 个降雨强度下，当汇流流量均从 10 L/min 增加到 50 L/min 时，降雨和汇流的交互作用对坡面土壤侵蚀量的贡献先增大后减小。此外，在相同的汇流流量下，除 20 L/min 流量与 100 mm/h 降雨强度交互作用之外，降雨和汇流交互作用对坡面侵蚀的贡献随降雨强度的增大而增大。

表 3-13　降雨和汇流试验处理的坡面侵蚀量及其交互作用的贡献

汇流流量/（L/min）	土壤侵蚀量/kg			汇流与 50 mm/h 降雨交互作用的贡献/%	汇流与 100 mm/h 降雨交互作用的贡献/%
	IR	IR+50RI	IR+100RI		
—	—	3.2±0.9	10.4±2.8	—	—
10	1.2±0.3	6.2±0.8	16.8±3.4	29.0	31.0
20	6.0±1.6	16.4±2.7	21.4±2.3	43.9	23.4
30	11.0±2.4	20.4±3.5	39.1±5.3	30.4	45.3
40	15.2±2.7	25.8±3.8	59.1±7.8	28.7	56.7
50	27.1±4.9	38.4±4.4	68.4±10.3	21.1	45.2

注：—表示无数据；IR 为汇流流量；RI 为降雨强度；IR+50RI 为 10 L/min 汇流流量结合 50 mm/h 降雨强度。表中数据为平均值±标准误差。

3.3.3　垄–沟系统坡面侵蚀严重部位的界定

坡面在降雨和汇流试验前后的微地形变化反映了土壤侵蚀的空间分布格局。为此，根据各试验处理前后的 DEM 变化，可通过分析不同汇流流量及降雨和汇流组合试验处理下的地面微地形变化，辨析垄–沟系统侵蚀严重部位。在上方汇流试验处理中，坡面土壤侵蚀主要发生在垄沟底部和靠近垄沟的垄丘坡脚区域，说明此时的侵蚀方式以下切为主。如图 3-16（a）所示，50 L/min 汇流处理后，垄沟底部等高线向上延伸，变得更加尖锐，表明在顺坡垄作坡面的垄沟底部出现了沟槽下切，而垄丘微地形变化相对较小，从而说明此条件下坡面严重侵蚀部分发生在垄沟沟槽。

对于 50 L/min 汇流试验处理，以 1.0 m 间距提取沿坡长 10 个横断面的微地形作为案例，分析坡面侵蚀严重部位。从图 3-16（b）可以看出，沟槽下切主要出现在坡长 5.5 m 和 7.5 m 的坡面中上部，说明此坡段坡面侵蚀最严重。然而，在坡面下部沟槽下切侵蚀较弱，这可能是由于径流的泥沙搬运过程中消耗了较大的径流能量，因而用于冲刷的径流能量减弱。当输沙量接近坡下恒定流输沙能力时，由于泥沙反馈作用，垄沟内集中径流对土壤的剥蚀率相应降低。

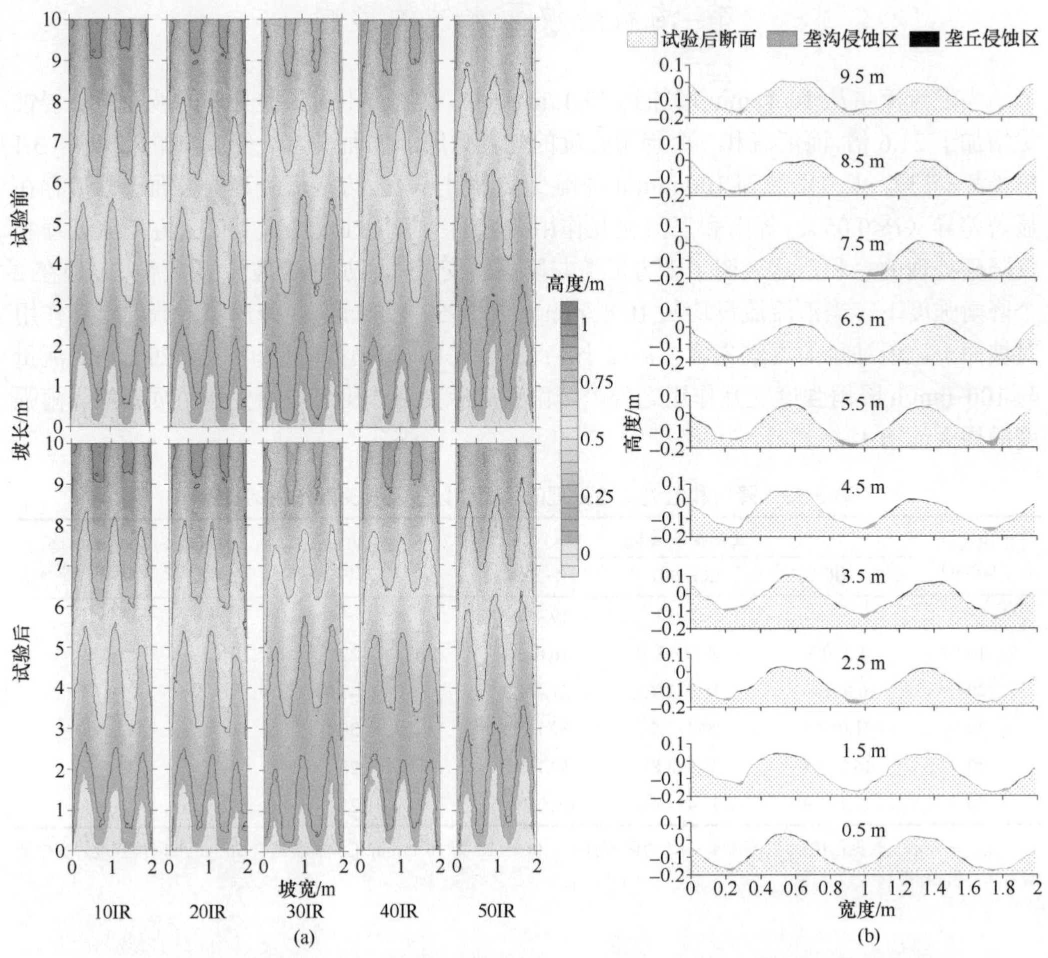

图 3-16　仅汇流试验处理前后坡面微地形的变化（a）和 50 L/min 汇流试验前后横断面对比（b）

图 3-17 表明，在上方汇流与 50 mm/h 降雨强度交互作用下，坡面微地形变化明显大于仅汇流作用后的坡面微地形。此时顺坡垄作垄沟底部除有明显的细沟侵蚀外，雨滴打击的作用还改变了沟槽的微地形。根据各试验处理前后坡面 DEM 的变化，在降雨+汇流条件下，雨滴打击作用使垄丘微地形起伏减小。与仅有 50 L/min 汇流流量和仅有 50 mm/h 降雨强度交互作用前后的横断面相比，在降雨+上方汇流条件下，雨滴打击明显增加了垄丘的土壤侵蚀，这明显与仅汇流试验处理的结果不同［图 3-16（b）、图 3-17（b）］。此外，在降雨+上方汇流条件下，由于垄沟内径流流量增加，垄–沟系统坡面沉积现象不明显。

与 5 个汇流流量和 50 mm/h 降雨强度交互作用相比，5 个汇流流量与 100 mm/h 降雨强度交互作用的坡面微地形在试验前后变化较大，特别是在垄丘侵蚀区［图 3-18（a）］。此外，50 L/min 汇流流量和 100 mm/h 降雨强度交互作用在试验前后的横断面显示，与

50 L/min 汇流流量和 50 mm/h 降雨强度交互作用相比，垄丘土壤流失明显增加［图 3-18（b）］。此外，在降雨和汇流共同作用下，坡面下部的泥沙沉积量小于仅汇流试验处理，这是由于当径流率较大时输沙能力也相应增加。

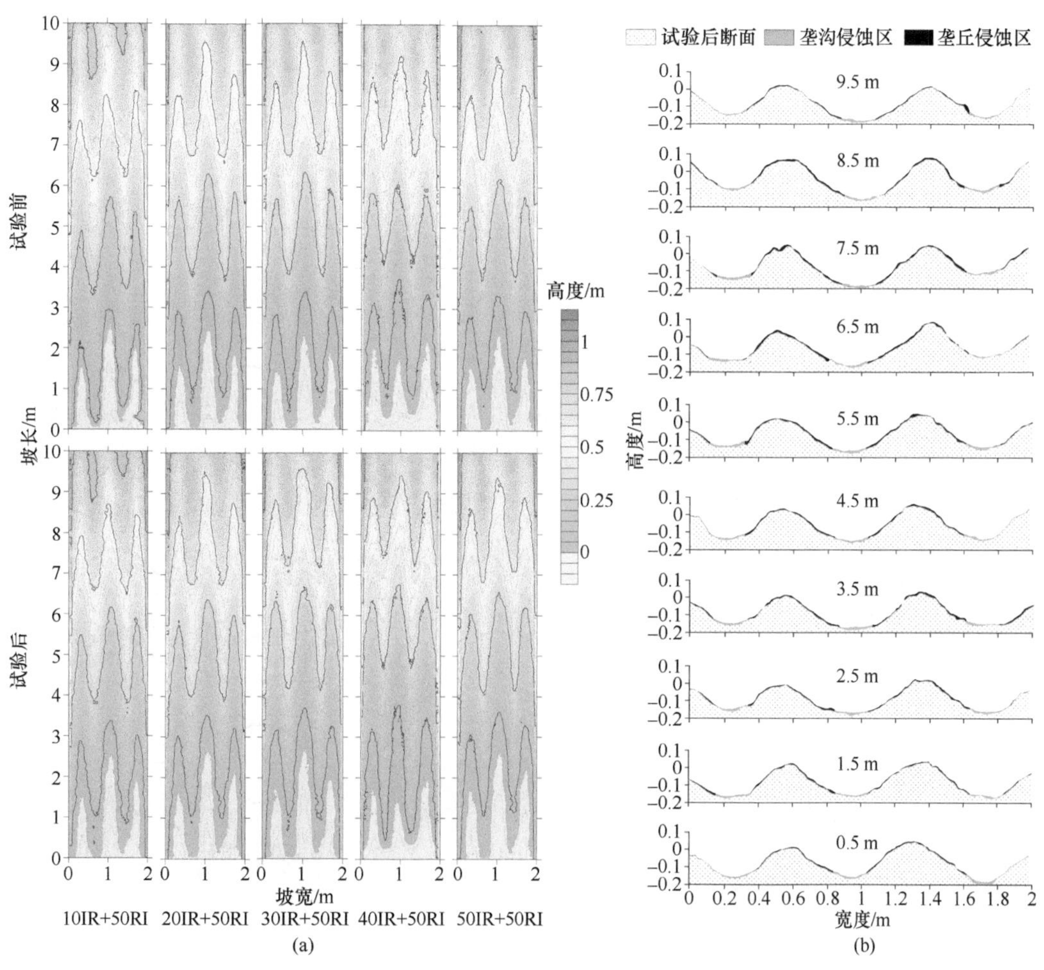

图 3-17　降雨和汇流组合试验处理前后坡面微地形的变化（a）和 50 mm/h 降雨强度与 50 L/min 汇流流量交互作用试验前后横断面对比（b）

3.3.4　坡面汇流与降雨+坡面汇流试验条件下坡面泥沙来源的诊断

在仅有坡面汇流试验处理下，顺坡垄作坡面的土壤侵蚀过程主要以垄沟内的细沟侵蚀为主。如图 3-16（b）所示，在仅有坡面汇流试验下，垄–沟系统土壤侵蚀仅发生在 20 cm 的垄沟，此时垄丘基本无侵蚀发生。在降雨和汇流共同作用下，由于垄丘土壤较为疏松，雨滴打击对垄丘固结的影响较大，造成垄丘的压实；而由于垄沟土壤容重较大，且沟槽内有径流存在，基本消除了土壤压实作用。据此，假定在降雨和汇流共同作用下，垄沟内土壤基本没有固结作用，这样就可基于立体摄影测量生成的 DEM 估算垄沟侵蚀量，而垄丘侵蚀量即为通过径流泥沙测定获得的垄–沟系统总侵蚀量减去基于 DEM 估算的垄沟土壤侵蚀量。

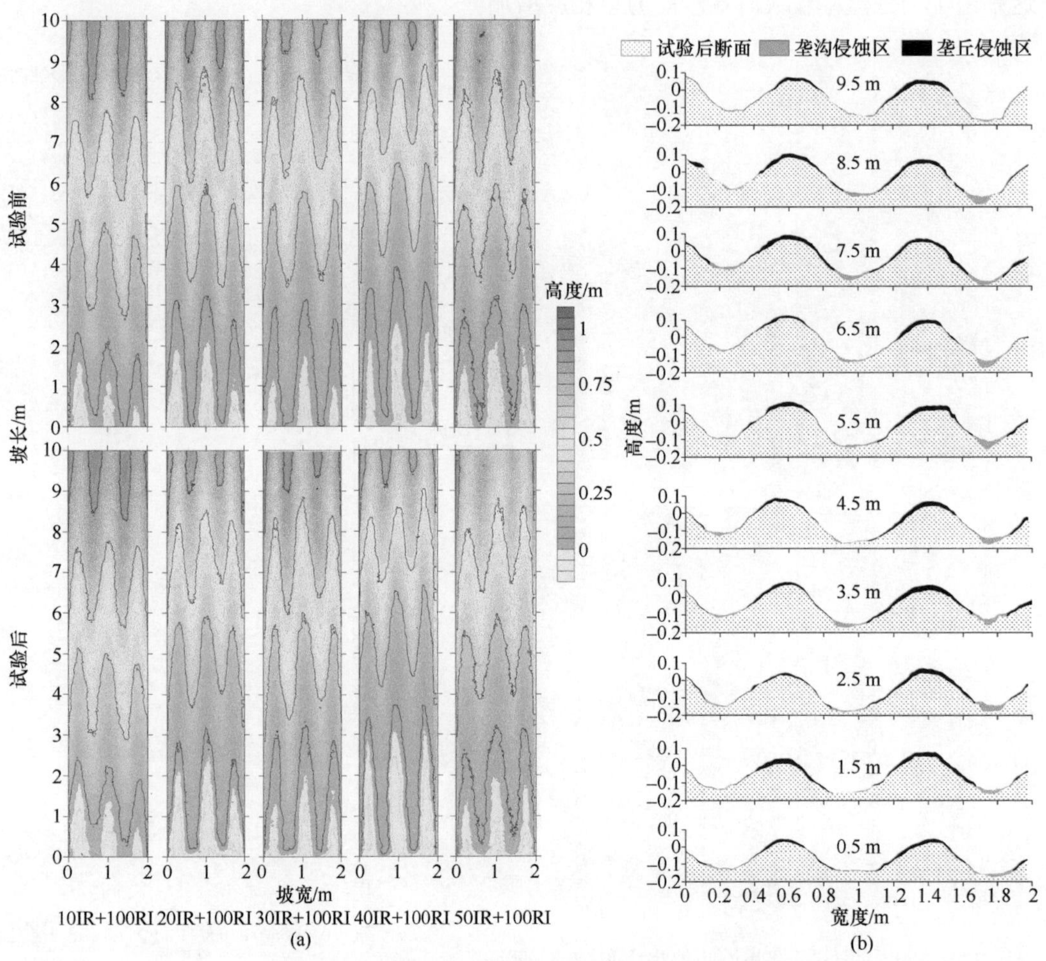

图 3-18 降雨和汇流组合试验处理前后坡面微地形的变化（a）和 100 mm/h 降雨强度与 50 L/min 汇流流量交互作用试验前后横断面对比（b）

根据试验前后的 DEM、式（3-6）和式（3-7），估算了垄丘和垄沟的土壤侵蚀量（图 3-19）。结果表明，在仅汇流试验处理下，垄沟内的细沟侵蚀是主要的侵蚀方式并且垄沟是坡面泥沙的主要来源；而在降雨和汇流共同作用下，垄丘是坡面侵蚀的主要泥沙来源。结合实测的土壤侵蚀量，图 3-19 显示了降雨和汇流共同作用下的垄沟和垄丘的侵蚀量。在 5 个上方汇流处理下，垄沟侵蚀量占坡面总侵蚀量的 100%。而在降雨强度与汇流的交互作用下，垄–沟系统土壤侵蚀以垄丘侵蚀为主。在 50 mm/h 降雨强度+5 个汇流流量试验条件下，垄丘侵蚀量分别占垄-沟系统总侵蚀量的 58.1%、58.5%、51.3%、59.6%和 60.9%；在 100 mm/h 降雨强度与汇流的共同作用下，垄丘侵蚀量分别占坡面总侵蚀量的 56.9%、53.0%、57.8%、58.7%和 61.8%。同时，在降雨和汇流交互作用下，垄丘土壤侵蚀量随着降雨强度的增加而增加，当降雨强度从 50mm/h 增加到 100mm/h 时，垄丘土壤侵蚀量增加 1.2～2.7 倍。此外，在 50 mm/h 降雨强度下，由于径流搬运能力相对较小，从垄丘上剥蚀的土壤在垄沟中发生沉积，进而减少了坡面总侵蚀量。总体而言，在 50 mm/h 和 100 mm/h 降雨强度和汇流交互作用下，垄丘侵蚀在垄–沟系统中始终占主导地位。

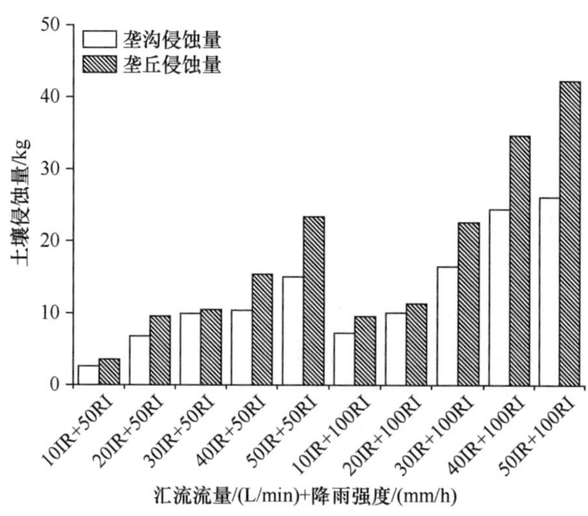

图 3-19　上方汇流与不同降雨强度交互作用下的坡面垄沟侵蚀量和垄丘侵蚀量对比

3.3.5　降雨和汇流交互作用影响垄–沟系统坡面水蚀过程的原因分析

在降雨和汇流共同作用下，坡面产流时间相比较仅有汇流处理提前，坡面径流率均呈现出先增加而后逐渐稳定的趋势，主要原因是在试验开始前，地表经历人工翻耕后较为粗糙，在试验开始的最初阶段水分入渗和坡面截留影响了径流向下坡方向的运动。当坡面水分趋近饱和后，坡面径流率逐渐增大并趋于稳定。与平坡坡面侵蚀相比，顺坡垄作加速了坡面侵蚀从片蚀向细沟侵蚀的转变（Xu et al.，2018；Tian et al.，2017）。

在仅汇流试验处理下，坡面土壤侵蚀速率表现出与径流率相反的趋势，在试验起始阶段较大而后逐渐减小并趋于稳定。在 50 L/min 汇流流量处理下，坡面土壤侵蚀速率迅速下降并趋于稳定；而在较低汇流流量处理下，坡面土壤侵蚀速率逐渐增加。对于 40 L/min 以下的汇流试验处理，坡面土壤侵蚀速率随汇流历时而逐渐增加［图 3-15（a）］，这是由于一方面松散的土壤颗粒和较小的土壤团聚体沿着沟底缓慢地向下坡移动（Morrison et al.，1994）；另一方面随着坡面流路的形成和土壤饱和引起的径流量增加，径流搬运能力增强。这一趋势可能是由于在低汇流流量时，径流输沙能力较低，细土颗粒从沟槽分离并运输到小区出口需要较长时间（Darboux and Huang，2005）。在较大汇流流量下，由于初期径流冲刷能力较强，顺坡垄作沟槽内的松散物质被迅速迁移，导致初期坡面土壤侵蚀速率高。当顺坡垄作沟槽内的崩落土块被集中水流侵蚀搬运时，迁移至小区出口的泥沙减少到一个稳定值，Qin 等（2019）在沟壁扩张试验中观察到这一现象，与本研究结果一致。

在降雨和汇流共同作用下，坡面侵蚀速率在汇流流量大于 30 L/min 时呈现出减小并趋于稳定的趋势。由于雨滴打击的作用，垄丘的松散土壤颗粒会增加径流的挟沙量，然而，在由于封闭作用形成土壤表层结皮后，径流含沙浓度逐渐趋于稳定。对于汇流流量小于 30 L/min 的降雨汇流交互作用试验处理，顺坡垄作坡面侵蚀速率先增大后减小并趋于稳定。雨滴打击引起的土壤溅蚀量随降雨强度的增大而增大（Zhang，2018）。上方汇流和降雨的共同作用明显增加了土壤的分散和径流的搬运，也使土壤的水分饱和更快，从而导致更高的径流率和输沙能力。因此，降雨和汇流交互作用下的顺坡垄作土壤侵蚀速率大于二者单独作用之和（Shen et al.，2018）。

3.3.6　土壤固结作用对 DEM 估算坡面土壤侵蚀量的影响

已有研究表明土壤固结作用对坡面侵蚀具有显著影响（Shainberg et al.，1996；King et al.，1995；West et al.，1992），这是由于土壤可蚀性在土壤固结之后逐渐降低（Morrison et al.，1994；Norton and Brown，1992；Brown et al.，1989）。Mapa 等（1986）发现所有的土壤固结效应基本上都发生在土壤第一次湿润和干燥循环之后；然而，Green 等（2003）指出土壤固结是一个渐进的过程，即土壤逐渐恢复到原来的状态。本研究虽然在试验开始前 24 h 进行了预降雨，这在一定程度了削弱了土壤固结作用对 DEM 估算坡面土壤流失量的影响，但正式降雨过程雨滴打击仍对土壤有一定的固结作用，因而在一定程度上对 DEM 估算坡面土壤流失产生影响。图 3-20（a）显示，对于无降雨仅有汇流的试验处理，在 5 个坡面汇流流量下，实测土壤侵蚀量与 DEM 计算的土壤侵蚀量非常接近，其相对误差平均为 7.5%，这表明在仅有坡面汇流条件下垄沟区的土壤固结作用很小，基本上不会对利用 DEM 估算坡面土壤流失量造成影响［图 3-20（a）］。在降雨和坡面汇流共同作用下，由于垄丘部位雨滴打击导致的土壤固结作用，实测的土壤流失量小于基于 DEM 估算的土壤流失量［图 3-20（b）］。尽管 DEM 存在对坡面土壤流失量的高估现象，但其相对误差平均为 16.5%，所以仍可利用 DEM 估算次降雨条件下顺坡垄–沟系统土壤流失量。

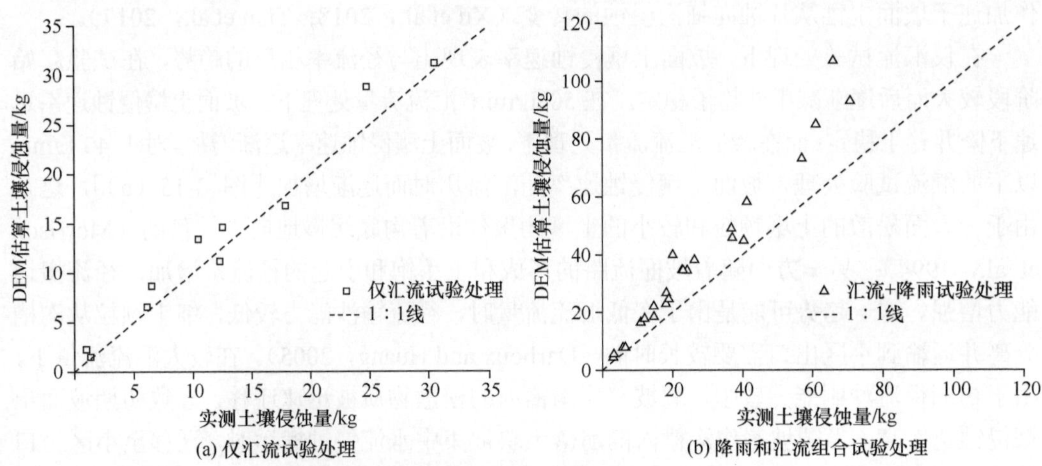

图 3-20　实测与 DEM 估算土壤侵蚀量对比

3.3.7 小　　结

本节基于野外原位模拟降雨和上方汇流试验，结合立体摄影测量技术和 GIS 技术，阐明了降雨和上方汇流交互作用对顺坡垄作坡面的土壤侵蚀过程的影响，查明了汇流和降雨试验条件下坡面的泥沙来源，分离了顺坡垄作系统垄沟和垄丘对坡面侵蚀量的贡献，为农耕地坡面重点部位治理提供了重要科学依据。主要结论如下所述：

（1）上方汇流与降雨的交互作用加剧了坡面土壤侵蚀，与仅有上方汇流试验处理相比，在 50 mm/h 和 100 mm/h 降雨强度与 5 个汇流流量交互作用下，坡面径流率分别增加 0.5～7.2 倍和 0.8～8.6 倍，坡面侵蚀量分别增加了 0.4～4.2 倍和 1.5～13.0 倍。

（2）当汇流流量从 10 L/min 增加到 50 L/min 时，仅上方汇流试验处理的土壤侵蚀量增加了 21.6 倍；而降雨和汇流的交互作用下，随着汇流流量的增大，50 mm/h 和 100 mm/h 降雨强度下坡面侵蚀量分别增加 5.2 倍和 3.1 倍。降雨和汇流的交互效应使土壤侵蚀量比二者单独作用的总和增加了 21.1%～56.7%。同时，在 50 mm/h 和 100 mm/h 降雨强度下，当汇流流量从 10 L/min 增加到 50 L/min 时，汇流流量与降雨的交互作用对坡面侵蚀量的贡献皆呈现先增大后减小的变化趋势。

（3）结合实测土壤侵蚀量和 DEM 计算土壤侵蚀量，分离了垄沟和垄丘对坡面土壤侵蚀的贡献。发现在仅有不同上方汇流试验处理下，坡面土壤侵蚀全部来自垄沟沟底和垄丘坡脚处；而在降雨和汇流交互作用下，50 mm/h 和 100 mm/h 降雨强度下坡面侵蚀量主要来自于垄丘，其侵蚀量分别占坡面侵蚀量的 51.3%～60.9%和 53.0%～61.8%。

（4）在仅有坡面汇流条件下，基于 DEM 能很好地估算垄–沟系统坡面土壤流失量。在降雨和坡面汇流共同作用下，尽管 DEM 高估了垄–沟系统坡面土壤流失量，但其绝对误差平均为 16.5%，所以仍可利用 DEM 估算次降雨条件下垄–沟系统土壤流失量。

3.4 雨滴打击、地表径流和壤中流对坡面水蚀的影响

近地表水文条件代表了坡面不同部位的水分状况，一般包括自由入渗、土壤水分饱和、壤中流和管道流等。其中，壤中流是发生在近地面土层中一种有孔介质中的水流运动，主要是在弱透水性土层临时饱和带内的非毛管孔隙中的水流运动。Jia 等（2007）研究了紫色土丘陵区不同降雨强度下的径流特征，发现小雨强下壤中流流量占总径流量的 100%；中雨强和大雨强下壤中流流量分别占总径流量的 39%和 11%。可见，壤中流对地表径流形成具有重要贡献。已有研究表明，当坡面有壤中流发生时，土壤侵蚀强度显著增加（Huang et al.，2001；Gabbard et al.，1998），且侵蚀机制也会发生改变。Zheng 等（2000）认为当水文条件从土壤自由入渗过渡到壤中流，侵蚀机制从土壤分散受限转变为径流搬运受限。雨滴打击对坡面土壤颗粒的剥离和搬运有重要作用（安娟等，2011；徐震等，2010；Gao et al.，2005；Dunne et al.，1991）。雨滴打击一方面增强了土壤颗粒的破碎，为坡面径流提供侵蚀物质来源，另一方面增加了坡面薄层水流的扰动作用。吴普特和周佩华（1992）研究表明，雨滴打击坡面表层土壤所产生的侵蚀泥沙是坡面侵蚀

泥沙的主要来源。目前，关于自由下渗条件下雨滴打击对坡面侵蚀影响的研究相对较多，但是尚不清楚壤中流条件下，雨滴打击对坡面侵蚀的影响。

东北黑土区黑土层下面为黄土状亚黏土或湖相沉积物，质地较为黏重，且长期耕作形成了坚硬的犁底层，夏季降水集中时易产生地表径流和渗出流，极易形成“上层滞水”现象，土体容易受到侵蚀和淋溶影响。此外，早春冻融交替致使壤中流很容易形成。据中国科学院东北地理与农业生态研究所的观测资料表明，丰水年东北黑土区的壤中流可达到总径流量的20%；初春的融雪侵蚀中，壤中流可占融雪量的较大比例。可见，壤中流在东北黑土区是普遍发生的水文现象，而壤中流对坡面侵蚀过程的影响研究还鲜见报道。因此，基于室内人工模拟降雨实验，设计有、无雨滴打击两种地表条件和不同近地表土壤水分条件（自由入渗+降雨、土壤水分饱和+降雨、壤中流+降雨）的试验处理，研究雨滴打击、地表径流、壤中流共同作用下坡面水蚀过程机理，研究结果有助于加深对黑土坡面土壤侵蚀机理的认识，也为黑土区水土保持措施布设提供理论依据。

3.4.1 壤中流对土壤侵蚀影响的理论分析

壤中流对土壤侵蚀的作用主要表现为一是通过增加地表径流量，从而增加径流对颗粒的搬运能力；二是壤中流给予土壤颗粒一个上托的力，通过削弱土壤颗粒之间的黏结力，增强土壤颗粒的分散。图 3-21 表明，壤中流发生时，改变了土壤应力状况，进而对土壤侵蚀分离和搬运过程产生重要影响（Gabbard et al.，1998）。从图中可以看出，自由入渗条件下颗粒不仅没有受到上托力（F_s）还会随土壤入渗水向土壤深层移动。不同近地表土壤水文条件下，径流量和颗粒受力的不同必然会引起侵蚀强度的差异。

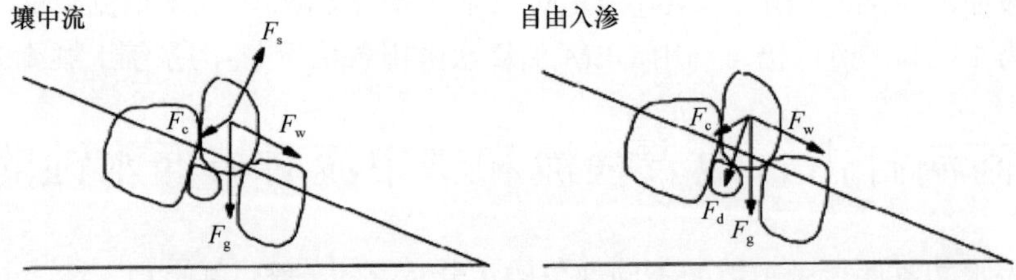

图 3-21 壤中流和自由入渗条件下土壤颗粒受力图示（Gabbard et al.，1998）

F_w. 雨滴打击或径流剪切力；F_g. 重力；F_c. 黏结力；F_s. 壤中流力；F_d. 随下渗水所受力

3.4.2 地表径流与壤中流共同作用对坡面水蚀过程的影响

1. 地表径流与壤中流共同作用对坡面径流量和水蚀量的影响

无论是否有雨滴打击作用，降雨过程中地表径流与壤中流共同作用（SP20+R）下的坡面径流量均显著大于无壤中流发生时（FD+R 和 Sa+R）的坡面径流量（表 3-14）。与无壤中流仅有地表径流（自由下渗试验处理，FD+R）相比，60 mm/h 降雨强度下，壤中流+降雨试验处理（SP20+R）的径流量增加了 0.8～1.0 倍。这是因为壤中流的形成增加了地表径流量，且自由下渗条件下一部分降雨转化为土壤入渗。与土壤水分饱和试验处理（Sa+R）相比，壤中流+降雨试验处理（SP20+R）的径流量增加 10.1%～17.3%。这是由于壤中流形成过程中存在的壤中流力，使土壤中的部分水转化为地表径流，从而使地表径流量的增加幅度大于仅由壤中流产生的径流量，从而导致坡面径流侵蚀和搬运能力的增加，进而致使坡面侵蚀量增加。

表 3-14　不同近地表土壤水文条件下的径流量和侵蚀量

有、无雨滴打击	近地表土壤水文条件	径流量/mm	侵蚀量/（g/m^2）
有雨滴打击（无纱网覆盖）	FD+R	33.7（3.99）c	53.6（6.6）b
	Sa+R	51.4（2.94）b	59.8（7.02）b
	SP20+R	60.3（0.00）a	90.2（1.34）a
无雨滴打击（有纱网覆盖）	FD+R	28.5（1.60）c	15.2（0.82）b
	Sa+R	51.6（6.74）a	25.4（1.16）a
	SP20+R	56.8（0.41）a	26.5（0.79）a

注：降雨强度为 60 mm/h；FD+R 为自由入渗；Sa+R 为土壤水分饱和；SP20+R 为壤中流 20 cm+降雨。

表 3-14 表明，60 mm/h 降雨强度下，对于壤中流和地表径流共同作用的试验处理（壤中流+降雨试验处理，SP20+R），坡面侵蚀量显著大于无壤中流发生（FD+R 和 Sa+R）时的坡面侵蚀量。与无壤中流仅有地表径流（自由下渗试验处理，FD+R）相比，壤中流+降雨试验处理（SP20+R）下的坡面侵蚀量增加了 68.3%～74.3%。这是因为壤中流的形成一方面使坡面径流量增大，增加了径流侵蚀和搬运能力；另一方面土壤颗粒间的黏结力被大大削弱，尤其是壤中流上举力的存在大大削弱土壤颗粒的黏结力，增加了径流对土壤的分散能力。然而，当土壤水分达到饱和后，壤中流对坡面侵蚀的影响与雨滴打击有关。在有雨滴打击作用下（无纱网覆盖试验处理），壤中流+降雨试验处理（SP20+R）下的坡面侵蚀量较土壤水分饱和试验处理（Sa+R）的坡面侵蚀量显著增加 50.8%；而在无雨滴打击作用（纱网覆盖试验处理）下，壤中流+降雨试验处理（SP20+R）的坡面侵蚀量较土壤水分饱和试验处理（Sa+R）的坡面侵蚀量仅增加了 4.3%。这是因为消除雨滴打击作用后，颗粒的分散和搬运主要取决于径流，而土壤水分饱和（Sa+R）与壤中流+降雨（SP20+R）试验处理间的坡面径流量无显著差异。以上研究结果表明，坡面壤中流的发生明显增强了坡面土壤侵蚀。

进一步分析发现，60 mm/h 降雨强度下，对于有、无雨滴打击试验处理下，壤中流对坡面径流和侵蚀的贡献有所不同（表 3-14）。雨滴打击处理下，壤中流对坡面径流和侵蚀的贡献率分别为 18.2%和 71.6%；无雨滴打击试验处理下，壤中流对坡面径流和侵蚀的贡献率分别为 6.2%和 70.6%。可见，有、无雨滴打击处理下壤中流对坡面侵蚀的贡献均大于对径流的贡献，且壤中流对坡面径流和侵蚀的贡献在无雨滴打击处理下体现得更加明显。这是因为壤中流的形成削弱了土壤颗粒之间的黏结力，且壤中流的形成使得降雨全部转化为坡面径流，进而增加了坡面径流的搬运作用。

2. 壤中流形成对坡面侵蚀影响的动力学机理分析

上述研究结果表明，壤中流与地表径流共同作用下的侵蚀量显著大于无壤中流条件下的侵蚀量。这里通过有、无壤中流条件下坡面径流水力学和水动力学参数对比，揭示壤中流形成对坡面侵蚀影响的侵蚀动力学机理。

1）有、无壤中流条件下坡面水流水力学参数的对比

表 3-15 表明，60 mm/h 降雨强度下，对有雨滴打击（无纱网覆盖）和无雨滴打击（有纱网覆盖）的试验处理，当近地表土壤水文条件从自由入渗到土壤水分饱和，再过渡到壤中流时，径流深、流速、雷诺数和弗汝德数均逐渐增加，但阻力系数逐渐减少。

表 3-15　有、无雨滴打击下壤中流对坡面径流水力学参数的影响

有、无雨滴打击	近地表土壤水文条件	水流流速 *V*/（cm/s）	径流深 *h* /cm	雷诺数 *Re*	弗汝德数 *Fr*	Darcy-Weisbach 阻力系数 *f*
有雨滴打击（无纱网覆盖）	FD+R	2.05	0.08	17.91	0.23	12.90
	Sa+R	2.62	0.09	27.99	0.27	12.41
	SP20+R	2.85	0.09	31.02	0.29	9.34
无雨滴打击（纱网覆盖）	FD+R	1.82	0.07	16.49	0.21	25.90
	Sa+R	2.66	0.09	28.08	0.28	10.73
	SP20+R	2.73	0.09	29.22	0.28	10.25

注：降雨强度为 60 mm/h；FD+R 为自由入渗；Sa+R 为土壤水分饱和；SP20+R 为壤中流 20 cm+降雨。

由表中得知，当降雨强度为 60 mm/h 时，与自由入渗（FD+R）试验处理相比，有、无雨滴打击作用下壤中流+降雨试验处理（SP20+R）的坡面水流流速分别增加 39.0%和 50.1%，径流深分别增加 12.5%和 28.6%；同时壤中流+降雨试验处理（SP20+R）的雷诺数和弗汝德数在有雨滴打击作用下分别增加 73.2%和 26.1%，无雨滴打击作用下二者分别增加 77.2%和 33.3%，而 Darcy-Weisbach 阻力系数分别减少 27.6%和 60.4%。此结果表明壤中流的形成明显增加了坡面径流流速、水深及雷诺数和弗汝德数，因而壤中流的形成导致坡面侵蚀量增加。与土壤水分饱和试验处理（Sa+R）相比，有雨滴打击作用下，壤中流+降雨试验处理（SP20+R）的坡面水流流速、雷诺数和弗汝德数分别增加 8.77%、10.83%和 7.41%，而 Darcy-Weisbach 阻力系数减少 24.7%，这可能是致使雨滴打击作用下土壤饱和与壤中流试验处理间侵蚀量存在较大差异的原因；无雨滴打击作用下，壤中流+降雨试验处理（SP20+R）的坡面水流流速仅增加了 2.6%，径流深、雷诺数和弗汝德数基本没有变化，这可能也是造成无雨滴打击作用下壤中流和土壤水分饱和两个试验处理之间侵蚀量没有明显差别的主要原因之一。

2）有、无壤中流时坡面水流水动力学参数的对比

目前表征坡面侵蚀的水动力学参数主要有径流剪切力、水流功率和单位水流功率等指标（Knapen et al.，2007；Nearing et al.，1997）。径流剪切力的动力作用是坡面产生径流后破坏土壤结构、分散土壤颗粒，并将分散的土粒卷入水流而挟带出坡面，而水流功率和单位水流功率主要反映坡面径流对土壤侵蚀过程中做功消耗能量的过程。因此，这里通过对比分析有、无壤中流时坡面水流水动力学参数的差异，揭示壤中流形成影响坡面土壤侵蚀的水动力学机制。

由表 3-16 可知，60 mm/h 降雨强度下，坡面壤中流形成明显增加了坡面径流剪切力、

水流功率和单位水流功率。与自由下渗试验处理（FD+R）相比，有、无雨滴打击作用下，壤中流+降雨试验处理（SP20+R）下的坡面径流剪切力、水流功率和单位水流功率分别增加 19.4%～23.8%、60.0%～69.2%和 38.9%～50.0%。与土壤水分饱和试验处理（SP20+R）下的坡面径流剪切力，水流功率和单位水流功率分别增加 1.3%～5.3%、0～9.1%和 4.3%～8.7%。这表明对于有雨滴打击和无雨滴打击的试验条件，当近地表土壤水文条件从自由入渗到壤中流发生时，表征坡面土壤侵蚀水动力学的三个参数（径流剪切力、水流功率和单位水流功率）的增加幅度较大，因而造成这两种水文条件下坡面侵蚀量差异明显，也就导致壤中流形成对坡面侵蚀影响非常明显。但在无雨滴打击试验条件下，当近地表土壤水文条件从土壤水分饱和到壤中流发生时，三个水动力学参数的增加幅度很小，因而造成这两种水文条件下坡面侵蚀量差异较小，这也从水动力学机理上进一步解释了壤中流增加坡面土壤侵蚀的原因。

表 3-16　有、无壤中流时坡面径流剪切力、水流功率和单位水流功率

有、无雨滴打击	近地表土壤水文条件	径流剪切力/Pa	水流功率/［N/（m·s）］	单位水流功率/（m/s）
有雨滴打击（无纱网覆盖）	FD+R	0.67	0.015	0.0018
	Sa+R	0.76	0.022	0.0023
	SP 20+R	0.80	0.024	0.0025
无雨滴打击（有纱网覆盖）	FD+R	0.63	0.013	0.0016
	Sa+R	0.77	0.022	0.0023
	SP 20+R	0.78	0.022	0.0024

注：降雨强度为 60 mm/h；FD+R 为自由入渗；Sa+R 为土壤水分饱和；SP20+R 为壤中流 20cm+降雨。

3.4.3　有、无壤中流条件下雨滴打击作用对坡面土壤侵蚀的影响

1. 有、无壤中流条件下雨滴打击对坡面径流量和侵蚀量的影响分析

已有研究发现，纱网覆盖能够消除 99.6%的雨滴动能（郑粉莉等，1995）。因此，有、无纱网覆盖之间坡面径流量和侵蚀量的差异可用于分析雨滴打击作用对坡面径流和侵蚀的贡献。从表 3-17 得知，对于自由入渗试验处理（FD+R），60 mm/h 降雨强度下，有雨滴打击作用的坡面径流量为 33.7 mm，而无雨滴打击作用的坡面径流量为 28.5 mm，

表 3-17　有、无雨滴打击下坡面径流量与侵蚀量的对比

近地表土壤水文条件	径流量/mm		侵蚀量/（g/m²）		侵蚀速率/（g/min）		径流含沙量/（g/L）	
	有雨滴打击（无纱网覆盖）	无雨滴打击（有纱网覆盖）	有雨滴打击（无纱网覆盖）	无雨滴打击（有纱网覆盖）	有雨滴打击（无纱网覆盖）	无雨滴打击（有纱网覆盖）	有雨滴打击（无纱网覆盖）	无雨滴打击（有纱网覆盖）
FD+R	33.7	28.5	53.6	15.2	0.46	0.14	1.59	0.43
SP20+R	60.3	57.1	90.2	26.5	0.81	0.21	1.54	0.53

注：降雨强度为 60 mm/h；FD+R 为自由入渗；SP20+R 为壤中流 20cm+降雨。

后者较前者减少了 15.4%。这说明雨滴打击作用增加了坡面径流量，减少了土壤入渗。对土壤剖面土壤湿润峰观测发现，模拟降雨试验前土壤湿润峰深度为 13 cm，而模拟降雨试验后有雨滴打击和无雨滴打击试验处理下的土壤湿润峰深度分别为 17 cm 和 19 cm，前者较后者减少了 2 cm，进一步说明雨滴打击作用减少了土壤入渗率和入渗深度。

与雨滴打击对坡面径流量的影响相比，雨滴打击作用对坡面侵蚀量的增加更为明显。 60 mm/h 降雨强度下，对于自由入渗试验处理（FD+R），有雨滴打击作用的坡面侵蚀量是无雨滴打击作用的 3.52 倍，这与郑粉莉（1998a，1998b）的研究结果一致。土壤饱和试验处理（Sa+R）下，有雨滴打击作用的坡面侵蚀量是无雨滴打击作用的 2.35 倍。壤中流+降雨试验处理（SP20+R）下，雨滴打击下的坡面侵蚀量是无雨滴打击的 3.40 倍。这说明，无论坡面是否有壤中流形成，雨滴打击作用均明显增加了坡面侵蚀量，但壤中流发生在一定程度下削弱了雨滴打击对坡面水蚀量的影响。在 FD+R 和 SP20+R 试验处理下，雨滴打击作用使坡面径流含沙量分别增加 2.58 倍和 1.91 倍，有壤中流发生时雨滴打击作用对坡面径流含沙量和侵蚀量的增加幅度均小于无壤中流发生。从表 3-17 还可以看出，在黑土坡面侵蚀过程中雨滴打击对土壤颗粒的分散和搬运起重要作用，进一步说明了雨滴侵蚀在黑土坡面侵蚀中占据主导作用。

2. 雨滴打击作用影响坡面侵蚀水动力学机理分析

1）雨滴打击作用对坡面水流水动力学参数的影响

表 3-15 表明，雨滴打击作用明显增加了坡面水流水动力学参数。与无雨滴打击作用相比，60 mm/h 降雨强度下，对于自由入渗试验处理（FD+R）雨滴打击坡面水流流速增加了 12.6%，这与 Beuselinck 等（2002）的研究结果一致。由于坡面侵蚀量与坡面水流流速呈幂函数关系（张光辉等，2002），所以雨滴打击作用使坡面径流流速增加，从而导致坡面侵蚀量增加。另外，FD+R 下，雨滴打击作用使坡面水流雷诺数和弗汝德数分别增加 8.6%和 9.5%，而 Darcy-Weisbach 阻力系数减少了 50.2%，这与吴普特和周佩华（1994）的研究结果一致。这是因为雨滴打击作用增加了对土壤颗粒的打击破碎作用，而破碎的颗粒易阻塞土壤孔隙，加速表层土壤结皮的形成，从而导致坡面粗糙度降低，进而减少了坡面水流阻力。此结果表明，雨滴打击作用增加了坡面径流流速、雷诺数和弗汝德数，尤其是雨滴打击作用明显减少了坡面水流阻力，因而导致坡面侵蚀量增加。壤中流+降雨试验处理（SP20+R）下，雨滴打击作用使坡面水流流速、雷诺数和汝德数分别增加 4.4%、6.2%和 3.6%，Darcy-Weisb-ach 阻力系数减少了 8.9%。说明壤中流条件下，雨滴打击对坡面水流水动力学参数的影响小于无壤中流（自由下渗）条件，也进一步说明雨滴打击作用对坡面水流的影响受制于近地表土壤水文条件。

2）雨滴打击作用对坡面水流水动力学参数的影响

表 3-16 表明，雨滴打击作用明显增加了坡面水流水动力学参数。对于 FD+R，雨滴打击作用使坡面径流剪切力、水流功率和单位水流功率分别增加 6.3%、15.4%和 12.5%，正是由于雨滴打击作用使表征坡面土壤侵蚀水动力学三个参数（径流剪切力、水流功率和单位水流功率）增加，从而使坡面侵蚀量增加。SP20+R 下，雨滴打击作用使坡面径

流剪切力、水流功率和单位流水功率分别增加 2.6%、9.1%和 4.1%。这表明雨滴打击对坡面水流水动力学参数的影响在壤中流条件下小于无壤中流（自由下渗）条件下，这也可能是造成壤中流条件下雨滴打击对坡面侵蚀的影响小于无壤中流（自由下渗）条件下的主要原因之一，这也从水动力学上进一步解释了雨滴打击影响坡面土壤侵蚀的机理。

3.4.4　小　　结

基于室内人工模拟降雨实验，对比分析了有、无雨滴打击作用下壤中流+降雨与无壤中流条件下土壤侵蚀过程的差异，并从径流水力学特性和水流水动力学角度揭示了雨滴打击、地表径流与壤中流交互作用对坡面水蚀过程影响的水动力学机理。主要得出以下四个结论：

（1）分析了壤中流形成对坡面径流和侵蚀量的影响，发现壤中流形成导致坡面径流量增加 0.8～1.0 倍，坡面侵蚀量增加 68.3%～74.3%。

（2）揭示了壤中流形成对坡面土壤侵蚀影响的动力学机理。壤中流的形成使坡面水流流速、雷诺数和弗汝德数分别增加 39.0%～50.1%、73.2%～77.2%和 26.1%～33.3%，而 Darcy-Weisbach 阻力系数减小 27.6%～60.4%，同时壤中流的形成致使水动力学参数径流剪切力、水流功率和单位水流功率分别增加 19.4%～24.6%、59.2%～77.2%和 39.2%～50.5%，因而导致坡面侵蚀量增加。

（3）明晰了雨滴打击作用对坡面侵蚀的影响，发现在无壤中流条件下（自由下渗，FD+R），雨滴打击作用使坡面侵蚀量增加 2.53 倍，在壤中流条件下（SP20+R），雨滴打击作用使坡面侵蚀量增加 2.4 倍，说明无论坡面是否有壤中流形成，雨滴侵蚀在黑土坡面侵蚀中占据主导作用；而壤中流发生在一定程度下削弱了雨滴打击对坡面水蚀量的影响。

（4）阐明了雨滴打击作用影响坡面侵蚀的水动力学机理。无论坡面是否有壤中流形成，雨滴打击作用均明显改变了坡面径流水力学特性和侵蚀动力，且其在无壤中流发生时表现更加明显。无壤中流发生时（FD+R），雨滴打击作用使水流流速、雷诺数和弗汝德数分别增加 12.6%、8.6%和 9.5%，但雨滴打击作用使坡面水流的 Darcy-Weisbach 阻力系数减少 50.2%，同时雨滴打击作用也使坡面径流剪切力、水流功率和单位水流功率分别增加 6.3%、15.4%和 12.5%，进而导致坡面侵蚀量增加。有壤中流形成时（SP 20+R），雨滴打击作用使坡面径流剪切力、水流功率和单位水流功率分别增加 2.6%、9.1%和 4.2%，表明雨滴打击对坡面水流水动力学参数的影响在壤中流条件下小于无壤中流（自由下渗）条件下，这也可能是造成壤中流条件下雨滴打击对坡面侵蚀影响小于无壤中流（自由下渗）条件下的主要原因之一，这也从水动力学上进一步解释了雨滴打击影响坡面土壤侵蚀的机理。

3.5　结　　语

本章基于室内控制条件下的模拟试验，分析了降雨强度与降雨能量交互作用及降雨强度与坡面汇流交互作用对坡面水蚀过程的影响，明确了壤中流形成和雨滴打击作用对坡面水蚀的贡献作用，诊断了顺坡垄作坡面在降雨和降雨汇流条件下坡面侵蚀产沙部位，深化了对坡面水蚀过程机理的认识。主要研究结论如下所述：

（1）辨析了黑土区侵蚀性降雨特征，建立了天然降雨不同雨型下黑土坡面水蚀量与降雨能量的关系式。

（2）构建了坡面土壤侵蚀速率与降雨强度和降雨能量的关系式，量化了降雨强度、降雨能量及二者交互作用对坡面水蚀的贡献，发现在3°和5°坡度处理下，降雨强度对坡面侵蚀量的贡献率分别达到62.0%和58.5%，降雨能量对坡面侵蚀量的贡献率分别达到30.1%和36.6%；降雨强度和降雨能量交互作用对坡面侵蚀的贡献率分别为4.5%和4.8%。

（3）明确了上方汇流与降雨的交互作用对坡面土壤侵蚀的影响存在正向效应，与仅降雨条件相比，在50 mm/h和100 mm/h降雨强度与5个汇流流量交互作用下，坡面侵蚀量分别增加了0.9～11.0倍和0.6～5.6倍。

（4）分离了垄沟和垄丘对坡面土壤侵蚀的贡献。发现在仅有不同上方汇流试验处理下，坡面土壤侵蚀全部来自垄沟沟底和垄丘坡脚处；而在降雨和汇流交互作用下，50 mm/h和100 mm/h降雨强度下坡面侵蚀量主要来自于垄丘，其侵蚀量分别占坡面侵蚀量的51.3%～60.9%和53.0%～61.8%。

（5）分析了壤中流形成对坡面径流和侵蚀量的影响，发现壤中流形成导致坡面径流量增加0.8～1.0倍，坡面侵蚀量增加68.3%～74.3%。明晰了雨滴打击作用对坡面侵蚀的影响，发现在无壤中流条件下，雨滴打击作用使坡面侵蚀量增加2.53倍；在壤中流条件下（SP20+R），雨滴打击作用使坡面侵蚀量增加2.4倍。

（6）阐明了壤中流形成和雨滴打击作用影响坡面侵蚀的水动力学机理。

主要参考文献

安娟, 郑粉莉, 李桂芳, 等. 2011. 不同近地表土壤水文条件下雨滴打击对黑土坡面养分流失的影响. 生态学报, 31(24): 7579-7590.

边锋, 郑粉莉, 徐锡蒙, 等. 2016. 东北黑土区顺坡垄作和无垄作坡面侵蚀过程对比. 水土保持通报, 36(1): 11-16.

范昊明, 蔡强国, 王红闪. 2004. 中国东北黑土区土壤侵蚀环境. 水土保持学报, 18(2): 66-70.

富涵. 2019. 冻融作用对黑土坡面水蚀过程的影响研究. 杨陵: 西北农林科技大学硕士学位论文.

高峰, 詹敏, 战辉. 1989. 黑土区农地侵蚀性降雨标准研究. 中国水土保持, (11): 21-23+65.

高学田, 包忠谟. 2001. 降雨特性和土壤结构对溅蚀的影响. 水土保持学报, 15(3): 24-26+47.

耿晓东. 2010. 主要水蚀区坡面土壤侵蚀过程与机理对比研究. 北京: 中国科学院研究生院(教育部水土保持与生态环境研究中心)博士学位论文.

何超, 王磊, 郑粉莉, 等. 2018. 垄作方式对薄层黑土区坡面土壤侵蚀的影响. 水土保持学报, 32(5): 24-28.

胡伟, 郑粉莉, 边锋. 2016. 降雨能量对东北典型黑土区土壤溅蚀的影响. 生态学报, 36(15): 4708-4717.

霍云梅, 毕华兴, 朱永杰, 等. 2015. 模拟降雨条件下南方典型黏土坡面土壤侵蚀过程及其影响因素. 水土保持学报, 29(4): 23-26+84.

姜义亮, 郑粉莉, 温磊磊, 等. 2017. 降雨和汇流对黑土区坡面土壤侵蚀的影响试验研究. 生态学报, 37(24): 8207-8215.

李光录, 吴发启, 赵小风, 等. 2009. 雨滴击溅下薄层水流的输沙机理研究. 西北农林科技大学学报(自然科学版), 37(9): 149-154.

王万忠. 1984. 黄土地区降雨特性与土壤流失关系的研究III——关于侵蚀性降雨的标准问题. 水土保持通报, (2): 58-63.

王占礼, 邵明安, 常庆瑞. 1998. 黄土高原降雨因素对土壤侵蚀的影响. 西北农业大学学报, 26(4): 101-105.

吴普特, 周佩华. 1992. 雨滴击溅在薄层水流侵蚀中的作用. 水土保持通报, 12(4): 19-26+47.

吴普特, 周佩华. 1994. 雨滴击溅对坡面薄层水流水力摩阻系数的影响. 水土保持学报, 8(2): 39-42.

肖培青, 郑粉莉. 2003. 上方汇水汇沙对坡面侵蚀过程的影响. 水土保持学报, 17(3): 25-27+41.

徐震, 高建恩, 赵春红, 等. 2010.雨滴击溅对坡面径流输沙的影响. 水土保持学报, 24(6): 20-23.

薛燕妮, 徐向舟, 王冉冉, 等. 2007. 人工模拟降雨的能量相似及其实现. 中国水土保持科学, 5(6): 102-105+112.

杨志达. 2000. 泥沙输送理论与实践. 北京: 中国水利水电出版社.

尹武君, 王健, 刘旦旦. 2011. 地表水层厚度对雨滴击溅侵蚀的影响. 灌溉排水学报, 30(4): 115-117.

尹武君, 王健, 孟秦倩, 等. 2010. 地表压实对雨滴溅蚀量的影响. 节水灌溉, (10): 26-28.

詹敏, 厉占才, 信玉林. 1998. 黑土侵蚀区降雨参数与土壤流失关系. 黑龙江水专学报, 1: 40-43.

张光辉, 刘宝元, 张科利. 2002. 坡面径流分离土壤的水动力学实验研究. 土壤学报, 39(6): 882-886.

张会茹, 郑粉莉. 2011. 不同降雨强度下地面坡度对红壤坡面土壤侵蚀过程的影响. 水土保持学报, 25(3): 40-43.

张宪奎, 许靖华, 邓育江, 等. 1992. 黑龙江省土壤流失方程的研究. 水土保持通报, 12(4): 1-9+18.

郑粉莉. 1998a. 坡面降雨侵蚀和径流侵蚀研究. 水土保持通报, 18(6): 20-24.

郑粉莉. 1998b. 黄土区坡耕地细沟间侵蚀和细沟侵蚀的研究. 土壤学报, 35(1): 95-103.

郑粉莉, 边锋, 卢嘉, 等. 2016. 雨型对东北典型黑土区顺坡垄作坡面土壤侵蚀的影响. 农业机械学报, 47(2): 90-97.

郑粉莉, 高学田. 2004. 坡面汇流汇沙与侵蚀—搬运—沉积过程. 土壤学报, 41(1): 134-139.

郑粉莉, 唐克丽, 白红英, 等. 1994. 子午岭林区不同地形部位开垦裸露地降雨侵蚀力的研究. 水土保持学报, 8(1): 26-32.

郑粉莉, 唐克丽, 张成娥. 1995. 降雨动能对坡耕地细沟侵蚀影响的研究. 人民黄河, (7): 22-24+46+62.

郑粉莉, 唐克丽, 周佩华. 1989. 坡耕地细沟侵蚀影响因素的研究.土壤学报, 26(2): 109-116.

周佩华, 张学栋, 唐克丽. 2000. 黄土高原土壤侵蚀与旱地农业国家重点实验室土壤侵蚀模拟实验大厅降雨装置. 水土保持通报, 20(4): 27-30+45.

Alonso C V, Meyer L D, Harmon W C. 1988. Sediment losses from cropland furrows. Sediment Budgets, 174: 3-9.

An J, Zheng F, Liu J, et al. 2012. Invistigating the role of raindrop impact on hydrodynamic mechanisms of soil erosion under simulated rainfall conditions. Soil Science, 177(8): 517-526.

Bagnold R A. 1966. An Approach to the Sediment Transport Problem for General Physics. Professional Paper. New York: US Geological Survey.

Beuselinck L, Govers G, Hairsine P B, et al. 2002. The influence of rainfall on sediment transport by overland flow over areas of net deposition. Journal of Hydrology, 257(1-4): 145-163.

Brown L C, Foster G R, Beasley D B. 1989. Rill erosion as affected by incorporated crop residue and seasonal consolidation. Transactions of the ASAE, 32(6): 1967-1978.

Darboux F, Huang C. 2005. Does soil surface roughness increase or decrease water and particle transfers? Soil Science Society of America Journal, 69(3): 748-756.

Dunne T, Zhang W, Aubry B F. 1991. Effects of rainfall, vegetation and micrography on infiltration and runoff. Water Resource Research, 27(9): 2271-2285.

Fornis R L, Vermeulen H R, Nieuwenhuis J D. 2005. Kinetic energy-rainfall intensity relationship for Central Cebu, Philippines for soil erosion studies. Journal of Hydrology, 300(1-4): 20-32.

Foster G R, Huggins L F, Meyer L D. 1984. A laboratory study of rill hydraulics: II: Shear stress relationships. Transactions of the ASAE, 27: 797-804.

Gabbard D S, Huang C, Norton L D, et al. 1998. Landscape position, surface hydraulic gradients and erosion processes. Earth Surface Processes and Landforms, 23: 83-93.

Gao B, Walter M T, Steenhuis T S, et al. 2005. Investigating raindrop effects on the transport of sediment and non-sorbed chemicals from soil to surface runoff. Journal of Hydrology, 308(1-4): 313-320.

Gilley J E, Kottwitz E R, Simanton J R. 1990. Hydraulic characteristics of rills. Transactions of the ASAE, 33(6): 1900-1906.

Grag L, Abrahams A D, Atkinson J F. 1996. Correction factors in the determination of mean velocity of overland flow. Earth Surface Processes and Landforms, 21: 509-515.

Green T R, Ahuja L R, Benjamin J G. 2003. Advances and challenges in predicting agricultural management effects on soil hydraulic properties. Geoderma, 116(1-2): 3-27.

Hu W, Zheng F, Bian F. 2016. The directional components of splash erosion at different raindrop kinetic energy in the Chinese Mollisol Region. Soil Science Society of America Journal, 80(5): 1329-1340.

Huang C, Gascuel O C, Cros C S. 2001. Hillslope topographic and hydrologic effects on overland flow and erosion. Catena, 46: 177-188.

Jia H Y, Lei A L, Lei J S, et al. 2007. Effects of hydrological processes on nitrogen loss in purple soil. Agricultural Water Management, 89: 89-97.

Jiang Y L, Zheng F L, Wen L L, et al. 2019. Effects of sheet and rill erosion on soil aggregates and organic carbon losses for a Mollisol hillslope under rainfall simulation. Journal of Soil & Sediments, 19(1): 467-477.

King K W, Flanagan D C, Norton L D, et al. 1995. Rill erodibility parameters influenced by long-term management practices. Transactions of the ASAE, 38(1): 159-164.

Knapen A, Poesen J, Govers G, et al. 2007. Resistance of soils to concentrated flow erosion: A review. Earth-Science Reviews, 80(1-2): 75-109.

Laws J O. 1941. Measurements of the fall-velocity of water-drops and raindrops. EOS, Transactions, American Geophysical Union, 22(3): 709-721.

Li C, Holden J, Grayson R. 2018. Effects of rainfall, overland flow and their interactions on peatland interrill erosion processes. Earth Surface Processes and Landforms, 43(7): 1451-1464.

Li G, Zheng F, Lu J, et al. 2016. Inflow rate impact on hillslope erosion processes and flow hydrodynamics. Soil Science Society of America Journal, 80(3): 711-719.

Liu Q J, An J, Zhang G H, et al. 2016. The effect of row grade and length on soil erosion from concentrated flow in furrows of contouring ridge systems. Soil & Tillage Research, 160: 92-100.

Lu J, Zheng F L, Li G F, et al. 2016. The effects of raindrop impact and runoff detachment on hillslope soil erosion and soil aggregate loss in the Mollisol region of Northeast China. Soil & Tillage Research, 161: 79-85.

Lu J Y, Foster G R, Smith R E. 1987. Numerical simulation of dynamic erosion in a ridge-furrow system. Transactions of the ASAE, 30(4): 969-976.

Mapa R B, Green R E, Santo L. 1986. Temporal variability of soil hydraulic properties with wetting and drying subsequent to tillage. Soil Science Society of America Journal, 50(5): 1133-1138.

Meshesha D T, Tsunekawa A, Tsubo M, et al. 2016. Evaluation of kinetic energy and erosivity potential of simulated rainfall using Laser Precipitation Monitor. Catena, 137: 237-243.

Meyer L D, Harmon W C. 1985. Sediment losses from cropland furrows of different gradients. Transactions of the ASAE, 28(2): 448-453.

Meyer L D, Harmon W C, Mcdowell L L. 1980. Sediment sizes eroded from crop row sideslopes. Transactions of the ASAE, 23(4): 891-898.

Morrison J E, Richardson C W, Laflen J M, et al. 1994. Rill erosion of a vertisol with extended time since tillage. Transactions of the ASAE, 37(4): 1187-1196.

Nearing M A, Norton L D, Bulgakov D A, et al. 1997. Hydraulics and erosion in eroding rills. Water Resources Research, 33(4): 865-876.

Norton L D, Brown L C. 1992. Time-effect on water erosion for ridge tillage. Transactions of the ASAE, 35(2): 473-478.

Qin C, Wells R R, Momm H G, et al. 2019. Photogrammetric analysis tools for channel widening quantification under laboratory conditions. Soil & Tillage Research, 191: 306-316.

Renard K G, Foster G R, Weesies G A, et al. 1997. Predicting soil erosion by water: A guide to conservation planning with the revised universal soil loss equation (RUSLE). Agriculture Handbook, Washington D C.

Shainberg I, Goldstein D, Levy G J. 1996. Rill erosion dependence on soil water content, aging, and temperature. Soil Science Society of America Journal, 60(3): 916-922.

Shen H, Wen L, He Y, et al. 2018. Rainfall and inflow effects on soil erosion for hillslopes dominated by sheet erosion or rill erosion in the Chinese Mollisol region. Journal of Mountain Science, 15(10): 2182-2191.

Tian P, Xu X, Pan C, et al. 2017. Impacts of rainfall and inflow on rill formation and erosion processes on steep hillslopes. Journal of Hydrology, 548: 24-39.

Wang L, Zheng F L, Zhang X C, et al. 2020. Discrimination of soil losses between ridge and furrow in longitudinal ridge-tillage under simulated upslope inflow and rainfall. Soil & Tillage Research, 198: 104541.

Wen L, Zheng F, Shen H, et al. 2015. Rainfall intensity and inflow rate effects on hillslope soil erosion in the Mollisol region of Northeast China. Natural Hazards, 79(1): 381-395.

West L T, Miller W P, Langdale G W, et al. 1992. Cropping system and consolidation effects on rill erosion in the Georgia Piedmont. Soil Science Society of America Journal, 56(4): 1238-1243.

Wischmeier W H, Smith D D. 1978. Predicting rainfall erosion losses: A guide to conservation planning. USDA Agriculture Handbook No. 537.

Wischmeier W H, Smith D D. 1958. Rainfall energy and its relationship to soil loss. EOS, Transaction, American Geophysical Union, 39(2): 285-291.

Wu T, Pan C, Li C, et al. 2019. A field investigation on ephemeral gully erosion processes under different upslope inflow and sediment conditions. Journal of Hydrology, 572: 517-527.

Xu X M, Zheng F L, Wilson G V, et al. 2018. Comparison of runoff and soil loss in different tillage systems in the Mollisol region of Northeast China. Soil & Tillage Research, 177: 1-11.

Xu X M, Zheng F L, Wilson G V, et al. 2017. Upslope inflow, hillslope gradient, and rainfall intensity impacts on ephemeral gully erosion. Land Degradation & Development, 28(8): 2623-2635.

Zhang X C. 2018. Determining and modeling dominant processes of interrill soil erosion. Water Resources Research, 55(1): 4-20.

Zhang X C, Miller W P. 1996. Physical and chemical crusting processes affecting runoff and erosion in furrows. Soil Science Society of America Journal, 60(3): 860-865.

Zheng F L, Huang C, Darrell N L. 2000. Vertical hydraulic gradient and run-on water and sediment effects on erosion processes and sediment regimes. Soil Science Society of America Journal, 64: 4-11.

第4章 冻融作用影响黑土坡面土壤侵蚀的机理分析

冻融作用是高纬度地区一种普遍的自然现象，北半球约有50%的土壤经历季节性冻融循环（FTCs）（Hayashi，2013）。冻融作用是土壤侵蚀外营力之一，通过影响土壤可蚀性和临界剪切力，从而改变土壤的侵蚀速率（Liu et al.，2017）。季节性冻融期土壤水热交换最为活跃的层次分别为地表层（土–水界面）和冻结锋（土–冰界面）。双向融冻期，伴随土壤剖面温度升高土壤剖面发生垂直向下的一维融化，表层土体融化后的含水量增加且其抗剪强度降低；而下部土体仍保持冻结状态，形成相对不透水层，水分沿冰–土界面形成壤中流，进而影响土壤可蚀性。目前有关土壤抗侵蚀能力与冻融循环次数之间的定量关系的研究尚且不足，这使得预测冻融条件下土壤可蚀性变化引起的土壤侵蚀变得相当困难（孙宝洋等，2019）；冻融循环次数、初始含水率和容重等因素对冰-土界面土壤力学的影响研究还相当缺乏。因此，分析冻融作用影响黑土区土壤抗侵蚀能力的机理将从理论上揭示冻融作用影响土壤侵蚀的本质。为此，本章基于室内模拟试验，研究了不同冻融循环次数和初始土壤含水量对黑土结构稳定性、土壤抗剪强度、团聚体崩解过程和冻融界面土壤力学性质的影响，以期为黑土区土壤侵蚀防治机理提供参考。

4.1 冻融作用对土壤结构的影响

土壤团聚体稳定性是预测土壤可蚀性的重要指标，对土壤侵蚀和土壤肥力具有显著影响（Nciizah and Wakindiki，2015）；土壤微结构的量化分析可明确冻融作用对颗粒间胶结状态、团粒排列方式和土壤颗粒间联结力的变化特征，进而解释冻融作用对土壤可蚀性的影响。鉴于此，本节主要分析冻融作用对土壤团聚体水稳性和土壤微结构的影响。

4.1.1 材料与方法

1. 供试土壤

供试土壤采集于黑龙江省齐齐哈尔市克山县乌裕尔河流域（KS）（125°49′56″E，48°3′46″N）和黑龙江省哈尔滨市宾县宾州河流域（BX）（127°25′33″E，45°45′42″N）（图4-1）。根据水利部对黑土区的调查结果，克山县黑土层平均厚度>60 cm，属于厚层黑土区；宾县黑土层平均厚度<30 cm，属于薄层黑土区（水利部等，2010），两种土壤的性质见表4-1和表4-2。其中，土壤颗粒组成采用吸管法测定，土壤团聚体临时稳定性（干团聚体）采用Yoder法测定（Yoder，1936）。

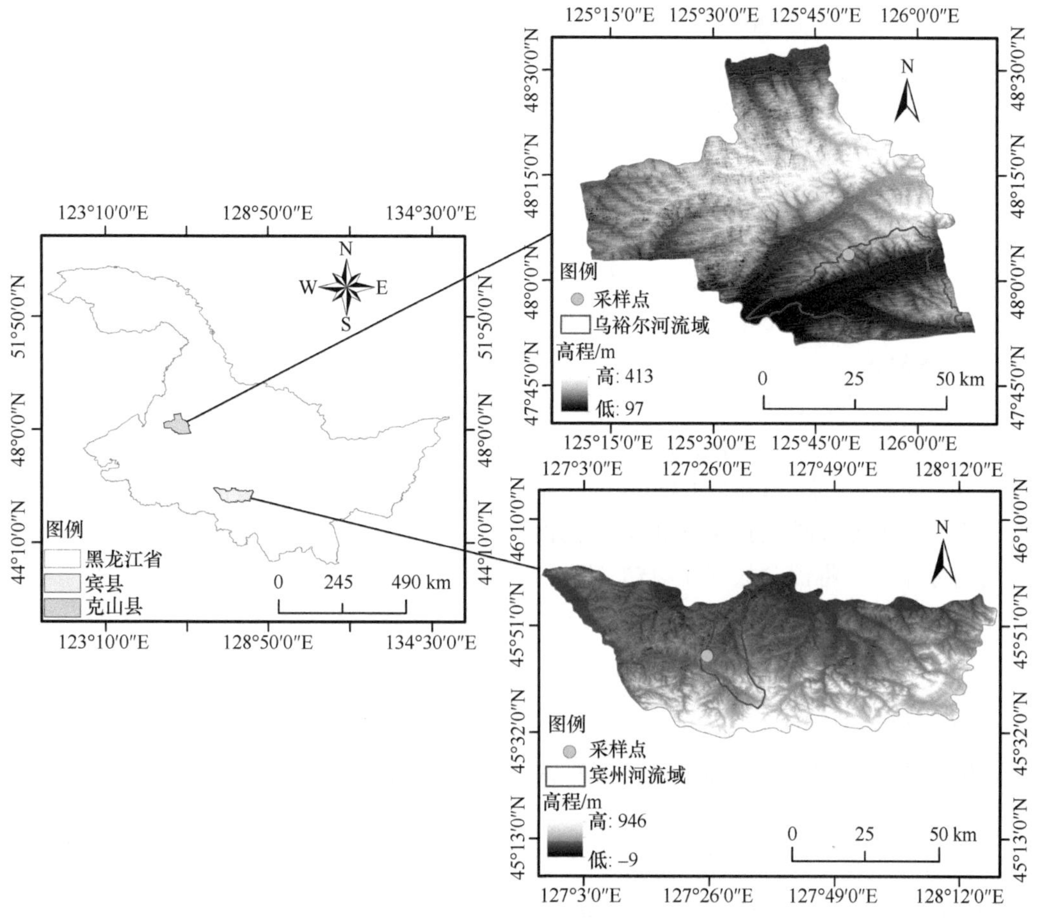

图 4-1　研究区地理位置

表 4-1　供试土壤基本理化性质

采样点	土壤颗粒组成/%			土壤有机质 /（g/kg）	土壤容重 /（g/cm³）
	砂砾（0.05～2 mm）	粉粒（0.002～0.05 mm）	黏粒（<0.002 mm）		
KS	10.7	48.7	40.6	37.0	1.20
BX	9.3	61.3	29.4	20.2	1.20

表 4-2　供试土壤干团聚体含量

采样点	风干团聚体组成/%					
	>5mm	2～5mm	1～2mm	0.5～1mm	0.5～0.25mm	<0.25mm
KS	14.28±1.46	43.48±2.52	17.44±1.77	11.09±2.33	7.73±3.11	5.98±1.75
BX	24.51±1.85	24.99±1.13	21.53±0.42	16.72±1.15	6.12±0.71	6.13±0.66

注：表中数据为均值±标准差，n=3。

2. 试验设计和土样制备

1）土壤团聚体

根据野外观测，春季融化期土壤的日冻融循环次数（白天融化，夜晚冻结）变化为

7～12 次（王一菲等，2019）。因此，选择了共计 13 次冻融循环次数（FTCs）的 7 个处理（0 次、1 次、3 次、5 次、7 次、10 次和 13 次）进行土壤冻融作用对土壤水稳性团聚体性质测定；设计的试验土壤初始含水量（ISWC）分别为 16.5%、24.8%和 33.0%，相当于 50%、75%和 100%的田间持水量。根据早春冻融期的野外观测数据，设计冻结和融化温度分别为–15℃和 8℃，冻结和融化时间均为 12 h。

土壤样品的制备步骤如下：①取适量的风干土过 2 mm 筛并测量定量土壤含水量；②根据野外实测的农地表层 0～20 cm 土壤容重（1.20 g/cm^3）计算装满一个铝盒（22.2 cm×12.9 cm×5.5 cm）所需的土壤重量，铝盒上方留 0.5 cm 防止冻胀后土壤溢出；③对于 16.5%的土壤含水量，用小型喷雾器将计算所需添加的去离子水均匀洒在风干的土壤表面；④对于 24.8%的土壤含水量和 33.0%的土壤含水量，先配好 16.5%的土壤含水量并装入铝盒，然后用小型喷雾器将计算所需的去离子水均匀、轻柔地喷洒到铝盒内的土壤表面，以获得 24.8%和 33.0%的土壤含水量；⑤不同初始土壤含水量配置完成后，立即将铝盒用保鲜膜包起来以减少土壤水分蒸发，之后静置 12 h，保证铝盒内土壤水分均匀分布；⑥将铝盒放置在–15℃冰箱中冻结 12 h，然后在 8℃环境中解冻 12 h，这就完成了一次冻融循环，重复上述步骤进行 3 次、5 次、7 次、10 次和 13 次冻融循环的土样制备。

2）土壤微结构

按干筛法得到土壤各粒径组团聚体所占比例，将各粒级土壤团聚体按其所占比例配制成混合均匀且重量为 100 g 的土样；随后将土样分别放置在 200 mL 铝盒内，将样品表面均匀抹平并缓缓压铝盒中的土壤样品，使土壤容重达到 1.28 g/cm^3；同时，为确保湿润土壤团聚体时不受“气爆”破坏影响，采用控制土壤水分吸力的方法，通过沙盘吸水法对土壤团聚体初始含水量进行控制，以达到试验模拟的土壤含水率。设计的初始土壤含水量分别为饱和含水量（43.39%质量含水率）、田间持水量（32.25%质量含水率）、田间持水量的 70%（22.57%质量含水率）及风干土含水量（3.34%质量含水率）。然后将铝盒放置于可调节温度的冰箱内进行不同冻融循环次数的处理，设计的冻融循环次数（FTC）分别为 0 次、1 次、3 次、5 次、7 次、10 次、15 次、30 次，设计的冻结温度为–15℃，解冻温度均为 6℃，冻结和融化历时均为 12h。每个处理 3 次重复。

将经过室内模拟冻融循环的试验样品削成 1 cm×1 cm×2 cm 的小试样，风干处理后进行喷 Au 镀膜待测。选用的扫描电子显微镜型号为日立 S-3400NⅡ。SEM 扫描前需对基座上的样品进行抽真空处理，并选取典型孔隙或单元体进行拍摄。每个试样进行多次扫描，放大倍数分别为 100 倍、500 倍和 1000 倍（袁中夏等，2005）。本节采用 Image-Pro Plus（IPP）6.0 软件处理 SEM 生成的微结构图片，通过多人多次的目视分割法确定阈值，执行灰度阈值处理，将显微图像转化为黑白二元图像。测量各项数据指标之前，进行空间刻度校正，使长度单位为μm，面积单位为μm^2。经校正，放大 500 倍的图片每个像素大小为 0.22 μm。

3. 样品的分析测定

1）土壤团聚体水稳性的测定

采用 Yoder 法（Yoder，1936）测定土壤团聚体水稳性。试验步骤如下：①按四分法取 1 kg 风干土壤，采用干筛法（5 mm、2 mm、1 mm、0.5 mm 和 0.25 mm）测定 1 kg 土壤样品中各粒级干筛团聚体的百分含量；②将干筛后的土壤样品按各粒级比例制备土壤样品 50 g，依次放入团聚体湿筛分析仪（TPF-100，TOP Instrument CO.，LTD）的各粒级筛网中（图 4-2）；③设置仪器筛网在水中上下振幅为 3.2 cm，振动频率为 45 次/min，振荡时间 10 min；④用去离子水将各级筛网上的团聚体轻轻冲洗到蒸发皿中。在烘箱中干燥后，称量并计算各粒级土壤团聚体的百分含量。

图 4-2　土壤团聚体湿筛分析仪

根据团聚体平均重量直径（MWD）、团聚体分散率（PAD）和团聚体平均重量比表面积（MWSSA）对土壤团聚体水稳性进行评价，计算式如下：

$$\mathrm{MWD}=\sum_{i=1}^{6}x_i w_i \tag{4-1}$$

$$\mathrm{MWSSA}=\sum_{i=1}^{6}\frac{6w_i}{\rho_i x_i} \tag{4-2}$$

式中，x_i 为第 i 个土壤团聚体粒级的平均直径（mm）；w_i 为对应第 i 个土壤团聚体粒级的质量百分比（%）；ρ_i 为土壤密度（2.65 g/cm^3）。

$$\mathrm{PAD}{>}i=\frac{P_{\mathrm{dry}}{>}i-P_{\mathrm{wet}}{>}i}{P_{\mathrm{dry}}{>}i} \tag{4-3}$$

式中，PAD>i 为大于第 i 个土壤团聚体粒级的团聚体分散率（%）；$P_{\mathrm{dry}}>i$ 为干筛法测定的大于第 i 个土壤团聚体粒级的质量百分比（%）；$P_{\mathrm{wet}}>i$ 为湿筛法测定的大于第 i 个土壤团聚体粒级的质量百分比（%）。

2）土壤微结构测定

基于不同处理下土壤团聚体 SEM 影像，通过 IPP 软件获取面积（area）、孔隙面积、平面面积、长轴和短轴之比（aspect）等基础参数（图 4-3），计算获得微结构表征参数。

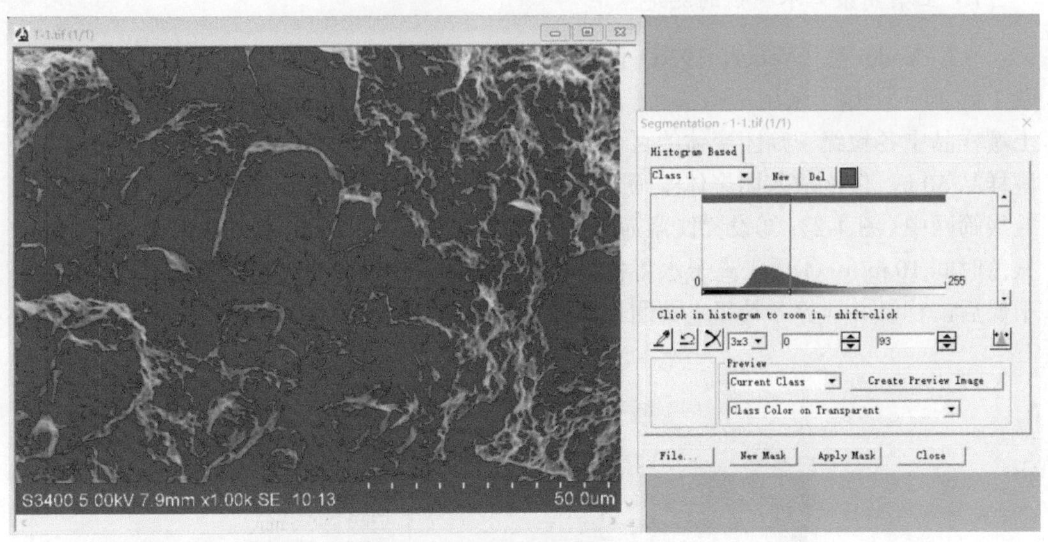

图 4-3　土壤孔隙结构提取

（1）面积孔隙率（porosity）：颗粒之间的空隙体积占二维平面面积的百分比。

$$P = \frac{\text{pore}}{\text{flat}} \times 100\% \tag{4-4}$$

式中，pore 为孔隙面积；flat 为平面面积。

（2）丰度（C）：等效椭圆的短轴和长轴长度之比，表示二维平面中孔隙的几何形状，数值等于 aspect 的倒数，范围为 0～1。丰度值越小，表明孔隙越趋于长条形；丰度值越大，表明孔隙或颗粒越接近圆形。

$$c = \frac{b}{a} \tag{4-5}$$

式中，a 为等效椭圆长轴的长度；b 为等效椭圆短轴的长度，单位 mm。

（3）成圆率（roundness）：

$$\text{roudness} = \frac{\text{perimeter}}{4\pi(\text{area})} \tag{4-6}$$

式中，perimeter 为每个测量对象轮廓线的长度（mm）；area 为团粒面积（mm^2）。采用孔隙的平均成圆率进行分析，当成圆率等于 1 表示圆形，大于 1 表示非圆形，越接近 1，表示越接近圆形。

4.1.2　冻融循环作用对土壤团聚体水稳性的影响

现有研究结果表明，冻融循环对土壤团聚体水稳性既有促进作用，又有削弱作用（Sahin et al.，2008）。王恩姮等（2010）研究表明季节性冻融作用增加了大土壤团聚体的（>0.25 mm）的含量，改善了土壤孔隙结构，但降低了土壤硬度，增加了土壤侵蚀的风险。当土壤有机质含量较高时，大土壤团聚体对冻融作用的反应不敏感（Lehrsch et al.，1991）。Oztas 和 Fayetorbay（2003）表明土壤团聚体水稳性总体上随冻融循环次数的增加而增加，但当冻融循环增加到 6 次之后呈现下降趋势。Dagesse（2011）指出，冻融作用降低了土壤团聚体稳定性，而冻融–风干处理则提高了土壤团聚体稳定性。冻融循环后，土壤团聚体水稳性随着土壤含水量的降低而增加；而未经冻融作用的土壤团聚体水稳性则无明显增加（Perfect et al.，1990）。初始土壤含水量、冻融循环次数和冻结温度对团聚体稳定性均有显著影响（Li and Fan，2014；Lehrsch et al.，1991）。而在我国东北黑土区，冻融过程中初始土壤含水量、冻融循环次数及其二者交互作用对土壤团聚体稳定性作用影响尚不明晰。为此，本节通过室内控制条件的模拟试验，量化黑土区冻融过程中初始土壤含水量、冻融循环次数及二者交互作用对土壤团聚体稳定性的影响。

1. 不同冻融循环和初始土壤含水量下土壤团聚体水稳性的变化

在不同冻融循环条件下，克山厚层黑土和宾县薄层黑土的<0.25 mm 微团聚体变化趋势基本一致。如图 4-4 所示，与无冻融处理相比，当冻融循环次数从 1 增加到 13 时，微团聚体的比例在 1 次冻融循环时增加，在 3 次冻融循环时减少，在 7 次冻融循环之后增加。总体来看，克山厚层黑土的<0.25 mm 微团聚体含量低于宾县薄层黑土。与无冻融处理相比，在 3 个初始土壤含水量下，经过 1 次冻融循环后，克山厚层黑土的<0.25 mm 土壤微团聚体含量分别增加了 6.9%、10.8%、12.2%，宾县薄层黑土的<0.25 mm 微团聚体含量分别增加了 11.4%、13.4%、1.3%。然而，冻融作用并不总是加速土壤团聚体的分散。从图 4-4（a）和图 4-4（b）可以看出，除 16.5%初始土壤含水量外，随着冻融循环次数的增加，土壤微团聚体的比例增加了 1.0～5.0 倍，说明在 7 个冻融循环中冻融作用促进了土壤微团聚体向大团聚体的转变。

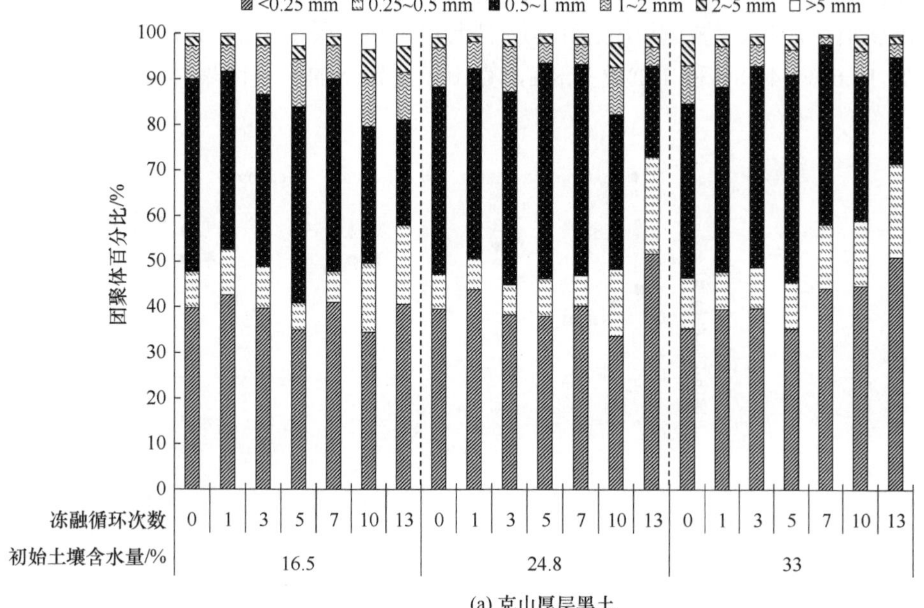

(a) 克山厚层黑土

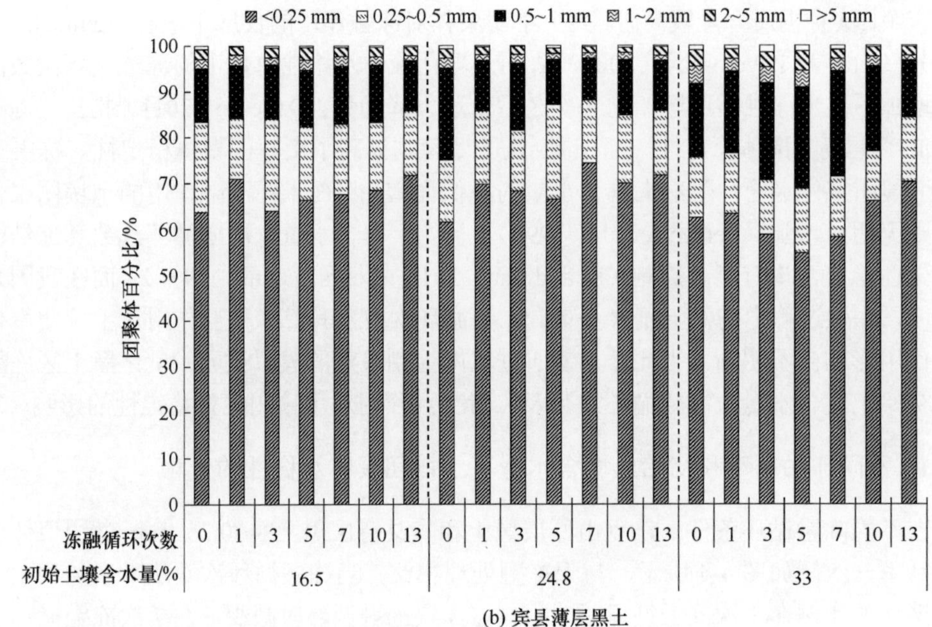

(b) 宾县薄层黑土

图 4-4　不同初始土壤含水量和冻融循环次数下克山厚层黑土和宾县薄层黑土的土壤团聚体水稳性变化

2. 冻融作用对土壤团聚体分散率的影响

土壤团聚体分散率（PAD）是描述不同粒级团聚体破碎度的指标（田积莹和黄义端，1964）。从图 4-5 可以看出，3 个初始土壤含水量下，克山厚层黑土和宾县薄层黑土的>1 mm 团聚体分散率(PAD>1)的变化范围分别为 55.5%～93.6%和 77.0%～92.6%，说明>1 mm 团聚体分散率在反映冻融作用下团聚体崩解特征方面具有代表性。随着冻融循环次数从 0 增加到 13，3 个初始土壤含水量下两种土壤的各粒级团聚体分散率均呈现出逐渐增加的趋势，其中克山厚层黑土和宾县薄层黑土的>1 mm 团聚体分散率分别增加 12.6%～44.8%和 1.4%～3.8%，克山厚层黑土的土壤团聚体分散率增加趋势更明显。

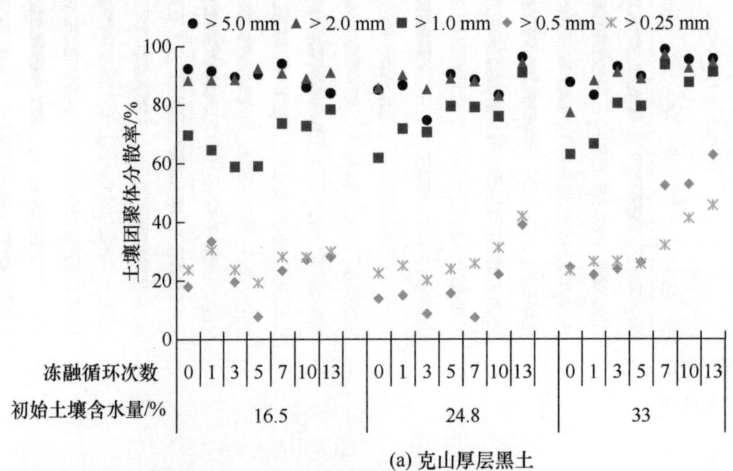

(a) 克山厚层黑土

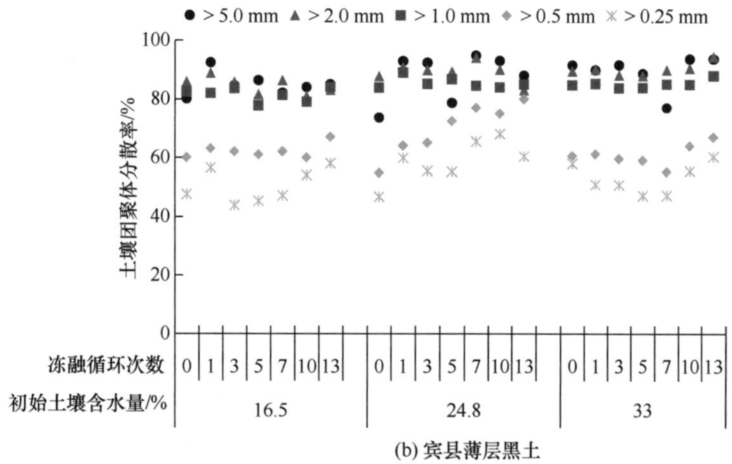

(b) 宾县薄层黑土

图 4-5　不同初始土壤含水量和冻融循环次数下克山厚层黑土和宾县薄层黑土的土壤团聚体分散率

4.1.3　冻融作用对土壤微结构的影响

土壤微形态主要包括土壤中的粗颗粒、细物质、孔隙的特征及它们在空间上的排列规律和土壤的微结构类型。近年来，计算机图像处理技术的快速发展为土壤微结构定量分析提供了新契机，使具有复杂性、异质性和不确定性的土壤微观结构定量化描述成为现实。目前，针对冻融循环作用与土壤微结构形态互作机制，以及其对冻融-风-水复合侵蚀过程的作用研究还较为缺乏。为此，设计 8 个冻融循环次数（0 次、1 次、3 次、5 次、7 次、10 次、15 次和 30 次）和 3 个初始土壤含水量，并以风干土为对照，研究冻融作用下土壤微结构的变化特征，以期为冻融-风-水复合侵蚀作用下土壤微观结构破坏过程提供理论依据。

1. 冻融作用对土壤微结构的影响

1）SEM 电镜扫描与形态特征初判

图 4-6 表明，初始含水量为风干（FG，3.34%）时，由 SEM 扫描结果可见土壤各颗粒间紧密接触，镶嵌结构明显，并含有较多的“填充质”（粒径在 0.002～0.01 mm），且未冻融时土壤颗粒大小分明，未出现明显的大孔隙结构，但仍存在一些天然微裂缝及孔隙。而经历 0～5 次冻融循环后，大土壤颗粒破碎成为小土壤颗粒，冻融循环 5 次后土壤颗粒表面开始附着大量小粒径颗粒；验证了冻融循环作用促进土壤颗粒重组和对团聚体粒级分别产生显著性影响；尤其是 30 次冻融循环后，粒径较小的颗粒填充孔隙，土壤结构更为松散，团粒整体的结构性被破坏。

初始含水量为 70%田间持水量（TS，22.57%）时，土壤孔隙结构特征较 FG 处理更为明显；而未冻融条件下，土壤团聚体中未出现明显的大孔隙结构，主要表现为天然小孔隙及裂缝。随着冻融循环次数的增加，可以明显观察到土壤内部的微孔洞增多；其原因主要是土壤孔隙中水分凝结膨胀，导致天然微孔隙不断发育，伸长、变宽、交叉、贯通，并产生新的次生孔隙（图 4-7）。相较于 FG 处理，随冻融循环次数的增加 TS 处理下团粒重组现象明显，土壤结构整体表现为破坏。

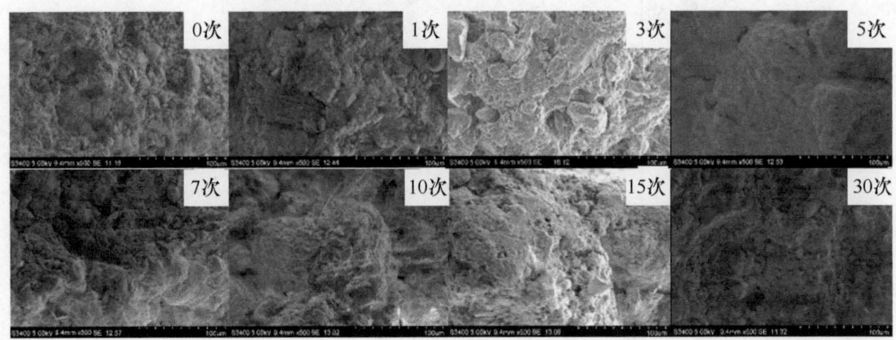

图 4-6　FG 处理下冻融 0 次、1 次、3 次、5 次、7 次、10 次、15 次和 30 次土壤 SEM 图像

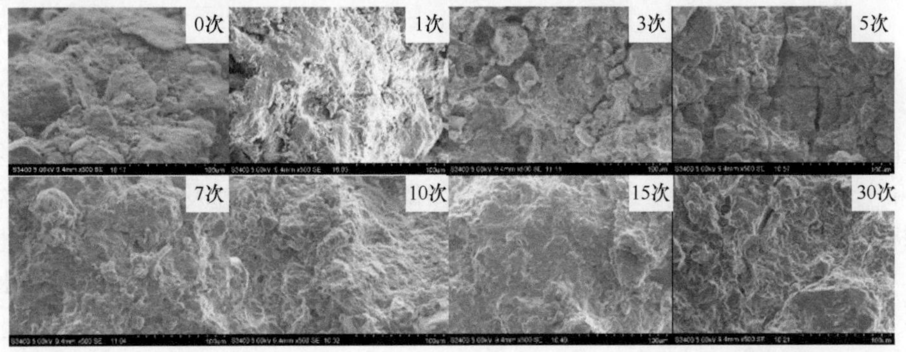

图 4-7　TS 处理下冻融 0 次、1 次、3 次、5 次、7 次、10 次、15 次和 30 次土壤 SEM 图像

初始含水量为田间持水量（TJ，32.25%）时，未冻融条件下土壤微结构特征不明显，而随着冻融循环次数的增加土壤微结构特征逐渐显现，并在 5 次冻融循环后出现明显的孔隙特征，团粒结构逐渐清晰，破碎重组现象明显；冻融循环次数>5 次后，土壤大颗粒和团粒数量明显增多，颗粒轮廓更为圆滑，出现明显孔隙结构，土壤微结构较未经冻融循环前发生显著变化（图 4-8）。

图 4-8　TJ 处理下冻融 0 次、1 次、3 次、5 次、7 次、10 次、15 次和 30 次土壤 SEM 图像

初始含水量为饱和含水量（BH）时，未受冻融循环作用的土壤团聚体中未出现明显的大孔隙结构，主要表现为天然小孔隙及裂隙，说明土体受到过天然结构损伤；与其他三组试样相比，未冻融土壤试样的孔隙结构及土壤颗粒分布更为复杂。冻融循环作用后土壤孔隙结构及土壤颗粒分布较未饱和时更为复杂。随着冻融循环次数的增加，土壤微孔洞增多，土壤孔隙水冻结膨胀导致天然微孔隙不断发育，伸长、变宽、交叉、贯通，并产生新的次生孔隙；同时土壤中大颗粒不断破碎为小颗粒，颗粒棱角破碎且趋于圆形；剖面水热迁移作用致使土壤小孔隙增多，而天然微孔隙的不断发育使得大孔隙增加，以致土壤总体孔隙率增大。冻融次数>5 次后，孔隙面积增大且形状不规则，土体呈明显的复杂多孔结构（图 4-9）。

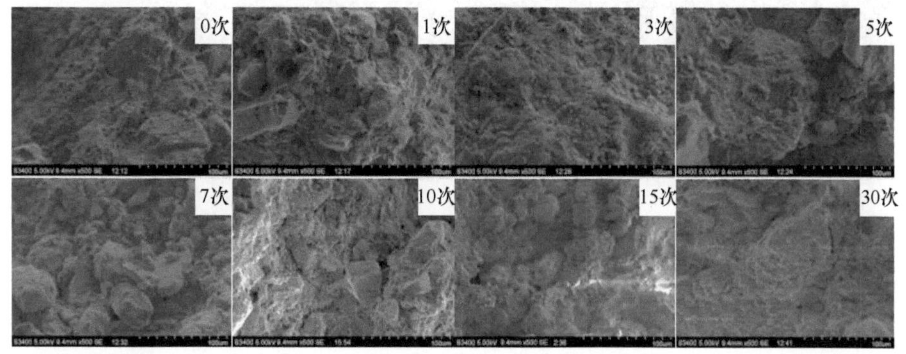

图 4-9　BH 处理下冻融 0 次、1 次、3 次、5 次、7 次、10 次、15 次和 30 次土壤 SEM 图像

2）SEM 土壤团聚体微结构可视化与参数提取

采用 Image-Pro Plus（IPP）6.0 软件处理 SEM 生成的微结构图片，选择手动方式测量颗粒或孔隙的特征（图 4-10）。测量前，进行空间刻度校正，使长度单位为 μm。

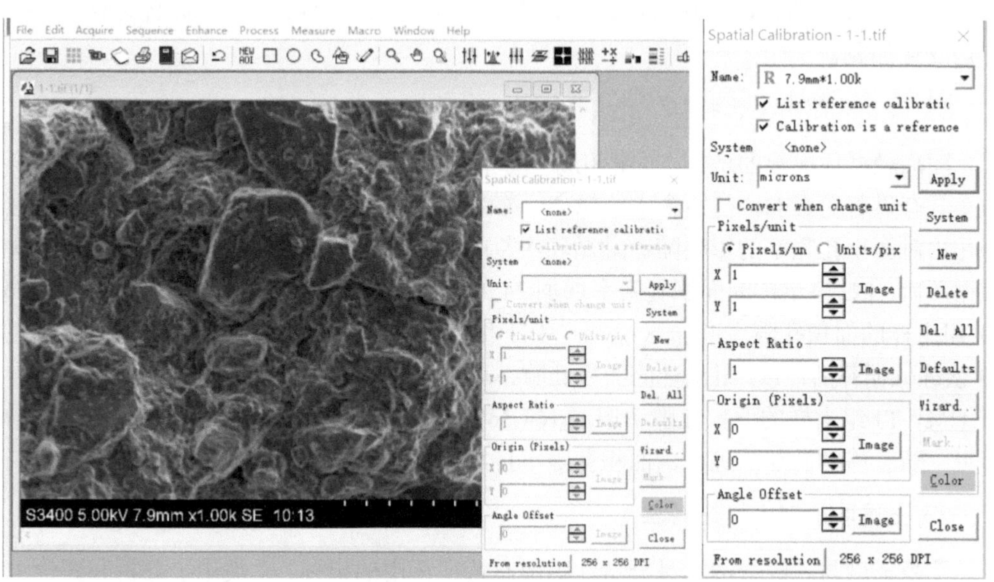

图 4-10　IPP 操作界面与参数设置

经校正，放大 500 倍的图片每个像素大小为 0.22 μm。校正后，确定感兴趣区（AOI），将感兴趣区内的图像转换成二值图。选定二值图上的测量对象及其参数后，便可以开始颗粒或孔隙的测量（图 4-11）。

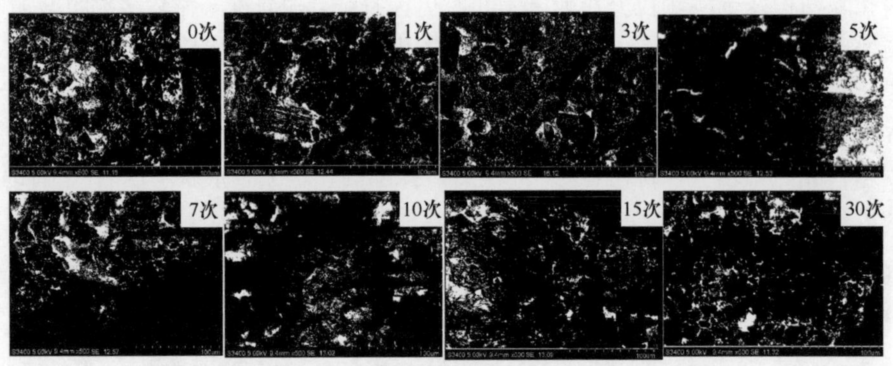

图 4-11　不同冻融循环次数下土壤微结构 SEM 二值图像

白色为孔隙，黑色为土壤基质

2. 冻融作用对土壤微结构各参数特征的影响

冻融作用使得土体内水分重新分布且结构发生弱化，打破了土体结构的原有平衡状态。冻融作用初期，土壤孔隙冰晶膨胀生长，形成冷生结构，微观表现为原生裂纹/裂缝不断发育，产生次生裂纹裂缝，宏观表现为土体冻胀变形；而融化过程中，土体结构不能完全自行恢复。随着冻融循环次数的增加，土体结构破坏逐渐累积严重，颗粒间黏聚力下降，冻结和融化过程中的变形增强。同时，随着冻融次数的增加，土壤微结构整体变化特征表现为面积孔隙率和土壤孔隙度逐渐增大。冻融循环作用后，初始含水量对面积孔隙率的影响表现为 BH≈TJ>TS>FG，说明初始含水率越高，冻结过程中水分的迁移量越大，迁移时间越长，推动作用越强，导致土体冻胀形变增强、孔隙结构变化加剧。

1）面积孔隙率变化特征

随冻融循环次数的增加，面积孔隙率整体呈明显的增加趋势；初始含水量对面积孔隙率具有显著的影响，初始含水率越高，冻融循环后面积孔隙率增幅越明显；而冻融循环作用对面积孔隙率的影响随冻融循环次数的增加而逐渐削弱。由图 4-12 可见，7 次冻融循环后，FG 组土样的面积孔隙率增加 24.07%，TS 组土样的面积孔隙率增加 12.23%，TJ 组土样的面积孔隙率增加 84.38%，BH 组土样的面积孔隙率增加 392.94%；在完成 30 次冻融循环后，FG 组土样的面积孔隙率增加 21.62%，TS 组土样的面积孔隙率增加 91.11%，TJ 组土样的面积孔隙率增加 164.36%，BH 组土样的面积孔隙率增加 546.47%；可见，随着冻融循环的进行，面积孔隙率持续增长。

2）土壤孔隙形态变化特征

孔隙丰度与孔隙成圆率是分析孔隙形态特征常用的指标，常被用于分析和评价土壤孔隙整体形态变化情况。孔隙丰度反映孔隙在二维平面上的形状，丰度值越小，表明孔隙越趋于长条形；丰度值越大，表明孔隙或颗粒越接近圆形。土壤孔隙成圆率表征颗粒接近圆形的程度，其值越接近 1，说明越圆；其值越大，说明越不圆。

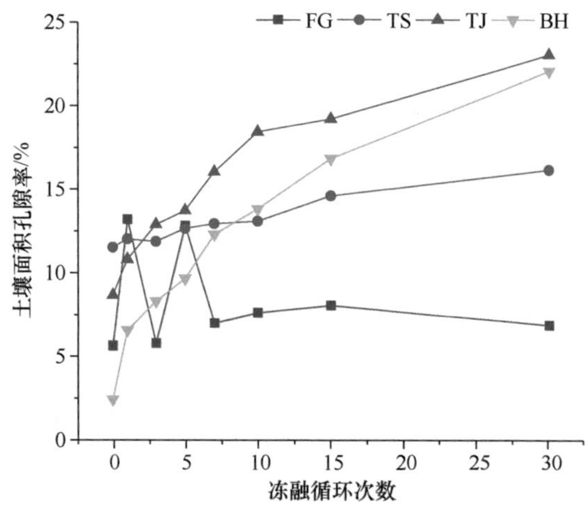

图 4-12　不同冻融循环次数和初始含水量影响下的面积孔隙率变化特征

FG. 风干含水量；TS. 70%田间持水量；TJ. 田间持水量；BH. 饱和含水量，下同

由图 4-13 可知，实验土样的孔隙丰度均<50%，说明其孔隙为不规则或狭长形。随着冻融循环次数的增加，土样孔隙丰度均表现出波动下降的趋势，且变幅<20%。7 次冻融循环后，FG、TS、TJ 和 BH 4 种初始含水量下的土样孔隙丰度分别降低了 7.74%、20.70%、4.03%和 12.22%；而 30 次冻融循环后，4 种初始含水量处理下孔隙丰度分别降低了 17.78%、14.30%、6.34%和 9.49%。上述结果说明，随着冻融循环的进行，冻融作用会使黑土的孔隙形态更趋于长条形；其原因应为土壤冻结过程中冰晶的劈裂作用容易使其沿着长轴方向或尖锐边缘扩展，导致孔隙扩展、连通，使其形状变得更狭长，孔隙丰度减小。与孔隙平均丰度不同，孔隙成圆率随冻融循环次数的增加呈单峰变化趋势，峰值多发于冻融循环 3～7 次；初始含水量越高峰值出现所需的冻融次数则越多（图 4-14）。实验土样的孔隙平均成圆率均在 4.5%以上，说明孔隙形态以非圆形态为主。7 次冻融循

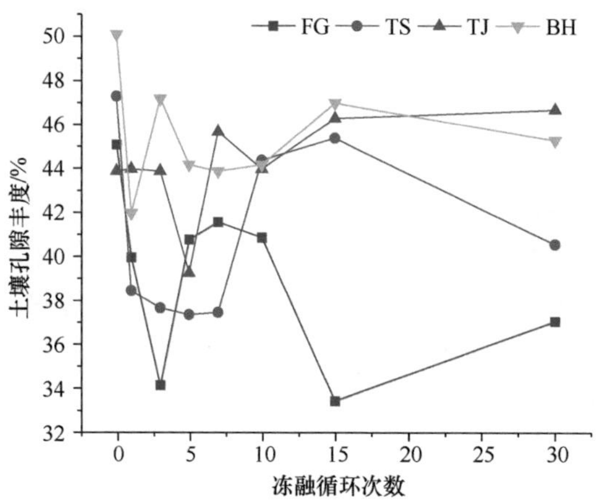

图 4-13　不同冻融循环次数和初始含水量影响下的面孔隙丰度变化特征

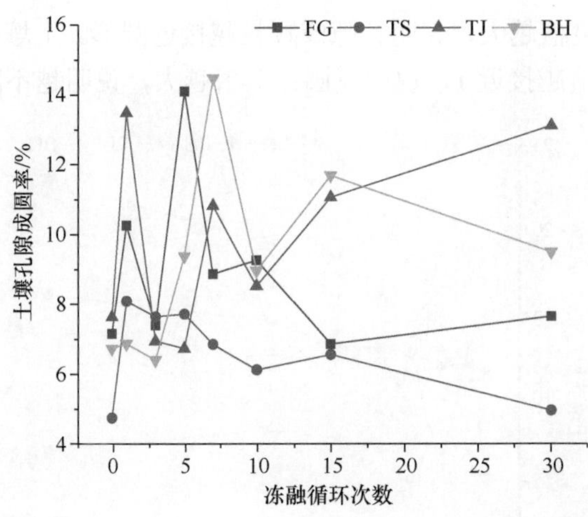

图 4-14　不同冻融循环次数和初始含水量影响下的孔隙成圆率变化特征

环后，FG、TS、TJ 和 BH 条件下的土样孔隙成圆率分别上升了 23.63%、43.62%、41.36% 和 113.92%；30 次冻融循环后，各初始含水量处理下的孔隙成圆率均较低于 7 次冻融循环后的孔隙成圆率，孔隙轮廓形状趋向非圆形态发展。

4.2　冻融作用对土壤抗剪强度的影响

土壤抗剪强度和土壤团聚体稳定性是表征土体结构稳定性和抗侵蚀能力的指标，土壤崩解速率是表征土壤可蚀性的指标，这些指标均对土壤侵蚀具有显著影响。土壤抗剪强度是指土体承受剪切破坏的极限强度，其与细沟间侵蚀、径流剪切力和雨滴溅蚀密切相关（Léonard and Richard，2003；Watson and Laflen，1986；Cruse and Larson，1977）。部分研究指出，土壤在经历反复冻结和融化后，抗剪强度和抗蚀性都接近最小值（左小锋等，2020），这导致在冬春季节融雪期土壤解冻后含水量较高的条件下，土壤可蚀性急剧增加（Bajracharya and Lal，1992；Coote et al.，1988；Kirby and Mehuys，1987；Formanek et al.，1984）。

4.2.1　土壤抗剪强度的测定方法

使用南京宁曦土壤仪器有限公司生产的 DSJ-3 型应变控制式直剪仪测量土壤抗剪强度（图 4-15）。按照《土工试验方法标准》（中华人民共和国住房和城乡建设部，GB/T 50123—2019），在 50 kPa、100 kPa、150 kPa 和 200 kPa 4 种正压力作用下，采用不固结、不排水快速直剪试验，剪切速度设为 0.8 mm/min。试验开始后，持续施加剪切应力并记录刻度盘，当剪切位移为 4 mm 时记录破坏值，即剪切力峰值。当剪切过程中仪表盘未出现峰值时，持续剪切至剪切位移为 6 mm 停止。每个试验处理重复 4 次。

以剪切应力为纵坐标，以剪切位移为横坐标，绘制剪切应力和剪切位移曲线。曲线上的剪切应力峰值即为土壤抗剪强度。若无剪切应力峰值，则以 4 mm 剪切位移对应的

图 4-15　应变控制式土壤直剪仪及待测土样

剪切应力作为抗剪强度（中华人民共和国住房和城乡建设部，2019）。土壤剪切应力计算方法如下（中华人民共和国住房和城乡建设部，2019）：

$$\tau=10CR/A \tag{4-7}$$

式中，τ 为土壤剪切应力（kPa）；C 为仪器出厂时的检验修正系数（本章为 1.945 N/ 0.01 mm）；R 为刻度盘的读数（0.01 mm）；A 为土样的受力面积（30 cm^2）。

根据莫尔–库仑定律，土壤抗剪强度参数中的黏聚力 c 和内摩擦角 φ 的计算式如下：

$$\tau_{\mathrm{f}}=c+\sigma\tan\varphi \tag{4-8}$$

式中，τ_{f} 为抗剪强度（kPa）；φ 为内摩擦角（°）；σ 为法向应力（kPa）；c 为黏聚力（kPa）。

加权平均抗剪强度的计算方法参考张祖莲等（2017）：

$$\tau_{\mathrm{m}}=\frac{\sum_{i=1}^{4}\tau_{\mathrm{f}i}\sigma_i}{\sum_{i=1}^{4}\sigma_i} \tag{4-9}$$

式中，τ_{m} 为加权平均剪切强度（kPa）；$\tau_{\mathrm{f}i}$ 为第 i 个法向应力下的土壤抗剪强度（kPa）。

4.2.2　冻融循环和初始土壤含水量对土壤抗剪强度的影响

克山厚层黑土和宾县薄层黑土的土壤抗剪强度均随冻融循环次数和初始土壤含水量的增加而降低（表 4-3）。与对照处理（无冻融）相比，当冻融循环次数从 0 增加到 13 时，在 16.5%、24.8%和 33.0% 3 个初始土壤含水量下，克山厚层黑土的土壤抗剪强度分别降低了 8.1%～16.6%、11.0%～17.6%和 7.2%～32.8%；宾县薄层黑土的土壤抗剪强度分别降低了 4.9%～13.8%、5.2%～13.4%和 5.6%～24.7%。总体而言，克山厚层黑土的抗剪强度对冻融效应的敏感性高于宾县薄层黑土。当初始土壤含水量从 16.5%增加到 24.8%和 33.0%时，13 次冻融循环次数下克山厚层黑土的土壤抗剪强度分别降低

4.8%～9.0%和 8.0%～34.1%；宾县薄层黑土的土壤抗剪强度分别降低 4.5%～8.1%和 9.2%～21.4%。

如表 4-3 所示，单因素方差分析表明，5 次冻融循环后，克山厚层黑土和宾县薄层黑土的抗剪强度与对照处理有显著差异（P<0.05）。在相同的冻融循环次数下，16.5%的初始含水量的克山厚层黑土和宾县薄层黑土的土壤抗剪强度与 33.0%的初始含水量的处理有显著差异（P<0.05）。

表 4-3 不同初始土壤含水量和冻融循环次数下的加权平均土壤抗剪强度

冻融循环次数	克山厚层黑土的土壤抗剪强度/kPa			宾县薄层黑土的土壤抗剪强度/kPa		
	初始土壤含水量/%			初始土壤含水量/%		
	16.5	24.8	33.0	16.5	24.8	33.0
0	35.34±0.89 A a	33.57±1.24 A a	30.99±0.42 A b	32.48±0.59 A a	30.87±0.24 A b	29.22±0.22 A c
1	32.48±1.18 B a	29.86±0.25 B ab	28.76±0.74 AB c	30.90±1.09 AB a	29.28±0.71 AB ab	27.59±0.66 AB c
3	30.99±0.40 CD a	28.41±1.35 B ab	27.39±1.49 CD c	30.33±0.21 BC a	28.63±0.40 AB ab	27.54±1.49 AB c
5	30.36±0.95 CD a	28.34±0.52 B ab	27.92±1.09 BC c	30.80±0.58 B a	29.06±1.63 A a	27.00±0.34 BC b
7	30.02±0.05 CD a	28.06±1.44 B a	26.23±0.13 D b	30.82±0.74 C a	28.73±0.52 BC a	25.77±0.40 C b
10	31.60±0.62 BC a	28.76±0.35 B b	20.83±0.42 F c	29.33±0.37 BC a	26.95±0.20 C b	23.73±0.64 D c
13	29.87±0.32 D a	28.75±1.02 B a	22.63±0.74 E b	28.01±0.55 BC a	26.74±0.25 C b	22.01±0.67 E c

注：表中数据为 4 次重复试验的平均值±标准误差。同列不同大写字母表示不同冻融循环次数之间有显著差异（P<0.05）；同一种土壤的同行不同小写字母表示不同初始土壤含水量之间有显著差异（P<0.05）。

对于两种试验土壤，在 4 个法向应力下，土壤抗剪强度均随冻融循环次数和初始土壤含水量的增大而减小（图 4-16）。与对照处理相比，第 1 次冻融循环对两种土壤的抗剪强度影响均不大，然而连续的冻融循环对土壤抗剪强度有累积影响。第 13 次冻融循环后，3 个初始土壤含水量下、4 个法向应力作用下的克山厚层黑土的土壤抗剪强度分别下降了 11.7%～35.0%、9.3%～29.7%和 23.6%～35.0%；宾县薄层黑土的土壤抗剪强度分别下降了 11.1%～30.3%、9.2%～26.4%和 15.1%～30.5%。

4.2.3 不同初始土壤含水量下土壤黏聚力对冻融循环次数的响应

两种试验土壤的黏聚力都随着冻融循环次数和初始土壤含水量的增加而降低（图 4-17）。与对照处理相比，当冻融循环次数从 0 次增加到 13 次时，随着初始土壤含水量的增加，克山厚层黑土的土壤黏聚力分别降低了 7.5%～91.5%、9.1%～91.1%和 5.7%～83.5%；宾县薄层黑土的土壤黏聚力分别降低了 8.3%～69.3%、31.3%～85.0%和 22.2%～55.1%。另外，随着初始土壤含水量从 16.5%增加到 24.8%，克山厚层黑土的黏聚力呈现出持续下降的趋势。然而，当初始土壤含水量从 24.8%增加到 33.0%时，只有前 5 个冻融循环次数的土壤黏聚力出现了下降，而后续的 8 个冻融循环（6～13 次）的土壤黏聚力则略有上升。在 16.5%和 24.8%的初始土壤含水量下，宾县薄层黑土的土壤黏聚力表现出与冻融循环次数相似的持续下降趋势，但在 33.0%的初始土壤含水量下，在冻融循环后期土壤黏聚力的增加更为显著。

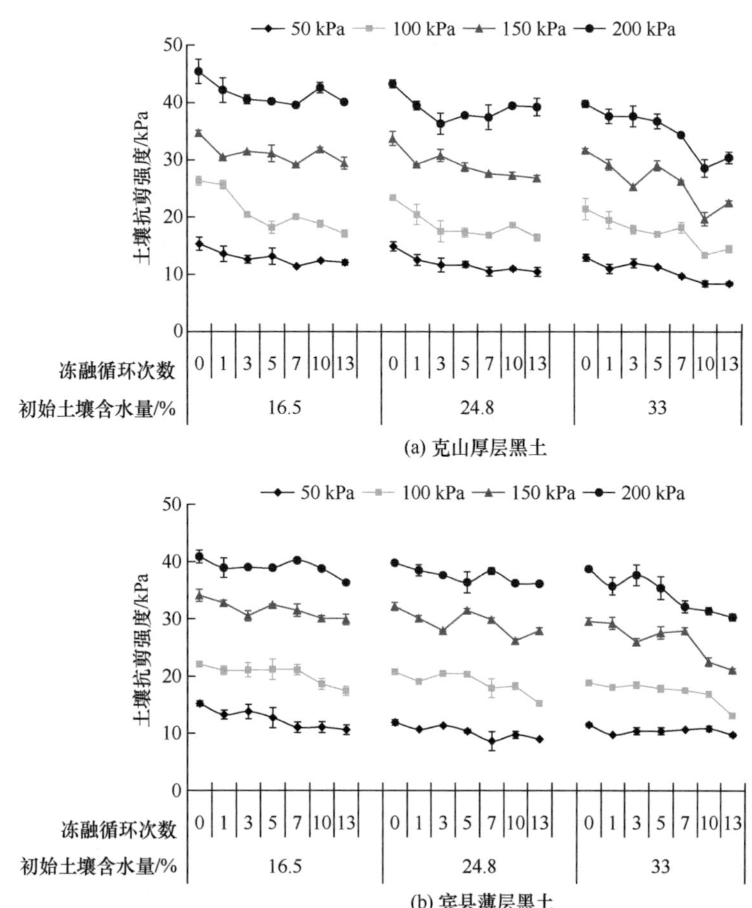

图 4-16　不同初始土壤含水量和法向应力下克山厚层黑土（KS）和宾县薄层黑土（BX）的土壤抗剪强度随冻融循环次数变化的变化（图中数据为 4 次重复的平均值±标准误差）

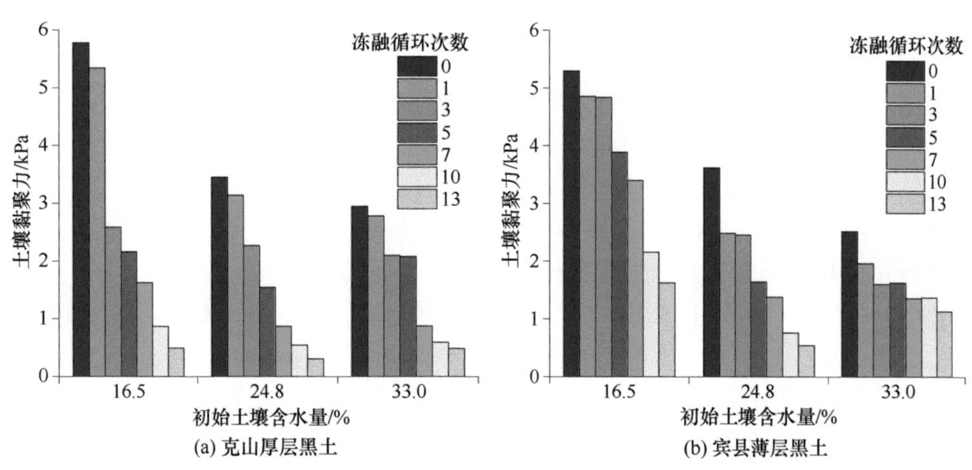

图 4-17　不同初始土壤含水量和冻融循环次数下的土壤黏聚力

4.2.4 不同初始土壤含水量下土壤内摩擦角对冻融循环次数的响应

两种试验土壤的内摩擦角在三个初始土壤含水量下随着冻融循环次数的变化而变化幅度较小（图 4-18）。与对照处理相比，在 16.5%和 24.8%的初始土壤含水量下，克山厚层黑土的土壤内摩擦角呈现出先减小，后随着冻融循环次数的增加而逐渐增大的趋势。然而，初始含水量为 33.0%时，克山厚层黑土的土壤内摩擦角随冻融循环次数的增加而减小，在第 10 个冻融循环时达到最小值，到第 13 个冻融循环时略有增加［图 4-18（a)］。在 16.5%和 24.8%的初始土壤含水量下，宾县薄层黑土的土壤内摩擦角随冻融循环次数的增加没有明显的变化，而当初始土壤含水量为 33.0%时，与克山厚层黑土相似，土壤的内摩擦角随冻融循环次数的增加呈现下降趋势，并且在第 10 个冻融循环时最小［图 4-18（b)］。

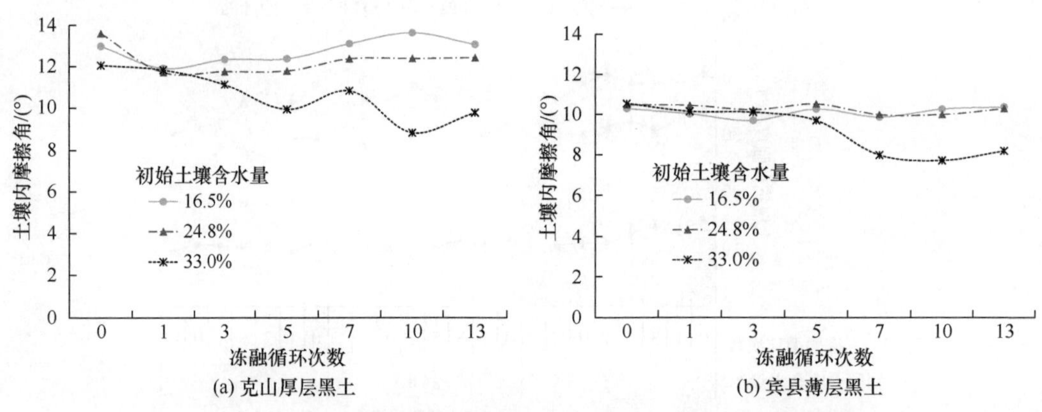

图 4-18 不同初始土壤含水量和冻融循环次数下的土壤内摩擦角

4.3 冻融作用对土壤崩解的影响

土壤崩解反映了土壤结构和性质对水渗透性或湿润敏感性的响应（Zhang et al.，2019）。土壤崩解速率是指土壤与静水接触后的耐久性，其受到崩解、物理和化学分散、孔隙空气挤压、机械应力、重力等因素的影响，土壤崩解速率越大表明土壤可蚀性越高（Zhang et al.，2019；Le Bissonnais，2016）。冻融作用可以破坏表层土壤结构，降低雨滴冲击的抗力，是影响土壤团聚体稳定性的重要因素之一（Edwards，2013）。Xia 等（2018）研究了红壤的土壤崩解特性，发现土壤胶结性、土壤含水量和土壤颗粒间压缩空气产生的排斥力是影响土壤崩解速率的主要因素。Wang 等（2019）通过野外和室内模拟试验发现，供试土壤样品的形状和大小、黏土含量、胶结作用、水温和土壤初始含水量等都对土壤崩解速率有影响。Fajardo 等（2016）使用图像识别算法来测量土壤崩解速率，为获取快速和缓慢的崩解过程提供了一个经验模型。土壤颗粒通常以团聚体的形式存在，因此冻融过程中土壤崩解与团聚体破碎的机理在某些方面具有相似性，这与土壤侵蚀密切相关。

4.3.1　土壤崩解速率的测定方法

土壤崩解试验装置（图 4-19）由金属架、圆筒容器、承重篮、推拉力计（HP-50，HANDPI 仪器有限公司）组成。本研究中使用的推拉力计可以记录测量过程中供试样品的拉力（N）随时间的连续变化。试验步骤：①将土样从环刀中取出并轻轻放置在承重篮中心位置；②将推拉力计安装在金属架上保持固定，通过数据线与计算机连接；③在圆桶中装入离子水，在尽量不施加额外推力或拉力的情况下将装有土样的承重篮轻轻挂在推拉力计下方的挂钩上同时缓慢浸没在水中；④计算机软件自动记录土样崩解过程中承重篮拉力的变化。

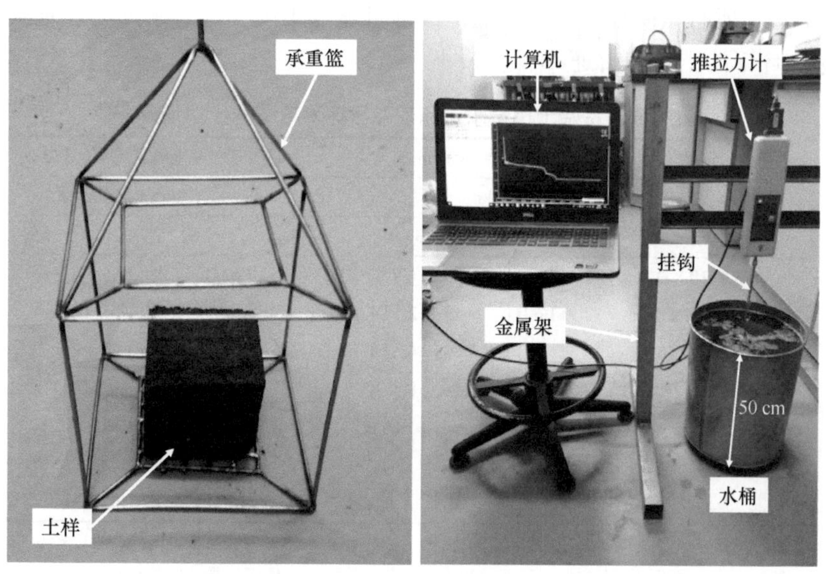

图 4-19　土壤崩解试验装置

在试验过程中，确保承重篮中土样完全浸泡在静水中，崩解的土块会通过承重篮底部的网眼掉落到容器底部（图 4-19），每个试验处理重复 4 次。

土壤崩解速率（SDR，每分钟土样质量崩解百分比，%/min）和土壤崩解质量（SDM，崩解质量占土样质量百分比，%）的计算公式如下：

$$\text{SDR}=\frac{f_{\max}-f_{\min}}{t}\times 100\% \tag{4-10}$$

$$\text{SDM}=\frac{f_{t_1}-f_{t_2}}{f_{\max}}\times 100\% \tag{4-11}$$

式中，$f_{\max}$ 为试验初始时刻的推拉力计读数（N）；$f_{\min}$ 为试验结束时的推拉力计读数（N）；f_{t_1} 为 t_1 时刻的推拉力计读数（N）；f_{t_2} 为 t_2 时刻的推拉力计读数（N）。

4.3.2 冻融循环和初始土壤含水量对土壤崩解速率的影响

土壤崩解速率的取值为 4 次重复试验的平均值。如表 4-4 所示，在 3 个初始土壤含水量下，克山厚层黑土的土壤崩解速率在前 10 次冻融循环处理中均随冻融循环次数的增加而增大，而在第 13 次冻融循环后又有所减小。对于宾县薄层黑土，除 16.5%初始土壤含水量下的 5 次冻融循环处理外，其他处理下均发现了相同的趋势。然而，当初始土壤含水量从 16.5%增加到 24.8%和 33.0%时，13 次冻融循环下的克山厚层黑土的土壤崩解速率分别降低 68.2%～91.7%和 65.7%～94.2%，而宾县薄层黑土的土壤崩解速率分别降低 32.3%～85.4%和 40.3%～89.8%。与对照处理相比，当冻融循环次数从 0 增加到 13 时，3 个前期含水量下的克山厚层黑土的土壤崩解速率分别增加 1.2～1.9 倍、1.0～6.1 倍和 2.1～11.4 倍，而宾县薄层黑土的土壤崩解速率分别增加 1.1～2.0 倍、1.2～8.2 倍和 1.8～6.9 倍。在所有试验处理中，第 10 次冻融循环下的土壤崩解速率均最大，而在第 13 次冻融循环下的土壤崩解速率有所减小。

表 4-4 不同初始土壤含水量和冻融循环次数下的土壤崩解速率

冻融循环次数	克山厚层黑土的土壤崩解速率/（%/min）			宾县薄层黑土的土壤崩解速率/（%/min）		
	初始土壤含水量/%			初始土壤含水量/%		
	16.5	24.8	33.0	16.5	24.8	33.0
0	123.9±10.8 D a	12.4±3.4 B b	7.2±0.9 E b	108.8±7.6 B a	17.8±4.0 E b	11.1±10.5 C b
1	153.5±19.3 CD a	12.7±1.6 B b	15.1±2.1 DE b	141.7±19.6 B a	22.1±5.4 DE b	21±3.4 C b
3	153.1±15.2 CD a	19.3±6.4 B b	20.8±4.2 DE b	149.5±24.5 B a	21.9±7.3 E b	19.6±6.1 C b
5	183.0±8.8 BC a	23.7±4.8 B b	50.1±8.5 BC c	133.7±22.1 B a	42.0±4.2 CD b	41.5±11.0 B b
7	234.2±27.1 A a	68.5±15.1 A b	57.4±10.0 B b	156.4±18.5 B a	55.9±7.9 C b	54.6±9.1 B b
10	239.1±25.3 A a	76.4±22.2 A b	82.4±19.4 A b	223.1±26.3 A a	146.3±22.5 A b	76.4±10.1 A c
13	207.3±21.2 AB a	33.4±11.1 B b	34.3±11.2 CD b	124.2±22.1 B a	84.3±27.1 B a	67.1±16.3 A a

注：表中数据为 4 次重复试验的平均值±标准误差。同列不同大写字母表示不同冻融循环次数之间有显著差异（$P<0.05$）；同一种土壤的同行不同小写字母表示不同初始土壤含水量之间有显著差异（$P<0.05$）。

表 4-4 中单因素方差分析结果显示，3 种初始土壤含水量下，克山厚层黑土和宾县薄层黑土在 10 次冻融循环后的土壤崩解速率与初始条件相比均有显著性差异（$P<0.05$）。然而，由于第 10 次冻融循环之后崩解速率呈下降趋势，第 13 次冻融循环处理与第 10 次或小于 10 次的冻融循环处理并无显著差异。在相同的冻融循环次数下，克山厚层黑土和宾县薄层黑土在 16.5%初始土壤含水量下的崩解速率与 24.8%和 33.0%初始土壤含水量的崩解速率有显著差异（$P<0.05$）。

4.3.3 冻融循环和初始土壤含水量对土壤崩解过程的影响

图 4-20 显示了不同冻融循环次数条件下克山厚层黑土和宾县薄层黑土的土壤累积崩解过程。大部分试验处理下，土壤样品浸入静水中后约有 60%的土壤样品发生迅速崩解。

土壤崩解过程在不同处理下表现出不同的特点。在本书中，包括对照处理，土壤崩解过程均呈现出快速—缓慢—快速三个阶段［图 4-20（a）、（d）］。在 24.8%和 33.0%初始土壤含水量下，土壤崩解速率在 5 次冻融循环后急剧升高［图 4-20（b）、（c）、（e）、（f）］。

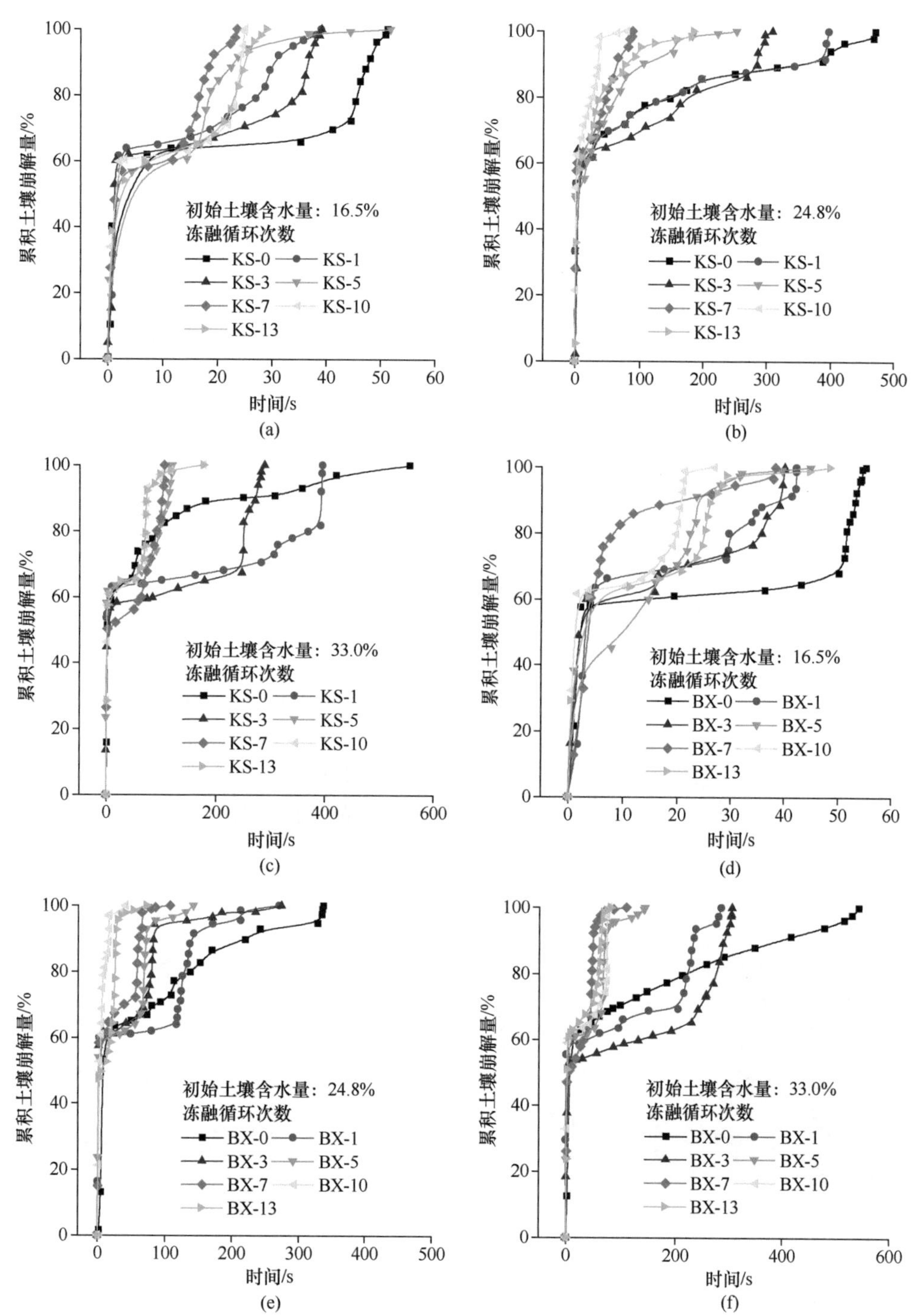

图 4-20　不同初始土壤含水量和冻融循环次数下克山厚层黑土［(a)～(c)］和宾县薄层黑土［(d)～(f)］土壤崩解过程

在13次冻融循环中，16.5%、24.8%和33.0% 3个初始土壤含水量下，克山厚层黑土的土壤累积崩解量达到60%的时间分别在1.4～14.5 s、2.7～18.6 s和2.0～83.4 s；而宾县薄层黑土在3个初始土壤含水量下的累积崩解量达到60%的时间则分别为1.5～19.4 s、4.7～20.3 s和3.6～132.7 s。

4.4 冻融作用对冰–土界面土壤力学性质的作用机制

季节性冻融期土壤水热交换最为活跃的层次分别为地表层（土–水界面）和冻结锋（土–冰界面）。双向融冻期，伴随土壤剖面温度升高土壤剖面发生垂直向下的一维融化，表层土体融化后的含水量增加且其抗剪强度降低；而下部土体仍保持冻结状态，形成相对不透水层，水分沿冰–土界面形成壤中流。基于剖面土壤温度、水分迁移特征，本节针对冰–土界面特殊的水热迁移条件，通过野外定位观测和室内控制条件试验，研究冻融循环次数、初始含水率和容重等因素对冰–土界面处土壤力学的响应特征，以期为冻融–水力复合侵蚀防治和水土保持措施配置提供依据和参考。

4.4.1 试验设计与研究方法

1. 供试土壤与冰–土界面试样制备

供试土样与土壤微结构研究中的土样一致，均采集于克山农场。为保证冻融界面控制的准确性和可重复性，通过控制土壤溶质浓度获得土层不同冰点，制备冰–土界面试验土样（葛琪，2010）。剪切试验土柱样品制备时，上层土壤采用1%浓度的NaCl溶液，而下层土壤采用去离子水进行土壤含水率的调整；通过上述方法制备的土柱样品在–3℃时可形成下层土壤冻结而上层土壤仍未冻结的状态，即形成了可控深度且初始条件一致的冰–土界面（图4-21）。整个试验过程在可控环境的冻融循环系统中完成，以保证界面状态的相对恒定。

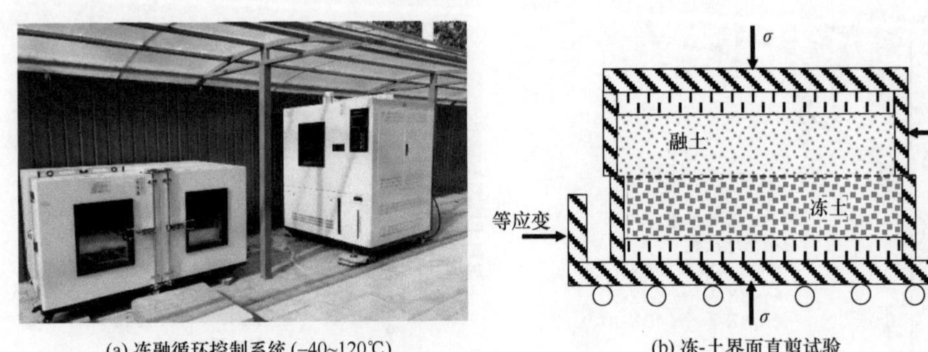

(a) 冻融循环控制系统 (–40~120℃)　　(b) 冻-土界面直剪试验

图4-21　冰–土界面冻融循环控制与剪切

2. 试验设计

冰–土界面土壤冻融模拟试验的冻融循环过程在改进的高低温恒温液浴循环箱（简

称冻融循环箱，可控温度范围为–50～120℃）中完成（图 4-22）。采用自制冻融土柱监测仪对冻融过程中土柱的冻胀量、温度场、应力场进行实时监测。监测仪由应变传感器（DEX3811）、温湿度传感器和超薄压力膜（IMM）组成。另外设置一组平行土柱样品，在冻融循环后进行三轴剪切试验，测定土壤抗剪强度指标（内摩擦角、黏聚力和孔隙水压力）。

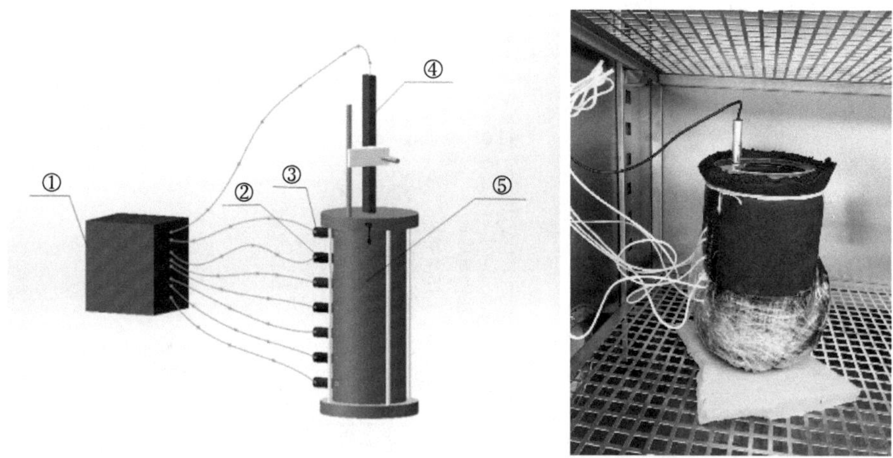

图 4-22　单土柱冻融模拟试验装置示意图

①为数采；②为温湿度探头；③为压力膜（IMM）；④为应变传感器；⑤为土柱

试验设计 4 个初始含水率（饱和含水量、田间持水量、70%田间持水量、凋萎系数）、4 个冻融循环次数（1 次、5 次、7 次、15 次）、4 组冻结温度（–20℃、–10℃、–5℃、0℃）和 4 个土壤初始容重（1.00 g/cm^3、1.15 g/cm^3、1.30 g/cm^3 和 1.45 g/cm^3）处理的模拟实验。由于试验影响因素较多且部分因素间存在交互作用，采用正交试验设计方案开展 4 因素 4 水平正交试验（表 4-5）。同时，为分析各因素间交互作用和试验误差影响多预留 1 个因素，故选用 L_{16}（4^5）正交试验表（5 因素、4 水平），即共需进行 16 组试验。在正交试验的基础上，针对其中最敏感的 2～3 个因素增设 4 水平完全随机试验设计。

表 4-5　单土柱土壤冻融模拟试验因素水平

水平	因素			
	初始含水率	冻融循环次数	冻结温度/℃	初始容重/（g/cm^3）
1	饱和含水量	1	–20	1.00
2	田间持水量	5	–10	1.15
3	70%田间持水量	7	–5	1.30
4	凋萎系数	15	0	1.45

4.4.2　不同冻结温度下冻结锋面与冻胀量变化特征

零温线即土壤剖面温度为 0℃时的界面，又称为冻结锋面，是冻结层与非冻层的交界面（张宇等，2016）。不同冻结温度下，冻结锋移动速率存在明显差异，但变化趋势基本相同。不同一维（由上至下）冻结温度下，冻结锋随冻结时间逐渐向土柱底层移动（图 4-23），且移动速率逐渐下降；如–5 ℃时，不同土层冻结锋移动速率表现为 2 cm（1.3×10^{-2} cm/min）>4 cm（1.1×10^{-2} cm/min）>6 cm（8.7×10^{-3} cm/min）>8 cm（6.5×10^{-3} cm/min）>10 cm（5×10^{-3} cm/min）。这是由于在一维冻结方向的作用下，表层土壤温度梯度逐渐增大，冻结速率快速增长导致冻结锋快速下移；随冻结时间延长，土壤剖面温度变化速率下降，温度梯度相对减小，在无水分补给的条件下，剖面水分迁移至冻-土界面（冻结锋）的总量减少，导致其移动速率减缓（张宇等，2016；吴礼舟等，2010）。

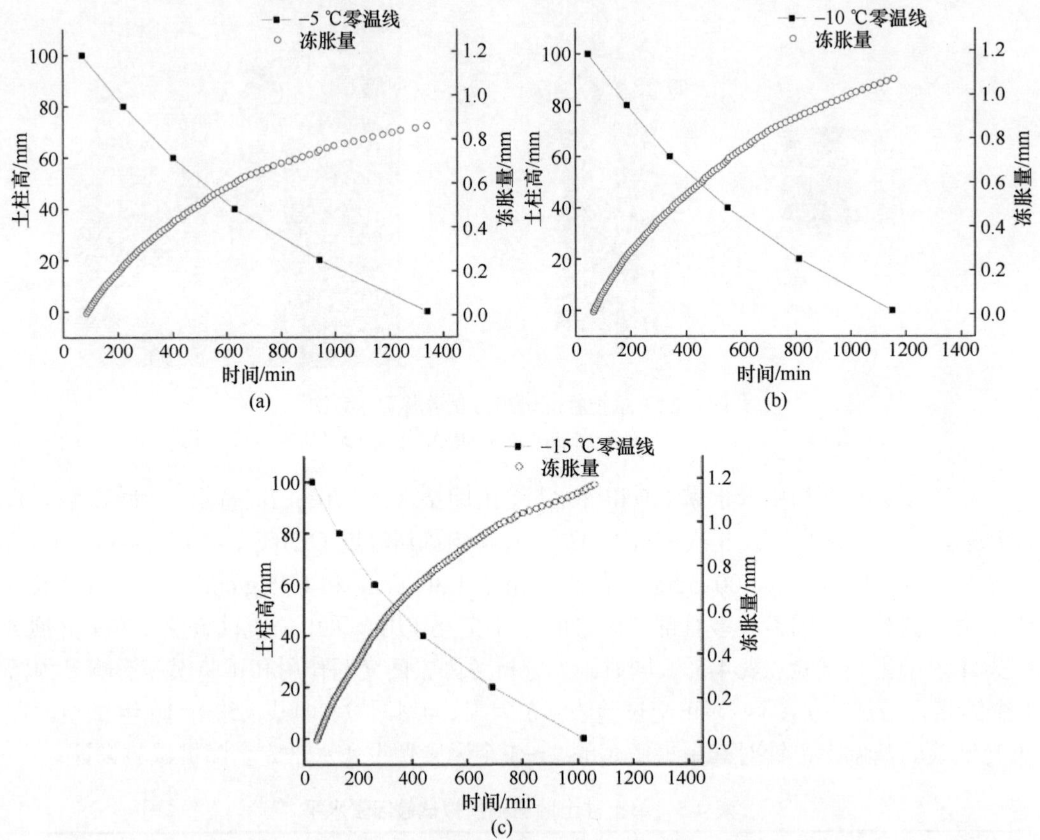

图 4-23 不同冻结温度下土壤剖面零温线和冻胀量的变化

不同冻结温度下，土壤剖面冻胀量变化趋势与剖面温度和冻结锋相似，均随冻结时间的增加变化速率逐渐减小。其原因是冻结过程中土壤温度决定水分迁移特征，而剖面水分分布又直接影响冻胀量的变化；由于冻结锋迁移和冻胀量变化均为剖面温度的函数，故导致二者的变化趋势相近（张宇等，2016；吴礼舟等，2010；Ferrick and Gatto，2005）。不同冻结温度下，土壤冻胀量变化速率表现为–5 ℃（0.6×10^{-3} mm/min）<–10 ℃（0.9×10^{-3} mm/min）<–15℃（1.1×10^{-3} mm/min）。在冻结作用下，土壤剖面冻胀量受含水率影响最大，土壤初始含水率越高冻胀量越大；冻结期未冻结土层中的水分会向冻土层缓慢移动，冰-土界面获得更多含水量后导致界面处冻胀量增加，并多形成似透镜状冰晶层（张世银和汪仁和，2004）。土体冻胀量随冻结温度降低而增加，表现为–5 ℃

（0.84 mm）<–10 ℃（1.02 mm）<–15 ℃（1.14 mm）（图 4-24）。这是由于在冻结温度较高时，土柱冻结所需要的时间相对较长，冻结速率相对较慢；冻结锋移动速率较慢时土体中未冻结含水量相对较多，形成的分凝冰较少，致使土体冻胀量相对较小（Ferrick and Gatto，2005；Czurda and Hohmann，1997）。

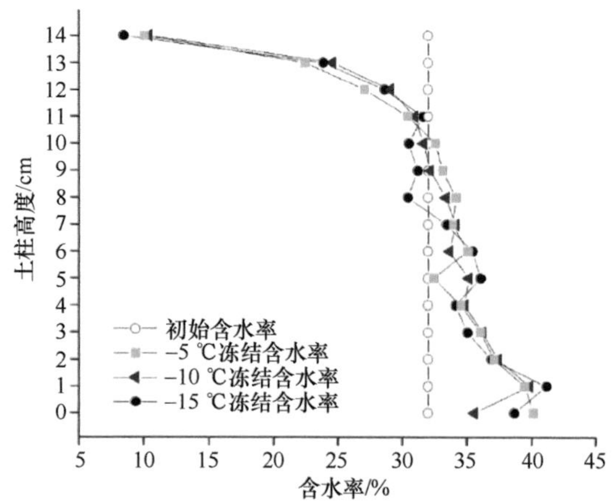

图 4-24　不同冻结温度下含水率随土柱高度变化的变化

一维冻结过程中剖面水分将发生重新分布。冻结作用使上部冻结层温度低于下部未冻结层，形成剖面温度梯度；土壤水分在温度梯度的作用下由下部暖端向上层冷端移动，使得土壤冰–土界面处冻结层含水量增加。在此过程中，土壤水在冻结层发生相变（液相→固相），土壤中液态水含量下降导致基质势下降，伴随形成的基质势梯度将进一步加强剖面水分向冻结锋迁移再分布（图 4-24）。不同冻结温度下，土层含水率变化幅度均呈现先减小后增大的趋势。

4.4.3　冻融作用对冰–土界面土壤力学性质的影响

1）冻融作用对冰–土界面土壤抗剪强度的影响

在相同的土壤含水量和容重条件下，冰–土界面处土壤抗剪强度最小，其抗剪强度较无界面影响下土体削弱了 60%以上；同时，冰–土界面处抗剪强度显著小于无界面样品 1～3 次冻融循环作用后的抗剪强度值（图 4-25）。上述发现印证了多数学者提出的季节性冻融区土壤抗剪强度相对薄弱面应发生在融化层与冻结层交界面（冰–土界面）的假设（汪恩良等，2020；葛琪等，2017；徐学燕等，1992）；进一步明确了界面应力变化在冻融–水力复合侵蚀中的重要性。

2）初始含水量对冰–土界面抗剪强度的影响

不同初始含水量条件下，冰–土界面处的抗剪强度均显著低于无界面土壤样品，界面处土壤力学性质存在明显削弱（图 4-25）。随着初始含水量的增加，不同冻融循环次数下各土壤样品的抗剪强度均表现出明显的削减现象；且随着初始含水量的增加抗剪强度削减的幅度逐渐减弱。土壤初始含水量>24.8%后，冰–土界面土壤抗剪强度的变化幅度<12.5%，且土壤抗剪强度接近极值（图 4-26）。上述结果表明，随着土壤初始含水量的增加，土壤内部孔隙将被自由水填充，孔隙水压力增加，而土壤有效应力降低；进而导致土壤颗粒间的黏聚作用减弱，颗粒间的相对内摩擦力和咬合程度降低且表现出一定的流变性，土壤黏聚力降低（汪恩良等，2020；徐学燕等，1992）。

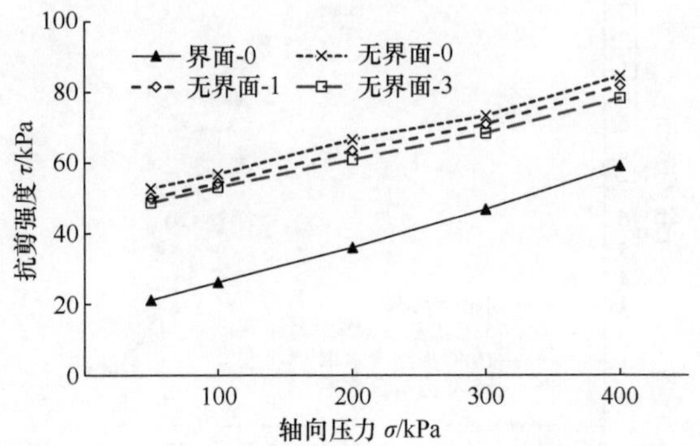

图 4-25　冰-土界面与无界面抗剪强度对比（16.5%含水率）

界面-0 表示存在冻-土界面且无冻融；无界面-0 表示不存在冻-土界面且无冻融；无界面-1 表示不存在冻-土界面且冻融循环 1 次；无界面-3 表示不存在冻-土界面且冻融循环 3 次

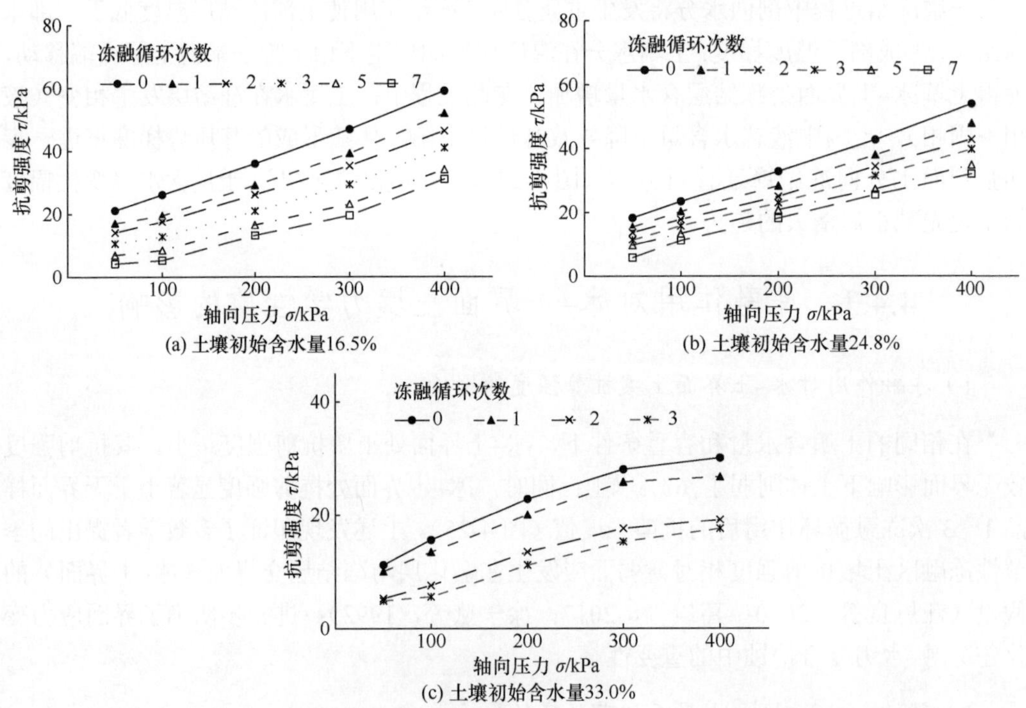

图 4-26　不同初始含水量和冻融循环次数作用下冰–土界面抗剪强度

3）冻融循环次数对冰–土界面抗剪强度的影响

随着冻融循环次数的增加，冰–土界面土壤抗剪强度整体呈线性减弱的趋势，且在冻融循环 3 次后该趋势逐渐变缓。冻融循环过程对冰–土界面骨架结构具有较强的破坏作用，伴随冻融过程土壤孔隙水重新分布并向界面处迁移，孔隙水压力增强，有效应力相应减小（Ferrick and Gatto，2005；Czurda and Hohmann，1997）。冰–土界面抗剪强度不仅与土壤初始含水量有关，法相应力 σ 也对其表现出较大影响；随着 σ 的增加，界面抗剪强度值升高。在低法相应力的情况下（50 kPa），随着冻融循环次数的增加，不同初始含水量的土壤抗剪强度呈平稳下降的趋势；随着法相应力 σ 增大，初始含水量 24.8% 的冰–土界面在冻融循环 2 次后，抗剪强度明显大于 16.5%初始含水量对应的值。产生该现象的原因应是：冻融过程中土壤团聚体在冻胀作用下发生破坏或土壤颗粒位移，被冰晶膨胀的土壤孔隙无法恢复到原有力学状态，导致界面上部未冻融土体原有强度降低。伴随冻融次数的增加，适当增加土壤初始含水量会促进土壤中冰晶对颗粒的“胶结”作用，进而提高冰–土界面的抗剪强度（图 4-27）。而当土壤初始含水量较低时（<16.5%），冰晶未能发挥其“胶结”作用，反而有助于土壤颗粒相对位移和减小冰–土界面的摩阻力，进而降低了界面处的抗剪强度（Harris et al.，1995）。当土壤初始含水量较高时（>24.8%），冰–土界面处易形成相对滑动面，导致界面抗剪强度快速下降。因此，

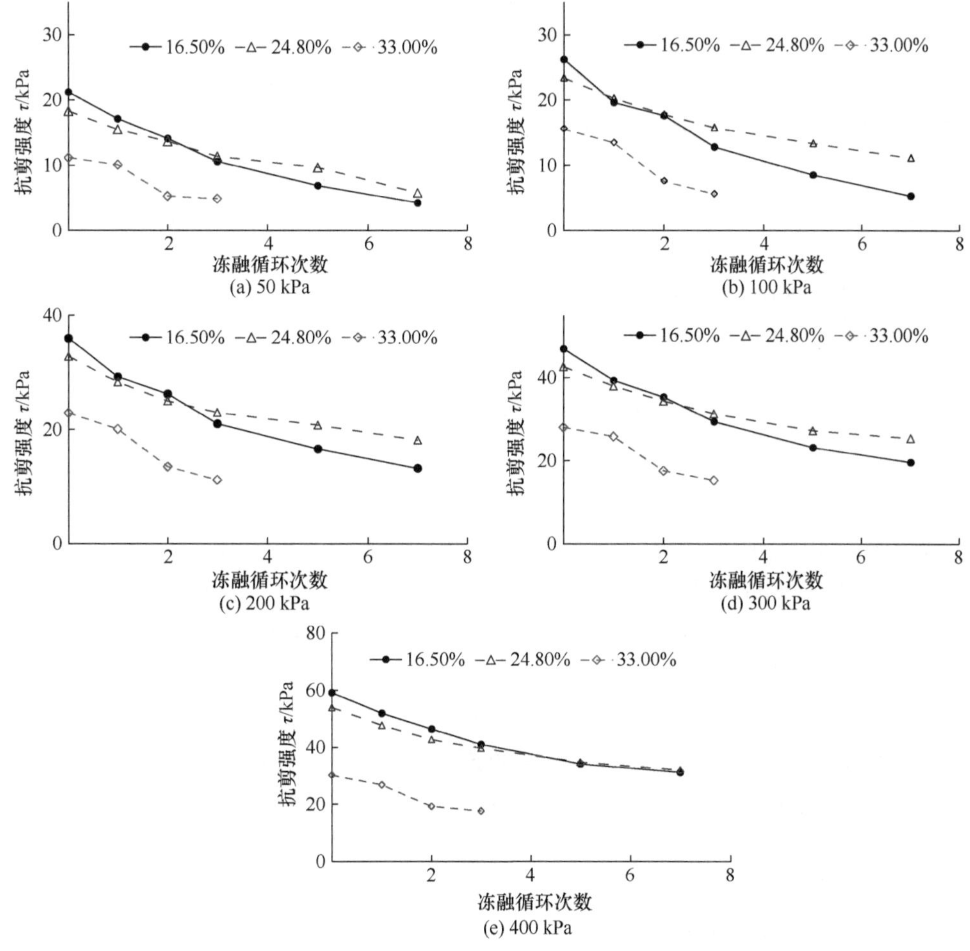

图 4-27　不同冻融循环下土壤抗剪强度变化

在冻融–水力复合侵蚀防治和水土保持措施配置时，应关注和防范双向融冻期阶段融雪径流、壤中流、短时降水等对冰-土界面抗剪强度的削减，合理设计和安排相应的坡面水土保持措施。

4.5 结 语

本章基于对土壤结构、土壤抗剪强度、土壤崩解速率和冻融界面土壤力学性质的分析测定，阐明了土壤冻融作用影响坡面土壤侵蚀的机理。主要结论如下所述：

（1）揭示了冻融循环作用对土壤团聚体稳定性和微结构特征的影响及作用机制。冻融循环对土壤水稳性团聚体有显著影响，初始含水量与冻融循环次数是影响冻融循环中土壤团聚体稳定性的关键因素；土壤团聚体稳定性随着冻融循环次数的增加逐渐降低并趋于稳定。冻融循环作用对土壤团聚体孔隙结构变化有显著影响，微观孔隙结构的演变特征表明冻融作用破坏了土壤颗粒间的联结，孔隙结构更加粗糙不规则，即导致黑土团聚体结构更易破碎变形；冻融循环对黑土结构的弱化作用可能是导致黑土团聚体稳定性下降的原因。

（2）分析了黑土抗剪强度与冻融循环次数的定量关系。土壤的抗剪强度和黏聚力均随冻融循环次数和初始土壤含水量的增加而降低，克山厚层黑土和宾县薄层黑土在13 个冻融循环次数下土壤抗剪强度分别降低了 8.1%～32.8%和 4.9%～24.7%。当初始土壤含水量从 16.5%增加到 33.0%时，13 次冻融循环次数下克山厚层黑土和宾县薄层黑土的土壤抗剪强度分别降低了 4.8%～34.1%和 4.5%～21.4%。当冻融循环次数从 0 次增加到 13 次时，克山厚层黑土和宾县薄层黑土的土壤黏聚力分别降低了 5.7%～91.5%和 8.3%～85.0%。初始土壤含水量为 16.5%和 24.8%时，两种试验土壤内摩擦角随冻融循环次数的增加无明显变化，但在 33.0%的初始土壤含水量下随冻融循环次数的增大而减小。

（3）阐明了冻融作用对黑土崩解速率和崩解过程的影响。两种试验土壤的崩解过程可分为快速—缓慢—快速三个阶段，第一阶段 132.7 s 内土样质量急剧下降约 60%。当初始土壤含水量从 16.5%增加到 33.0%，13 次冻融循环下克山厚层黑土和宾县薄层黑土的崩解速率分别显著降低 65.7%～94.2%和 32.3%～89.8%。当冻融循环次数从 0 增加到 13 时，3 个前期含水量下的克山厚层黑土的土壤崩解速率分别增加 1.2～1.9 倍、1.0～6.1 倍和 2.1～11.4 倍，而宾县薄层黑土的土壤崩解速率分别增加 1.1～2.0 倍、1.2～8.2 倍和 1.8～6.9 倍。

（4）明确了冰–土界面土壤力学性质对冻融侵蚀的响应特征。一维冻结下，冻结锋移动速率随温度梯度的增加而增强；土壤初始含水率越高土柱冻胀量越大，平均冻胀速率约为 0.9×10^{-3} mm/min。在相同的土壤含水量和容重条件下，冰–土界面处土壤抗剪强度最小，较无界面影响下土体削弱了 60%以上；随着初始含水量的增加，不同冻融循环次数下土壤抗剪强度均明显削减。土壤初始含水量较高时（>24.8%），冰–土界面处易形成相对滑动面，导致界面抗剪强度快速下降。

主要参考文献

葛琪. 2010. 基于冻融界面强度损伤的季冻区土质边坡稳定性研究. 长春: 吉林大学博士学位论文.

葛琪, 李京子, 武鹤, 等. 2017. 基于有限差分法的季冻区公路土质路堑边坡稳定性分析. 黑龙江工程学院学报, 31(1): 12-18.

水利部, 中国科学院, 中国工程院. 2010. 中国水土流失与生态安全: 东北黑土区卷. 北京: 科学出版社.

孙宝洋, 李占斌, 肖俊波, 等. 2019. 冻融作用对土壤理化性质及风水蚀影响研究进展. 应用生态学报, 30(1): 337-347.

田积莹, 黄义端. 1964. 子午岭连家砭地区土壤物理性质与土壤抗侵蚀性能指标的初步研究. 土壤学报, 12(3): 286-296.

汪恩良, 肖尧, 许春光, 等. 2020. 封闭条件下粉质黏土冻融交界面抗剪强度研究. 东北农业大学学报, 53(1): 61-70.

王恩姮, 赵雨森, 陈祥伟. 2010. 典型黑土耕作区土壤结构对季节性冻融的响应. 应用生态学报, 21(7): 1744-1750.

王一菲, 郑粉莉, 周秀杰, 等. 2019. 黑土农田冻结–融化期土壤剖面温度变化特征. 水土保持通报, 39(3): 57-64.

吴礼舟, 许强, 黄润秋. 2010. 冻土中冻结锋面移动的影响因素. 湖南科技大学学报(自然科学版), 25(4): 51-53.

徐学燕, 丁靖康, 娄安金. 1992. 冻融界面土体长期抗剪强度指标确定. 哈尔滨建筑工程学院院报, 25(3): 37-42.

袁中夏, 王兰民, 邓津. 2005. 电镜图像在黄土结构性研究中应用的几个问题(英文).西北地震学报, (2): 115-121.

张世银, 汪仁和. 2004. 土壤冻胀特性的试验研究. 岩土工程界, (2): 72-73.

张宇, 李东庆, 明锋. 2016. 冻融循环作用下土体冻结锋面移动规律试验研究. 冰川冻土, 38(3): 679-684.

张祖莲, 洪斌, 黄英, 等. 2017. 降雨作用下云南省红土抗剪强度与坡面侵蚀模数的关系. 水土保持通报, 37(1): 1-8.

中华人民共和国住房和城乡建设部. 2019. 土工试验方法标准 GB/T50123—2019. 北京: 中国标准出版社.

左小锋, 王磊, 郑粉莉, 等. 2020. 冻融循环和土壤性质对东北黑土抗剪强度的影响. 水土保持学报, 34(2): 30-35+42.

Bajracharya R M, Lal R. 1992. Seasonal soil loss and erodibility variation on a Miamian silt loam soil. Soil Science Society of America Journal, 56(5): 1560-1565.

Coote D R, Malcolm-Mcgovern C A, Wall G J, et al. 1988. Seasonal variation of erodibility indices based on shear strength and aggregate stability in some Ontario soils. Canadian Journal of Soil Science, 68(2): 405-416.

Cruse R M, Larson W E. 1977. Effect of soil shear strength on soil detachment due to raindrop impact. Soil Science Society of America Journal, 41(4): 777-781.

Czurda K A, Hohmann M. 1997. Freezing effect on shear strength of clayey soils. Applied Clay Science, 12(1/2): 165-187.

Dagesse D F. 2011. Effect of freeze-drying on soil aggregate stability. Soil Science Society of America Journal, 75(6): 2111-2121.

Edwards L M. 2013. The effects of soil freeze-thaw on soil aggregate breakdown and concomitant sediment flow in Prince Edward Island: A review. Canadian Journal of Soil Science, 93(4): 459-472.

Fajardo M, Mcbratney A B, Field D J, et al. 2016. Soil slaking assessment using image recognition. Soil & Tillage Research, 163: 119-129.

Ferrick M G, Gatto L W. 2005. Quantifying the effect of a freeze-thaw cycle on soil erosion: Laboratory experiments. Earth Surface Process and Landforms, 30(10): 1305-1326.

Formanek G E, Mccool D K, Papendick R I. 1984. Freeze-thaw and consolidation effects on strength of a wet silt loam. Transactions of the ASAE, 27(6): 1749-1752.

Harris C, Davies M C R, Coutard J P. 1995. Laboratory simulation of periglacial solifluction: Significance of porewater pressures, moisture contents and undrained shear strengths during soil thawing. Permafrost and Periglacial Processes, 6(4): 293-311.

Hayashi M. 2013. Hydrological and ecological significance of frozen-soil processes. Vadose Zone Journal, 12(4): 1-8.

Kirby P C, Mehuys G R. 1987. The seasonal variation of soil erosion by water in Southwestern Quebec. Canadian Journal of Soil Science, 67(1): 55-63.

Le Bissonnais Y. 2016. Aggregate stability and assessment of soil crushability and erodibility: I. Theory and methodology. European Journal of Soil Science, 67(1): 425-437.

Lehrsch G A, Sojka R E, Carter D L, et al. 1991. Freezing effects on aggregate stability affected by texture, mineralogy, and organic matter. Soil Science Society of America Journal, 55(5): 1401-1406.

Léonard J, Richard G. 2003. Estimation of runoff critical shear stress for soil erosion from soil shear strength. Catena, 57(3): 233-249.

Li G, Fan H. 2014. Effect of freeze-thaw on water stability of aggregates in a black soil of Northeast China. Pedosphere, 24(2): 285-290.

Liu T, Xu X, Yang J. 2017. Experimental study on the effect of freezing-thawing cycles on wind erosion of black soil in Northeast China. Cold Regions Science and Technology, 136: 1-8.

Nciizah A, Wakindiki I. 2015. Physical indicators of soil erosion, aggregate stability and erodibility. Archives of Agronomy and Soil Science, 61(6): 827-842.

Oztas T, Fayetorbay F. 2003. Effect of freezing and thawing processes on soil aggregate stability. Catena, 52(1): 1-8.

Perfect E, Loon W K P V, Kay B D, et al. 1990. Influence of ice segregation and solutes on soil structural stability. Canadian Journal of Soil Science, 79(4): 571-581.

Sahin U, Angin I, Kiziloglu F M. 2008. Effect of freezing and thawing processes on some physical properties of saline-sodic soils mixed with sewage sludge or fly ash. Soil & Tillage Research, 99(2): 254-260.

Wang J, Gu T, Zhang M, et al. 2019. Experimental study of loess disintegration characteristics. Earth Surface Processes and Landforms, 44(6): 1317-1329.

Watson D A, Laflen J M. 1986. Soil strength, slope, and rainfall intensity effects on interrill erosion. Transactions of the ASAE, 29(1): 98-102.

Xia D, Zhao B, Liu D, et al. 2018. Effect of soil moisture on soil disintegration characteristics of different weathering profiles of collapsing gully in the hilly granitic region, South China. PLoS ONE, 13(12): e209427.

Yoder R E. 1936. A direct method of aggregate analysis of soils and a study of the physical nature of erosion losses. Soil Science Society of America Journal, 28(5): 337-351.

Zhang Z, Pendin V, Nikolaeva S, et al. 2019. Disintegration characteristics of a cryo lithogenic clay loam with different water content: Moscow covering loam (prQIII), case study. Engineering Geology, 258: 105159.

第 5 章　多种侵蚀营力叠加作用对黑土坡面复合土壤侵蚀的影响

冻融、水力、风力等多外营力作用的复合土壤侵蚀是东北黑土区土壤侵蚀的重要特征，其显著特点是多营力作用下的复合土壤侵蚀在时间上的更替和在空间上的叠加。东北黑土区坡耕地复合土壤侵蚀在时间上具有连续性，如冬季和早春土壤的冻胀作用、晚春土壤冻融作用、融雪侵蚀和风力侵蚀，夏秋季节的降雨径流侵蚀，晚秋的风力水力复合侵蚀作用（郑粉莉等，2019）。当前对复合土壤侵蚀的研究多集中于风力水力两相侵蚀，脱登峰等（2012b）通过人工模拟降雨和风洞试验相结合的方法研究了风力水力两相侵蚀下的坡面土壤侵蚀过程及其作用机理，指出风蚀对坡面微地形的塑造加剧了后期降雨引起的坡面水蚀过程，并且风水两相侵蚀外营力交互作用对坡面侵蚀具有明显正效应。张平仓（1999）研究表明，风水复合侵蚀是以液相水力和气相风力形成的侵蚀过程在时间上相互交替补充，在空间上相互交错叠加，相互创造形成条件，从而使侵蚀过程、侵蚀类型、侵蚀强度均不同于单相营力形成的侵蚀。多营力互作的复合侵蚀研究可以客观评价各侵蚀外营力对土壤侵蚀总量的贡献率与叠加贡献（杨会民等，2016），对解释多营力复合侵蚀区的土壤侵蚀过程与机理具有重要意义，然而由于野外条件复杂，导致试验条件难以控制及研究手段的限制，目前对各种侵蚀外营力在时间和空间上的分离及耦合叠加方面的研究相对比较薄弱。本书第 2 章讨论了多营力复合侵蚀在时间上的交替对坡面土壤侵蚀的影响，而其在空间上的叠加作用对坡面土壤侵蚀的影响和各侵蚀外营力对坡面土壤侵蚀的贡献仍需进一步研究。据此，本章基于冻融、风力和水力等多营力叠加的模拟试验，分析冻融、水力、风力叠加交互作用对坡面侵蚀的影响，主要包括前期土壤冻融作用对土壤水蚀和风蚀的影响，前期地表风蚀作用对坡面水蚀过程的影响，冻融与风力叠加作用对坡面水蚀的影响，最后分离冻融、风力、水力交互作用对坡面侵蚀的贡献作用，以期为坡面复合侵蚀防治提供重要科学依据。

5.1　试验设计与研究方法

5.1.1　试 验 材 料

试验土壤为黑龙江省齐齐哈尔市克山县粮食沟小流域（KS）（125°49'56"E，48°3'46"N）的农地耕层 20 cm 耕作黑土，该区域属于厚层黑土区（水利部等，2010）。土壤颗粒组成黏粒（< 2 μm）、粉粒（2～50 μm）与砂粒（50～2000 μm）质量分数分别为 40.6%、48.7%和 10.7%，土壤有机质质量分数为 37.0 g/kg（重铬酸钾氧化-外加热法），pH 为 6.1

（水浸提法，水土比 2.5：1）。

5.1.2 试验设备

模拟冻融试验、模拟降雨试验和模拟风蚀试验均在黄土高原土壤侵蚀与旱地农业国家重点实验室人工模拟降雨大厅进行。试验设备主要包括试验土槽、冷冻设备（大型冰柜）、风洞和人工模拟降雨机（图 5-1）。

图 5-1 试验土槽和冷冻冰柜

试验土槽为自行设计 100 cm（长）×50 cm（宽）×15 cm（高）的风蚀、水蚀两用型钢槽［图 5-1（a)］，包括槽身和集流装置，槽身与集流装置可分离。试验土槽后端和左右两侧上部 5 cm 与其下部 10 cm 槽身用折叠合页连接，且可上下自由翻折以同时满足风洞试验和降雨试验的需求。在进行风洞模拟试验时将合页连接上部 5 cm 钢板向下翻折，以使试验土槽的土壤表面与风洞底板水平；而进行模拟降雨试验时，则将合页连接的 5 cm 钢板竖起，并用螺丝紧扣槽身与集流装置，然后将试验土槽置于可调节坡度为 0°～20°的铁架上进行降雨试验。此外，试验土槽底部每隔 5 cm 均匀分布有 4 mm 直径的透水孔，以便保证降雨过程试验土槽渗透状况良好。

冷冻设备是 3.10 m（长）×0.90 m（宽）×0.98 m（深）能够稳定维持–15 ℃的新容声 BD/BC-1780 大型冰柜［图 5-1（b)］，进行模拟冻融试验时首先将温度计（–50～50℃）置入冰柜内部并定时观测温度以确保冻结温度稳定，此后将试验土槽整体置入冰柜中进行冻融模拟试验；冻结时间为 24 h，冰柜内部温度为–15℃，解冻时间亦为 24 h 以保证土壤完全冻结或完全融化。

风洞设备是室内直流吹气式风洞，其全长 24 m、高 1.2 m 和宽 1 m。主要由风机段、调风段、整流段、试验段、集沙段和导流段六部分组成（图 5-2）。风机段长 3.55 m，风机通过配套变频器（0～50 Hz）调节风速，风速可连续调节范围为 0～17 m/s。在风洞设备试验段中心位置安装 9 个不同高度（距试验土槽表面向上依次高度为 1 cm、3 cm、5 cm、8 cm、10 cm、12 cm、16 cm、20 cm 和 60 cm）的皮托管测定不同高度的风速。

试验的目标风速为风洞轴心高度（60 cm）测定的风速，其余 8 个皮托管测定试验土槽上方的风速廓线，并使风洞所测定的风速廓线与田间平坦裸露地面测定的风速廓线基本吻合。此外，风洞设备集沙段安装有效高度为 60 cm 的平口式集沙仪，其前端为 30 层开口为 2 cm×2 cm 的连续集沙口，可收集距土槽 0～60 cm 高度的风蚀物质（图 5-2）。风洞模拟试验前后均采用称重法测定土壤风蚀量，所用电子天平为双杰 FC200KBzin 型电子天平，量程 200 kg，精度 1 g。风洞启动设备为 SK-CJ-2L 型智能风控制系统，可通过手机 WIFI 连接启动设备设置风速和时间控制风洞模拟的轴心风速和试验时间，试验结束后可通过计算机导出数据进行分析。

图 5-2 风洞试验设备和集沙仪

降雨设备为中国科学院水利部水土保持研究所研制的侧喷式人工模拟降雨机，其高度为 5 m，雨滴上喷高度为 1.5 m，故有效降雨高度为 6.5 m。降雨机由水泵提供压力进行供水并可通过调节压力大小以调节雨强，降雨强度可调节范围为 20～300 mm/h，雨滴粒径及其分布与天然降雨相似，降雨均匀度大于 85%。进行模拟降雨前，将两架降雨机置于土槽前后 2.5 m 处并使降雨机喷头均对准试验土槽中心，并在试验土槽表面覆盖防水布，通过调节水压达到所设计的目标降雨强度且待雨强稳定后揭开试验土槽的防水布并计时以正式开始模拟降雨实验。

5.1.3 试验设计

1. 前期土壤冻融作用对土壤水蚀影响的试验设计

根据课题组实测数据和邹文秀等（2015）的研究结果，研究区 0～20 cm 耕层土壤的田间持水量为 30.0%～34.0%，结合前人研究得出的初始土壤含水率越高，冻融程度越强的结论，本试验设计的初始土壤含水量为 33.0%。由于冻融循环初期，土壤结构变化较大（范昊明等，2011；Wang et al.，2020），且土壤在经过 1 个冻融循环后其性质变化最显著（Bullock，1988；Wang et al.，2020），因此本试验设计 1 个冻融循环，并以未冻融处理作为对照。由于黑土区多为漫川漫岗的长缓坡，地面坡度大多为 1°～7°（赵玉明等，2012），且当坡耕地坡度大于 5°时，坡面土壤侵蚀强度达到中度或重度侵蚀，因此，试验设计 3°。根据高强度侵蚀降雨事件的记录（I_5 = 1.85 mm/min，I_{15}≥0.87 mm/min）（高峰等，1989），设计 2 个降雨强度 50 mm/h 和 100 mm/h，即 0.83 mm/min 和 1.67 mm/min（Jiang et al.，2019）。每个试验处理设计 2 个重复，降雨历时为 45 min（表 5-1）。根据早春冻融期的野外观测数据，设计冻结和融化温度分别为–15 ℃和 8 ℃，冻结和融化时间均为 24 h。

表 5-1　前期土壤冻融作用对坡面水蚀影响的试验设计

试验处理	有、无冻融作用	降雨强度/（mm/h）	试验参数	试验目的
仅冻融试验	1 次冻融作用	无	土壤冻融时初始土壤含水量为 33.0%；降雨试验时前期土壤含水量为 7.0%；试验土槽土壤容重 1.20 g/cm^3；地面坡度为 3°；土壤冻结和融化时间均为 24 h	冻融作用对土壤物理力学的影响
仅降雨试验	无冻融作用	50，100		无前期土壤冻融作用下的坡面水蚀过程（对照）
先冻融后降雨试验	1 次冻融作用	50，100		土壤冻融作用对坡面水蚀的影响

2. 前期土壤冻融作用对土壤风蚀影响的试验设计

东北黑土区耕层土壤临界起沙风速为 5～8 m/s，极端瞬时最大风速可达 30 m/s（李胜龙等，2019；张晓平等，2006；杨新等，2006），结合研究区实测风速范围，本试验设计 2 个风速（9 m/s 和 15 m/s）。研究表明黑土风蚀的临界表层土壤含水量为 7.0%（刘铁军等，2013），因此对于有冻融作用的试验处理，供试土壤完全解冻后进行自然风干，当试验土槽表层（0～5 cm）土壤含水量为 7.0%时，方可进行风蚀试验；对于无冻融作用的试验处理，将试验土槽静置使其自然风干，同样当各试验土槽表层（0～5 cm）土壤含水量为 7.0%时，方可进行风蚀试验。具体试验设计见表 5-2。

表 5-2　前期土壤冻融作用对坡耕地风蚀影响的试验设计

试验处理	有、无冻融作用	风速/（m/s）	试验参数	试验目的
仅冻融试验	1 次冻融作用	无	土壤冻融时初始土壤含水量为 33.0%；风洞和降雨试验时前期土壤含水量均为 7.0%；试验土槽土壤容重 1.20 g/cm^3；地面坡度为 0°；土壤冻结和融化时间均为 24 h	冻融作用对土壤物理力学的影响
仅降雨试验	无冻融作用	9，15		无前期土壤冻融作用下的土壤水蚀研究（对照）
先冻融后降雨试验	1 次冻融作用	9，15		冻融作用对坡面土壤风蚀的影响

3. 前期地表风蚀作用对坡面水蚀影响的试验设计

为模拟前期地表风蚀对坡面水蚀的影响，本试验设计为先进行风洞试验，然后在前期风蚀作用形成的地表微形态和土壤性质发生改变的基础上再进行风水同向（坡面径流方向与风力吹蚀方向同向）的模拟降雨试验，分析前期地表风蚀作用对坡面水蚀的影响（表 5-3）。同时，以无前期风蚀作用仅有降雨的试验处理作为对照，分析风蚀作用对坡面水蚀的贡献。试验设计 2 个风速（9 m/s 和 15 m/s）和 2 个降雨强度（50 mm/h 和 100 mm/h）。由于先进行模拟风蚀试验，初始土壤含水量均为 7.0%。

表 5-3 前期地表风蚀作用对坡面水蚀影响的试验设计

<table>
<tr><th>试验处理</th><th>降雨强度/（mm/h）</th><th>风蚀作用</th><th>风速/（m/s）</th><th>试验参数</th><th>试验目的</th></tr>
<tr><td>仅风蚀试验</td><td>无降雨</td><td>有</td><td>9，15</td><td rowspan="3">风洞和降雨试验时前期土壤含水量均 7.0%；土壤容重 1.20 g/cm³；风蚀试验时地面坡度为 0°；降雨试验时地面坡度为 3°</td><td>风蚀作用改变地表形态和影响土壤结构</td></tr>
<tr><td>仅降雨试验</td><td>50，100</td><td>无</td><td>9，15</td><td>无前期地表风蚀作用下的土壤水蚀研究（对照）</td></tr>
<tr><td>先风蚀后降雨试验</td><td>50，100</td><td>有</td><td>9，15</td><td>前期地表风蚀作用对坡面水蚀过程的影响（风向与地面径流方向一致）</td></tr>
</table>

4. 前期冻融和风蚀叠加作用对坡面土壤水蚀影响的试验设计

为进一步明晰冻融作用、风力和水力的叠加作用对坡面侵蚀的影响，在上述土壤冻融作用影响水蚀和风蚀试验及前期地表风蚀作用影响坡面水蚀研究的基础上，设计冻融和风力叠加作用对坡面水蚀影响的模拟试验，分析冻融–风力–水力叠加作用下的坡面复合侵蚀特征，分离冻融、风力、水力作用对坡面侵蚀的贡献。具体试验设计为 1 个初始土壤含水量（33.0%）、1 次冻融循环、2 个风速（9 m/s 和 15 m/s）和 2 个降雨强度（50 mm/h 和 100 mm/h）（表 5-4）。冻融模拟试验时，土壤初始含水量为 33.0%；而风蚀模拟试验和降雨模拟试验时，土壤初始含水量为 7.0%。另外，对于降雨模拟试验，设计的地面坡度为 3°，对于风洞试验，设计的地面坡度为 0°。在冻融模拟、降雨模拟和风洞试验中，试验土壤容重为 1.20 g/cm³。整个试验过程中，先进行冻融模拟试验，然后将试验土槽的土壤风干，使表层 0～2 cm 土层的土壤含水量达到 7.0%，然后进行风洞试验；最后进行降雨试验。

表 5-4 前期冻融和地表风蚀叠加作用对坡面土壤水蚀影响的试验设计

<table>
<tr><th>试验处理</th><th>有、无冻融</th><th>有、无风蚀</th><th>风速/（m/s）</th><th>有、无降雨</th><th>降雨强度/（mm/h）</th><th>试验参数</th><th>试验目的</th></tr>
<tr><td>仅冻融试验</td><td>有（1 次冻融）</td><td>无</td><td>—</td><td>无</td><td>无</td><td rowspan="5">土壤冻融时初始土壤含水量为 33.0%；降雨和风洞试验时前期土壤含水量均为 7.0%；试验土槽土壤容重 1.20 g/cm³；风蚀试验时地面坡度为 0°；降雨试验时地面坡度为 3°；土壤冻结和融化时间均为 24 h</td><td>冻融作用对土壤物理力学的影响</td></tr>
<tr><td>仅风蚀试验</td><td>无</td><td>有</td><td>9，15</td><td>—</td><td>—</td><td>风蚀作用改变地表形态和影响土壤结构</td></tr>
<tr><td>仅降雨试验</td><td>无</td><td>无</td><td>无</td><td>有</td><td>50，100</td><td>仅水蚀研究（对照）</td></tr>
<tr><td>先冻融后风蚀试验</td><td>有（1 次冻融）</td><td>有</td><td>9，15</td><td>无</td><td>—</td><td>冻融+风力作用叠加改变地表形态和影响土壤结构</td></tr>
<tr><td>先冻融后风蚀现降雨试验</td><td>有（1 次冻融）</td><td>有</td><td>9，15</td><td>有</td><td>50，100</td><td>冻融+风力作用叠加作用对坡面水蚀的影响</td></tr>
</table>

5.1.4 试 验 步 骤

试验步骤包括装填试验土槽、模拟冻融、风洞模拟及模拟降雨等。

1. 装填试验土槽

（1）将采集的供试土壤整体混匀后去掉其中的杂草、秸秆、根系残落物等杂物后按照土样的自然节理将其掰分为小于 4 cm 的土块，风干、装袋，整个土壤样品制备过程中对土样不研磨、不过筛以保持其原有土壤结构。

（2）装填土槽前先在土槽底部铺一层纱布，采用分层填土法，填土厚度为 10 cm（包括底部 2 cm 的沙层和上部 8 cm 的土壤层）。首先测定试验土壤（风干土样）含水量，并按照 1.20 g/cm^3 的容重计算所填试验土槽所需的全部土样重量，然后利用喷水壶给试验土样缓慢加水至 50%的田间持水量（土壤含水量为 16.5%）后，静置 12 h 以使土壤水分混合均匀。其次，在土槽底部填入 2 cm 厚的细沙层以确保试验土槽透水性良好，然后每隔 4 cm 装填一层试验土样并用喷水壶缓慢多次地对试验土槽的土壤加水至田间持水量，以避免一次性加水至田间持水量时土壤黏重造成填土困难及加水过程中对土壤结构的破坏，装填完毕后用 2 cm 深的自制铁耙对下层土壤表面进行扰动，以增加土壤表面的糙率和避免由于分层装土造成的土壤分层现象。

（3）试验土槽装填完毕后，用保鲜膜覆盖试验土槽以防水分损失，并静置 2 天后使土壤水分达到相对均匀状态，以备后用。

2. 模拟冻融试验

将装填处理完毕的试验土槽置入冻融设备（大型冰柜）进行模拟冻融试验，其中设计的冻结温度为–15℃和冻结时间为 24 h，然后将试验土槽缓慢移出冻融设备，在室温 10℃下解冻 24 h。待试验土槽中的土壤完全冻化后，将试验土槽自然风干至表层（0～2 cm）土壤含水率达到 7.0%时，方可进行风蚀或水蚀试验。

3. 风洞模拟试验

试验开始前进行风速率定以保证风洞模拟试验过程中风速廓线与实际基本相同，然后将冻融试验处理完毕的试验土槽推入风洞并轻置于风洞试验段中的电子秤上，使试验土槽表面与风洞底板水平高度一致，再将试验土槽四周用泡沫板固定平稳并记录风蚀试验前的试验土槽重量，并将集沙仪安置在风洞集沙段，使集沙仪口正对风的来向，然后根据设计的目标风速（9 m/s 或 15 m/s）进行风蚀试验，每场风蚀试验历时 20 min。对于没有经过冻融作用的试验处理，待试验土槽自然风干至表层（0～5 cm）土壤含水率达到 7.0%左右时，方可进行风蚀试验。

4. 模拟降雨试验

风蚀试验结束后，在试验土槽前端安装集流装置，并将试验土槽其余三边的合页竖起和固定，随之将试验土槽置于可调节坡度的铁架上，并调节试验土槽坡度为设计的目标地面坡度（3°），然后将试验土槽推入降雨试验场地且保证风水同向（径流方向与风速方向一致）后用防水布盖试验土槽。待雨强率定后取掉防水布开始正式降雨试验。正式降雨后，仔细观察坡面产流状况，从初始产流开始每隔 3 min 用径流桶收集径流泥沙样直到降雨结束。降雨结束后，用精度为 0.01 g 的电子秤称量径流桶的质量以得到浑水径流量，然后将收集的径流桶静置 6 h，倒除其上层清液后，将剩余的径流泥沙样转入铝盒，最后将这些装有泥沙样品的铝盒样品放入 105℃的烘箱进行烘干，以计算侵蚀量。

5.1.5　土壤性质测定

1. 土壤干团聚体测定

在试验土槽冻融前和冻融模拟试验结束后，在试验土槽土壤表面随机地选取 3 个“S”形，并对每个“S”形中从上到下采集 4 个表层土壤（2 cm 以内）的土样，采用 Yoder 法（Yoder，1936）测定土壤团聚体，然后计算各粒级土壤团聚体的百分含量。

根据土壤团聚体平均重量直径（MWD）和土壤团聚体分散率（PAD）对土壤团聚体水稳性进行评价，计算公式如下：

$$\mathrm{MWD}=\frac{\sum_{i=1}^{6}x_i w_i}{\sum_{i=1}^{6}w_i} \tag{5-1}$$

式中，x_i 为第 i 个土壤团聚体粒级的平均直径（mm）；w_i 为对应第 i 个土壤团聚体占总土壤团聚体流失量的质量百分比（%）。

$$\mathrm{PAD}{>}i=\frac{P_{\mathrm{dry}}{>}i-P_{\mathrm{wet}}{>}i}{P_{\mathrm{dry}}{>}i} \tag{5-2}$$

式中，PAD>i 为大于第 i 个土壤团聚体粒级的团聚体分散率（%）；$P_{\mathrm{dry}}>i$ 为干筛法测定的大于第 i 个土壤团聚体粒级的质量百分比（%）；$P_{\mathrm{wet}}>i$ 为湿筛法测定的大于第 i 个土壤团聚体粒级的质量百分比（%）。

2. 土壤抗剪强度测定

使用南京宁曦土壤仪器有限公司生产的 DSJ-3 型应变控制式直剪仪测量土壤抗剪强度。按照《土工试验方法标准》（中华人民共和国住房和城乡建设部，2019），在 50 kPa、100 kPa、150 kPa 和 200 kPa 四种正压力作用下，采用不固结、不排水直剪试验，剪切速度设为 0.8 mm/min。试验开始后，持续施加剪应力并记录刻度盘，当剪切位移为 4 mm 时记录破坏值，即剪切力峰值。当剪切过程中仪表盘未出现峰值时，持续剪切至剪切位移为 6 mm 停止。每个试验处理重复 4 次。土壤抗剪强度测定过程、土壤抗剪强度、土壤抗剪强度参数中的黏聚力 c 和内摩擦角 ϕ 计算、加权平均抗剪强度的计算皆与第 4 章相同。

3. 土壤崩解测定

土壤崩解试验装置由金属架、圆筒容器、承重篮、推拉力计（HP-50，HANDPI 仪器有限公司）组成。本章中使用的推拉力计可以记录测量过程中供试样品的拉力（N）随时间变化的连续变化。土壤崩解速率测定过程、土壤崩解速率（SDR，每分钟土样质量崩解百分比，%/min）和土壤崩解质量（SDM，崩解质量占土样质量百分比，%）的计算均与第 4 章相同。

4. 地表粗糙度的测定

采用链条法（Saleh，1993）在不同风速下分别测定土壤风蚀作用前后的地表粗糙度，计算公式如下：

$$C_r = [1 - L_2 / L_1] \times 100 \tag{5-3}$$

式中，C_r为地表粗糙度；L_1为原始链条的长度（mm）；L_2为链条置于坡面缩短后的水平长度（mm）。

另外，坡面径流水力学参数和水动力学参数的计算与第 3 章相同。

5.2 前期土壤冻融作用对黑土坡面水蚀的影响

5.2.1 前期土壤冻融作用对黑土坡面水蚀量的影响

表 5-5 表明，冻融作用对坡面径流量影响不显著，但其对坡面水蚀量有显著影响（P>0.05）。在 50 mm/h 和 100 mm/h 降雨强度下，无前期土壤冻融作用的试验处理下坡面径流量分别为 28.3 mm 和 68.5 mm，有前期冻融作用的试验处理下坡面径流量分别为 26.7 mm 和 66.7 mm，说明 1 次冻融处理较无冻融处理的径流量分别减少 6.0%和 2.6%。而在两个降雨强度下，无前期土壤冻融作用的试验处理下坡面水蚀量分别为 61.6 g/m^{2}和 201.2 g/m^2，有前期冻融作用的试验处理下坡面水蚀量分别为 116.8 g/m^{2}和 306.8 g/m^2，表明 1 次冻融处理较无冻融处理的坡面水蚀量分别增加 89.6%和 52.5%。这是由于冻融作用使土壤团聚体分散，土壤孔隙增加，因而增加了降雨入渗，但同时土壤团聚体的分散也导致了可侵蚀物质的增加。同样，对于有前期土壤冻融作用还是无前期土壤冻融作用，坡面径流量和水蚀量随降雨强度的增加而增加。当降雨强度从 50 mm/h 增加到 100 mm/h，无冻融和 1 次冻融处理下的径流量分别增加 1.42 倍和 1.50 倍，坡面水蚀量分别增加 2.27 倍和 1.63 倍，说明冻融作用对坡面水蚀影响随降雨强度增加有减弱趋势。

表 5-5 不同降雨强度下有、无前期土壤冻融作用的坡面径流量和水蚀量对比

降雨强度/（mm/h）	径流量±标准差			水蚀量±标准差		
	无冻融/mm	1 次冻融/mm	倍数	无冻融/（g/m^2）	1 次冻融/（g/m^2）	倍数
50	28.3±2.9 Ab	26.7±3.7 Ab	0.94	61.6±5.8 Bb	116.8±7.4 Ab	1.90
100	68.5±2.0 Aa	66.7±0.8 Aa	0.97	201.2±14.1 Ba	306.8±24.0 Aa	1.52

注：冻融作用时土壤初始含水量为 33.0%；降雨试验时前期土壤含水量为 7.0%。表中同一行不同大写字母表示相同降雨强度下不同冻融试验处理结果有显著差异（P<0.05）；同一列不同小写字母表示相同冻融试验处理下不同降雨强度结果有显著差异（P<0.05）。

5.2.2 前期土壤冻融作用对黑土坡面水蚀过程的影响

图 5-3 显示，冻融作用对坡面产流时间没有明显影响，但对坡面径流过程有一定的影响。无冻融作用下的坡面径流率略大于经过 1 次冻融处理的坡面径流率。在 50 mm/h 降

雨强度下，无冻融和 1 次冻融处理下的坡面平均径流率分别为 0.5 mm/min 和 0.4 mm/min；在 100 mm/h 降雨强度下，两个处理下的坡面平均径流率分别为 1.3 mm/min 和 1.2 mm/min。随着降雨强度从 50 mm/h 增加到 100 mm/h，坡面平均径流速率增大 1.3～1.4 倍。此外，无冻融处理的坡面径流率增加较为稳定，而经过冻融处理的坡面径流率波动相对较大（图 5-3）。

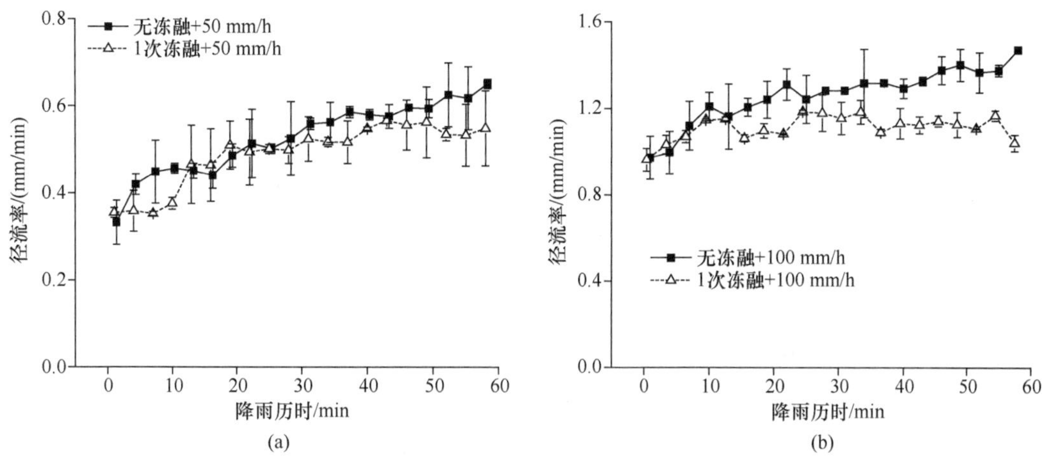

图 5-3　不同降雨强度下有、无前期土壤冻融作用的坡面径流过程

与冻融作用对坡面径流过程的影响不同，冻融作用明显影响坡面侵蚀过程。除 50 mm/h 降雨强度下无冻融处理的坡面侵蚀速率无明显波动外，其余处理的坡面侵蚀速率随降雨历时均呈现先急剧增加，然后波动减小并趋于稳定的变化趋势（图 5-4）。在相同降雨强度下，1 次冻融处理的坡面侵蚀速率大于无冻融处理，其中在 50 mm/h 和 100 mm/h 降雨强度下，有冻融处理的坡面侵蚀速率是无冻融处理的坡面侵蚀率的 1.7 倍和 1.6 倍。这表明冻融作用显著增加了坡面侵蚀量，也就是说冻融作用增加了土壤的可蚀性，为坡面薄层径流的搬运提供了更多物质来源。

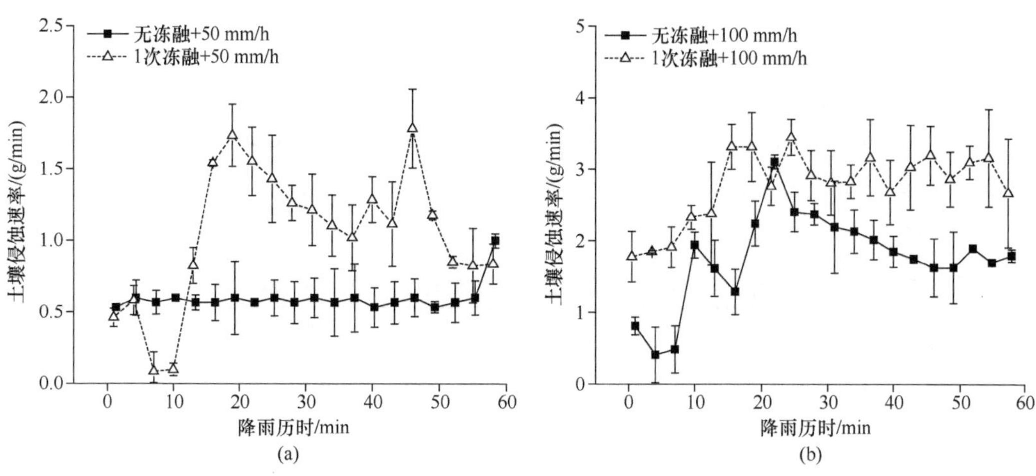

图 5-4　不同降雨强度下有、无前期土壤冻融作用的坡面侵蚀过程

5.3 前期土壤冻融作用对坡耕地土壤风蚀的影响

5.3.1 前期土壤冻融作用对坡耕地土壤风蚀量的影响

表 5-6 表明，冻融作用显著增加了农田土壤风蚀量。在 9 m/s 和 15 m/s 风速下，无冻融作用的试验处理下土壤风蚀量为 31.0～232.1 g/m^2，而有冻融作用的试验处理下土壤风蚀量为 74.9～323.4 g/m^2，1 次冻融处理对应的风蚀量在 9 m/s 和 15 m/s 风速下较无冻融处理分别增加 141.6%和 39.3%。这与冻融作用对坡面水蚀影响的结果类似，进一步证明了冻融作用导致土壤可蚀性增加，从而使可侵蚀和搬运的物质增加。当风速从 9 m/s 增加到 15 m/s，无冻融和 1 次冻融处理下的土壤风蚀量分别增加 6.5 倍和 3.3 倍。方差分析结果表明，无论是在有冻融或无冻融作用下，风速对土壤风蚀量均具有显著影响（$P<0.05$）；但与无冻融处理相比，对于有冻融作用试验处理，土壤风蚀量随风速增加的幅度相对下降（$P<0.05$）。

表 5-6 不同风速下有、无前期土壤冻融作用的土壤风蚀量对比

风速/（m/s）	土壤风蚀量±标准差		
	无冻融/（g/m^2）	1 次冻融/（g/m^2）	倍数
9	31.0±6.1 Bb	74.9±10.8 Ab	2.42
15	232.1±11.3 Ba	323.4±15.1 Aa	1.39

注：冻融作用时土壤冻结初始含水量为 33.0%；风洞试验时前期土壤含水量为 7.0%。表中同一行不同大写字母表示相同风速下不同冻融试验处理结果有显著差异（$P<0.05$）；同一列不同小写字母表示相同冻融试验处理下不同风速处理结果有显著差异（$P<0.05$）。

5.3.2 前期土壤冻融作用对风蚀输沙量的影响

同样，冻融作用也明显增加了风蚀输沙率。在 9 m/s 和 15 m/s 风速下，1 次冻融试验处理距地表 60 cm 高度的风蚀输沙量分别是无冻融试验处理的 2.03～2.85 倍（表 5-7）。与冻融作用对土壤风蚀量影响类同，有冻融作用处理的土壤风蚀量随风速增加幅度小于无冻融作用处理。当风速从 9 m/s 增加到 15 m/s 风速时，无冻融作用试验处理的风蚀输沙率增加 24.28 倍，而有冻融作用试验处理的风蚀输沙率增加 17.01 倍。这可能是由于在低风速条件下，无冻融处理坡面可供搬运的风蚀物质相对较少，而风速增加使原本不易

表 5-7 不同风速下有、无前期土壤冻融作用试验处理下距地面 60 cm 的风蚀输沙量对比

风速/（m/s）	土壤风蚀输沙量±标准差		
	无冻融/（g/m^2）	1 次冻融/（g/m^2）	倍数
9	2.82±0.68	8.04±1.93	2.85
15	71.29±16.26	144.78±28.32	2.03

注：冻融作用时土壤初始含水量为 33.0%；风洞试验时前期土壤含水量为 7.0%。

搬运的土壤颗粒遭受吹蚀，从而导致输沙率急剧增大；对于冻融处理坡面，冻融后土壤团聚体稳定性降低，土壤颗粒分散，导致在低风速下坡面输沙率已经相对较大，因而风速增加引起的输沙率增幅小于无冻融处理。

图 5-5 表明，无论是否有冻融作用，风蚀输沙率随地表高度的增加呈指数函数降低的趋势，拟合方程 R^2 值均在 0.94 以上。从图 5-5 还可以看出，在 9 m/s 风速下，有冻融和无冻融试验处理的风蚀输沙量主要集中在距地表 24 cm 以下；在 15 m/s 风速下，有冻融试验处理的风蚀输沙量主要集中在距地表 36 cm 以下，而无冻融试验处理的风蚀输沙量主要集中在距地表 28 cm 以下，说明冻融作用使地表风沙流的输送高度增加了 8 cm。另外，对于有冻融和无冻融试验处理，两个风速处理下风沙流的输沙量都集中在距地表 10 cm 以下，其输沙量占距地表 0～60 cm 高度总输沙量的 69.4%～84.2%，其中在两个风速下有冻融作用所占的百分比（77.8%和 84.2%）略大于无冻融作用（69.4%和 81.3%）。

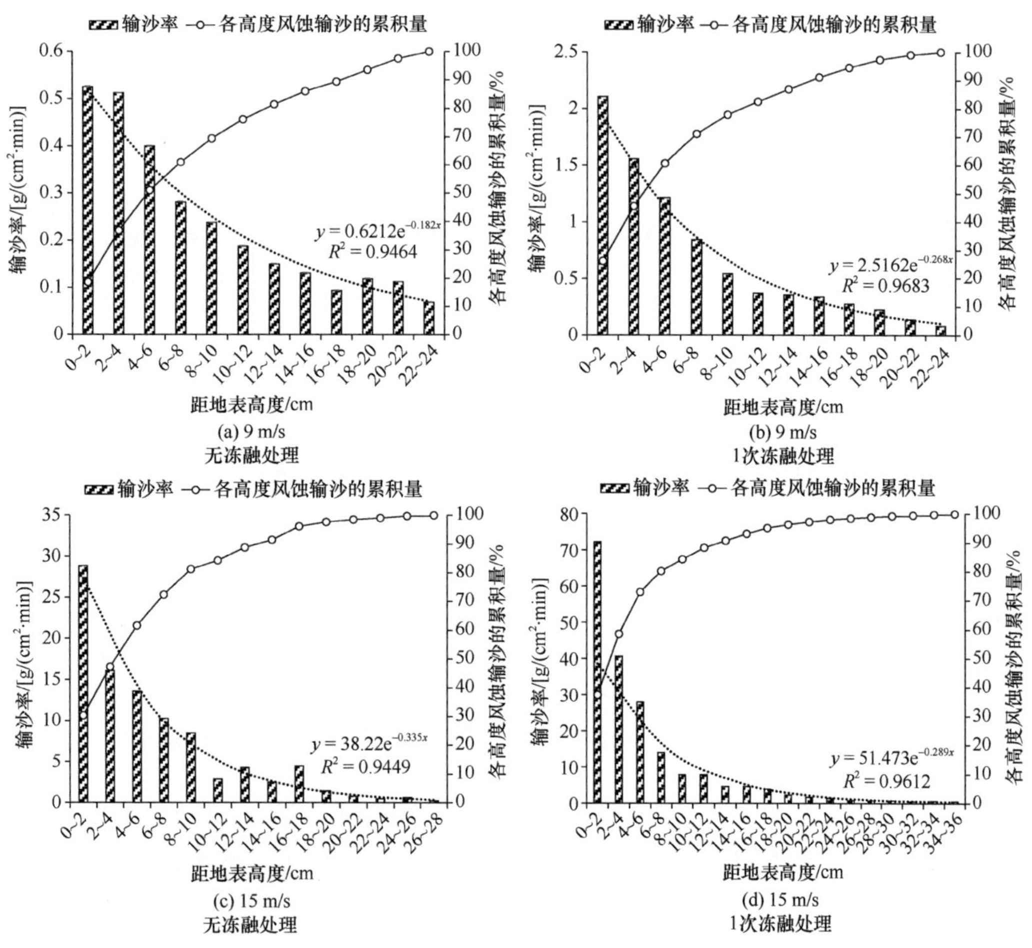

(a) 9 m/s 无冻融处理　(b) 9 m/s 1次冻融处理
(c) 15 m/s 无冻融处理　(d) 15 m/s 1次冻融处理

图 5-5　有、无前期土壤冻融作用下风蚀输沙率随地表高度变化的对比

5.4 前期地表风蚀作用对黑土坡面水蚀的影响

5.4.1 前期地表风蚀作用对坡面径流量和侵蚀量的影响

前期地表风蚀作用对坡面水蚀量有显著影响，而对坡面径流量影响不显著（表 5-8）。经过不同风速的前期风蚀作用后，不同降雨强度下的坡面径流量为 23.4～56.7 mm，与未经前期风蚀作用的试验处理相比，二者无显著差异（$P>0.05$）；但有、无前期地表风蚀作用的坡面水蚀量之间有显著差异（$P<0.05$）。在 50 mm/h 降雨强度下，9 m/s 和 15 m/s 风速下有前期地表风蚀作用处理的坡面水蚀量是无前期地表风蚀作用处理的 1.6 倍和 2.5 倍。在 100 mm/h 降雨强度下，9 m/s 和 15 m/s 风速下的前者分别是后者的 4.2 倍和 5.5 倍。

表 5-8 不同降雨强度条件下前期风蚀作用对坡面水蚀量的影响

降雨强度/(mm/h)	风速/(m/s)	径流量±标准差			水蚀量±标准差		
		无前期风蚀作用（仅水蚀）/mm	有前期风蚀作用（风水叠加）（先风蚀后水蚀）/mm	倍数	无前期风蚀作用（仅水蚀）/（g/m^2）	有前期风蚀作用（风水叠加）（先风蚀后水蚀）/（g/m^2）	倍数
50	0	28.3±2.9 Ab	—	—	61.6±5.8 Cb	—	—
	9	—	23.4±1.3 Ab	0.83	—	96.6±6.2 Bb	1.57
	15	—	26.7±0.6 Ab	0.94	—	156.2±6.4 Ab	2.54
100	0	68.5±2.0 Aa	—	—	201.2±14.1 Ca	—	—
	9	—	52.8±1.4 Ba	0.77	—	840.8±16.6 Ba	4.18
	15	—	56.7±1.2 Ba	0.83	—	1099.8±6.9 Aa	5.47

注：风洞试验和降雨试验时前期土壤含水量均为 7.0%。表中不同大写字母表示相同降雨强度下不同前期风速试验处理结果有显著差异（$P<0.05$）；同一列不同小写字母表示相同前期风速试验处理下不同降雨强度处理结果有显著差异（$P<0.05$）。

前期风蚀对坡面水蚀有明显正效应。在 9 m/s 和 15 m/s 风速下，100 mm/h 降雨强度下的径流量较 50 mm/h 降雨强度处理分别增加 1.3 倍和 1.1 倍；而坡面水蚀量分别增加 7.7 倍和 6.0 倍。当前期地表风蚀处理的风速从 9 m/s 增加到 15 m/s，50 mm/h 和 100 mm/h 降雨强度下的径流量分别增加 14.1%和 7.4%，坡面水蚀量分别增加 61.7%和 30.8%。

5.4.2 前期地表风蚀作用对坡面水蚀过程的影响

前期地表风蚀作用对坡面径流过程有显著影响，由于前期风蚀处理的坡面土壤含水量为 7.0%，因此经过前期风蚀作用处理的坡面产流时间均滞后于未经过前期风蚀作用的处理。在 9 m/s 风速的前期风蚀作用下，降雨历时 20 min 后，有、无前期地表风蚀作用的坡面径流率无明显差异；然而在 15 m/s 风速的前期风蚀作用下，降雨历时 20 min 后，经过前期地表风蚀作用的坡面径流率略大于无前期地表风蚀作用的处理（图 5-6）。此外，同一前期风蚀作用下，100 mm/h 降雨强度下的坡面径流率显著大于 50 mm/h 降雨强度处理（$P<0.05$），而同一降雨强度下，不同前期风蚀处理的坡面径流率无显著差

异（$P>0.05$）。在 50 mm/h 降雨强度下，9 m/s 和 15 m/s 风速的前期风蚀作用下的坡面平均径流率分别为 0.5 mm/min 和 0.6 mm/min；在 100 mm/h 降雨强度下，两个处理下的坡面平均径流率分别为 1.2 mm/min 和 1.3 mm/min。随着降雨强度的增加，坡面平均径流速率增大 2.1～2.3 倍。

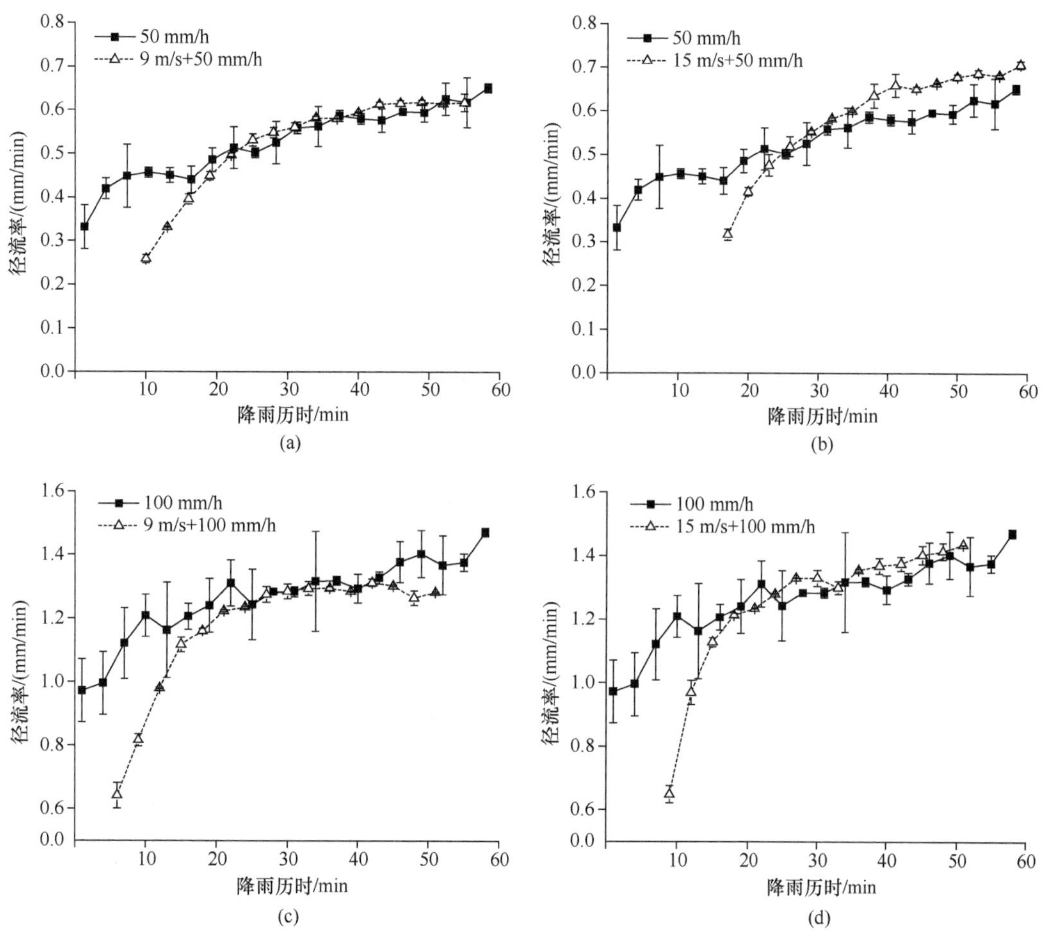

图 5-6　不同降雨强度条件下前期风蚀作用对坡面径流过程的影响

前期地表风蚀作用使坡面水蚀量显著增大（$P<0.05$）。在 50 mm/h 降雨强度下，9 m/s 和 15 m/s 风速的前期风蚀处理下的坡面平均水蚀速率分别是无前期风蚀处理的 1.5 倍和 2.5 倍；而在 100 mm/h 降雨强度下，两个风速的前期风蚀处理下前者为后者的 4.5 倍和 6.2 倍。此外，当前期风蚀作用的风速相同时，不同降雨强度下的坡面侵蚀过程呈现出显著差异（$P<0.05$），而相同降雨强度下，不同风速处理的坡面侵蚀速率差异不显著（$P>0.05$）。50 mm/h 降雨强度下，坡面侵蚀速率无明显波动，呈现出缓慢的增加趋势；100 mm/h 降雨强度下，不同风速的前期风蚀作用下坡面侵蚀速率随降雨历时均呈现出先急剧增加，然后波动减小的趋势（图 5-7）。在相同降雨强度下，15 m/s 风速的前期风蚀作用下坡面平均侵蚀速率略大于 9 m/s 风速的前期风蚀处理，在 50 mm/h 和 100 mm/h 降雨强度下，前者平均侵蚀速率分别为后者的 1.7 倍和 1.3 倍。这表明前期风蚀作用的强弱对后期的水蚀过程有重要影响，风蚀虽然带走了坡面的细小颗粒，但同时也改变了地表形态，为坡面薄层水流提供了汇集路径，从而增加了坡面水蚀量。

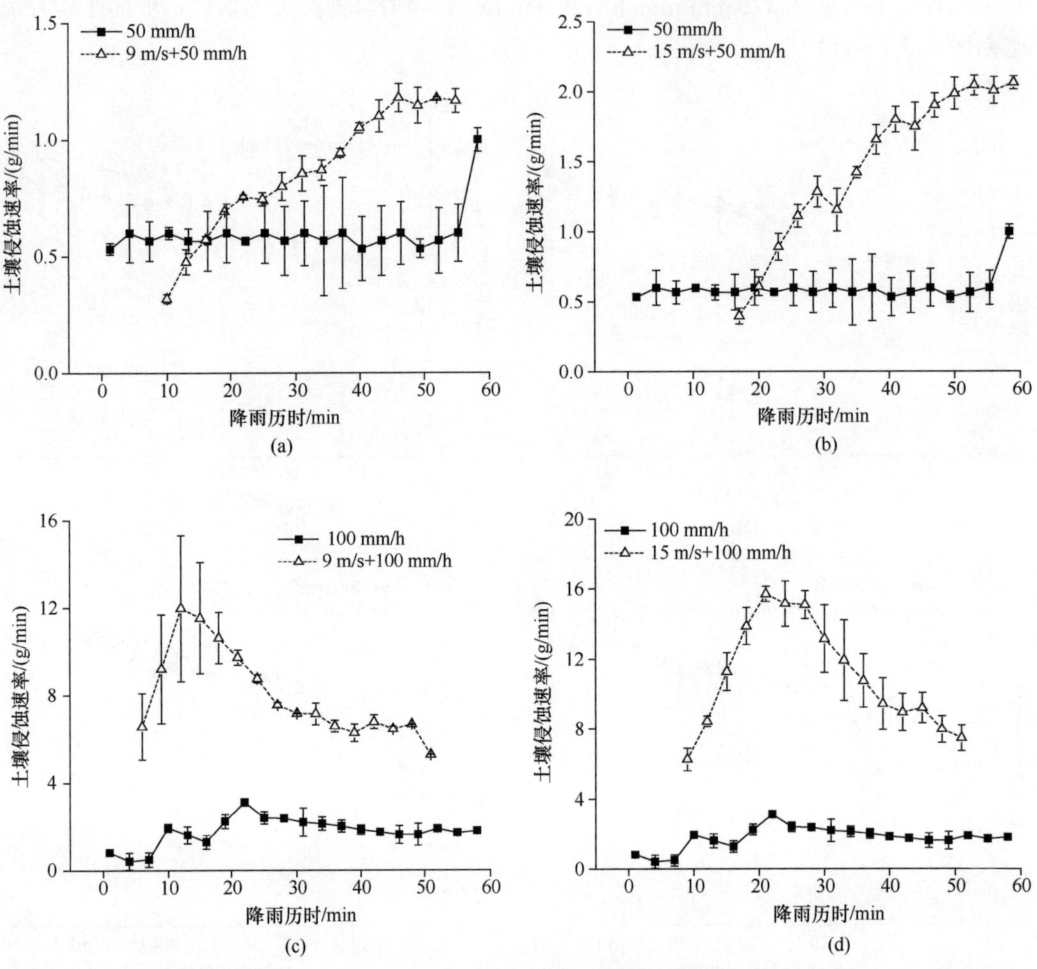

图 5-7　不同降雨强度条件下前期风蚀作用对坡面水蚀过程的影响

5.5　冻融和风力叠加作用对黑土坡面水蚀的影响分析

5.5.1　冻融和风力叠加作用对黑土坡面径流量和水蚀量的影响

前期土壤冻融和风蚀的叠加作用对后期降雨的坡面径流量影响不显著，但与仅水蚀、冻融–风力叠加、风力–水力叠加试验相比，冻融–风力–水力叠加试验处理的坡面径流量皆有减少趋势（表 5-9）。与仅降雨试验处理相比，在 50 mm/h 降雨强度下，冻融与风力叠加试验处理的径流量在 9 m/s 和 15 m/s 前期风速的风蚀作用下分别降低 20.5%和 6.7%；在 100 mm/h 降雨强度下，分别降低 26.1%和 19.3%。与先冻融后降雨试验处理相比（冻融–水力叠加），在 50 mm/h 降雨强度下，先冻融再风蚀后降雨试验处理（冻融–风力–水力叠加）的径流量在 9 m/s 和 15 m/s 前期风速的风蚀处理下分别降低 15.7%和 1.1%；在 100 mm/h 降雨强度下，分别降低 24.1%和 17.1%。与先风蚀后降雨试验处理相比（风力–水力叠加），在 50 mm/h 降雨强度下，先冻融再风蚀后降雨试验处理（冻融–风力–水力叠加）的径流量在 9 m/s 和 15 m/s 前期风速的风蚀处理下分别降低 3.9%和 1.1%；在 100 mm/h 降雨强度下，分别降低 4.2%和 2.5%。

表 5-9　前期土壤冻融和风蚀叠加作用对坡面径流量的影响

降雨强度 /（mm/h）	风速 /（m/s）	径流量±标准差/mm			
		仅降雨（I）	先冻融后降雨（II）	先风蚀后降雨（III）	先冻融再风蚀后降雨（IV）
50	0	28.3±2.9 Ab	26.7±3.7 Ab	—	—
	9	—	—	23.4±1.3 Ab	22.5±1.4 Ab
	15	—	—	26.7±0.6 Ab	26.4±2.7 Ab
100	0	68.5±2.0 Aa	66.7±0.8 Aa	—	—
	9	—	—	52.8±1.4 Ba	50.6±1.9 Ba
	15	—	—	56.7±1.2 Ba	55.3±3.3 Ba

注：冻融作用时土壤冻结初始含水量为 33.0%；风洞试验和降雨试验时前期土壤含水量均 7.0%。表中不同大写字母表示相同降雨强度下不同前期土壤冻融和风速试验处理结果有显著差异（$P<0.05$）；同一列小写字母表示相同前期土壤冻融或风速处理下不同降雨强度结果有显著差异（$P<0.05$）。

与坡面径流量变化不同，三种营力（冻融、风力、水力）叠加明显增加坡面侵蚀量（表 5-10）。与仅降雨试验处理相比（仅水蚀作用），在 50 mm/h 降雨强度下，先冻融再风蚀后降雨试验处理（冻融-风力-水力叠加）的径流量在 9 m/s 和 15 m/s 前期风速的风蚀处理下分别增加 1.9 倍和 5.5 倍；在 100 mm/h 降雨强度下，分别增加 3.7 倍和 6.3 倍。与先冻融后降雨试验处理（冻融-水力叠加）相比，在 50 mm/h 降雨强度下，先冻融再风蚀后降雨试验处理（冻融-风力-水力叠加）的径流量在 9 m/s 和 15 m/s 前期风速的风蚀处理下分别增加 0.5 倍和 2.4 倍；在 100 mm/h 降雨强度下，分别增加 2.1 倍和 3.8 倍。与先风蚀后降雨试验处理（风力-水力叠加）相比，在 50 mm/h 降雨强度的试验处理下，冻融-风力-水力叠加试验处理的径流量在 9 m/s 和 15 m/s 前期风速的风蚀处理下分别增加 0.9 倍和 1.6 倍；在 100 mm/h 降雨强度下，分别增加 0.1 倍和 0.3 倍。

表 5-10　前期土壤冻融和风蚀叠加作用对坡面水蚀量的影响

降雨强度 /（mm/h）	风速 /（m/s）	水蚀量±标准差/（g/m^2）			
		仅降雨（I）	先冻融后降雨（II）	先风蚀后降雨（III）	先冻融再风蚀后降雨（IV）
50	0	61.6±5.8 Db	116.8±7.4 Cb	—	—
	9	—	—	96.6±6.2 CDb	179.6±15.2 Bb
	15	—	—	156.2±6.4 Bb	401.2±17.0 Ab
100	0	201.2±14.1 Da	306.8±24.0 Da	—	—
	9	—	—	840.8±16.6 Ca	953.8±24.8 Ca
	15	—	—	1099.8±6.9 Ba	1466.8±74.3 Aa

注：冻融作用时土壤冻结初始含水量为 33.0%；风洞试验和降雨试验时前期土壤含水量均 7.0%。表中不同大写字母表示相同降雨强度下不同前期土壤冻融和风速试验处理结果有显著差异（$P<0.05$）；同一列小写字母表示相同前期土壤冻融或风速处理下不同降雨强度结果有显著差异（$P<0.05$）。

在 9 m/s 风速的前期风蚀作用后，50 mm/h 和 100 mm/h 降雨强度下，1 次冻融处理的径流量较无冻融处理分别减少 3.8%和 4.2%，但坡面侵蚀量分别增加了 85.9%和 13.4%；在 15 m/s 风速的前期风蚀作用后，50 mm/h 和 100 mm/h 降雨强度下，1 次冻融处理的径流量较无冻融处理分别减少 1.1%和 2.5%，但坡面侵蚀量分别增加了 156.9%和 33.4%。在 9 m/s 和 15 m/s 前期风速的风蚀处理下，当降雨强度从 50 mm/h 增加到 100 mm/h，坡面径流量分别增加 1.2 倍和 1.1 倍，坡面侵蚀量分别增加 4.3 倍和 2.7 倍。当前期风蚀作用的风速从 9 m/s 增加到 15 m/s，50 mm/h 和 100 mm/h 降雨强度处理下的径流量分别增加 17.3%和 9.3%，坡面侵蚀量分别增加 123.4%和 53.8%。方差分析结果表明，前期风蚀作用的风速增加所引起的后期降雨过程的坡面径流量没有显著影响（$P>0.05$），但对后期降雨过程的坡面侵蚀量影响显著（$P<0.05$），尤其叠加土壤冻融作用（1 次冻融）后，坡面侵蚀量随降雨强度的增加而急剧增大，在 100 mm/h 降雨强度下表现得尤为明显。这反映了冻融作用、前期风蚀和后期水蚀之间的交互和叠加作用会进一步导致坡面侵蚀的加剧。

5.5.2 地表风蚀作用的风速与降雨强度对坡面水蚀影响的综合分析

图 5-8 表明，在无冻融处理下，随着前期风蚀作用风速的增加坡面水蚀量增加幅度较缓，而随着降雨强度的增大坡面侵蚀量急剧增加；而在风力和水力的叠加作用下，坡面侵蚀量呈幂函数增长。对于有冻融作用的试验处理（1 次冻融），随着前期风蚀作用的风速和降雨强度的增加，坡面侵蚀量增长幅度更加剧烈，坡面侵蚀量呈现出更明显的幂函数增大趋势。相较于无冻融处理，当前期风蚀作用的风速为 15 m/s 和降雨强度为 100 mm/h 时，有冻融作用处理的坡面侵蚀量增加 33.4%。图 5-8 还表明，对于有、无冻融作用的试验处理，坡面侵蚀量随前期风蚀作用的风速和降雨强度增大的增大趋势均可用拟合方程 $\mathrm{SL}=a\times\mathrm{RI}^{b}+c\times W^{d}$ 的形式表示。对于无冻融试验处理，降雨强度 RI 和风速 W 的指数分别为 4.89 和 1.48；有冻融试验处理下二者分别为 4.8 和 2.1，说明前期土壤冻融增加了地表风蚀作用对坡面水蚀的影响。

这里通过多因素方差分析，进一步解释冻融、风力和水力交互作用对坡面土壤侵蚀的影响。表 5-11 表明，冻融作用、降雨强度和风速的主效应及它们之间的两两交互效应均对坡面侵蚀量有极显著影响（$P<0.01$）。冻融作用、降雨强度和前期风蚀作用的风速三者之间的交互作用对坡面侵蚀量具有显著影响（$P<0.05$）。各因子对坡面侵蚀量的贡献率排序为降雨强度>风速>风速和降雨强度交互作用>冻融作用>冻融作用和降雨强度交互作用>冻融作用和风速交互作用>冻融作用和降雨强度和风速交互作用，其贡献率分别为 50.9%、21.7%、10.2%、1.6%、0.7%、0.4%和 0.1%。降雨强度和前期风蚀作用风速两个因子及其交互作用的水平变化引起的数据波动在总的平方和中占比 82.9%，这表明这两个因子对坡面侵蚀量的增加起主导作用，这与前人对风水两相侵蚀的研究结果一致（张平仓，1999；张洋等，2016）。

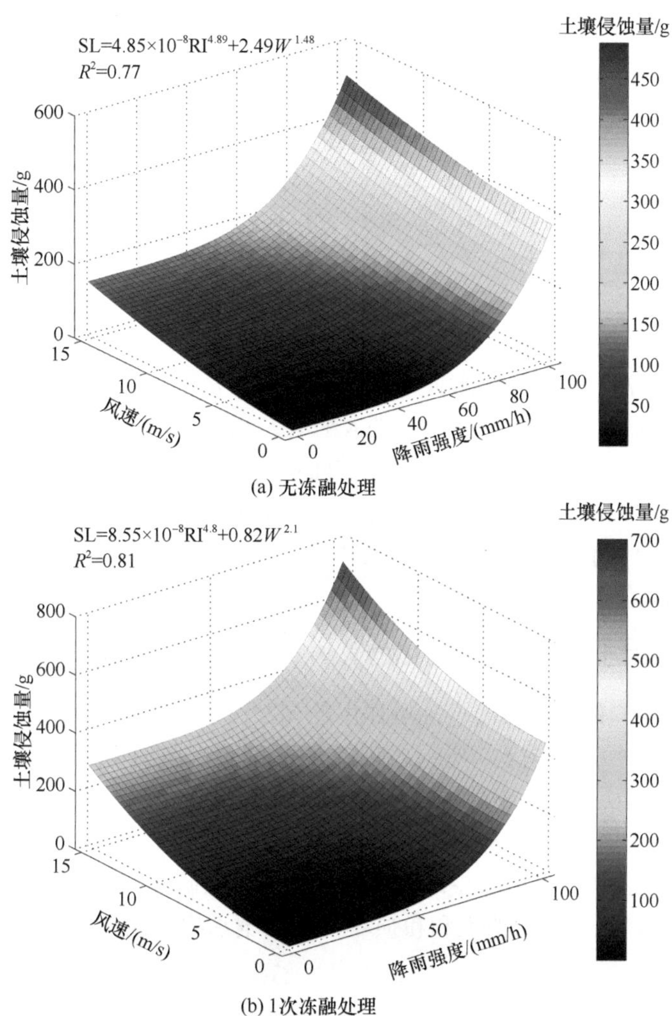

(a) 无冻融处理

(b) 1次冻融处理

图 5-8　不同冻融作用处理下坡面侵蚀量与降雨强度和风速的关系

拟合方程中，SL 为土壤侵蚀量；RI 为降雨强度；*W* 为风速

表 5-11　基于多因素方差分析的冻融作用、风速和降雨强度及其交互作用对坡面土壤侵蚀量影响的主体间效应检验及贡献率

因子	平方和	自由度	均方	*F* 值	显著性	因子贡献率/%
冻融作用	54904.86	1	54904.86	375.57	<0.01	1.63
降雨强度	936628.12	2	468314.06	3203.48	<0.01	50.94
风速	533686.26	2	266843.13	1825.33	<0.01	21.74
冻融作用×降雨强度	19868.61	2	9934.30	67.96	0.002	0.72
冻融作用×风速	51029.95	2	25514.98	174.53	<0.01	0.38
风速×降雨强度	159287.72	3	53095.91	363.20	<0.01	10.17
冻融作用×风速×降雨强度	12759.65	3	4253.22	29.09	0.027	0.09
误差	2339.03	16	146.19			14.32
总计	2766482.61	31				

5.6 前期冻融作用和地表风蚀叠加作用影响坡面水蚀的原因分析

5.6.1 冻融作用影响坡面土壤侵蚀的原因分析

冻融作用通过改变土壤结构使坡面表层土壤疏松进而影响土壤可蚀性（Edwards，2013）。土壤解冻时表层首先解冻，进而逐层向下缓慢解冻，此时下层土壤仍处于冻结状态，水分不能下渗，表层土壤水分饱和势必产生地表径流，而冻融作用后松散的土壤颗粒极易受到径流剥蚀和搬运，进而造成水土流失（范昊明等，2010；景国臣等，2008）。上述研究结果表明，前期土壤冻融作用使坡面水蚀量增加 89.6%和 52.5%，使土壤风蚀量增加 141.6%和 39.3%，前期冻融与风蚀作用叠加使坡面水蚀量增加 1.9～6.3 倍，这表明冻融作用显著增加了坡面土壤水蚀和风蚀强度，因此有必要对冻融作用影响土壤侵蚀的机理进行分析。

1. 冻融作用对土壤水稳性团聚体的影响

土壤团聚体之间的胶结力随着冻融作用的加剧而降低（Oztas and Fayetorbay，2003；Lehrsch et al.，1991）。如图 5-9 所示，与无冻融处理相比，1 次冻融处理下土壤微团聚体的比例增加，在 16.5%、24.8%和 33.0% 3 个初始土壤含水量下，经过 1 次冻融作用后，<0.25 mm 土壤微团聚体含量分别增加了 6.9%、10.8%和 12.2%，对应的土壤冻融作用使≥0.25 mm 土壤大团聚体含量减少。Bullock（1988）的研究结果也表明，经过 1 次冻融作用后，土壤含水量>20%的壤土和粉质壤土的土壤水稳定性大团聚体也显著下降，这与我们的结果一致。

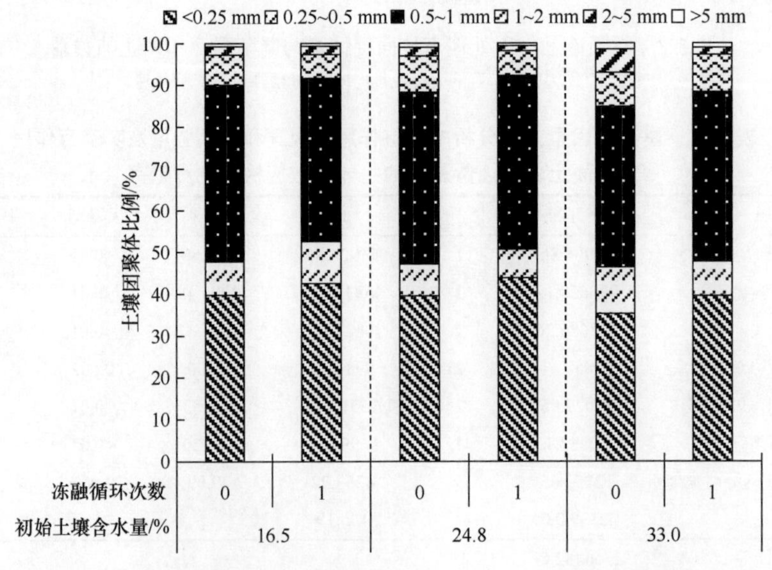

图 5-9 不同初始土壤含水量和冻融作用下的土壤水稳性团聚体分布

研究结果还表明，>1 mm 土壤团聚体分散率（PAD>1）在反映冻融作用下团聚体崩解特征方面具有代表性（田积莹和黄义端，1964）。从图 5-10 可以看出，在 16.5%、24.8%和 33.0% 3 个初始土壤含水量下，土壤≥1 mm 团聚体分散率（PAD>1）的变化为 61.7%～92.4%。与无冻融处理相比，在 16.5%、24.8%和 33.0% 3 个初始土壤含水量下，1 次冻融作用处理的≥1 mm 土壤团聚体分散率增加 5.7%～16.1%。此外，与无冻融处理相比，1 次冻融作用处理使土壤大团聚体（>0.25 mm）含量明显降低，也表明了冻融作用对土壤团聚体的破坏主要是以大团聚体的分散为主（Cécillon et al.，2010；Kværnø and Øygarden，2006）。正是由于冻融作用使≥0.25mm 土壤大团聚体含量减少，≥1mm 土壤团聚体分散率增加，从而增加了土壤可蚀性，导致土壤水蚀量增加。

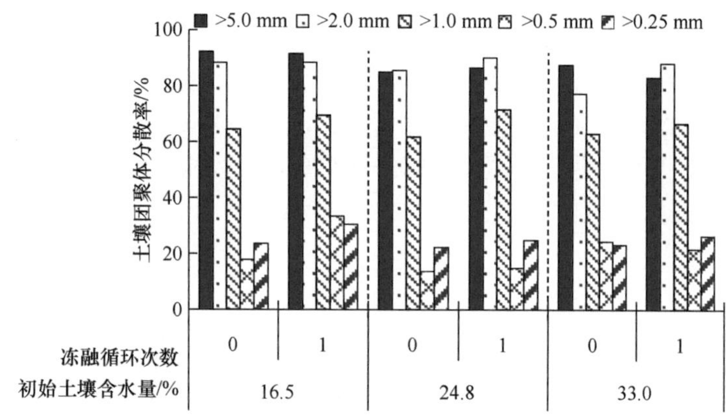

图 5-10　不同初始土壤含水量下冻融作用对土壤团聚体分散率的影响

土壤团聚体平均重量直径（MWD）是评价土壤团聚体状况的指标之一，其值越大表示土壤的团聚度越高，团聚体稳定性越强（卢嘉等，2016）。本章表明，相同前期土壤冻融作用处理的土壤团聚体平均重量直径随土壤初始含水量的增加而增大（图 5-11）。当初始土壤含水量从 16.5%增加到 24.8%和 33.0%时，无冻融和 1 次冻融处理下的土壤团聚体平均重量直径分别增加 4.6%～20.4%和 4.0%～11.4%。土壤经过前期冻融作用后，3 个初始土壤含水量下土壤团聚体平均重量直径分别降低 10.6%、11.1%和 17.8%。由此可见，在初始土壤含水量较高的情况下，冻融作用对土壤团聚体的破坏作用也相应增大，进而造成坡面土壤侵蚀的加剧。

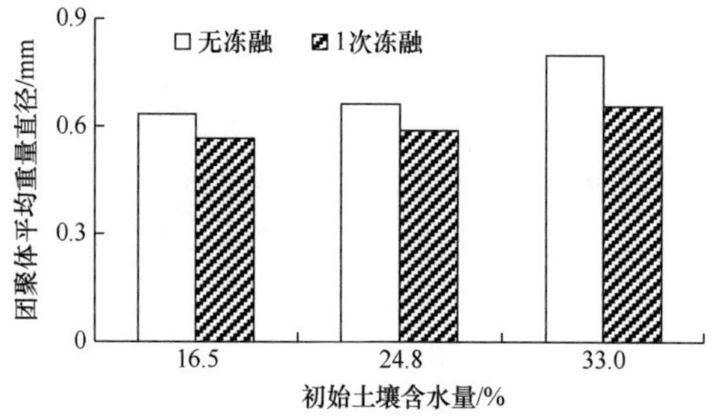

图 5-11　不同初始土壤含水量下冻融作用对土壤团聚体平均重量直径的影响

2. 冻融作用对土壤抗剪强度的影响

冻融循环是一个土壤能量输入和输出的过程（李述训等，2002），它对土壤的可蚀性有着显著而复杂的影响。土壤冻胀是冻融循环过程中常见的现象，会导致土壤结构的破坏（Ghazavi and Roustaie，2009），前面研究结果也表明，冻融作用导致≥0.25mm 的土壤大团聚体减少，可能会对土壤抗剪强度产生影响。图 5-12 表明，在 16.5%、24.8%和 33.0% 3 个初始土壤含水量试验处理下，在 4 个法向应力下土壤抗剪强度随冻融作用和初始土壤含水量的增大而减小。与无冻融试验处理相比，在 16.5%、24.8%和 33.0%三个初始土壤含水量下，1 次冻融作用使 4 个法向应力作用下的土壤抗剪强度分别下降了 2.5%～12.1%、6.5%～15.9%和 7.9%～17.7%。这表明冻融作用改变了土壤团聚体的排列和胶结，导致土壤的结构强度减弱（Xu et al.，2018；Chamberlain and Gow，1979）。由于冻融作用使土壤抗剪强度降低，土壤抵抗风蚀和水蚀的能力减弱，进而冻融作用导致土壤风蚀量和水蚀量增加。与无冻融作用相比，由于 33.0%土壤冻结初始含水量下，在 4 个法向应力下土壤抗剪强度减少 7.9%～17.7%，导致相同试验条件下 1 次冻融作用使土壤风蚀量和水蚀量分别增加 1.63～2.27 倍和 39.3%～141.6%。

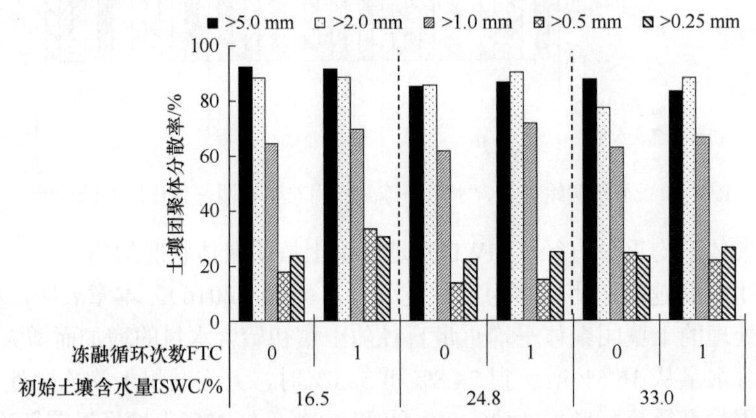

图 5-12　不同初始土壤含水量和法向应力下有、无冻融处理的土壤抗剪强度对比

图中数据为 4 次重复的平均值±标准差

3. 冻融作用对土壤崩解速率的影响

土壤崩解速率是反映土壤分散能力的重要指标（田积莹和黄义端，1964），土壤崩解速率越大反映土壤可蚀性越强。表 5-12 表明，与无冻融处理相比，1 次冻融作用增加了土壤崩解速率，但不同土壤初始含水量下，1 次冻融作用对土壤崩解速率的影响程度不同。其中在 16.5%和 24.8%初始土壤含水量下，冻融作用对土壤崩解速率的影响相对较小显著，1 次冻融作用仅使土壤崩解速率分别增加了 23.9%和 2.4%；而在 33.0%初始土壤含水量下，1 次冻融作用使土壤崩解速率增加了 109.7%，即土壤冻融作用使土壤崩解速率显著增大（$P<0.05$）。正是由于在 33.0%土壤初始含水量下，1 次冻融作用使土壤崩解速率显著增加 109.7%，导致了在相同土壤冻结初始含水量条件下在 50 mm/h 和 100 mm/h 降雨强度下坡面水蚀量分别增加 2.27 倍和 1.63 倍，而在 9 m/s 和 15 m/s 风速

下土壤风蚀量分别增加 141.6%和 39.3%。

表 5-12　不同初始土壤含水量下有、无冻融作用处理的土壤崩解速率

冻融次数	土壤崩解速率/（%/min）		
	初始土壤含水量/%		
	16.5	24.8	33.0
0	123.9±10.8 A a	12.4±3.4 A b	7.2±0.9 B b
1	153.5±19.3 A a	12.7±1.6 A b	15.1±2.1 A b

注：表中数据为 4 次重复试验的平均值±标准误差。同列不同大写字母表示有、无冻融作用处理之间有显著差异（$P<0.05$）；同一种土壤的同行不同小写字母表示不同初始土壤含水量之间有显著差异（$P<0.05$）。

初始土壤含水量对冻融作用有较大影响，特别是对土壤崩解的影响。试验土壤初始含水量越低，土壤崩解所需时间越短，崩解速率越高（Zhang et al.，2019）。在土壤含水量较低的情况下，土壤湿润、裹入空气挤压和气泡爆炸对土壤崩解的影响较大（Zhang et al.，2019；Zaher et al.，2005）。表 5-12 也表明，在 16.5%的初始土壤含水量的土壤崩解速率高于 24.8%和 33.0%的初始土壤含水量。Zhang 等（2019）将土壤崩解分为块状崩解和层状崩解两种类型。我们观察到的土壤崩解过程表明，黑土的崩解过程均表现出层状崩解特征。Wang 等（2019）报道了黄土在浸泡软化一段时间后，崩解主要集中在最后的沉陷阶段，这与我们在黑土崩解过程中发现的结果有所不同，本节中土壤样品在 83.4 s 内急剧崩解了土样总质量的 60%，反映出黑土地区耕层土壤在水中易分解的特征。

以上研究表明，冻融作用使土壤抗侵蚀力指标的土壤团聚体稳定性和土壤抗剪强度降低，而土壤可蚀性指标土壤崩解速率增加，从而导致坡耕地土壤水蚀量和风蚀量增加。

5.6.2　前期地表风蚀作用对坡面水蚀影响的原因分析

1. 前期地表风蚀作用对地表微形态的影响

前期地表风蚀作用明显增加了地表粗糙度（表 5-13）。与无风蚀作用相比，在 9 m/s、12 m/s 和 15 m/s 风速下地表粗糙度增加了 55.6%～90.6%。地表粗糙度的增加，增大了降雨入渗，从而延长了坡面径流发生时间，这也可能是前期土壤风蚀作用使坡面径流发生时间滞后的重要原因。但另外一方面，地表粗糙度的增加也加剧了降雨侵蚀的潜在能力（脱登峰等，2012a）。由于前期土壤风蚀作用使地表松散颗粒富集，为后期坡面径流侵蚀提供了物质来源，进而导致了坡面侵蚀量增加。

表 5-13　风蚀作用前后地表粗糙度的对比

风速/（m/s）	平均地表粗糙度		
	风蚀前	风蚀后	增加百分数/%
9	1.8	2.8	55.6
15	3.2	6.1	90.6

风蚀一方面对后期的降雨侵蚀有空间叠加作用，另一方面风蚀后的坡面地表形态也发生了变化，地表经过风力吹蚀后形成的凹痕也为坡面径流提供了流路，进而显著增加坡面土壤侵蚀速率（脱登峰等，2012b）。前期风蚀试验过程中，细小的粉尘和沙尘首先以悬移的方式被搬运，造成地表粗化，之后更大粒级的土壤颗粒以跃移和蠕移方式运动，运动颗粒与地面摩擦、撞击，进而形成明显的风蚀凹痕，并且随着风速的增大地表形成的风蚀凹痕在试验土槽的分布面积增大（图 5-13）。坡面形成的这些风蚀凹痕为坡面薄层水流提供了径流路径，增加了坡面径流连通性和径流的挟沙能力，从而导致坡面侵蚀量增加。

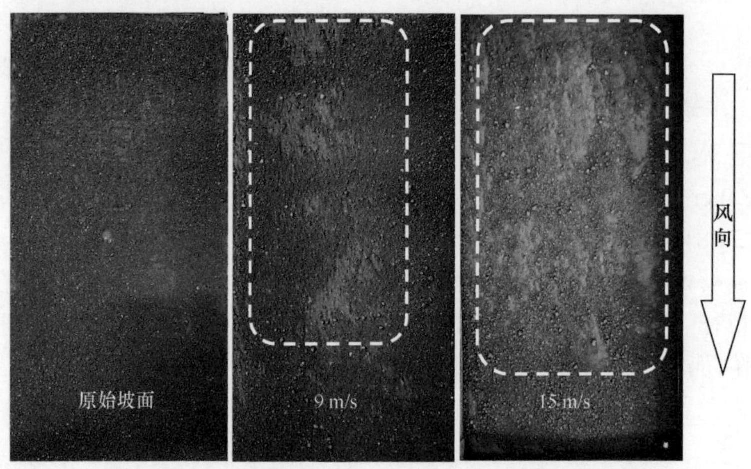

图 5-13　不同风速作用前后坡面微地形的变化

2. 前期地表风蚀作用影响后期坡面水蚀的动力学机制分析

本节通过分析有、无前期土壤风蚀作用下坡面径流水力学参数和水动力学参数的分析，揭示前期土壤风蚀作用影响后期坡面水蚀的机理。

1）*有、无前期风蚀作用下坡面水流水力学参数的对比*

目前对坡面径流的流态和性质的研究，大多借鉴明渠水流动力学原理。通常采用径流平均流速、径流深度、雷诺数、弗汝德数和 Darcy-Weisbach 阻力系数等水力要素作为反映坡面水流动力学特征的主要指标（肖培青等，2011；雷廷武和 Nearing，2000；Gilley et al.，1990）。

由表 5-14 可知，前期土壤风蚀作用对后期降雨过程中坡面水流水力学参数产生了较大影响。与前期无风蚀仅有降雨试验处理相比，前期土壤风蚀作用使坡面径流平均流速、径流雷诺数（*Re*）和弗汝德数（*Fr*）均有所增加，而 Darcy-Weisbach 阻力系数有所减小。对于有前期土壤风蚀作用的坡面，在相同降雨强度和坡度条件下，坡面径流平均流速随前期土壤风蚀作用的风速增大而增加。其中，与前期无风蚀仅有降雨试验处理相比，对于 50 mm/h 降雨强度及 3°和 7°坡面，在 9 m/s、12 m/s、15 m/s 共 3 个风速的前期土壤风蚀作用下坡面径流的平均流速分别增加 8.4%～11.8%、15.9%～24.6%和 29.1%～37.4%；对于 100 mm/h 降雨强度及 3°和 7°坡面，3 个风速下坡面平均径流流速分别增加 3.6%～10.9%、7.4%～22.0%和 12.7%～32.5%。尽管是否有前期风蚀作用下，坡面径流雷诺数均属于层流（*Re*<500）及缓流（弗汝德数 *Fr* <1），但前期地表风蚀作用明显增加了坡面径流的雷诺数和弗汝德数。与无前期风蚀作用相比，对于 50 mm/h 降雨强度及 3°和 7°坡面，在 9 m/s、12 m/s、15 m/s 3 个风速的前期土壤风蚀作用下坡面径流雷诺数分别增加 14.1%～21.8%、28.1%～54.2%和 56.3%～109.4%，坡面径流弗汝德数分别增加 5.6%～14.3%、11.1%～28.6%和 16.7%～28.6%；对于 100 mm/h 降雨强度及 3°和 7°坡面，在 9 m/s、12 m/s、15 m/s 3 个风速的前期土壤风蚀作用下径流雷诺数分别增加 13.9%～26.0%、28.9%～55.2%和 46.5%～104.8%，径流弗汝德数分别增加 2.9%～8.3%、2.9%～12.5%和 5.9%～8.3%。与坡面径流流速、雷诺数和弗汝德数相反，前期地表风蚀作用使坡面径流阻力系数明显减少。与无前期风蚀作用相比，对于 50 mm/h 降雨强度及 3°和 7°坡面，在 9 m/s、12 m/s、15 m/s 3 个风速的前期土壤风蚀作用下径流 Darcy-Weisbach 阻力系数分别减少 10.4%～11.4%、17.6%～20.2%和 19.3%～27.4%；对于 100 mm/h 降雨强度，在 9 m/s、12 m/s、15 m/s 3 个风速的前期土壤风蚀作用下，3°坡面的 Darcy-Weisbach 阻力系数分别减少 7.5%、14.4%和 11.9%，而 7°坡面的 Darcy-Weisbach 阻力系数分别增加 2.5%、4.1%和 2.4%。正是由于前期土壤风蚀作用使径流流速、雷诺数和弗汝德数明显增加和 Darcy-Weisbach 阻力系数明显减少，从而导致坡面侵蚀量增加。

表 5-14　有、无前期风蚀作用下坡面水流水力学参数对比

风速/（m/s）	降雨强度/（mm/h）	坡度/（°）	平均流速/（cm/s）	雷诺数	弗汝德数	Darcy-Weisbach 阻力系数
无风蚀作用（对照）	50	3	2.29	45.48	0.14	16.44
9			2.55	55.39	0.16	14.57
12			2.85	70.15	0.18	13.12
15			3.15	95.24	0.18	13.27
无风蚀作用（对照）	100	3	3.64	75.81	0.24	6.80
9			4.03	95.54	0.26	6.29
12			4.44	117.67	0.27	5.82
15			4.83	155.25	0.26	5.99
无风蚀作用（对照）	50	7	2.48	44.52	0.18	29.77
9			2.69	50.80	0.19	26.68
12			2.87	57.01	0.20	24.52
15			3.20	69.57	0.21	21.63
无风蚀作用（对照）	100	7	4.94	93.47	0.34	7.88
9			5.12	106.48	0.35	8.08
12			5.31	120.45	0.35	8.20
15			5.57	136.90	0.36	8.07

表 5-14 还表明，在 50 mm/h 和 100 mm/h 两个降雨强度下，坡面径流流速、雷诺数和弗汝德数均随前期土壤风蚀作用的风速增大而增加，这说明前期不同风速的风蚀作用增大了后期坡面径流的紊乱程度，从而使得径流的搬运能力增强（李桂芳等，2015）。

2）有、无前期风蚀作用下坡面水流水动力学参数的对比

目前表征坡面侵蚀的水动力学参数主要有径流剪切力、水流功率和单位水流功率等指标（Knapen et al.，2007；Nearing et al.，1997）。径流剪切力的动力作用是坡面产生径流后破坏土壤结构、分散土壤颗粒，并将分散的土粒卷入水流而挟带出坡面，而水流功率和单位水流功率主要反映坡面径流对土壤侵蚀过程中做功消耗能量的过程。

表 5-15 表明，与前期无风蚀仅有降雨试验处理相比，前期土壤风蚀作用导致后期水蚀过程中坡面径流剪切力、水流功率和单位水流功率均有所增加。与前期无风蚀仅有降雨试验处理相比，对于 50 mm/h 降雨强度及 3°和 7°坡度的试验处理，在 9 m/s、12 m/s、15 m/s 3 个风速的前期土壤风蚀作用下坡面径流剪切力分别增加 5.2%～9.3%、10.5%～24.1%和 21.0%～51.9%，水流功率分别增加 0～50.0%、16.7%～100.0%和 50.0%～150.0%，单位水流功率分别增加 8.3%～10.0%、16.7%～25.0%和 30.0%～33.3%。对于 100 mm/h 降雨强度及 3°和 7°坡面，3 个风速下的坡面径流剪切力分别增加 10.0%～13.3%、19.9%～27.4%和 29.9%～54.9%，水流功率分别增加 16.7%～25.0%、25.0%～50.0%和 41.7%～100.0%，单位水流功率分别增加 3.3%～10.5%、6.6%～21.1%和 11.5%～31.6%。

表 5-15　有、无前期风蚀作用下坡面水动力学参数对比

风速/（m/s）	降雨强度/（mm/h）	坡度/（°）	径流剪切力/（N/m²）	水流功率/［N/（m·s）］	单位水流功率/（m/s）
无风蚀作用（对照）	50	3	1.08	0.02	0.0012
9			1.18	0.03	0.0013
12			1.34	0.04	0.0015
15			1.64	0.05	0.0016
无风蚀作用（对照）	100	3	1.13	0.04	0.0019
9			1.28	0.05	0.0021
12			1.44	0.06	0.0023
15			1.75	0.08	0.0025
无风蚀作用（对照）	50	7	2.29	0.06	0.0030
9			2.41	0.06	0.0033
12			2.53	0.07	0.0035
15			2.77	0.09	0.0039
无风蚀作用（对照）	100	7	2.41	0.12	0.0061
9			2.65	0.14	0.0063
12			2.89	0.15	0.0065
15			3.13	0.17	0.0068

表 5-15 还表明，在 50 mm/h 和 100 mm/h 两个降雨强度下，径流剪切力、水流功率和单位水流功率均随前期土壤风蚀作用的风速增大而增加，径流剪切力、水流功率和单位水流功率的增加导致径流的剥蚀能力增加（Li et al.，2016；Nearing et al.，1997），从而进一步增加了坡面水蚀量，这也从侵蚀动力学解释了前期土壤风蚀作用加速了后期坡面水蚀的机理，并佐证了前期地表风蚀作用对后期坡面水蚀产生了正向交互效应。

从表 5-15 可知，对于有前期土壤风蚀作用的试验处理，在相同降雨强度和坡度条件下，坡面径流剪切力、水流功率和单位水流功率随前期土壤风蚀作用的风速增大均呈现逐渐增加的变化趋势，这可能也是造成坡面水蚀量随前期风蚀作用的风速增大而增加的主要原因。

5.7　结　　语

本章基于室内冻融模拟试验、风洞模拟试验和人工模拟降雨试验，以及土壤水稳性团聚体、土壤抗剪强度、土壤崩解速率和地表粗糙率的测定，分析了前期土壤冻融作用对水蚀和风蚀的影响，讨论了前期地表风蚀作用对坡面水蚀的影响，剖析了前期土壤冻融和风蚀交互叠加作用对坡面水蚀的影响，研究了土壤冻融作用和地表风蚀作用对土壤侵蚀的机理，丰富了复合侵蚀理论研究。主要研究结论包括如下七个方面：

（1）前期土壤冻融作用加剧了坡面水蚀过程。与无土壤冻融作用的试验处理相比，经历 1 次冻融作用后坡面水蚀量显著增大（$P<0.05$），其中在 50 mm/h 和 100 mm/h 降雨强度下，坡面水蚀量分别增加 89.6%和 52.5%；当降雨强度从 50 mm/h 增加到 100 mm/h，无冻融和 1 次冻融处理下的坡面侵蚀量分别增加 2.3 倍和 1.6 倍。

（2）前期冻融作用使土壤风蚀量显著增加（$P<0.05$）。在前期风蚀作用的风速为 9 m/s 和 15 m/s 时，经历 1 次冻融处理较无冻融处理的风蚀量分别增加 141.6%和 39.3%，风蚀输沙率分别增加 1.9 倍和 1.0 倍。无论是在有冻融或无冻融作用下，风速对土壤风蚀量均具有显著影响（$P<0.05$）。当风速从 9 m/s 增加到 15 m/s，无冻融和 1 次冻融处理下的土壤风蚀量分别增加 6.5 倍和 3.3 倍，对应的风蚀输沙率分别增加 24.3 倍和 17.0 倍。风蚀输沙量主要集中在距地表高度 10 cm 以下，该范围内的风蚀输沙量占总输沙量的 69.4%～84.2%；同时前期土壤冻融作用也使风沙流的高度增加 1.3 倍。

（3）前期风蚀作用显著增加了坡面水蚀量（$P<0.05$）。与无前期地表风蚀处理相比，在 50 mm/h 降雨强度下，9 m/s 和 15 m/s 风速下的前期地表风蚀处理的坡面水蚀量是无前期地表风蚀处理的 1.6 倍和 2.5 倍；在 100 mm/h 降雨强度下，前者是后者的 4.2 倍和 5.5 倍。在 50 mm/h 和 100 mm/h 降雨强度下，当前期风蚀作用的风速从 9 m/s 增加到 15 m/s，对应的坡面径流量分别增加 14.1%和 7.4%，而坡面水蚀量的增加更加显著，分别增加 61.7%和 30.8%。在 9 m/s 和 15 m/s 风速的前期风蚀作用下，降雨强度从 50 mm/h 增加到 100 mm/h，对应的坡面径流量分别增加 1.3 倍和 1.1 倍，坡面侵蚀量分别增加 7.7 倍和 6.0 倍。

（4）前期土壤冻融和风蚀的交互叠加作用显著增加了后期降雨条件下的坡面水蚀量（$P<0.05$）。前期土壤冻融和风蚀叠加作用使坡面水蚀量较仅降雨的试验处理增加 1.92～6.29 倍，较之先冻融后降雨的试验处理增加 0.5～3.8 倍，较之先风蚀后降雨的试验处理增加 0.1～1.6 倍。在前期土壤冻融作用和风蚀叠加作用下，当前期风蚀作用的风速从 9 m/s 增加到 15 m/s，对应 50 mm/h 和 100 mm/h 降雨强度的坡面侵蚀量分别增加 123.4%和 53.8%；同时，前期土壤冻融和风蚀叠加作用对坡面水蚀的影响随降雨强度的增加而减弱，当降雨强度从 50 mm/h 增加到 100 mm/h，前期土壤冻融和风蚀叠加作用使坡面

侵蚀量分别增加 4.3 倍和 2.7 倍。

（5）冻融作用、风力和水力交互叠加作用对坡面土壤侵蚀存在明显正效应。冻融作用、风速和降雨强度对黑土坡面侵蚀的贡献率依次为降雨强度>风速>风速和降雨强度交互作用>冻融作用>冻融作用和降雨强度交互作用>冻融作用和风速交互作用>冻融作用和降雨强度和风速交互作用，其贡献率分别为 50.9%、21.7%、10.2%、1.6%、0.7%、0.4%和 0.1%。

（6）冻融作用使土壤抗侵蚀力指标的土壤团聚体稳定性和土壤抗剪强度降低，而土壤可性指标土壤崩解速率增加，从而导致坡耕地土壤水蚀量和风蚀量增加。试验条件下，冻融作用在 33.0%土壤冻结初始含水量下，1 次冻融作用使土壤崩解速率显著增加 109.7%，土壤抗剪强度减少 7.9%～17.7%，>1 mm 土壤团聚体分散率增加 16.1%，土壤团聚体平均重量直径降低 17.8%，从而导致在 50 mm/h 和 100 mm/h 降雨强度下坡面水蚀量分别增加 2.27 倍和 1.63 倍，而在 9 m/s 和 15 m/s 风速下土壤风蚀量分别增加 141.6%和 39.3%。

（7）风蚀作用在地表形成的凹痕等微形态为坡面薄层水流提供了径流路径，增加了坡面径流连通性，使坡面水流流速、水流剪切力、水流功率和单位水流功率增加，从而导致坡面径流侵蚀能力和挟沙能力增加，从而使坡面水蚀量增加，这也从侵蚀动力学解释了前期土壤风蚀作用加速了后期坡面水蚀的机理。

主要参考文献

范昊明, 郭萍, 武敏, 等. 2011. 春季解冻期白浆土融雪侵蚀模拟研究. 水土保持通报, 31(6): 130-133.

范昊明, 武敏, 周丽丽, 等. 2010. 草甸土近地表解冻深度对融雪侵蚀影响模拟研究. 水土保持学报, 24(6): 28-31.

高峰, 詹敏, 战辉. 1989. 黑土区农地侵蚀性降雨标准研究. 中国水土保持, (11): 21-23.

景国臣, 任宪平, 刘绪军, 等. 2008. 东北黑土区冻融作用与土壤水分的关系. 中国水土保持科学, 6(5): 32-36.

雷廷武, Nearing M A. 2000. 侵蚀细沟水力学特性及细沟侵蚀与形态特征的试验研究. 水利学报, 31(11): 49-55.

李桂芳, 郑粉莉, 卢嘉, 等. 2015. 降雨和地形因子对黑土坡面土壤侵蚀过程的影响. 农业机械学报, 46(4): 147-154+182.

李胜龙, 李和平, 林艺, 等. 2019. 东北地区不同耕作方式农田土壤风蚀特征. 水土保持学报, 33(4): 110-118.

李述训, 南卓铜, 赵林. 2002. 冻融作用对系统与环境间能量交换的影响. 冰川冻土, 24(2): 109-115.

刘铁军, 赵显波, 赵爱国, 等. 2013. 东北黑土地土壤风蚀风洞模拟试验研究. 水土保持学报, 27(2): 67-70.

卢嘉, 郑粉莉, 安娟, 等. 2016. 降雨侵蚀过程中黑土团聚体流失特征. 生态学报, 36(8): 2264-2273.

水利部, 中国科学院, 中国工程院. 2010. 中国水土流失与生态安全: 东北黑土区卷. 北京: 科学出版社.

田积莹, 黄义端. 1964. 子午岭連(连)家砭地区土壤物理性质与土壤抗侵蚀性能指标的初步研究. 土壤学报, 12(3): 286-296.

脱登峰, 许明祥, 郑世清, 等. 2012a. 风水两相侵蚀对坡面产流产沙特性的影响. 农业工程学报, 28(18): 142-148.

脱登峰, 许明祥, 郑世清, 等. 2012b. 黄土高原风蚀水蚀交错区侵蚀产沙过程及机理. 应用生态学报,

23(12): 3281-3287.
肖培青, 姚文艺, 申震洲, 等. 2011. 苜蓿草地侵蚀产沙过程及其水动力学机理试验研究. 水利学报, 42(2): 232-237.
杨会民, 王静爱, 邹学勇, 等. 2016. 风水复合侵蚀研究进展与展望. 中国沙漠, 36(4): 962-971.
杨新, 郭江峰, 刘洪鹄, 等. 2006. 东北典型黑土区土壤风蚀环境分析. 地理科学, 26(4): 4443-4448.
张平仓. 1999. 水蚀风蚀交错带水风两相侵蚀时空特征研究——以神木六道沟小流域为例. 土壤侵蚀与水土保持学报, 5(3): 93-94.
张晓平, 梁爱珍, 申艳, 等. 2006. 东北黑土水土流失特点.地理科学, 26(6): 687-692.
张洋, 李占斌, 张翔, 等. 2016. 内蒙古风蚀水蚀交错区土壤侵蚀的空间分布特征. 内蒙古农业大学学报(自然科学版), 37(6): 50-58.
赵玉明, 刘宝元, 姜洪涛. 2012. 东北黑土区垄向的分布及其对土壤侵蚀的影响.水土保持研究, 19(5): 1-6.
郑粉莉, 张加琼, 刘刚, 等. 2019. 东北黑土区坡耕地土壤侵蚀特征与多营力复合侵蚀的研究重点.水土保持通报, 39(4): 314-319.
中华人民共和国住房和城乡建设部. 2019. 土工试验方法标准 GB/T50123—2019. 北京: 中国标准出版社.
邹文秀, 韩晓增, 陆欣春, 等. 2015. 不同土地利用方式对黑土剖面土壤物理性质的影响.水土保持学报, 29(5): 187-193, 199.
Bullock M S. 1988. Soil cohesion as affected by freezing, water content, time and tillage. Soil Science Society of America Journal, 52(3): 770-776.
Cécillon L, Mello N A D, Danieli S D, et al. 2010. Soil macroaggregate dynamics in a mountain spatial climate gradient. Biogeochemistry, 97(1): 31-43.
Chamberlain E J, Gow A J. 1979. Effect of freezing and thawing on the permeability and structure of soils. Engineering Geology, 13(1-4): 73-92.
Edwards L M. 2013. The effects of soil freeze-thaw on soil aggregate breakdown and concomitant sediment flow in Prince Edward Island: A review. Canadian Journal of Soil Science, 93(4): 459-472.
Ghazavi M, Roustaie M. 2009. The influence of freeze-thaw cycles on the unconfined compressive strength of fiber-reinforced clay. Cold Regions Science & Technology, 61(2): 131.
Gilley J E, Kottwitz E R, Simanton J R. 1990. Hydraulic characteristic of rills. Transaction of the American Society of Agricultural Engineers, 33(6): 1900-1906.
Jiang Y, Zheng F, Wen L, et al. 2019. Effects of sheet and rill erosion on soil aggregates and organic carbon losses for a mollisol hillslope under rainfall simulation. Journal of Soil and Sediments, 19(1): 467-477.
Knapen A, Poesen J, Govers G, et al. 2007. Resistance of soils to concentrated flow erosion: A review. Earth-Science Reviews, 80(1-2): 75-109.
Kværnø S H, Øygarden L. 2006. The influence of freeze-thaw cycles and soil moisture on aggregate stability of three soils in Norway. Catena, 67(3): 175-182.
Lehrsch G A, Sojka R E, Carter D L, et al. 1991. Freezing effects on aggregate stability affected by texture, mineralogy, and organic matter. Soil Science Society of America Journal, 55(5): 1401-1406.
Li G, Zheng F, Lu J, et al. 2016. Inflow rate impact on hillslope erosion processes and flow hydrodynamics. Soil Science Society of America Journal, 80(3): 711-719.
Nearing M A, Norton L, Bulgakov D. 1997. Hydraulics and erosion in eroding rill. Water Resources Research, 33(4): 865-876.
Oztas T, Fayetorbay F. 2003. Effect of freezing and thawing processes on soil aggregate stability. Catena, 52(1): 1-8.
Saleh A. 1993. Soil roughness measurement: Chain method. Journal of Soil & Water Conservation, 48(6): 527-529.
Wang J, Gu T, Zhang M, et al. 2019. Experimental study of loess disintegration characteristics. Earth Surface Processes and Landforms, 44(6): 1317-1329.
Wang L, Zuo X F, Zheng F L, et al. 2020. The effects of freeze-thaw cycles at different initial soil water

contents on soil erodibility in Chinese Mollisol region. Catena, 193, 104615.

Xu J, Ren J, Wang Z, et al. 2018. Strength behaviors and meso-structural characters of loess after freeze-thaw. Cold Regions Science & Technology, 148: 104-120.

Yoder R E. 1936. A direct method of aggregate analysis of soils and a study of the physical nature of erosion losses. Soil Science Society of America Journal, 28(5): 337-351.

Zaher H, Caron J, Ouaki B. 2005. Modeling aggregate internal pressure evolution following immersion to quantify mechanisms of structural stability. Soil Science Society of America Journal, 69(1): 1-12.

Zhang Z, Pendin V, Nikolaeva S, Zhang Z, Wu J. 2019. Disintegration characteristics of a cryo lithogenic clay loam with different water content: Moscow covering loam (prQIII), case study. Engineering Geology, 258: 105159.

第 6 章 东北黑土区坡面侵蚀–沉积空间分布特征

前面几章主要讨论了东北黑土区坡面复合侵蚀季节性变化规律，阐明了冻融–水力、风力–水力和冻融–风力–水力复合侵蚀特征及其季节性变化，但多种外营力作用下坡面侵蚀-沉积空间分布在不同坡型之间有何差异尚不清楚，且顺坡垄作和横坡垄作之间坡面侵蚀-沉积空间分布是否有差异也鲜有报道，从而直接影响坡面水土保持措施的精准布设。因此，本章基于 ^{137}Cs 和 REE 示踪技术，分析流域侵蚀区和沉积区坡面尺度土壤侵蚀-沉积空间分布特征，对比横坡垄作和顺坡垄作坡面侵蚀-沉积空间分布的差异，查明坡面土壤侵蚀严重部位，以期为水土保持措施布设提供理论指导。

6.1 基于 ^{137}Cs 示踪的坡面侵蚀–沉积分布特征

核素 ^{137}Cs 是 20 世纪 50～70 年代大气核爆试验产生的放射性同位素，半衰期 30.17 年。核爆试验过程产生的 ^{137}Cs 核素被释放到平流层后主要通过降水到达地表，并与土壤颗粒中的黏粒紧密结合，难以被水淋溶，且植物和动物摄取的量也极微（Rogowski and Tamura，1970）。由于 ^{137}Cs 自身迁移能力差，只能随土壤颗粒的机械移动而发生再分布，故可作为研究土壤侵蚀的示踪剂（Ritchie et al.，1974），被广泛用于近 50 年尺度农耕地土壤侵蚀速率的估算（梁家伟等，2014；王小雷等，2009；王晓燕等，2003；Brown et al.，1981；Simpson and Olsen，1976）。因此，本节基于成熟的 ^{137}Cs 示踪技术，分析 50 年尺度坡面和流域侵蚀–沉积分布特征。

6.1.1 材料与方法

1. 研究区概况

研究区位于黑龙江省哈尔滨市宾县宾州河流域（127°26′04″～127°32′02″E，45°43′13″～45°51′37″N），该流域位于松嫩平原东部边缘，属于松花江一级支流（水利部，2010），面积为 375 km^2，其中农业用地面积占 60%左右（冯志珍等，2017）。流域海拔 160～220 m，地貌特征以漫岗丘陵地形为主，地势平缓，坡耕地坡度为 1°～8°，坡长可达数百米，甚至数千米。气候类型属于中温带大陆性季风气候，多年平均气温 3.9°C，多年平均降水量 548.5 mm，其中 6～9 月的降雨量约占全年降水量的 80%，无霜期约 148 天（王彬等，2012）。

2. 土壤样品采集与分析

以黑龙江省哈尔滨市宾县 1∶10 000 比例尺地形图和土壤类型图为底图，在宾州河流域进行野外调查，通过走访农户、核实土地利用历史和查阅宾县县志，并结合 20 世纪 80 年代第二次土壤普查资料，以地形部位、黑土层厚度、土壤侵蚀–沉积剖面调查和耕作深度为依据，确定土壤 ^{137}Cs 样品的采集深度为 30 cm。

1）土壤 ^{137}Cs 背景值的样品采集

为提高土壤 ^{137}Cs 背景值的准确度，背景值样地的选择应遵循下述原则（李仁英等，2004；侯建才等，2007）：理想样地应没有土壤侵蚀或沉积，含量只反映大气沉降和自然衰变等核素变化量。例如，至少 50 年时间里，未经人为扰动且地势平坦的开阔林地、草地、坟地或大面积的平坦山顶，可作为背景值样地。若在同一研究区未找到合适的样地，可综合考虑降雨条件、地形因子、植被覆盖等，在临近的区域寻找合适的样地进行背景值确定（阎百兴和汤洁，2004）。此外，除了样地选择以外，背景值样点的个数和采样面积也应予以重点考虑。刘志强等（2009）对背景值采样点和面积的研究表明，在农耕地至少采集 7 个样点才能满足试验精度要求，且不受采样面积的影响；在未扰动地块应在 0.25 m^2 的范围内至少采集 11 个样点才能满足试验精度要求。为此，本章背景值采样点选在流域内一块次生林地。该样地地势平坦，且次生林地近 60 年未受人为扰动，处于自然状态，无明显侵蚀和沉积现象，故选择该次生林地作为土壤 ^{137}Cs 背景值的采样地。共采集土壤 ^{137}Cs 背景值样品 8 个。

2）土壤 ^{137}Cs 样品采集

坡面土壤 ^{137}Cs 样品的采集：首先采用 2 km×2 km 网格法在流域的上游、中游和下游布设采样点，并分别于宾州河流域中游和下游地形明显变化的区域，以 1 km×1 km 网格法进行加密，共计 52 个采样点（图 6-1），每个采样点设置 3 个重复。然后从所有采样点中选取 8 个典型农耕地坡面作为采样坡面，采样坡面的坡度在 3°～5°，坡长在 200～300 m，开垦历史约 80 年，种植作物为玉米，且农地施肥水平和管理措施基本相同。根据采样地的坡长，在每个坡面沿纵断面线在坡上部、坡中部和坡下部分别布设采样点，共计 24 个采样点。在流域上游另选取一个坡长为 350 m、坡度为 4°的长直型坡耕地，选择 3 个纵断面，每个断面选取 12 个采样点进行采样，各断面间相距 30 m，断面上各样点间隔 25 m，共计 36 个采样点，每个采样点设置 3 个重复。

采集土壤 ^{137}Cs 样品时利用内径为 7 cm 的土钻垂直于水平面打入地面采集土壤样品，取样深度为 30 cm。每个样点设置 2 次重复，由位于三角形三个顶点的土样混合组成，用四分法取约 1 kg 左右装入样品袋。此外，各样点使用环刀采集土样以备测定土壤容重。采样的同时，用罗盘测定坡度，用 GPS 测定经纬度和高程以确定每个样点位置。

3）土壤 ^{137}Cs 样品处理

将野外采集的土壤 ^{137}Cs 背景值样品、坡面和流域土壤 ^{137}Cs 样品，带回实验室后，经过风干、称重、研磨、过筛、称重及标记等处理后，采用 γ 能谱分析仪测试。具体样品处理过程详见马琨等（2002）发表的相关文章。

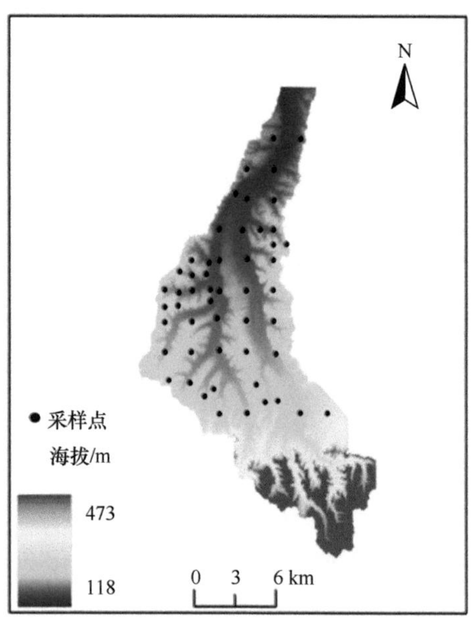

图 6-1　宾州河流域采样点分布图
因采样坡面上的采样点之间距离较近，故此图不包含坡面部位的采样点

4）数据分析

土壤 ^{137}Cs 数据的处理步骤：用 GAMMAVERSION32 软件打开数据文件，在数据图片中用手动寻峰法寻找到净峰面积最大点，并记录净峰面积最大处的峰相关信息，如峰值（PEAK）、净峰面积偏差、测定时间（LIVE），然后用相关公式计算 ^{137}Cs 活度和土壤侵蚀速率。

计算样品 ^{137}Cs 的质量活度（Bq/kg），先计算未校正核素活度，再计算校正核素活度。具体公式如下：

（1）未校正核素活度 I_0（Bq）。

$$I_0 = \frac{s}{t \times \eta} \tag{6-1}$$

式中，s 为净峰面积；t 为测定时间；η 为探测效率。

（2）校正核素活度 I（Bq）。

$$I = \frac{I_0}{\mathrm{e}^{\frac{-T \times \ln 2}{53.3}}} \tag{6-2}$$

式中，T 为采样到测样的时间间隔。

（3）土壤 ^{137}Cs 样品的质量比活度 a（Bq/kg）。

$$a = \frac{I}{m} \tag{6-3}$$

式中，m 为每盒土样重量（kg）。

（4）计算样品的面积活度 A（Bq/m^2）。

$$A = a \times \frac{M}{q} \tag{6-4}$$

式中，a 为样品 ^{137}Cs 质量比活度（Bq/kg）；M 为采样重量（kg）；q 为采样面积（m^2），本实验为土钻横截面积。

利用张信宝等（1991）提出的质量模型估算侵蚀速率，其计算式如下：

$$A = A_0\varphi_1\left(1-\varphi_2\frac{h}{D}\right)^{n-1963} \tag{6-5}$$

式中，A 为侵蚀区 ^{137}Cs 的活度（Bq/m^2）；h 为年平均土壤侵蚀深度（m/a）；A_0 为 ^{137}Cs 背景值；φ_1 为混入耕层的 ^{137}Cs 与总沉降量之比；n 为采样年份；φ_2 为侵蚀分选颗粒的校正因子。

侵蚀速率 E 可用式（6-6）进行估算：

$$E=h\times\rho \tag{6-6}$$

式中，E 为土壤侵蚀速率［kg/（m^2·a)］；ρ 为土壤容重（kg/m^3）。

6.1.2 基于 ^{137}Cs 示踪的坡面尺度侵蚀–沉积分布特征

8 个背景值样品的土壤 ^{137}Cs 含量变化范围为 2150～2770 Bq/m^2，平均值为 2379 Bq/m^2，标准差为 198 Bq/m^2，变异系数为 8.3%，属于弱变异。该值与阎百兴和汤洁（2005）、Fang 等（2006）和王禹等（2010）确定的研究区土壤 ^{137}Cs 背景值变化范围（2377～2500 Bq/m^2）非常接近，因此本章确定的土壤 ^{137}Cs 背景值为 2379 Bq/m^2。

野外调查表明，研究流域存在明显的侵蚀区和沉积区。根据研究区测定的土壤 ^{137}Cs 背景值（2379 Bq/m^2），对全流域 52 个采样点的土壤 ^{137}Cs 含量和侵蚀速率统计发现（表 6-1、表 6-2），在 8 个采样坡面中，5 个坡面属于侵蚀区，3 个坡面属于沉积区。鉴于此，为了揭示研究区侵蚀区和沉积区坡面侵蚀-沉积空间分布特征的差异，这里分别讨论全流域、侵蚀区和沉积区坡面侵蚀-沉积空间分布特征。

表 6-1 流域土壤 ^{137}Cs 含量统计特征

统计参数	土壤 ^{137}Cs 含量		
	全流域采样点	侵蚀区样点	沉积区样点
最小值/（Bq/m^2）	175.7	175.7	2435.3
最大值/（Bq/m^2）	6360.3	2135.7	6360.3
平均值/（Bq/m^2）	1604.6	1171.7	3422.4
标准差/（Bq/m^2）	1126.8	500.1	1228.3
变异系数/%	70.22	42.68	35.89
样点数	52	42	10

注：侵蚀区采样点为土壤 ^{137}Cs 含量小于 ^{137}Cs 背景值的采样点；沉积区样点为土壤 ^{137}Cs 含量大于 ^{137}Cs 背景值的采样点。

表 6-2　流域土壤侵蚀–沉积速率统计特征

统计参数	土壤侵蚀–沉积速率		
	全流域采样点	侵蚀区采样点	沉积区采样点
最小值/［t/（km^2·a）］	–4420.7	623.9	–4420.7
最大值/［t/（km^2·a）］	11988.1	11988.1	–102.8
平均值/［t/（km^2·a）］	2634.9	3611.3	–1466.0
标准差/［t/（km^2·a）］	3034.4	2436.6	1412.1
变异系数/%	115.16	67.47	96.33
样点数	52	42	10

注：侵蚀区采样点为土壤侵蚀-沉积速率为正值（+）的样点；沉积区采样点为土壤侵蚀-沉积速率为负值（–）的样点。

1. 土壤 ^{137}Cs 含量在坡面不同部位的对比

图 6-2 表明，全流域土壤 ^{137}Cs 含量在坡上部为 448.7～2448.7 Bq/m^2，平均值为 1575.3 Bq/m^2；在坡中部为 140.3～1804.8 Bq/m^2，平均值为 1068.3 Bq/m^2；在坡下部为 870.0～4327.3 Bq/m^2，平均值为 2395.2 Bq/m^2；且流域土壤 ^{137}Cs 含量在坡下部变异较大，有异常值出现。

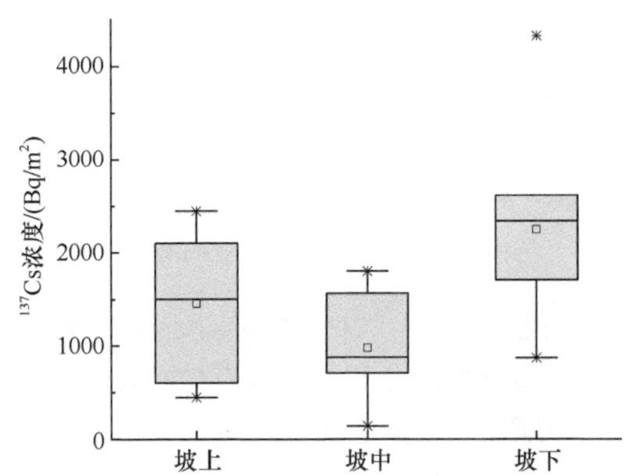

图 6-2　全流域土壤 ^{137}Cs 含量在坡面不同部位的对比

图 6-3 显示，侵蚀区土壤 ^{137}Cs 含量在坡上部为 448.7～1671.6 Bq/m^2，平均值为 1132.8 Bq/m^2；在坡中部为 140.3～1134.8 Bq/m^2，平均值为 727.8 Bq/m^2；在坡下部为 870.0～2615.1 Bq/m^2，平均值为 1945.7 Bq/m^2。

由图 6-4 可知，沉积区土壤 ^{137}Cs 含量在坡上部为 2104.0～2448.7 Bq/m^2，平均值为 2313.0 Bq/m^2；在坡中部为 1567.3～1804.8 Bq/m^2，平均值为 1635.7 Bq/m^2；在坡下部为 2521.5～4327.3 Bq/m^2，平均值为 3144.3 Bq/m^2。进一步分析发现，沉积区土壤 ^{137}Cs 含量在坡下部变异较大，其原因可能是一方面在沉积区，坡面侵蚀过程中随坡长的增加径流含沙浓度趋于饱和，导致径流侵蚀能力减弱，再加上微地形的影响，侵蚀泥沙在坡下部发生了沉积；而另一方面部分坡面下部没有发生沉积，从而导致沉积主导区坡下部土壤 ^{137}Cs 含量的变异较大。

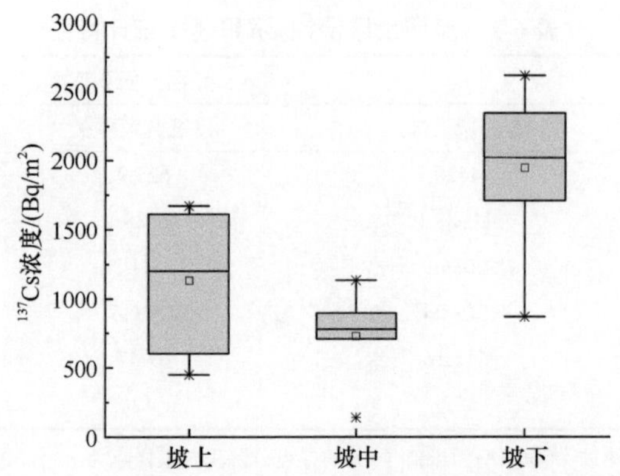

图 6-3　侵蚀区土壤 ^{137}Cs 含量在坡面不同部位的对比

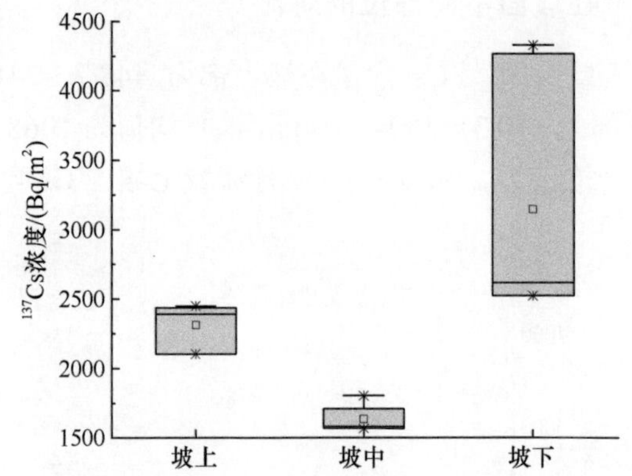

图 6-4　沉积区土壤 ^{137}Cs 含量在坡面不同部位的对比

区分流域内侵蚀区与沉积区土壤 ^{137}Cs 含量对于准确掌握坡面侵蚀分布有重要意义。一方面，将流域侵蚀区与沉积区分开，可以有效地避免流域土壤 ^{137}Cs 含量在坡面分布中异常值的出现，准确地反映数据的变异程度与离散程度；另一方面，将二者区分开来，能够更加具体地反映土壤 ^{137}Cs 含量在坡面分布的差异性，准确量化坡面侵蚀速率空间分布。

对比图 6-3 和图 6-4 可知，侵蚀区与沉积区土壤 ^{137}Cs 含量在坡面不同部位皆存在明显的变异特征。侵蚀区土壤 ^{137}Cs 含量无论在坡上部、坡中部还是坡下部均明显低于背景值（2379 Bq/m^2），说明即使侵蚀区处于坡下部，坡面仍以土壤侵蚀为主。沉积区土壤 ^{137}Cs 含量只有在坡下部明显高于背景值，在坡上部和坡中部仍低于土壤 ^{137}Cs 背景值，说明即使在沉积区，在坡面上部和中部也发生了土壤侵蚀。安娟（2012）研究发现，坡上部土壤 ^{137}Cs 含量接近背景值，坡中部土壤 ^{137}Cs 含量低于背景值，坡下部土壤 ^{137}Cs 含量高于背景值，即坡上部侵蚀强度较弱，坡中部侵蚀严重，坡下部则属于沉积区，这与本节结果有所不同。本节中，侵蚀区坡下部仍以侵蚀为主，只有在沉积区坡下部才发生沉积。以上结果表明，分别分析侵蚀区和沉积区土壤 ^{137}Cs 含量在坡面的分布能够更加准确地反映流域土壤侵蚀-沉积的分布特征。

2. 坡面侵蚀速率空间分布特征

全流域所有研究样点侵蚀速率在坡面的分布表现为坡中部>坡上部>坡下部，且侵蚀速率在 3 个坡面部位的差异显著（P<0.05）（图 6-5）。坡中部侵蚀最为严重，侵蚀速率为 1255.5～10504.7 t/（km^2·a），平均值为 3743.7 t/（km^2·a）；坡上部侵蚀相对较轻，侵蚀–沉积速率为–150.3～5422.8 t/（km^2·a）（正值代表侵蚀，负值代表沉积），平均侵蚀速率为 2048.3 t/（km^2·a）；坡下部表现出明显的沉积，侵蚀–沉积速率为–2720.4～3690.8 t/（km^2·a），平均沉积速率为 198.9 t/（km^2·a）。王禹等（2010）也研究指出，黑土区坡上部土壤侵蚀强度较轻，坡中部土壤侵蚀速率最大，坡下部侵蚀速率最小。图 6-5 还显示，流域侵蚀速率在坡中部和坡下部变异较大，均有异常值出现。

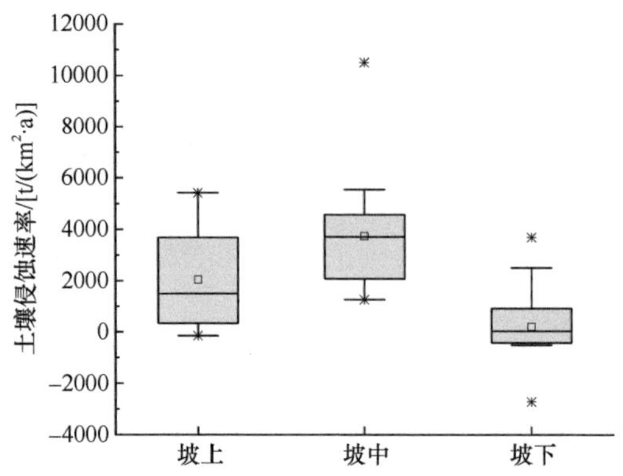

图 6-5　全流域坡面土壤侵蚀–沉积速率对比

全流域侵蚀区侵蚀速率在坡面的分布也表现为坡中部>坡上部>坡下部，且其在坡面 3 个部位间的差异显著（P<0.05）（图 6-6）。坡中部侵蚀最为严重，侵蚀速率为 2843.4～10504.7 t/（km^2·a），平均值为 4893.7 t/（km^2·a）；坡上部侵蚀相对较轻，侵蚀速率为 1252.7～5422.8 t/（km^2·a），平均值为 3191.9 t/（km^2·a）；坡下部表现出明显的沉积，侵蚀–沉积速率为–517.6～3690.8 t/（km^2·a），平均侵蚀速率为 994.0 t/（km^2·a）。图 6-6 还显示，侵蚀区侵蚀速率在坡中部仍有异常值出现，存在较大变异。

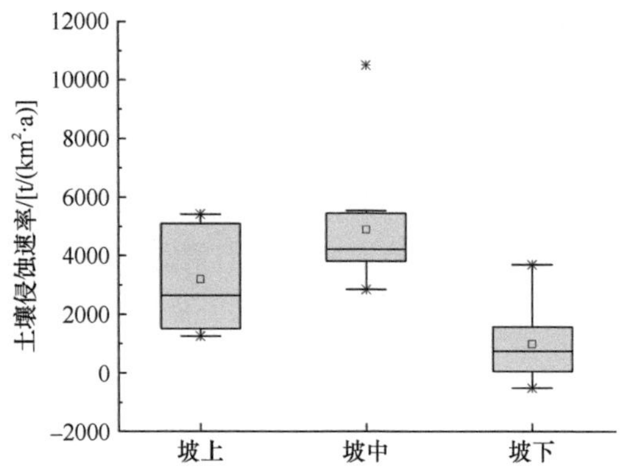

图 6-6　侵蚀区坡面土壤侵蚀–沉积速率对比

全流域沉积区侵蚀速率在坡面的分布亦表现为坡中部>坡上部>坡下部，且其在坡面3个部位间的差异显著（$P<0.05$）（图6-7）。坡中部侵蚀最为严重，侵蚀速率为1255.5～2254.8 t/（km^2·a），平均值为1827.0 t/（km^2·a）；坡上部侵蚀相对较轻，侵蚀–沉积速率为–150.3～595.4 t/（km^2·a），平均侵蚀速率为142.3 t/（km^2·a）；坡下部则以沉积为主，沉积速率为2720.4～263.2 t/（km^2·a），平均沉积速率为1126.2 t/（km^2·a）。

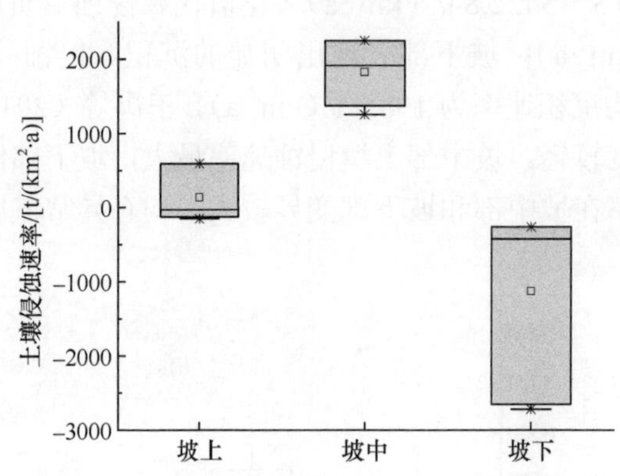

图6-7　沉积区坡面土壤侵蚀–沉积速率对比

对比流域侵蚀区与沉积区土壤侵蚀速率在坡面的空间分布（图6-6、图6-7）发现，相同坡面部位（坡上部、坡中部、坡下部），侵蚀速率在侵蚀区明显高于沉积区。可见，土壤侵蚀强度在流域的侵蚀区和沉积区存在明显的差异。此外，无论在侵蚀区或是沉积区，侵蚀速率在不同坡面部位均存在明显的分异特征。在水力侵蚀作用下，坡上部和坡中部土壤颗粒及其吸附的^{137}Cs随径流泥沙迁移至坡脚，从而引起土壤^{137}Cs在坡面的再分布。此外，坡中部土壤侵蚀强度显著大于坡上部和坡下部，其主要原因是，一方面，坡中部的坡度较大（平均坡度为5°）大于坡上部，而坡面侵蚀量与坡长呈正比（杨维鸽等，2016）；另一方面，随坡长的增加坡面汇流量增加，导致径流侵蚀能力和挟沙力增强，土壤侵蚀量增加（阎百兴和汤洁，2005）。本节结果与阎百兴和汤洁（2005）及杨维鸽（2016）在黑土区的研究结论一致，即坡中部的侵蚀速率最大。野外调查也表明，流域坡中部土壤“破皮黄”和“露黄”现象明显（Xu et al.，2010），也佐证了坡面中部侵蚀严重。

6.2　地形因子对坡面侵蚀–沉积分布的影响

由于受地形（坡位、坡度、坡长、坡型）影响，黑土区土壤侵蚀强度差异明显（崔明等，2007）。已有研究表明，坡位是影响坡面土壤侵蚀的主要因素（王禹，2010；张明礼等，2008；Fang et al.，2006；方华军等，2005；阎百兴和汤洁，2005）；坡度、坡长对坡面侵蚀发生发展过程及侵蚀强度起着重要作用（Yang et al.，2011；贾艳红等，2010；刘宝元等，2008；Cui et al.，2007；范昊明等，2005；李仁英等，2004；李勉等，2002）；坡型在很大程度上决定着径流的汇集方式和过程，进而影响坡面土壤侵蚀发生发展的过程及侵蚀程度（An et al.，2014；范昊明等，2007）。虽然上述研究为黑土区坡面水土保持措施的合理布置提供了理论依据，但关于各地形因素（如坡度、坡长和坡型等）对坡面土壤侵蚀和沉积速率的综合影响的研究还相对薄弱。为此，本节选择哈尔滨宾州河流域中上游的东山沟小流域的上、中、下游 6 个典型坡耕地坡面，基于 ^{137}Cs 示踪技术和张信宝质量平衡模型（张信宝等，1991），分析地形对坡耕地坡面土壤侵蚀的影响，以期为黑土区坡面土壤侵蚀预报及水土流失防治措施的布设提供理论依据。

6.2.1　材料与方法

基于野外调查结果和该地区主要地貌特征，在宾州河的东山沟小流域上、中、下游各选取 2 个典型农耕地坡面作为土壤 ^{137}Cs 含量的采样坡面，各坡面详细信息见表 6-3。根据坡长，每个坡面沿纵断面线在坡顶、坡上、坡中、坡下、坡脚布设 5～8 个采样点，共布设采样点 38 个，采样点分布见图 6-8。

表 6-3　各采样坡面的基本信息

坡面编号	样本数	平均坡度/(°)	流域位置	坡型	坡长/m	坡位（距分水岭距离）				
						坡顶	坡上	坡中	坡下	坡脚
P1	7	4.07	上游	凸	600	0～80	80～250	250～450	450～550	550～600
P2	5	1.00	上游	凸	320	0～60	60～130	130～220	220～290	290～320
P3	5	1.60	中游	复合	210	0～30	30～80	80～130	130～180	180～210
P4	8	3.75	中游	复合	1000	0～50	50～300	300～700	700～900	900～1000
P5	8	3.31	下游	复合	500	0～60	60～180	180～320	320～460	460～500
P6	5	3.40	下游	复合	380	0～50	50～150	150～250	250～350	350～380

图 6-8　流域各坡面土壤 ^{137}Cs 采样点的分布

6.2.2　土壤 ^{137}Cs 含量变化特征

本节土壤 ^{137}Cs 含量的背景值与前面 6.1.2 节相同，其值为 2379 Bq/m^2。研究区 6 个典型坡面土壤 ^{137}Cs 含量的变异系数存在明显差异（表 6-4）。坡面 P3 土壤 ^{137}Cs 含量的变异系数小于 10.0%，属弱变异（Nielsen and Bouma，1985），其余 5 个坡面土壤 ^{137}Cs 含量的变异系数均大于 10.0%，属中等变异，其中坡面 P1、P4 和 P5，变异系数高达 72.1%、35.5%和 37.2%，这表明 ^{137}Cs 随土壤颗粒移动的再分布现象在不同坡面存在明显差异。

表 6-4　各坡面土壤 ^{137}Cs 含量的统计特征

坡面编号	最大值/（Bq/m^2）	最小值/（Bq/m^2）	平均值/（Bq/m^2）	标准差/（Bq/m^2）	变异系数/%
P1	5981	1184	2316	1670	72.1
P2	2621	2043	2275	246.4	10.8
P3	2495	2004	2202	183.6	8.3
P4	3294	1156	2243	796.2	35.5
P5	3668	1247	2146	798.8	37.2
P6	2294	1338	2001	404.4	20.2
^{137}Cs 背景值	2770	2150	2379	198.1	8.3

6.2.3　坡面土壤侵蚀–沉积速率

6 个坡面侵蚀–沉积速率为–4685～3417 t/(km^2·a)，平均值为 448 t/(km^2·a)，变异系数为 370%（图 6-9），属于强变异（Nielsen and Bouma，1985），说明不同坡面侵蚀–沉积速率存在明显的差异性。38 个采样点中，23 个样点表现为侵蚀，15 个样点表现为沉积，分别占总样点数的 60.5%和 39.5%，说明研究区以侵蚀为主。根据水利部颁布的《土壤侵蚀分类分级标准》（SL190—2007）（中华人民共和国水利部，2008），23 个侵蚀样点中，轻度和中度侵蚀样点个数分别占 56.5%和 30.4%，可见研究区坡耕地土壤属于轻度–中度侵蚀水平。刘宝元等（2008）的研究结果也表明黑土区土壤侵蚀以轻度–中度侵蚀为主。谢云等（2011）认为黑土的容许流失量为 129 t/(km^2·a)，依据这一标准，在本节的 23 个侵蚀样点中有 22 个样点的土壤侵蚀速率已超过黑土区土壤允许流失量。

6.2.4　地形对坡面侵蚀–沉积的影响

1. 不同坡位土壤侵蚀–沉积分布

由图 6-9 可知，6 个坡面坡顶侵蚀速率为 79～3318 t/(km^2·a)，平均值为 819 t/(km^2·a)，平均坡度为 3.1°。黑土区坡顶属于岗地溅蚀带（范昊明等，2005），地形平坦，以溅蚀为主，同时长期的水蚀和耕作共同作用导致坡顶土壤不断向下坡方向传输，使得坡顶土壤出现侵蚀现象。坡上、坡中和坡下主要表现为侵蚀，侵蚀速率变化范围依次为 45～1523 t/（km^2·a）、38～2264 t/（km^2·a）和 295～2853 t/（km^2·a），平均侵蚀速率大小依次为坡中［1000 t/（km^2·a）］>坡下［634 t/（km^2·a）］>坡上［376 t/（km^2·a）］。这主要是因为坡上和坡中坡度较大，平均坡度分别为 3.0°和 4.0°，坡度越大雨滴落地的入射角小，雨滴分散土壤颗粒的分力相应增大，加上上方来水的汇集，径流挟沙力强，水蚀作用加强（阎百兴和汤洁，2005）。而坡下平均坡度为 2.8°，其侵蚀主要是由于上方汇水面积大，汇水量大，径流挟沙能力强，侵蚀力强。此外，在坡段的凹点处则表现出局部堆积（Quine et al.，1999），坡面 P4 的坡上和坡下部位、坡面 P5 的坡上部位和坡面 P6 的坡中部位均表现为沉积。坡脚主要表现为沉积，沉积速率为 107～4685 t/（km^2·a），平均值为 1382 t/（km^2·a），平均坡度为 1.2°。这是因为上方来水来沙汇流至坡脚，挟沙量渐趋饱和，而坡脚地势平缓，其侵蚀力减弱，形成沉积区。

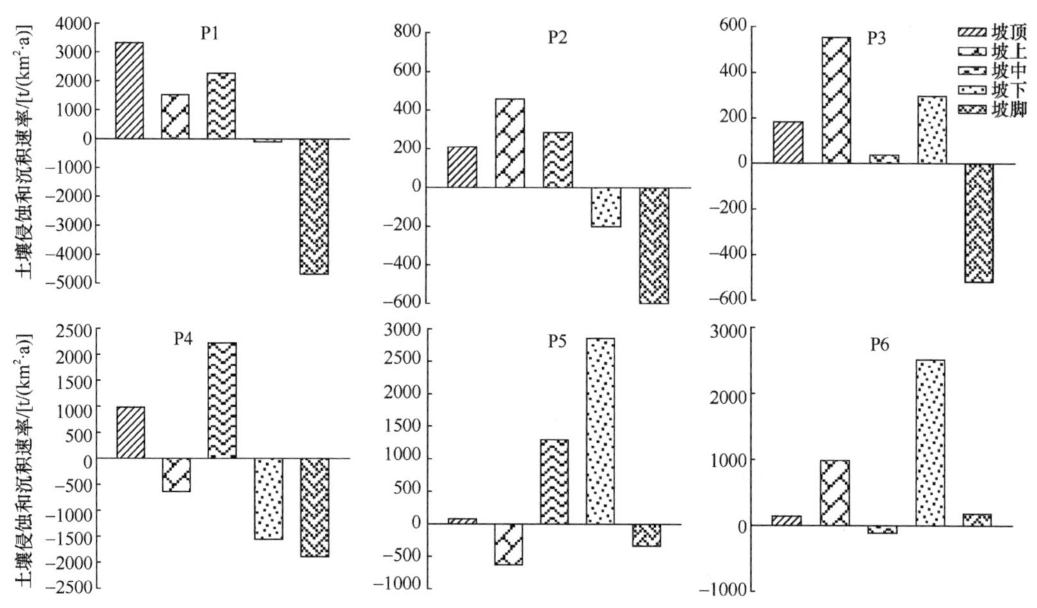

图 6-9　各坡面不同坡位土壤侵蚀–沉积速率的对比

土壤侵蚀速率最大值在不同坡面分布在不同坡位（图 6-9）。例如，坡面 P1 侵蚀速率最大值位于坡顶，其值为 3318 t/（km^2·a）；坡面 P2 和 P3 侵蚀速率最大值均位于坡上部，其值分别为 458.5 t/（km^2·a）和 553 t/（km^2·a）；坡面 P4 侵蚀速率最大值位于坡中部，其值为 2224 t/（km^2·a）；坡面 P5 和 P6 侵蚀速率最大值均位于坡下部，分别为 2853 t/（km^2·a）和 2515 t/（km^2·a）。表明坡面土壤侵蚀速率最大值出现的坡面位置与其在流域中的位置有关，同时也受坡型的影响。阎百兴和汤洁（2005）研究发现坡中侵蚀最强烈，而方华军等（2005）研究表明，坡肩土壤侵蚀最为严重。因此，黑土区坡耕地坡面土壤侵蚀治理的重点坡位应该根据坡面侵蚀速率的差异因坡制宜；同时，在研究坡面土壤侵蚀–沉积分布规律时，应在流域上、中、下游不同位置选取多个典型坡面才能真正揭示流域各部位不同坡面侵蚀–沉积分布规律。

坡面不同坡位土壤侵蚀–沉积速率呈现不同的变化趋势（图 6-9）。例如，凸型坡 P1 土壤侵蚀–沉积速率呈侵蚀强—侵蚀弱—侵蚀较强—沉积弱—沉积强的变化趋势，复合坡 P3 土壤侵蚀–沉积速率呈侵蚀弱—侵蚀强—侵蚀弱—侵蚀较强—沉积强的变化趋势。主要原因是坡度、坡长和坡型的不同，坡面各坡位汇水面积和汇水量不同，从而导致径流侵蚀力不同。可见，不同坡型各坡位土壤侵蚀–沉积速率的差异是坡型、坡度、坡长交互作用的结果。此外，同坡型各坡位土壤侵蚀–沉积速率也存在差异，凸型坡 P1 和 P2 土壤侵蚀速率在坡顶的差异明显，主要原因是坡度和凸段分布位置不同，坡面 P1 和 P2 坡顶平均坡度分别为 4°和 1°，且坡面 P1 凸段位置更接近坡顶。

2. 坡度对坡面侵蚀速率的影响

坡面沉积主要分布在坡脚，受坡度和坡长影响较小。因此，这里仅分析坡度和坡长对坡面侵蚀速率的影响。

对侵蚀速率与坡度进行一元回归分析，二者呈极显著幂函数关系：

$$E=251.92S^{1.37}\,(R^2=0.74, P<0.001, n=23) \tag{6-7}$$

式中，E 为土壤侵蚀速率［t/（km^2·a)］；S 为坡度（°）；n 为样本个数。拟合方程的 F 检验达到 P<0.001 极显著水平，各参数的 t 检验均达到 P<0.05 的显著水平。

坡面侵蚀速率随着坡度的增加而增大，这主要是因为随着坡度的增加，坡面变得越陡，径流流速增大，水流具有的能量越大，侵蚀力越大，引起细沟侵蚀的可能性越大，坡面侵蚀量越大（侯建才等，2007）。这与郑粉莉等（1989）的试验结果一致。

当坡度小于 2°时，侵蚀速率随坡度增加增幅较小，当坡度大于 2°时，侵蚀速率随坡度增加而增加的幅度增大，特别是当坡度大于 4°时，侵蚀速率增加幅度更为明显（图 6-10）。现行的坡耕地土壤侵蚀分级标准将坡度小于 5°作为一个等级（刘宝元等，2008）。因此，应对侵蚀强度分级标准——坡度进一步细分，制定适合东北黑土区坡耕地的土壤侵蚀强度分级标准。

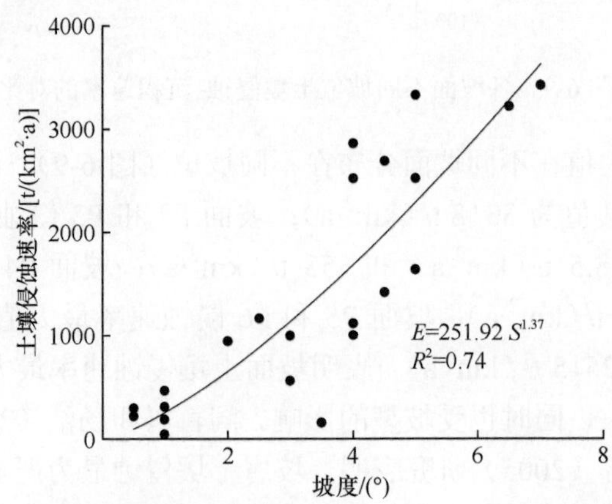

图 6-10　坡面土壤侵蚀速率与坡度的关系

3. 坡长对坡面侵蚀速率的影响

对土壤侵蚀速率与坡长进行回归分析，二者也呈极显著的幂函数关系（图 6-11）：

$$E=32.08\,L^{0.71}(R^2=0.52, P<0.001, n=23) \tag{6-8}$$

式中，E 为土壤侵蚀速率［t/（km^2·a)］；L 为坡长（m）；n 为样本个数。拟合方程的 F 检验达到 P<0.001 极显著水平，各参数的 t 检验均达到 P<0.05 的显著水平。

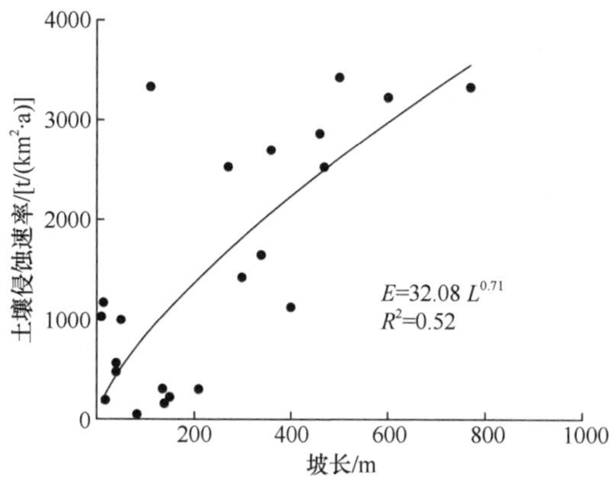

图 6-11　坡面土壤侵蚀速率与坡长的关系

研究区坡耕地土壤侵蚀速率随着坡长的增加呈波动增加（图 6-11），这主要是因为随着坡长增加，集雨面积也相应地增加，径流量变大，侵蚀量增大。现有的坡面土壤侵蚀模型中，通常也采用土壤侵蚀量随坡长增加而增加的关系式估算坡面土壤流失量（Wischmerier and Smith，1965；Zingg，1940）。

4. 坡度和坡长对坡面土壤侵蚀速率的综合影响

通过二元回归分析，对坡度和坡长对侵蚀速率的综合影响进行分析，得到表达式如下：

$$E=153.88S^{1.13}L^{0.15}(R^2=0.73, P<0.05, n=23) \tag{6-9}$$

式中，E 为土壤侵蚀速率［t/（km^2·a)］；S 为坡度（°）；L 为坡长（m）；n 为样本个数。拟合方程的 F 检验达到 P<0.05 显著水平，各参数的 t 检验均达到 P<0.05 的显著水平。

由回归分析结果得知，坡度和坡长的指数分别为 1.13 和 0.15，坡度对回归方程的贡献远大于坡长，表明坡度是黑土区地形因素中影响土壤侵蚀速率的主要因子。刘宝元等（2008）、安娟（2012）和 Cui 等（2007）的研究结果也表明坡度是影响黑土区土壤侵蚀的主要因素。因此，尽管东北黑土区属于典型的长坡缓坡地形，坡度普遍较小，但鉴于坡度在决定坡面侵蚀量中的重要性，有必要加强坡度对黑土区土壤侵蚀影响的研究；同时，在黑土区配置合理的水土保持措施时，应削弱坡度对坡耕地土壤侵蚀的影响。

5. 坡型对坡面土壤侵蚀的影响

不同坡型坡面土壤侵蚀–沉积分布存在一定的差异（图 6-9）。凸型坡（P1 和 P2）沿坡面先侵蚀后沉积，平均侵蚀速率为 231 t/（km^2·a)。坡面 P1 平均侵蚀和沉积速率分别为 2368 t/（km^2·a）和–2395 t/（km^2·a），坡面 P2 平均侵蚀和沉积速率为 317 t/（km^2·a）和–480 t/（km^2·a）。复合坡（P3、P4、P5 和 P6）呈侵蚀-沉积交错分布，平均侵蚀速率为 317 t/（km^2·a）。坡面 P3 平均侵蚀和沉积速率为 1605 t/（km^2·a）和–1359 t/（km^2·a），坡面 P4 平均侵蚀和沉积速率为 1605 t/（km^2·a）和–1359 t/（km^2·a），坡面 P5 平均侵蚀和沉积速率为 686 t/（km^2·a）和–483 t/（km^2·a），坡面 P6 平均侵蚀和沉积速率为 1214 t/（km^2·a）和–107 t/（km^2·a）。说明复合坡侵蚀强度具有不均一性，泥沙在坡面的侵蚀、搬运、沉积和输移过程中具有强弱交替的空间变化特征。这与径流侵蚀力的变化有关，当坡面径流含沙量渐趋饱和时，其挟沙力必然下降，从而导致部分径流泥沙发生沉积，而当径流含沙量减少至一定程度时，其挟沙力又会增加，导致更多的泥沙被剥蚀和搬运（李勉等，2009）。

6.3　基于 REE 示踪的顺坡垄作对坡面侵蚀–沉积空间分布的影响

坡耕地顺坡垄作是东北黑土区最为普遍的一种耕作方式（王磊等，2019；Xu et al.，2018；Zhao et al.，2018；王宇等，2016）。研究表明，在坡度≤5°坡耕地采取顺坡垄作的水土保持耕作措施可以有效降低土壤侵蚀量，但随着坡度增加其效果明显下降。宋玥和张忠学（2011）基于野外原位模拟降雨试验表明，顺坡垄作为径流提供了天然流路，导致其径流量和侵蚀量大于其他耕作方式下的径流量和侵蚀量。边锋等（2016）也发现，顺坡垄沟地形使径流汇集，汇流流量占降雨量的 77.0%以上；垄沟的集中汇流作用使顺坡垄作坡面的径流流速较无垄作坡面增加了 1.0～2.3 倍，径流剪切力增加了 0.7～1.2 倍，使得顺坡垄作坡面的侵蚀方式由以片蚀为主转变为以细沟侵蚀为主，其中细沟侵蚀量占顺坡垄作坡面总侵蚀量的 55.3%～65.6%，从而加剧了顺坡垄作坡面的土壤侵蚀。尽管已有研究分析了顺坡垄作对东北黑土区坡面土壤侵蚀的影响（Lu et al.，2016；Li et al.，2016；An et al.，2012），但缺乏对次降雨过程中顺坡垄作对坡面侵蚀–沉积空间分布和影响的研究，尤其是坡面严重侵蚀位于什么部位还不清楚。因此，本节基于成熟的 REE 示踪技术研究顺坡垄作坡面垄沟、垄丘和垄坡侵蚀–沉积空间分布特征，查明坡面侵蚀严重部位，为东北黑土区水土流失防治提供科学依据。

6.3.1　试验设计与研究方法

1. 试验材料

供试土壤采自黑龙江省齐齐哈尔市克山县粮食沟流域（125°49′48″E，48°3′52″N）坡耕地表层 20 cm 典型耕作黑土。模拟降雨试验在黄土高原土壤侵蚀与旱地农业国家重点实验室人工模拟降雨大厅进行，降雨设备为侧喷式人工降雨装置，降雨高度 16 m，降雨均匀度大于 80%。试验土槽为 6.2 m（长）×1.3 m（宽）×0.6 m（深）的固定式液压可升降钢槽，槽口为对称的两个集流口。

2. 试验设计

按照东北黑土区侵蚀性降雨标准中 5 min 瞬时雨强 I_5=80.4 mm/h（董元杰和史衍玺，2006），本试验设计 50 mm/h 和 100 mm/h（0.83 mm/min 和 1.67 mm/min）2 个降雨强度。根据野外调查结果和相关文献资料（王磊等，2019；Liu et al.，2018；Ventura et al.，2001），设计犁底层土壤容重为 1.30 g/cm^3，耕层土壤容重为 1.2 g/cm^3，顺坡垄作垄高 15 cm，垄沟宽 10 cm，垄坡宽 15 cm，垄丘顶宽 25 cm。设计试验坡度为东北黑土区坡耕地的平均坡度 5°（Zhang et al.，2017；Guzmán et al.，2010；董元杰等，2009），每个试验设置 2 个重复，每场次试验降雨历时为 60 min。为保证试验土壤基本一致，每次试验结束后重新装填试验土槽。

模拟降雨试验前，在顺坡垄作的垄丘、垄坡、垄沟布设不同 REE，分析坡面各部位侵蚀和沉积分布状况，确定坡面侵蚀严重部位。坡面各部位 REE 布设见图 6-12，不同 REE 的基本性质及施放量见表 6-5。

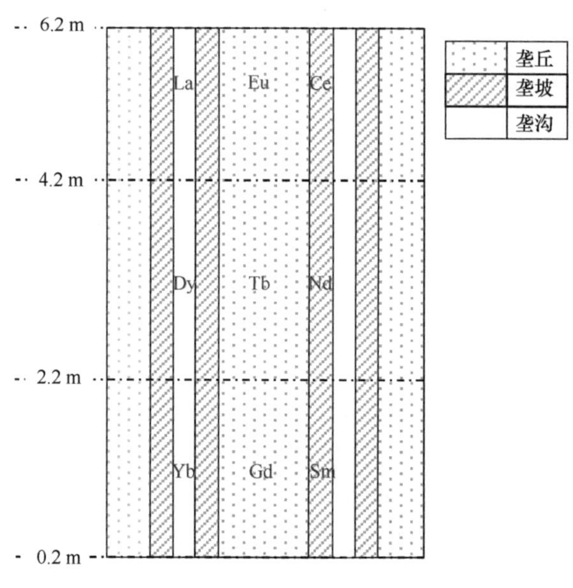

图 6-12　REE 元素布设图

表 6-5　不同 REE 元素的基本性质及施放量

稀土氧化物分子式	稀土元素分子量	氧元素分子量	土壤重量/kg	背景值/（mg/kg）	施放浓度/（mg/kg）	施放量/g	氧化物调整系数/%	纯度/%	施放氧化物量/g
Eu_2O_3	151.96	16	60	1.08	32.40	1.94	0.86	0.999 9	2.25
CeO_2	140.12	16	108	61.70	1234.00	133.27	0.81	0.999 9	163.72
La_2O_3	138.91	16	169	31.30	626.00	105.79	0.85	0.999 99	124.07
Tb_4O_7	158.93	16	60	0.68	27.04	1.62	0.85	0.999 9	1.91
Nd_2O_3	144.24	16	108	31.10	622.00	67.18	0.86	0.999	78.43
Dy_2O_3	162.5	16	169	4.13	82.60	13.96	0.87	0.999	16.04
Yb_2O_3	173.04	16	60	2.33	69.90	4.19	0.88	0.999 9	4.78
Gd_2O_3	157.25	16	108	4.44	133.20	14.39	0.87	0.999 9	16.58
Sm_2O_3	150.36	16	169	5.51	110.20	18.62	0.86	0.999	21.62

3. 试验步骤

采用逐步稀释法将试验土壤与 REE 进行混合，并按设计土壤容重（犁底层土壤容重为 1.30 g/cm^3 和耕层土壤容重为 1.2 g/cm^3）在实验土槽中分层装填土壤，具体试验土槽装填过程与第 3 章相同。试验土槽填土结束后，在 20 cm 耕层按照垄高 15 cm、垄沟宽 10 cm、垄坡宽 15 cm、垄丘顶宽 25 cm 修建顺坡垄。为了保证不同处理模拟降雨前地表条件基本一致，在正式降雨前采用 30 mm/h 的雨强进行预降雨至坡面产流，然后将试验土槽静置 24 h。正式降雨前先进行降雨强度率定，当实测降雨强度与目标降雨强度的差值小于 5%且降雨均匀度大于 80%方可进行模拟降雨。模拟降雨过程中观察坡面产流情况，待产流稳定后用径流桶每 3 min 接取全部径流泥沙样，降雨历时为 60 min。降雨试验结束后对径流泥沙进行处理和计算次降雨条件下的坡面侵蚀量。

4. 稀土元素测定和 REE 示踪区侵蚀量的估算

稀土元素的测定包括消解和元素测定两个过程，具体过程详见 Liu 等（2016）和 US EPA（1995）。每个泥沙样品设置 3 次独立测定。

根据试验样品中 REE 浓度、施放浓度和背景值，计算侵蚀量。其计算式如下：

$$w_j = \frac{(R_j - B_j)/\eta}{C_j} \times W \tag{6-10}$$

$$r_j = \frac{w_j}{\sum_1^n w_j} \times 100 \tag{6-11}$$

式中，w_j 为第 j 种 REE 示踪区的侵蚀量（kg）；R_j 为侵蚀泥沙中第 j 种 REE 的实测浓度（mg/kg）；B_j 为土壤中第 j 种 REE 的背景值浓度（mg/kg）；η 为细颗粒的富集率，定义为沉积物中细颗粒百分数与原始土壤中细颗粒百分数的比值（无量纲）；W 为实测侵蚀泥沙质量（kg）；C_j 为土壤中第 j 种 REE 的释放浓度。

6.3.2　顺坡垄作对坡面侵蚀–沉积空间分布的影响

图 6-13 表明，对于 50 mm/h 降雨强度，顺坡垄作坡面的垄丘和垄坡均以侵蚀为主，尤其是在坡面中下部垄丘和垄坡的侵蚀状况更加明显，坡面侵蚀速率为 0.1～1.8 kg/m^2；而垄沟则以沉积为主，且垄沟沉积主要集中在坡面中下部，坡面沉积速率为 0.005～1.3 kg/m^2。在 100 mm/h 降雨强度下，由于雨滴打击能力和水流能量都随雨强的增加而增大（吴发启等，2003；吴伟等，2006），坡面垄丘和垄坡均表现出强烈侵蚀。

利用式（6-10）和式（6-11）计算垄沟、垄坡和垄丘侵蚀量对整个顺坡垄作坡面侵蚀的贡献率（图 6-14），发现在 50 mm/h 雨强下，垄沟侵蚀对坡面侵蚀量的贡献率为 17.8%～43.1%，垄坡侵蚀对坡面侵蚀量的贡献率为 24.1%～41.2%，垄丘侵蚀对坡面侵蚀的贡献率为 15.7%～50.8%，说明垄丘、垄坡和垄沟侵蚀对坡面侵蚀量的贡献率基本接近。100 mm/h 雨强下，在降雨过程中的前 21 min，垄沟、垄坡和垄丘侵蚀对坡面侵蚀量的贡献率分别为 12.1%、37.6%和 50.4 %，而在降雨过程中的后 21 min，垄沟侵蚀对坡面侵蚀量的贡献率呈增加趋势，而垄丘侵蚀对坡面侵蚀量的贡献率呈减少趋势。

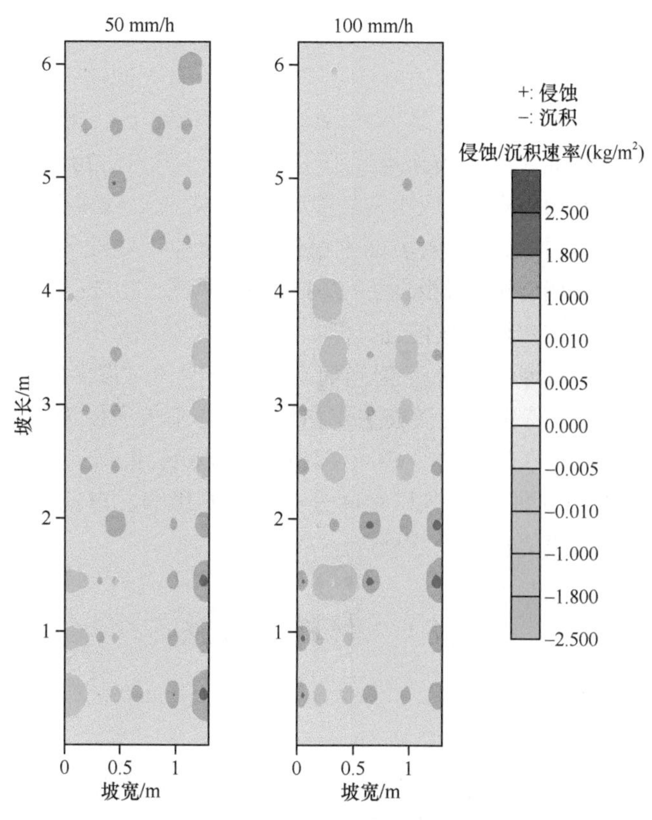

图 6-13　顺坡垄作坡面侵蚀–沉积空间分布

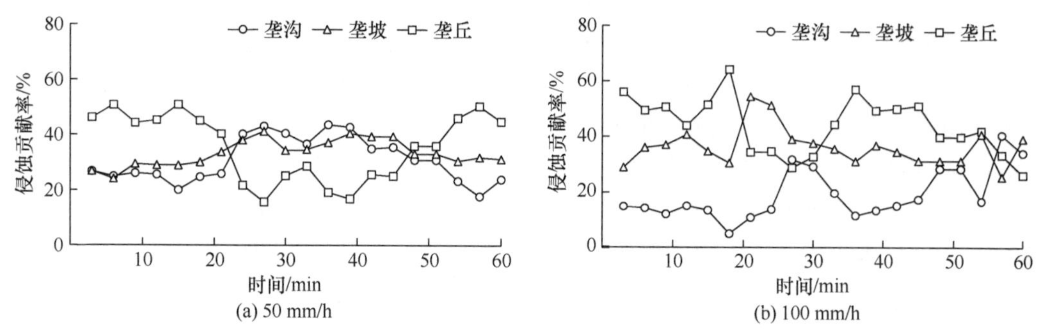

图 6-14　顺坡垄作坡面垄丘、垄坡和垄沟侵蚀对坡面侵蚀量贡献的动态变化过程

以上结果表明，在 50 mm/h 和 100 mm/h 两种降雨强度下，顺坡垄作坡面的垄丘和垄坡侵蚀量对顺坡垄作坡面侵蚀贡献率之和大于垄沟侵蚀对坡面的侵蚀贡献率，说明顺坡垄作坡面的侵蚀来源主要是垄丘和垄坡，而不是垄沟，这与 Wang 等（2020）的研究结果相一致，说明防治垄丘侵蚀对防治顺坡垄作坡面土壤侵蚀至关重要。

6.4　基于 ^{137}Cs 示踪的横坡和顺坡垄作坡面侵蚀–沉积空间分布特征

耕作方式对坡面径流和侵蚀过程的影响非常显著，且不同耕作方式下坡耕地土壤侵蚀特征有明显的差异（霍军力等，2008）。在我国东北黑土区，顺坡垄作是最常见的耕作方式之一，在整个东北黑土区坡耕地比例很大（赵玉明等，2012）。而横坡垄作作为一种水土保持措施，也被逐渐推广应用在坡度<6°的坡耕地上以减少坡面侵蚀（Liu et al.，2012）。有关顺坡垄作和横坡垄作对坡面土壤侵蚀的影响研究较多，研究结果均表明顺坡垄作能增加坡耕地土壤侵蚀（张少良等，2013；赵玉明等，2012；宋玥和张忠学，2011），而横坡垄作能很好减少坡耕地土壤侵蚀，但当其发生断垄现象时，反而会增大坡面侵蚀量（林艺等，2015；王磊等，2018）。但当前有关耕作垄向对坡面侵蚀–沉积空间分布特征的影响研究相对较少，特别是对横坡垄作和顺坡垄作下坡面侵蚀强度的空间变化规律的研究鲜有报道。为此，本节基于 ^{137}Cs 示踪技术，分析东北薄层黑土区和厚层黑土区，横坡垄作和顺坡垄作对坡面侵蚀-沉积空间分布特征的影响，以期为东北黑土区坡耕地的水土保持措施精准布设提供理论依据。

6.4.1　材料与方法

1. 研究区概况

根据《中国水土流失防治与生态安全：东北黑土区卷》（水利部等，2010），可将典型黑土区划分为厚层黑土、中层黑土和薄层黑土。经查阅资料，本节的薄层黑土区选在宾县，厚层黑土区选在克山县。宾县薄层黑土区位于黑龙江省中部（126°55′41″～128°19′17″E，45°30′37″～46°01′20″N），平均海拔约为 450 m。其多年平均降雨量为 548.5 mm，降雨年内分布不均。区域内土壤类型主要是黑土，耕地坡度为 1°～8°，坡长 400～1000 m，耕层深度多为 0～20 cm，主要以种植玉米为主。克山厚层黑土区（47°51′～48°34′N，125°11′～126°8′E）的气候类型属寒温带大陆性季风气候，年平均气温为 1.1℃，年降水量平均为 498.8 mm。耕地坡度为 1°～8°，坡长 400～1000 m，耕层深度多为 0～20 cm。区域内土壤类型主要为黑土，与局部草甸土、黑钙土相间分布。主要以种植大豆和马铃薯为主，部分种植玉米。

2. 样地选取与坡度测量

通过实地调研，走访当地农民确定土地开垦时间和土地利用历史，然后选取采样地块。前人研究表明，黑土区长缓坡存在 140 m 左右的一个完整的侵蚀–沉积周期（冯志珍，2018；王禹，2010），故所选坡长为 140 m 进行采样，采样地块面积为 140 m×10 m。薄层和厚层黑土区顺坡垄作和横坡垄作的采样地基本信息见表 6-6。

表 6-6　采样地基本信息

研究区	地点	坡型	面积	坡度/（°）	垄作方式
薄层黑土区	宾县	直型坡	140 m×10 m	2.4	横坡垄作
				3.4	顺坡垄作
厚层黑土区	克山县			4.3	横坡垄作
				3.2	顺坡垄作

在所选样地，沿坡长方向以 10 m 为步长，用坡度仪每隔 2 m 在坡宽 10 m 范围内测量 6 个点的地面坡度，取平均值作为 2 m 坡段的地面坡度。

3. 土壤样品采集与测定

分别在宾县薄层黑土区和克山厚层黑土区选取坡长约为 140 m 的顺坡垄作和横坡垄作坡面各 1 个（共 4 个坡面），采集土壤 ^{137}Cs 样品。综合杨维鸽（2016）和冯志珍（2018）的研究成果，确定采集土壤 ^{137}Cs 样品深度为 30 cm。

Zhang 等（2019）认为采样点间距大于 0.75 m、小于 5 m 时，采集的土壤样本具有独立性，可以组合为一个样本代表点。由于本节坡面宽度为 10 m，所以在 10 m 的坡宽布设 5 个采样点，相邻采样点之间的距离是 2 m，然后将这 5 个点的土壤样品均匀混合，作为该坡长的 1 个土壤样品。采样时，沿 140 m 坡长方向按 5 m 步长共采集 29 个土壤样品。

宾县薄层黑土区土壤 ^{137}Cs 背景值直接采用冯志珍（2018）在相同流域测定的土壤 ^{137}Cs 背景值（2379 Bq/m^2），克山厚层黑土区土壤 ^{137}Cs 背景值采集是在研究区选取地势平坦、60 年未受人为扰动，且无明显侵蚀和沉积的一块次生林地作为采样地，共采集土壤 ^{137}Cs 背景值样品 8 个。

将野外采集的所有土壤 ^{137}Cs 样品带回实验室，经过风干、称重、研磨、过筛、称重及标记等处理后，采用 γ 能谱分析仪测试（马琨等，2002）；利用式（6-1）～式（6-4）计算质量活度，并利用式（6-5）和式（6-6）估算土壤侵蚀速率。

6.4.2　横坡垄作和顺坡垄作坡面土壤 ^{137}Cs 含量的空间变化

宾县薄层黑土区土壤 ^{137}Cs 含量背景值为 2379 Bq/m^2（冯志珍，2018）；克山厚层黑土区 8 个背景样点的平均值为 2417 Bq/m^2，变异系数为 7.2%，此值与王禹（2010）在相同研究区测定的土壤 ^{137}Cs 含量背景值（2500 Bq/m^2），以及阎百兴和汤洁（2005）确定的土壤 ^{137}Cs 含量背景值（2464 Bq/m^2）及方华军等（2005）确定的土壤 ^{137}Cs 含量背景值（2377 Bq/m^2）非常接近，故厚层黑土区土壤 ^{137}Cs 含量的背景值确定为 2417 Bq/m^2。

表 6-7 表明，薄层黑土区顺坡垄作坡面土壤 ^{137}Cs 含量为 1300～1855 Bq/m^2，平均值为 1613 Bq/m^2；薄层黑土区横坡垄作坡面土壤 ^{137}Cs 含量变化为 1251～2448 Bq/m^2，平均值为 1827 Bq/m^2。厚层黑土区顺坡垄作坡面土壤 ^{137}Cs 含量为 1106～2863 Bq/m^2，平均值为 1770 Bq/m^2；厚层黑土区横坡垄作坡面土壤 ^{137}Cs 含量变化为 1294～2845 Bq/m^2，平均值为 1802 Bq/m^2。无论在薄层黑土区还是在厚层黑土区，采样点的土壤 ^{137}Cs 含量

均小于对应研究区的土壤 ^{137}Cs 含量背景值，且顺坡垄作坡面土壤 ^{137}Cs 含量的平均值均小于横坡垄作坡面，说明顺坡垄作坡面的侵蚀强度大于横坡垄作坡面。从表 6-7 还可以看出，各采样点土壤 ^{137}Cs 含量的变异系数为 11.9%～26.6%，属于中等变异（Nielsen and Bouma，1985），且变异系数在横坡垄作和顺坡垄作坡面存在明显差异，这说明横坡垄作和顺坡垄作坡面 ^{137}Cs 含量分布存在明显差异。

表 6-7　横坡垄作和顺坡垄作坡面土壤 ^{137}Cs 含量的统计特征

含量	薄层黑土区		厚层黑土区	
	顺坡垄作	横坡垄作	顺坡垄作	横坡垄作
样品数	15	15	18	18
最大值/（Bq/m^2）	1855	2448	2863	2845
最小值/（Bq/m^2）	1300	1251	1106	1294
平均值/（Bq/m^2）	1613	1827	1770	1802
标准差/（Bq/m^2）	192	316	471	386
变异系数/%	11.9	17.3	26.6	21.4

图 6-15 显示，在薄层黑土区，顺坡垄作坡面和横坡垄作坡面土壤 ^{137}Cs 含量随坡长变化呈现为增加—减少交替变化的趋势。薄层黑土区顺坡垄作坡面土壤 ^{137}Cs 含量波动幅度不大，且均小于土壤 ^{137}Cs 含量的背景值，说明该研究区顺坡垄作坡面各坡段均发生侵蚀。薄层黑土区横坡垄作坡面大部分坡段的土壤 ^{137}Cs 含量也小于土壤 ^{137}Cs 含量的背景值，说明该研究区横坡垄作坡面以侵蚀为主。从图 6-15 还可以看出，在坡长为 20～120 m 的坡面中部，土壤 ^{137}Cs 含量明显低于坡上和坡下的土壤 ^{137}Cs 含量，说明坡面中部侵蚀严重。

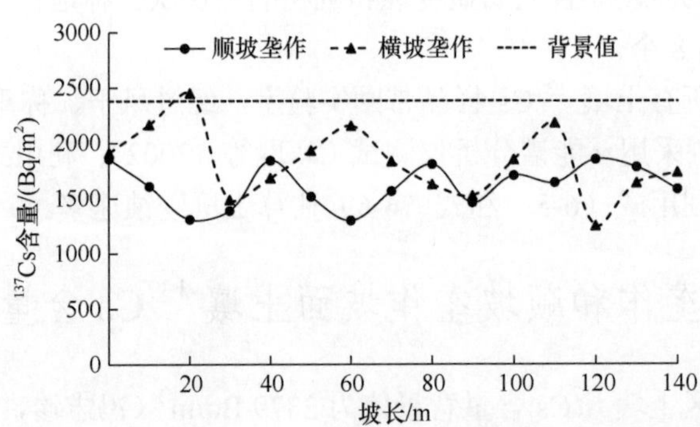

图 6-15　薄层黑土区横坡垄作和顺坡垄作坡面土壤 ^{137}Cs 含量随坡长变化的变化

图 6-16 显示，在厚层黑土区，无论是顺坡垄作坡面还是横坡垄作坡面，土壤 ^{137}Cs 含量的分布随坡长变化也呈现增加—减少交替变化的趋势。厚层黑土区顺坡垄作坡面土壤 ^{137}Cs 含量波动幅度不大，且其大多小于土壤 ^{137}Cs 含量的背景值，说明该研究区顺坡垄作坡面各坡段均发生侵蚀。横坡垄作坡面大部分坡段的土壤 ^{137}Cs 含量也小于土壤 ^{137}Cs 含量的背景值，说明该研究区横坡垄作坡面以侵蚀为主。从图 6-16 还可以看出，在坡长为 25～130 m 的坡面中部，土壤 ^{137}Cs 含量明显低于坡上和坡下，说明坡面中部侵蚀严重。

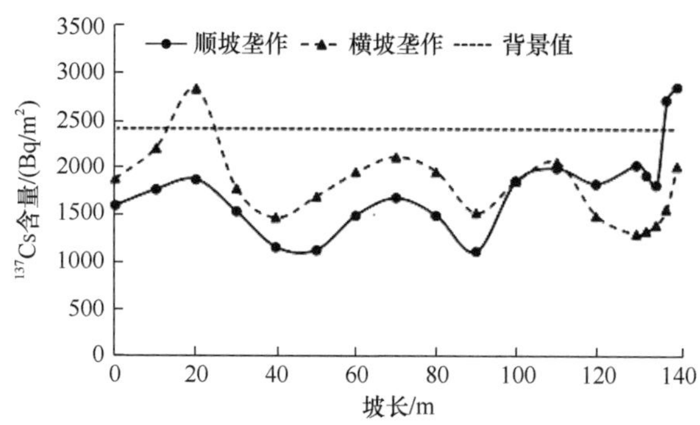

图 6-16　厚层黑土区横坡垄作和顺坡垄作坡面土壤 ^{137}Cs 含量随坡长变化的变化

6.4.3　横坡垄作和顺坡垄作坡面侵蚀速率的对比

基于张信宝质量平衡模型（张信宝等，1991）估算各采样点的侵蚀–沉积速率，统计分析薄层黑土区和厚层黑土区顺坡和横坡垄作坡面侵蚀速率的特征值。从表 6-8 可知，薄层和厚层黑土区顺坡垄作和横坡垄作 4 个坡面平均侵蚀速率为 1210～1718 t/(km^2·a)。根据水利部颁布的《土壤侵蚀分类分级标准》(SL190—2007)（中华人民共和国水利部，2008），4 个坡面均属于轻度侵蚀，相较于以往的研究成果，刘宝元等（2008）、杨维鸽（2016）和冯志珍（2018）均认为东北黑土区坡耕地土壤侵蚀以轻度–中度侵蚀为主，这可能是由于本节所选地面坡度较小造成的。由表 6-8 可以看出，不管薄层黑土区还是厚层黑土区，其顺坡垄作坡面的平均侵蚀速率大于横坡垄作坡面，这可能是由于横坡垄作的垄丘能够有效地减缓径流流速，从而减小径流侵蚀力对泥沙的剥离和搬运（王磊等，2018）；而顺坡垄作易造成坡面径流大量汇聚于垄沟，增大了坡面径流流速，进而增强了垄沟底部和垄丘侧部的掏蚀作用；另外，随着顺坡垄中径流侵蚀能力的增大，侵蚀方式由片蚀为主转变为细沟侵蚀为主（边锋等，2016），故顺坡垄作下侵蚀程度相较于横坡垄作更加剧烈。不合理的耕作方式是影响坡耕地黑土流失的重要原因之一（赵鹏志等，2017），由此说明横坡垄作具有更好的水土保持效用，其在东北黑土区具有较高的推广价值。

表 6-8　横坡垄作和顺坡垄作坡面侵蚀–沉积速率的统计特征

研究区	垄作方式	最大值 /［t/（km^2·a）］	最小值 /［t/（km^2·a）］	平均侵蚀速率 /［t/（km^2·a）］	等级划分	变异系数/%
薄层黑土区	顺坡垄作	2622	1082	1718	轻度	30.1
	横坡垄作	2788	–125	1210	轻度	62.8
厚层黑土区	顺坡垄作	3327	–726	1466	轻度	75.7
	横坡垄作	2662	–700	1341	轻度	65.3

由表 6-8 还可看出，薄层黑土区顺坡垄作下的坡面平均侵蚀速率明显大于厚层黑土区，前者较后者增加 17.2%；而薄层黑土区横坡垄作坡面侵蚀速率小于厚层黑土区，后者较前者增加 10.8%。

6.4.4 横坡垄作和顺坡垄作坡面侵蚀–沉积空间变化

4 个坡面侵蚀速率的变异系数为 30.1%～75.7%（表 6-8），均属于中等变异（Nielsen and Bouma，1985），这说明横坡、顺坡垄作坡面的侵蚀–沉积存在明显差异。从图 6-17 和图 6-18 可以看出，薄层黑土区顺坡垄作坡面各坡段均发生侵蚀，而厚层黑土区顺坡垄作坡面在坡下部发生沉积。两个研究区的横坡垄作坡面在坡上部发生沉积，这可能与横坡垄作垄丘的拦沙作用有关。从图 6-17 和图 6-18 还可以看出，4 个坡面土壤侵蚀均存在明显的强—弱交替分布。

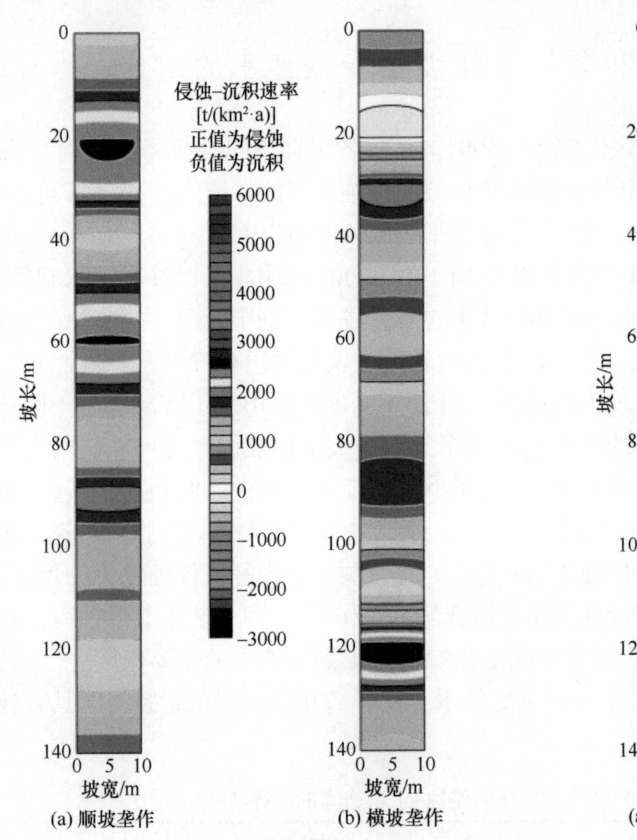

图 6-17　薄层黑土区横坡和顺坡垄作耕作坡面侵蚀–沉积速率空间分布

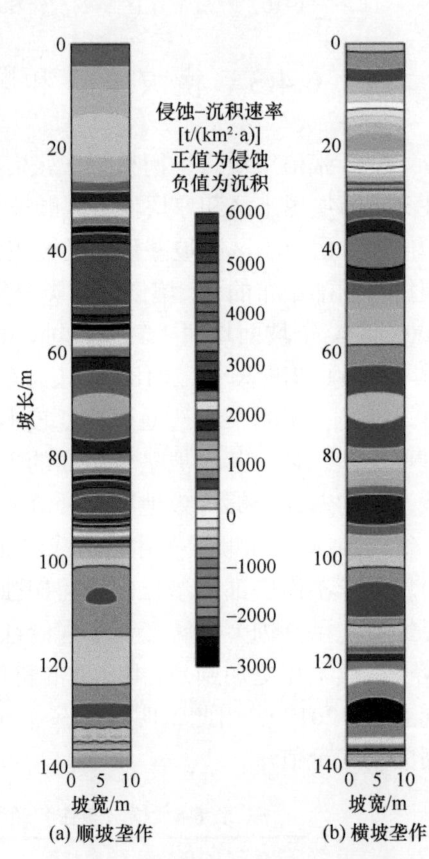

图 6-18　厚层黑土区横坡和顺坡垄作坡面侵蚀–沉积速率空间分布

6.5 结　　语

本章基于 ^{137}Cs 和 REE 示踪技术，研究了流域侵蚀区和沉积区坡面土壤侵蚀–沉积空间分布特征，对比了薄层和厚层黑土区横坡垄作和顺坡垄作坡面侵蚀–沉积空间分布的差异，查明了坡面土壤侵蚀的严重部位，主要结论如下所述：

（1）坡面不同坡位土壤侵蚀–沉积速率存在差异，坡顶、坡上部、坡中部和坡下部以侵蚀为主，坡脚则以沉积为主。坡中部土壤侵蚀最严重，侵蚀速率为 3743.7 t/（km^2·a），坡上部土壤侵蚀较弱，侵蚀速率为 2048.3 t/（km^2·a），而坡下部沉积速率为 198.9 t/（km^2·a）。

（2）土壤侵蚀速率与坡度、坡长均呈极显著的幂函数关系，且坡度对黑土区土壤侵蚀的影响大于坡长；不同坡型坡面侵蚀–沉积分布存在差异，凸型坡坡面表现出先侵蚀后沉积的分布特征，复合坡土壤侵蚀–沉积表现出交错分布。

（3）基于 REE 示踪技术明确了顺坡垄作坡面侵蚀–沉积空间分布特征，坡面垄丘和垄坡部位以侵蚀为主，而垄沟则以沉积为主；顺坡垄作坡面垄丘和垄坡侵蚀对坡面侵蚀的贡献率分别为 15.7%～50.8%和 24.1%～41.2%，垄丘侵蚀对坡面侵蚀的贡献率为 12.1%～43.1%。

（4）基于 ^{137}Cs 示踪的薄层和厚层黑土区横坡垄作和顺坡垄作坡面，无论薄层黑土区还是厚层黑土区，其顺坡垄作坡面的平均侵蚀速率均大于横坡垄作坡面。薄层黑土区顺坡垄作坡面平均侵蚀速率较厚层黑土区增加 17.2%；而厚层黑土区横坡垄作坡面平均侵蚀速率较薄层黑土区增加 10.8%。在薄层黑土区和厚层黑土区，顺坡垄作坡面侵蚀–沉积速率分别为 1082～2622 t/（km^2·a）和–726～3327 t/（km^2·a），横坡垄作坡面侵蚀–沉积速率分别为–125～2788 t/（km^2·a）和–700～2662 t/（km^2·a）。对于薄层黑土区，20～120 m 坡段是侵蚀严重部位；对于厚层黑土区，25～130 m 坡段是侵蚀严重部位；且薄层和厚层黑土区顺坡垄作和横坡垄作坡面土壤侵蚀强度均存在明显的强—弱交替分布。

主要参考文献

安娟. 2012. 东北黑土区土壤侵蚀过程机理和土壤养分迁移研究. 北京: 中国科学院研究生院博士学位论文.

边锋, 郑粉莉, 徐锡蒙, 等. 2016. 东北黑土区顺坡垄作和无垄作坡面侵蚀过程对比. 水土保持通报, 36(1): 11-16.

崔明, 蔡强国, 张永光, 等. 2007. 漫岗黑土区坡耕地中雨季浅沟发育机制. 农业工程学报, 23(8): 59-65.

董元杰, 史衍玺. 2006. 粉煤灰作土壤侵蚀的磁示踪剂研究初报. 土壤学报, 43(1): 155-159.

董元杰, 史衍玺, 孔凡美, 等. 2009. 基于磁测的坡面土壤侵蚀空间分布特征研究. 土壤学报, 46(1): 144-148.

范昊明, 蔡强国, 崔明. 2005. 东北黑土漫岗区土壤侵蚀垂直分带性研究. 农业工程学报, 21(6): 8-11.

范昊明, 王铁良, 周丽丽, 等. 2007. 不同坡形坡面径流流速时空分异特征研究. 水土保持学报, 21(6): 35-38.

方华军, 杨学明, 张晓平, 等. 2005. 利用 ^{137}Cs 技术研究黑土坡耕地土壤再分布特征. 应用生态学报, 16(3): 464-468.

冯志珍. 2018. 东北薄层黑土区土壤侵蚀–沉积对土壤性质和玉米产量的影响研究. 杨凌: 西北农林科技大学博士学位论文.

冯志珍, 郑粉莉, 易祎. 2017. 薄层黑土微生物生物量碳氮对土壤侵蚀–沉积的响应. 土壤学报, 54(6): 1332-1344.

侯建才, 李占斌, 李勉, 等. 2007. 小流域地貌部位和土地利用类型对侵蚀产沙影响的 ^{137}Cs 法研究. 水土保持学报, 21(2): 36-39.

霍军力, 王永成, 董斌. 2008. 东北黑土区坡耕地地表径流的影响因素分析——兼谈水土保持对策. 黑龙江水利科技, 5(36): 93-94.

贾艳红, 王兆印, 张志荣, 等.2010. 基于 ^{137}Cs 技术的西汉水流域坡耕地侵蚀示踪研究. 清华大学学报

(自然科学版), 50(9): 1342-1345+1349.
李勉, 李占斌, 丁文峰, 等. 2002. 黄土坡面细沟侵蚀过程的REE示踪. 地理学报, 57(2): 218-223.
李勉, 杨剑锋, 侯建才, 等. 2009. ^{137}Cs示踪法研究黄土丘陵区坡面侵蚀空间变化特征. 核技术, 32(1): 50-54.
李仁英, 杨浩, 唐翔宇, 等. 2004. 黄土高原地区^{137}Cs的分布及其影响因子研究. 土壤学报, 41(4): 628-631.
梁家伟, 戴全厚, 张曦, 等. 2014. ^{137}Cs技术研究岩溶高原湿地小流域土壤侵蚀特征. 核农学报, 28(1): 116-122.
林艺, 秦凤, 郑子成, 等. 2015. 不同降雨条件下垄作坡面地表微地形及土壤侵蚀变化特征. 中国水土保持科学, 13(3): 32-38.
刘宝元, 阎百兴, 沈波, 等. 2008. 东北黑土区农地水土流失现状与综合治理对策. 中国水土保持科学, 6(1): 1-8.
刘志强, 杨明义, 刘普灵, 等. 2009. 确定^{137}Cs背景值所需的采样点数与采样面积. 核农学报, 23(3): 482-486.
马琨, 王兆骞, 陈欣. 2002. 土壤侵蚀示踪方法研究综述. 水土保持研究, 9(4): 90-94.
水利部, 中国科学院, 中国工程院. 2010. 中国水土流失与生态安全: 东北黑土区卷. 北京: 科学出版社.
宋玥, 张忠学. 2011. 不同耕作措施对黑土坡耕地土壤侵蚀的影响. 水土保持研究, 18(2): 14-16.
王彬, 郑粉莉, 王玉玺. 2012. 东北典型薄层黑土区土壤可蚀性模型适用性分析. 农业工程学报, 28(6): 126-131.
王磊, 何超, 郑粉莉, 等. 2018. 黑土区坡耕地横坡垄作措施防治土壤侵蚀的土槽试验. 农业工程学报, 34(15): 149-156.
王磊, 师宏强, 刘刚, 等. 2019. 黑土区宽垄和窄垄耕作的顺坡坡面土壤侵蚀对比. 农业工程学报, 35(19): 176-182.
王小雷, 杨浩, 桑利娟, 等. 2009. ^{137}Cs在耕作土壤中的均一性分布研究. 土壤, 41(6): 897-901.
王晓燕, 田均良, 杨明义. 2003. 土壤剖面中$^{210}Pb_{ex}$的分布特征及其在土壤侵蚀示踪中的应用. 土壤通报, 34(6): 581-585.
王宇, 韩兴, 赵占军, 等. 2016. 垄沟秸秆覆盖对黑土顺坡耕地氮、磷养分阻控效果. 水土保持学报, 30(1): 137-140.
王禹. 2010. ^{137}Cs和$^{210}Pb_{ex}$复合示踪研究东北黑土区坡耕地土壤侵蚀速率. 北京: 中国科学院大学硕士学位论文.
王禹, 杨明义, 刘普灵. 2010. 典型黑土直型坡耕地土壤侵蚀强度的小波分析. 核农学报, 24(1): 98-103.
吴发启, 赵西宁, 佘雕. 2003. 坡耕地土壤水分入渗影响因素. 水土保持通报, 23(1): 16-18.
吴伟, 王雄宾, 武会, 等. 2006. 坡面产流机制研究刍议. 水土保持研究, 13(4): 84-86.
谢云, 段兴武, 刘宝元, 等. 2011. 东北黑土区主要黑土土种的容许土壤流失量. 地理学报, 66(7): 940-952.
阎百兴, 汤洁. 2004. 东北黑土中^{137}Cs背景值研究. 水土保持学报, 18(4): 33-36.
阎百兴, 汤洁. 2005. 黑土侵蚀速率及其对土壤质量的影响. 地理研究, 24(4): 499-506.
杨维鸽. 2016. 典型黑土区土壤侵蚀对土壤质量和玉米产量影响研究. 北京: 中国科学院大学博士学位论文.
杨维鸽, 郑粉莉, 王占礼, 等. 2016. 地形对黑土区典型坡面侵蚀–沉积空间分布特征的影响. 土壤学报, 53(3): 572-581.
张明礼, 杨浩, 高明, 等. 2008. 利用^{137}Cs示踪技术研究滇池流域土壤侵蚀. 土壤学报, 45(6): 1017-1025.
张少良, 刘威, 张兴义, 等. 2013. 黑土区典型小流域土壤侵蚀空间格局模拟研究. 水土保持通报, 33(4): 224-227.

张信宝, 赤赤方特 D L, 沃林 D E. 1991. ^{137}Cs 法测算黄土高原土壤侵蚀速率的初步研究. 地球化学, 3: 212-218.

赵鹏志, 陈祥伟, 王恩姮. 2017. 黑土坡耕地有机碳及其组分累积-损耗格局对耕作侵蚀与水蚀的响应. 应用生态学报, 28(11): 3634-3642.

赵玉明, 刘宝元, 姜洪涛. 2012. 东北黑土区垄向的分布及其对土壤侵蚀的影响. 水土保持研究, 19(5): 1-6.

郑粉莉, 唐克丽, 周佩华. 1989. 坡耕地细沟侵蚀影响因素的研究. 土壤学报, 26(2): 109-116.

中华人民共和国水利部. 2008. 土壤侵蚀分类分级标准(SL190—2007). 北京: 中国水利水电出版社.

An J, Zheng F L, Lu J, et al. 2012. Investigating the role of raindrop impact on hydrodynamic mechanism of soil erosion under simulated rainfall conditions. Soil Science, 177(8): 517-526.

An J, Zheng F L, Wang B. 2014. Using ^{137}Cs technique to investigate the spatial distribution of erosion and deposition regimes for a small catchment in the black soil region, Northeast China. Catena, 123: 243-251.

Brown R B, Kling G F, Cutshall N H. 1981. Agricultural erosion indicated by ^{137}Cs redistribution: Ⅱ Estimating rates of erosion rates. Soil Science Society of America Journal, 45(6): 1191-1197.

Cui M, Cai Q G, Zhu A X, et al. 2007. Soil erosion along a long slope in the gentle hilly areas of black soil region in Northeast China. Journal of Geographical Sciences, 17(3): 375-383.

Fang H J, Yang X M, Zhang X P. 2006. Using ^{137}Cs tracer technique to evaluate erosion and deposition of black soil in Northeast China. Pedosphere, 16(2): 201-209.

Guzmán G, Barrón V, Gómez J A. 2010. Evaluation of magnetic iron oxides as sediment tracers in water erosion experiments. Catena, 82: 126-133.

Li G F, Zheng F L, Lu J, et al. 2016. Inflow rate impact on hillslope erosion processes and flow hydrodynamics. Soil Sci. Soc. Am. J., 80(3): 711-719.

Liu G, Xiao H, Liu P L, et al. 2016. An improved method for tracing soil erosion using rare earth elements. Journal of Soils and Sediments, 16(5): 1670-1679.

Liu L, Huang M B, Zhang K L, et al. 2018. Preliminary experiments to assess the effectiveness of magnetite powder as an erosion tracer on the Loess Plateau. Geoderma, 310: 249-256.

Liu X B, Burras C L, Kravchenko Y S, et al. 2012. Overview of Mollisols in the world: distribution, land use and management. Revue Canadienne De La Science Du Sol, 92(3): 383-402.

Lu J, Zheng F L, Li G F, et al. 2016. The effects of raindrop impact and runoff detachment on hillslope soil erosion and soil aggregate loss in the Mollisol region of Northeast China. Soil and Tillage Research, 161: 79-85.

Nielsen D R, Bouma J. 1985. Soil Spatial Variability. Proceedings of an ISSSSSSA workshop. Pudoc, Wageningen, Netherlands.

Quine T A, Walling D E, Chakela Q K. 1999. Rates and patterns of tillage and water erosion on terraces and contour strip: Evidence from caesium-137 measurements. Catena, 36(1): 115-142.

Ritchie J C, Spraberry J A, Mchenry J R. 1974. Estimating soil erosion from the redistribution of fallout ^{137}Cs. Soil Science Society of America Journal, 38(1): 137-139.

Rogowski A S, Tamura T. 1970. Erosional behavior of cesium-137. Health Physics, 18: 467-477.

Simpson H J, Olsen C R. 1976. Man-made radionuclide and sedimentation in the Hudson River. Science, 194: 1979-1982.

US EPA. 1995. Test Methods for Evaluating Solid Waste (SW 846). third ed. Washington DC: US Government Printing Office.

Ventura E, Nearing M A, Norton L D. 2001. Developing a magnetic tracer to study soil erosion. Catena, 43: 277-291.

Wang L, Zheng F L, Zhang X C, et al. 2020. Discrimination of soil losses between ridge and furrow in longitudinal ridge-tillage under simulated upslope inflow and rainfall. Soil and Tillage Research, 198: 104541.

Wischmerier W H, Smith D D. 1965. Predicting rainfall erosion losses from cropland east of Rocky Mountains. USDA. Agricultural Handbook: 282.

Xu X M, Zheng F L, Wilson G V, et al. 2018. Comparison of runoff and soil loss in different tillage systems in the Mollisol region of Northeast China. Soil & Tillage Research, 177: 1-11.

Xu X Z, Xu Y, Chen S C, et al. 2010. Soil loss and conservation in the black soil region of Northeast China: A retrospective study. Environmental Science and Policy, 13: 793-800.

Yang Y H, Yan B X, Zhu H. 2011. Estimating soil erosion in Northeast China using ^{137}Cs and ^{210}Pbex. Pedosphere, 21(6): 706-711.

Zhang Q W, Lei T W, Huang X J. 2017. Quantifying the sediment transport capacity in eroding rills using a REE tracing method. Land Degradation and Development, 28(2): 591-601.

Zhang X C, Polyakov V O, Liu B Y, et al. 2019. Quantifying geostatistical properties of ^{137}Cs and ^{210}Pbex at small scales for improving sampling design and soil erosion estimation. Geoderma, 334: 155-164.

Zhao P Z, Li S, Wang E H, et al. 2018. Tillage erosion and its effect on spatial variations of soil organic carbon in the black soil region of China. Soil and Tillage Research, 178: 72-81.

Zingg A W. 1940. Degree and length of land slope as it affects soil loss in runoff. Agricultural Engineering, 21(2): 59-64.

第 7 章　东北黑土区复合侵蚀强度分级

黑土区一般具有广义黑土区和典型黑土区之分，《中国水土保持区划》（王治国等，2016）中定义广义黑土区面积为 108.75 万 km^2，包括的土壤类型有典型黑土、黑钙土、暗棕壤、草甸土、白浆土、棕壤、棕色针叶林土和沼泽土等。典型黑土区一般包括以黑土、黑钙土为主分布的区域，面积为 32.67 万 km^2（王岩松等，2019）。目前全国土壤侵蚀类型分区将黑土区土壤侵蚀类型划分为水力侵蚀、风力侵蚀及冻融侵蚀（王治国等，2016），而事实上东北黑土区属于典型的复合土壤侵蚀类型区，各种侵蚀类型在时间上交替、在空间上叠加，但目前尚未有黑土区复合侵蚀强度分级的研究成果，因而很难指导水土保持实践。为此，本章在以上研究的基础上，以 30 m 分辨率的 DEM 为基础，基于中国土壤流失方程（CSLE）（刘宝元等，2013a）、风蚀方程（WEQ）（Woodruff and Siddoway，1965）及通用土壤流失方程（USLE）（Wischmeier and Smith，1978），分别估算东北黑土区水力、风力和融雪侵蚀强度，根据水利部颁布的侵蚀强度分级标准，借助 GIS 平台，分别生成黑土区水力侵蚀强度分级图、风力侵蚀强度分级图和融雪侵蚀强度分级图，最后在 GIS 技术的支持下通过水力、风力和融雪侵蚀强度分级图的空间叠加运算，生成黑土区复合侵蚀强度分级图，为研究区复合侵蚀防治提供理论支持。

7.1　水力侵蚀强度分级与制图

中国土壤流失方程（CSLE）是基于对通用土壤流失方程（USLE）的改进而提出的（蔡强国等，2003；刘宝元等，2013a），主要改进的内容一是将 USLE 模型中作物覆盖与管理因子（C）及水土保持措施因子（P）根据我国三大水土保持措施类型修改为生物措施因子（B）、工程措施因子（E）和耕作措施因子（T），二是对地形因子（LS）做了较大改进，使模型对土壤流失量的估算结果更加符合我国实际情况（符素华等，2001）。因此，本节用中国土壤流失方程（CSLE）估算黑土区的水力侵蚀强度。中国土壤流失方程（CSLE）基本结构为

$$A = R \times K \times \mathrm{LS} \times B \times E \times T \tag{7-1}$$

式中，A 为降雨侵蚀期土壤侵蚀量[t/(hm^2·a)]；R 为降雨侵蚀力因子[MJ·mm/(hm^2·h·a)]；K 为降雨侵蚀期内的土壤可蚀性因子 [t·hm^2·h/(hm^2·MJ·mm)]；LS 为坡长和坡度地形因子（无量纲）；B 为降雨侵蚀期内的植被覆盖度与生物措施因子（无量纲）；E 为工程措施因子（无量纲）；T 为耕作措施因子（无量纲）。

7.1.1 CSLE方程中各因子计算

1. 降雨侵蚀力因子（*R*）

降雨侵蚀力是指降雨引起的土壤侵蚀的潜在能力，是降雨特征的函数（Hudson，1995）。本节利用东北黑土区 93 个气象站点 1987～2016 年的降水资料，参考相关研究结果（谢云等，2000；张宪奎等，1992）及水利部在黑土区确定的侵蚀性降雨标准（水利部水土保持监测中心，2018），将日降雨量侵蚀性标准确定为 $P_0 \geqslant 10$ mm，利用章文波等（2003）提出的计算公式估算研究区半月时段降雨侵蚀力，然后累加计算年降雨侵蚀力。具体计算式为

$$
\begin{aligned}
R_i &= \alpha \sum_{k=1}^{j} (D_j)^{\beta} \\
\beta &= 0.8363 + \frac{18.144}{P_{d_0}} + \frac{24.455}{P_{y_0}} \qquad (7\text{-}2) \\
\alpha &= 21.586 \beta^{-7.1891}
\end{aligned}
$$

式中，R_i 为第 i 个半月的降雨侵蚀力［MJ·mm/（hm^2·h·a）］；k 为半月天数（等于 15 或者 16）；D_j 为半月内第 j 天的降雨量（只记日雨量≥P_0，否则为 0）（mm）；α 和 β 为待定系数；P_{d_0} 为≥P_0 的多年平均日降雨量（mm）；P_{y_0} 为日雨量≥P_0 的多年平均年降雨量（mm）。

累计半月时段降雨侵蚀力即得到年降雨侵蚀力，然后计算 93 个气象站点多年平均降雨侵蚀力，再利用 Kring 空间插值法，得到研究区年降雨侵蚀力空间分布图（图 7-1）。图 7-1 表明，东北黑土区降雨侵蚀力因子最高值为 6078.41 MJ·mm/（hm^2·h·a），最低值为 498.05 MJ·mm/（hm^2·h·a）。降雨侵蚀力空间分布为西北低，南部地区高，这可能是受纬度、经度、地形的影响，具有明显的递变性，降雨侵蚀力的空间分布与多年平均降雨量的空间分布基本相似。

2. 土壤可蚀性因子（*K*）

本节采用 Williams 等（1990）提出的 EPIC 中土壤可蚀性计算公式估算研究区土壤可蚀性 K 值，参考相关学者土壤可蚀性研究在我国的应用（梁音等，2013），使用计算公式如下：

$$
\begin{aligned}
K = &\left\{0.2 + 0.3 \times \exp\left[-0.0256 \times S_{\text{sand}} \times \left(1 - \frac{S_{\text{ilt}}}{100}\right)\right]\right\} \times \left(\frac{S_{\text{ilt}}}{S_{\text{clay}} + S_{\text{ilt}}}\right)^{0.3} \\
&\times \left[\left(1.0 - \frac{0.25 \times C_{\text{om}}}{C_{\text{om}} + \mathrm{e}^{3.72 - 2.95 \times C_{\text{om}}}}\right) \times \left(1.0 - \frac{0.7 \times S_n}{S_n + \mathrm{e}^{-5.51 + 22.9 \cdot S_n}}\right)\right] \qquad (7\text{-}3)
\end{aligned}
$$

式中，S_{sand} 为土壤砂粒含量（%）；S_{ilt} 为土壤粉粒含量（%）；S_{clay} 为土壤黏粒含量（%）；C_{om} 为土壤有机碳含量（%）；$S_n = 1 - S_{\text{sand}}/100$。

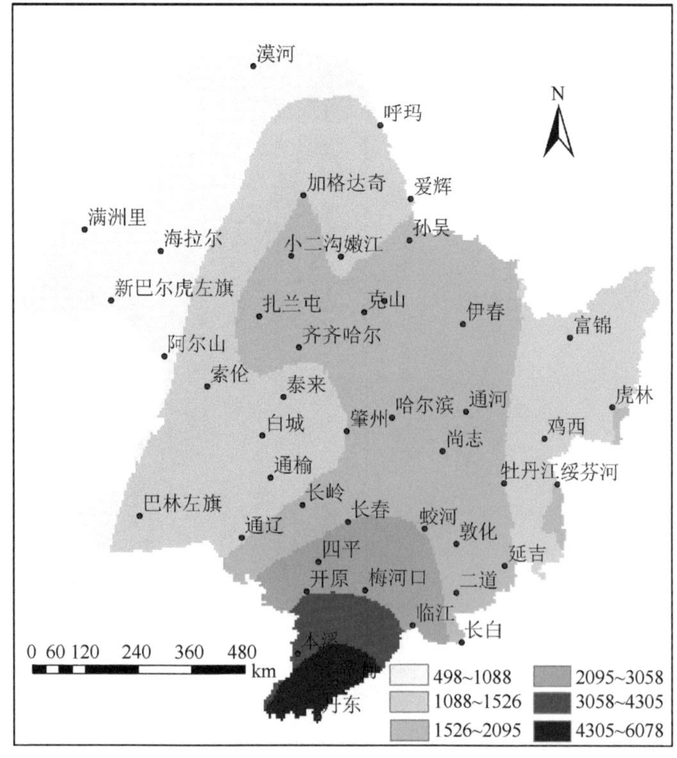

图 7-1　东北黑土区降雨侵蚀力 R 因子空间分布［MJ·mm/（hm²·h·a）］

如图 7-2 所示，黑土区土壤可蚀性范围为 0～0.061 t·hm^2·h/（hm^2·MJ·mm），暗色草甸土土壤 K 值最大，暗棕壤土壤 K 值最小，平均值为 0.028 t·hm^2·h/（hm^2·MJ·mm）。典型黑土的 K 值为 0.019～0.036 t·hm^2·h/（hm^2·MJ·mm），黑钙土 K 值为 0.027～0.036 t·hm^2·h/（hm^2·MJ·mm），黑龙江省土壤可蚀性平均值最大，内蒙古自治区东部、吉林省西部土壤可蚀性平均值最小。

3. 地形因子（LS）

地形因子是指实际坡度坡长条件下土壤流失量与标准小区条件下土壤流失量的比值。在流域或区域尺度土壤侵蚀评价中，地形因子可以由数字高程模型（DEM）直接获取，这里采用符素华等（2015）提出的计算公式估算坡度坡长因子。

坡长因子计算公式为

$$L_i = \frac{\lambda_i^{m+1} - \lambda_{i-1}^{m+1}}{(\lambda_i - \lambda_{i-1}) \times (22.13)^m} \tag{7-4}$$

式中，λ_i 和 λ_{i-1} 分别为第 i 个和第 i–1 个坡段的坡长（m）；m 为坡长指数，随着坡度变化而变。

$$m = \begin{cases} 0.2 & \theta \leqslant 1° \\ 0.3 & 1° < \theta \leqslant 3° \\ 0.4 & 3° < \theta \leqslant 5° \\ 0.5 & \theta > 5° \end{cases} \tag{7-5}$$

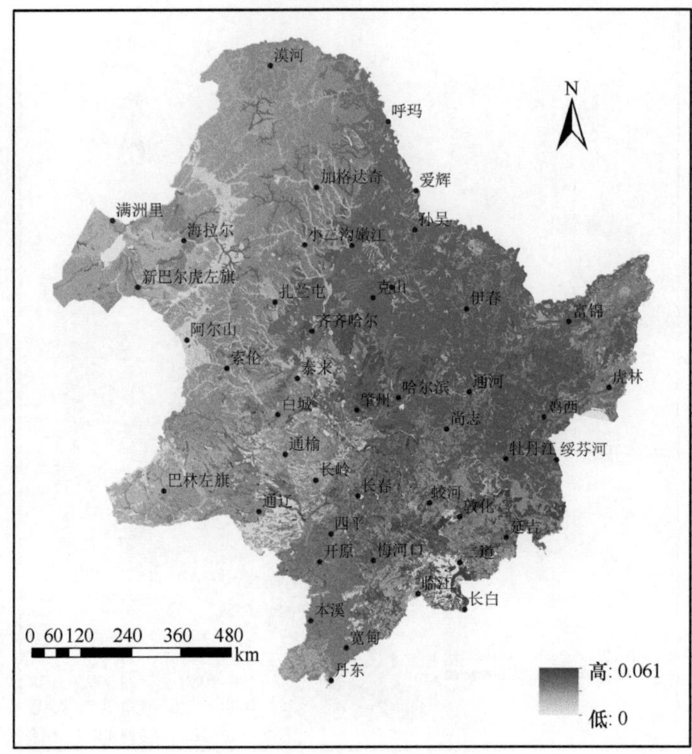

图 7-2　东北黑土区可蚀性因子空间分布［t·hm²·h/（hm²·MJ·mm）］

坡度因子计算公式为

$$S=\begin{cases}10.8\times\sin\theta+0.03 & \theta<5^\circ\\16.8\times\sin\theta-0.5 & 5^\circ\leqslant\theta<10^\circ\\21.9\times\sin\theta-0.96 & \theta\geqslant10^\circ\end{cases}\tag{7-6}$$

式中，S 为坡度因子（无量纲）；θ 为坡度。

本节坡度坡长的获取是利用研究区 30 m 分辨率的 DEM 数据，得到研究区地形因子 LS 值空间分布图（图 7-3）。图 7-3 显示，研究区地形因子平均值为 3.90，标准差为 6.56；研究区 50%面积的地形因子值在 1.03 以下，全区 90%面积的地形因子值在 32.06 以下。

4. 水土保持措施因子（*B*、*E*、*T*）

（1）生物措施因子（*B*）：基于土地覆被类型数据和归一化植被指数数据 NDVI 进行计算，赋予不同土地利用类型和不同植被盖度下的 *B* 值。

（2）工程措施因子（*E*）：通过修筑水土保持工程改变小范围内的地形，减少或者防止水土流失而采取的措施，如地埂、等高垄作、梯田等水土保持措施。参照第一次全国水利普查中水土保持普查数据（李智广等，2012），各类工程措施因子 *E* 值见表 7-1（刘宝元等，2013b）。

（3）耕作措施因子（*T*）：根据黑土区耕作措施野外调查和前人研究成果，赋予各类耕作措施的 *T* 值见表 7-2（郭乾坤等，2013）。

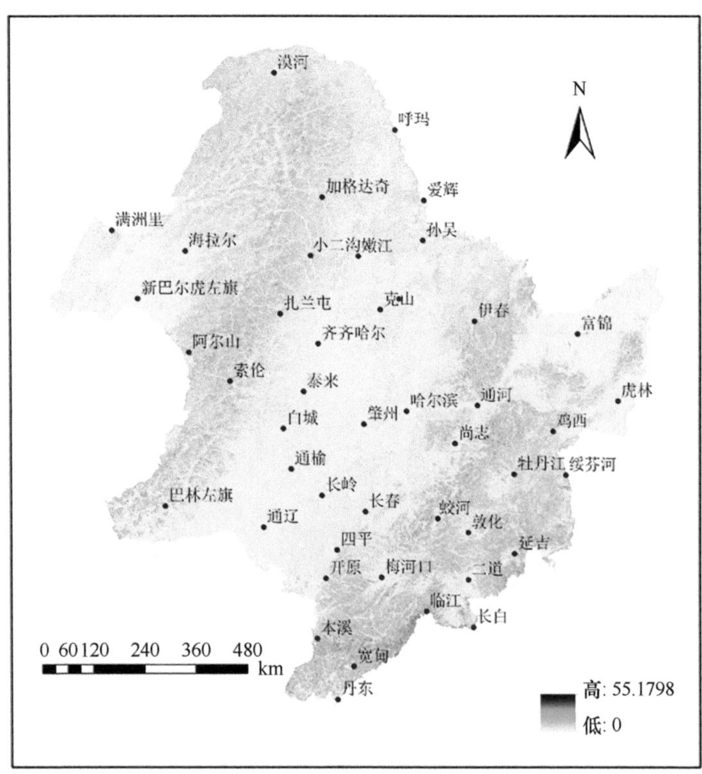

图 7-3　东北黑土区地形因子空间分布

表 7-1　各类水土保持工程措施 *E* 值表

各类工程措施	工程措施代码	*E* 值
土坎水平梯田	20101	0.084
石坎水平梯田	20102	0.121
坡式梯田	20103	0.414
隔坡梯田	20104	0.347
地埂	202	0.347
水平阶（反坡梯田）	204	0.151
水平沟	205	0.335
鱼鳞坑	206	0.249
大型果树坑	207	0.160

资料来源：刘宝元等，2013b。

表 7-2　各类水土保持耕作措施 *T* 值表

二级区名称	代码	*T* 因子值
大小兴安岭山麓岗地喜凉作物一熟区	41	0.331
三江平原长白山地温凉作物一熟区	42	0.331
松嫩平原喜温作物一熟区	43	0.331
辽河平原丘陵温暖作物一熟填闲区	44	0.331

资料来源：郭乾坤等，2013。

7.1.2　水力侵蚀强度分级与制图

基于上述各因子计算结果，利用 CSLE 模型得到研究区水力侵蚀强度的空间分布。在此基础上，基于《黑土区水土流失综合防治标准》（SL446—2009）（中华人民共和国水利部，2009），按微度、轻度、中度、强度、极强度、剧烈 6 个强度等级划分出东北黑土区水力侵蚀强度分级图（图 7-4）。

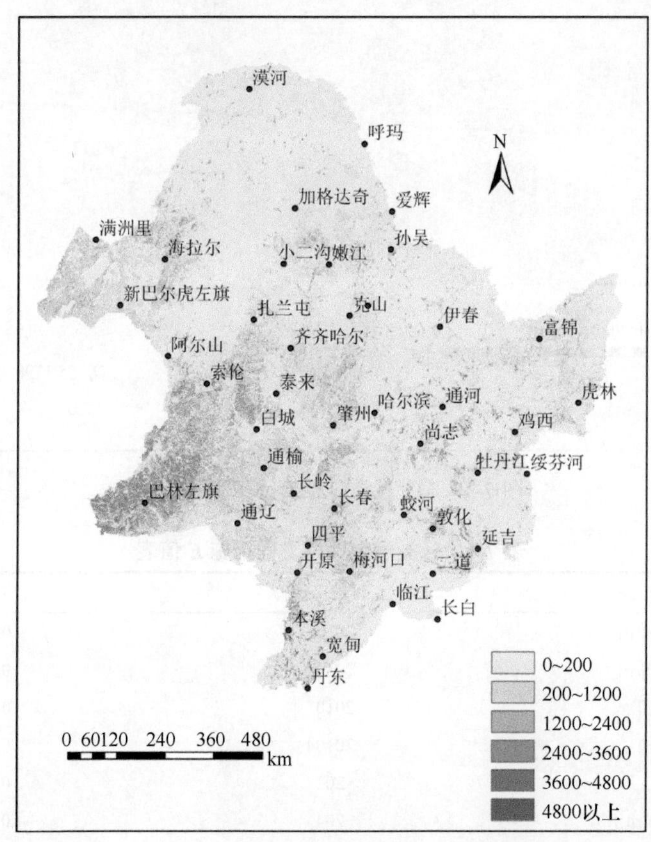

图 7-4　东北黑土区水力侵蚀强度分级图［$t/(km^2 \cdot a)$］

由图 7-4 可知，东北黑土区水力侵蚀强度为微度–剧烈，其中侵蚀强度为轻度–中度的面积占全区面积的 33.7%。在空间分布上，水力侵蚀强度从西向东逐渐减弱，西部侵蚀较为强烈，中部次之，东部、南部以轻度侵蚀为主。

7.2　风力侵蚀强度分级与制图

本节采用风蚀方程（WEQ）（Mandakh et al.，2016）估算研究区风力侵蚀强度。WEQ 表达式如下：

$$E = f(I, K', C, L, V) \tag{7-7}$$

式中，E 为研究地块平均风蚀量［t/（hm²·a）］；I 为土壤可蚀性因子［t/（hm²·a）］；K' 为地表粗糙度因子，与平均风蚀量成反比；C 为风蚀气候因子；L 为主风向无遮挡的距离（m），基于农田防护林的配置而获取；V 为非生长季植被因子，这里与融雪侵蚀 C 因子计算方法相同。

7.2.1　WEQ 方程中的各因子计算

1. 土壤可蚀性因子（*I*）

土壤可蚀性是一个土壤表面单元中直径大于 0.84 mm 的土壤聚合物的百分比，为了计算土壤可蚀性因子，从土壤数据库中获取土壤粉粒含量、黏粒含量、有机质含量和碳酸钙含量等（Mandakh et al.，2016）。

$$I = \frac{0.31S_A + 0.17S_i + 0.33S_A / \mathrm{CL} - 2.59\mathrm{OM} - 0.95\mathrm{CaCO_3}}{100} \tag{7-8}$$

式中，S_A 为砂粒含量（%）；S_i 为粉粒的含量（%）；CL 为黏粒含量（%）；OM 为有机物质含量（%）；$CaCO_3$ 为土壤样本中的碳酸钙含量（%）。

如图 7-5 所示，黑土区土壤可蚀性因子值范围为 0～0.035 t/（hm²·a），平均值为 0.003 t/（hm²·a），风沙土土壤 I 值最大，暗棕壤土壤 I 值最小，土壤 I 值大小受土壤有机质含量影响较大，其中风沙土有机质含量低，土壤 I 值较大，大小兴安岭和长白山地区土壤 I 值较小。

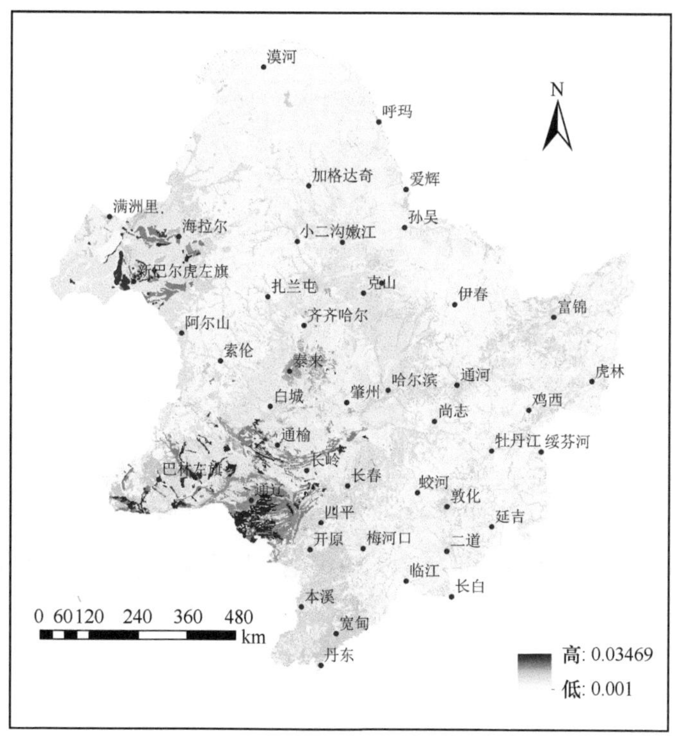

图 7-5　东北黑土区土壤可蚀性因子空间分布［t/（hm²·a）］

2. 地表粗糙度因子（*K′*）

地表粗糙度是影响风力大小的重要因子，地表粗糙度和土壤风蚀量成反比，在 WEQ 模型中定义地表粗糙度是限制风力侵蚀的一个因素。

本节基于 30 m 分辨的 DEM 提取地表粗糙度，其计算式为

$$K' = \frac{\mathrm{AB}}{\mathrm{AC}} \tag{7-9}$$

式中，K'为地表粗糙度；AB 为栅格单元的表面积；AC 为栅格单元的投影面积，这里应用王妍对栅格单元投影方法进行计算（王妍，2006）。

将计算的地表粗糙度 K'因子按标准差分级进行粗糙度频率分析，得到地表粗糙度空间分布（图 7-6）。从图 7-6 可知，地表粗糙度值为 1.00～1.04 的分布最广，其面积占到研究区总面积的 66.90%，地表粗糙度值大于 1.0 以上的分布面积占研究区总面积的 17.80%；地表粗糙度为 1.11 以上的分布面积只占研究区总面积的 3.06%。

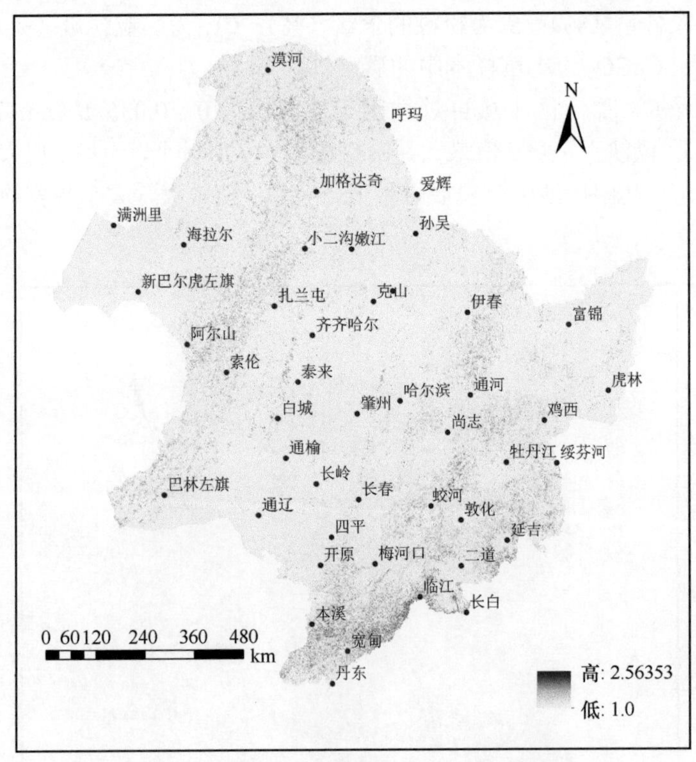

图 7-6　东北黑土区地表粗糙度因子空间分布

从图 7-6 可知，在大兴安岭地区和长白山地区地表粗糙度因子（*K′*）最大，平原和低海拔丘陵区地表粗糙度因子最小，丘陵和低山区地表粗糙度因子介于上述二者之间，但仍以小粗糙度为主。

3. 风蚀气候因子（*C*）

风蚀气候因子的计算最早是由 Chepil 等（1962）提出，20 世纪 90 年代董玉祥和康

国定（1994）利用联合国粮食及农业组织（FAO）公式计算了中国干旱、半干旱区风蚀气候侵蚀力指数。本节也选取 FAO 提出的风蚀气候因子公式计算黑土区风蚀气候因子指数。计算式为

$$C = \frac{1}{100}\sum_{i=1}^{12} u^3 \times \left[\frac{ETP_i - P_i}{ETP_i}\right] \times d \quad (7\text{-}10)$$

$$ETP_i = 0.19 \times (20 + T_i)^2 \times (1 - r_i)$$

式中，C 为风蚀气候因子指数（无量纲）；u 为月平均风速（m/s）；ETP_i 为月潜在蒸发量（mm）；P_i 为月平均相对降水量（mm）；i 为月份；T_i 为月平均温度（℃）；d 为月天数（天）；r_i 为月平均相对湿度（%）。

基于黑土区 93 个气象站点 1987～2016 年 3～5 月风力观测资料，计算各气象站点的风蚀气候因子指数，然后利用 Kring 空间插值法，得到研究区风蚀气候因子空间分布（图 7-7）。从图 7-7 可以看出，平原地区风蚀气候因子较大，山区风蚀气候因子较小，大小兴安岭与长白山地区风蚀气候侵蚀力值小于 20，气候侵蚀力较弱，呼伦贝尔平原区和松辽平原区风蚀气候侵蚀力较高，气候侵蚀指数为 60～82。融雪期 C 值与植被覆盖负相关，其与纬度的相关性不显著，最大值出现在开鲁（位于内蒙古通辽市），C 值高达 82.72，风蚀气候因子最小值 7.06，出现在临江，平均值 35.15，标准差 14.62，说明整个研究区风蚀气候因子空间分异较大。

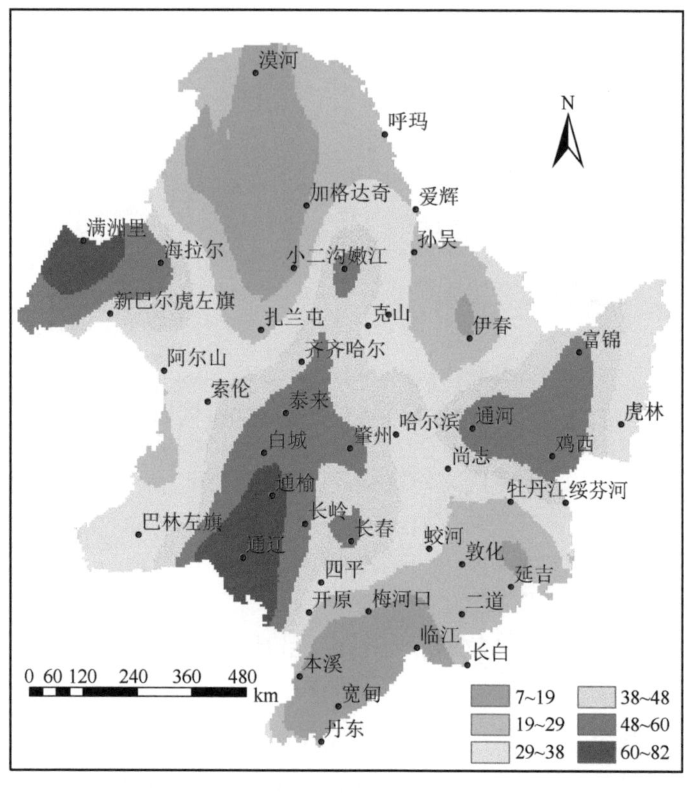

图 7-7　东北黑土区风蚀气候因子空间分布

7.2.2 风力侵蚀强度分级与制图

基于上述各因子计算结果，利用 WEQ 方程得到研究区风力侵蚀强度的空间分布。然后基于《黑土区水土流失综合防治标准》（SL446—2009）（中华人民共和国水利部，2009），按微度、轻度、中度、强度、极强度、剧烈 6 个强度等级划分出东北黑土区风力侵蚀强度分级图（图 7-8）。

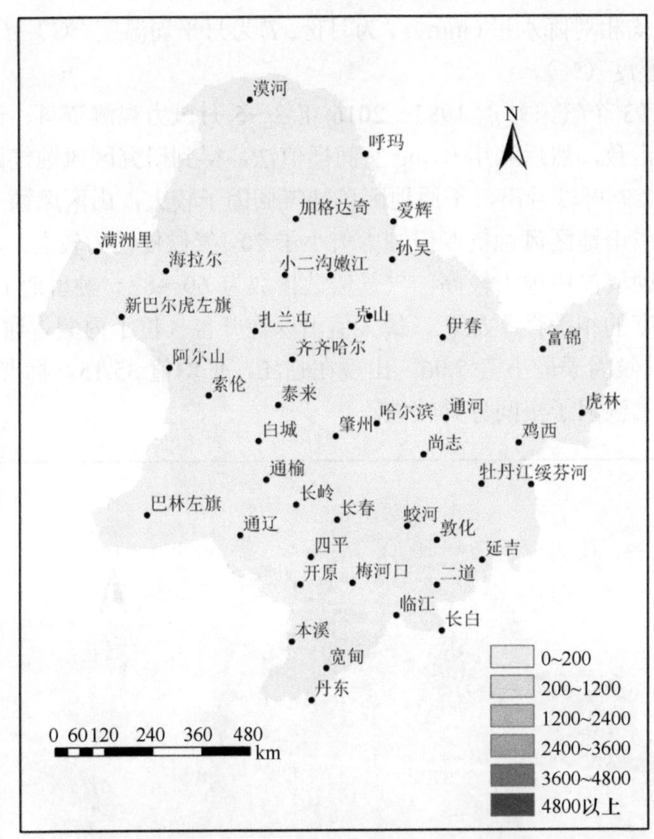

图 7-8 东北黑土区风力侵蚀强度分级图［t/（km^2·a)］

由图 7-8 可知，东北黑土区风力侵蚀强度为微度-轻度，轻度风蚀分布面积仅占全区面积的 1.64%，主要分布在开鲁—通辽一带。从地貌类型角度，分析黑土区风力侵蚀主要发生在松嫩平原、三江平原和呼伦贝尔丘陵平原地区。

7.3 融雪径流侵蚀强度分级与制图

国内外融雪侵蚀经验模型的研发主要是对 USLE 模型适用于冬季过程的修订研究。1978 年颁布的第 2 版 USLE（Wischmeier and Smith，1978）在用于融雪侵蚀计算时将侵蚀力 R 进行了修订。本节同样采用 USLE 的冬季模块估算融雪侵蚀量，具体计算式为

$$A = R \times K \times \mathrm{LS} \times C \times P \tag{7-11}$$

式中，A 为融雪侵蚀期土壤侵蚀量［t/（hm²·a）］；R 为融雪径流侵蚀力因子［MJ·mm/（hm²·h·a）］；K 为融雪期土壤可蚀性因子［t·hm²·h/（hm²·MJ·mm）］；LS 为地形因子（无量纲）；C 为非生长季植被覆盖度因子（无量纲）；P 为水土保持措施因子（无量纲）。

7.3.1　模型中各因子计算

1. 融雪径流侵蚀力因子（*R*）

1）研究样地融雪径流侵蚀力的计算

这里根据拜泉县、梅河口市集水区观测数据，估算融雪径流侵蚀力 R 值，计算式如下：

$$R = \frac{A}{K \times \mathrm{LS} \times C \times P} \tag{7-12}$$

式中，A 为融雪侵蚀量［t/（hm²·a）］；R 因子为基于集水区融雪侵蚀量估算的融雪侵蚀力［MJ·mm/（hm²·h·a）］。这里根据华文杏等（2017）的研究结果，采用每日不同时段的融雪径流泥沙数据推算该日的融雪侵蚀产沙量，然后求和获得整个融雪过程侵蚀产沙总量，再除以该集水区的面积，最终获得 A 因子。K 因子和 LS 因子的计算与前面水力侵蚀中的 K 因子和 LS 因子的计算相同。两个集水区均为等高垄作种植玉米，取 C 值为 0.24，P 值为 0.352。

2）黑土区融雪径流侵蚀力的计算

分别将拜泉县和梅河口市计算的 R 值与对应的积雪深度建立关系式，以 45°N 为分界线，以北地区采用拜泉县研究区积雪深度与融雪径流侵蚀力相关关系，以南地区采用梅河口市研究区积雪深度与融雪径流侵蚀力相关关系。通过黑土区 93 个气象站点的融雪期 30 年积雪深度数据平均值计算各气象站点的 R 值，最后通过反距离加权插值生成融雪径流侵蚀力 R 值（图 7-9）。

从图 7-9 可以看出，研究区融雪径流侵蚀力最小值为 0 MJ·mm/（hm²·h·a），最大值为 87.04 MJ·mm/（hm²·h·a），平均值为 43.28 MJ·mm/（hm²·h·a），标准差为 22.23 MJ·mm/（hm²·h·a）。融雪径流侵蚀力在研究区差异较大，主要影响因素包括纬度、经度和海拔，山区和丘陵地区融雪径流侵蚀力较大，平原地区融雪径流侵蚀力较小，区域融雪径流侵蚀力总体呈西南向东北方向递增的趋势。

2. 土壤可蚀性因子（*K*）

冻融作用对土壤理化性质、土壤结构有显著影响，进而影响土壤可蚀性。肖俊波（2017）运用冻融前后土壤可蚀性的平均变化系数作为简单评价及估算季节性冻融区土壤因冻融循环后土壤可蚀性增加的效果。本节采用其方法进行融雪期 K 因子计算，其计算式为

$$K_{冻融} = 1.173 K_{未冻融} \tag{7-13}$$

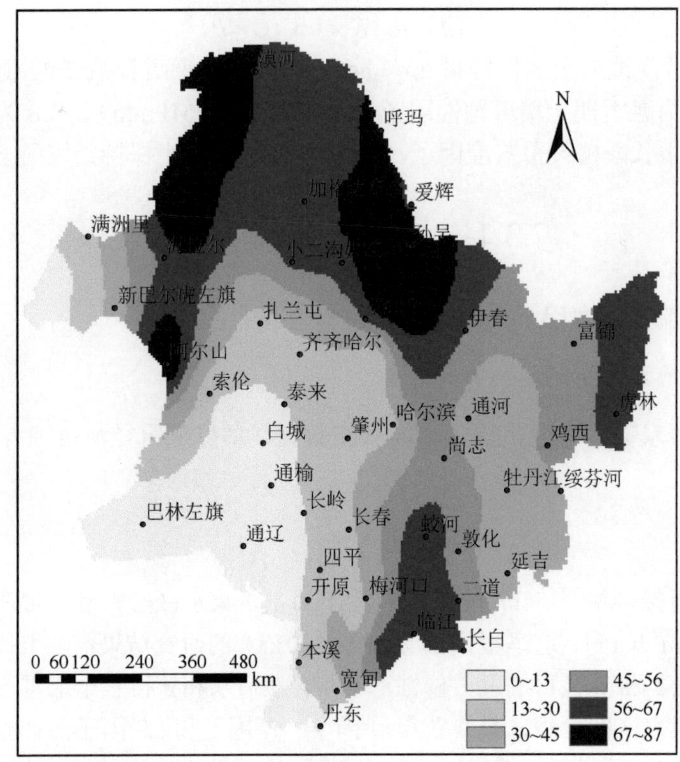

图 7-9　东北黑土区融雪侵蚀力 *R* 空间分布［MJ·mm/（hm²·h·a）］

3. 地形因子（LS）与植被覆盖因子（*C*）

LS 因子与水力侵蚀计算方法相同。

C 因子的计算首先利用等密度估算模型估算植被覆盖率 f_{vc}，其计算式为

$$f_{vc} = \frac{N - N_{soil}}{N_{veg} - N_{soil}} \tag{7-14}$$

式中，N_{soil} 为裸地的 NDVI 值；N_{veg} 为高纯度植被象元的 NDVI 值；N 为抽取像元的 NDVI 值。采用蔡崇法等（2000）建立的 *C* 因子值与植被覆盖度之间的回归方程计算 *C* 值，方程如下：

$$C = 0.6508 - 0.3436 \times \lg f_{vc} \tag{7-15}$$

式中，f_{vc} 为植被覆盖度，f_{vc}≥78.3%时，C=0；f_{vc}=0 时，C=1；融雪侵蚀植被覆盖度通过 3～5 月的 Landsat8 OLI 数据提取。

本节参考岳美（2013）按照以上研究方法估算的非生长季 *C* 值（表 7-3）进行计算。

表 7-3　不同土地利用 *C* 因子的估算值

土地利用	人工牧草地	天然牧草地和草地	有林地	灌木林地	其他林地	农村居民点
C 值	0.0032	0.01	0.025	0.006	0.184	0.03
土地利用	城镇居民点	独立工矿用地	商服及公共用地	水域及水利设施	其他土地	交通运输用地和公路
C 值	0.153	0.01	0.153	0	0.455	0.22

资料来源：岳美，2013。

7.3.2　融雪侵蚀强度分级与制图

基于上述各因子计算结果，利用 USLE 方程中的冬季模块得到研究区融雪侵蚀强度的空间分布。然后基于《黑土区水土流失综合防治标准》(SL446—2009)（中华人民共和国水利部，2009），按微度、轻度、中度、强度、极强度、剧烈 6 个强度等级划分出东北黑土区融雪侵蚀强度分级（图 7-10）。

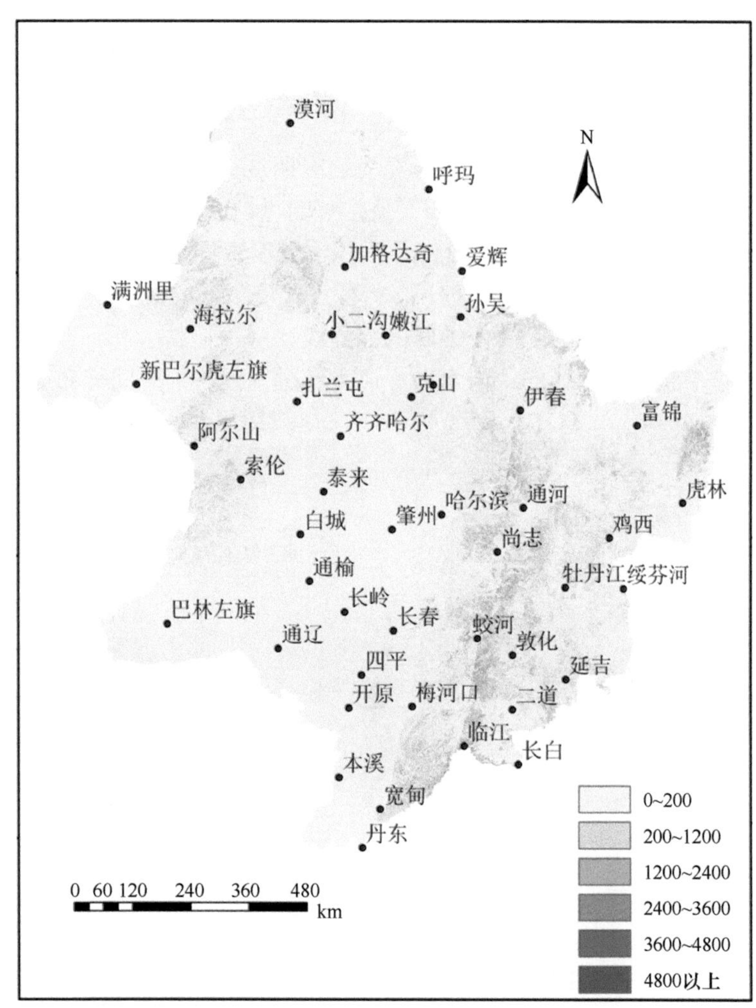

图 7-10　东北黑土区融雪径流侵蚀强度分级图［t/（km²·a）］

由图 7-10 可知，黑土区融雪侵蚀强度为微度-强烈，轻度至强烈融雪侵蚀分布面积占全区面积的 37.8%，其中轻度融雪侵蚀分布面积占全区面积的 9.5%，其主要分布在西部地区。北部、东部地区以轻度侵蚀为主并伴有中度侵蚀，东南部以轻度侵蚀为主并伴有中度和强烈侵蚀。黑土区融雪侵蚀强度受积雪厚度和地形因子的影响差异显著，主要集中在漫川漫岗地区。

7.4 复合侵蚀强度分级与制图

7.4.1 分级原则与指标

1. 分级原则

（1）提取黑土区 93 个气象站点 30 年逐日降水量平均值，将日雨量大于 10 mm 的降水定义为侵蚀性降雨，将日均降水量大于 10 mm 的日期定义为水力侵蚀开始时间，将平均气温小于等于 0℃时的时间定义为水力侵蚀结束时间，以此划出各气象站点的水蚀时间分界线。

（2）黑土区较大风速主要集中分布在春季解冻期 3～5 月，因此将风力侵蚀的起止时间定义为解冻期 3～5 月，以此划出各气象站点的风蚀时间分界线。

（3）提取黑土区 93 个气象站点 30 年逐日积雪深度数据平均值，将融雪期积雪深度下降 20%的日期定义为融雪侵蚀开始时间，将积雪深度为 0 的日期定义为融雪侵蚀结束时间，以此划出各气象站点的融雪侵蚀时间分界线。

基于上述三个原则，划分的年内水力、风力和融雪侵蚀的时间分布如图 7-11 所示。

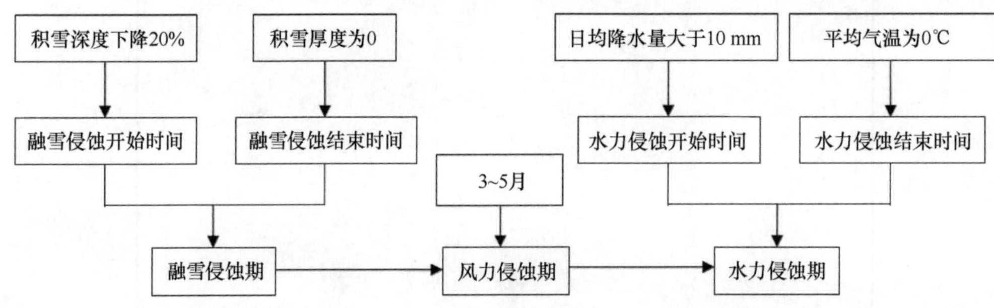

图 7-11 复合侵蚀年内时间分布图

2. 分级指标

基于《黑土区水土流失综合防治标准》（SL446—2009）（中华人民共和国水利部，2009）进行黑土区复合侵蚀强度等级的划分（表 7-4）。

表 7-4 黑土区土壤侵蚀强度分级标准

侵蚀强度	侵蚀模数/［t/（km^2·a）］
微度侵蚀	0～200
轻度侵蚀	200～1200
中度侵蚀	1200～2400
强烈侵蚀	2400～3600
极强烈侵蚀	3600～4800
剧烈侵蚀	4800 以上

资料来源：中华人民共和国水利部，2009。

7.4.2　复合侵蚀强度分级与制图

依据黑土区复合侵蚀强度分级原则与指标体系，在 GIS 技术支持下，将水力侵蚀强度分级图、风力侵蚀强度分级图和融雪侵蚀强度分级图进行空间叠加运算，生成黑土区全年复合侵蚀强度分级图（图 7-12）。

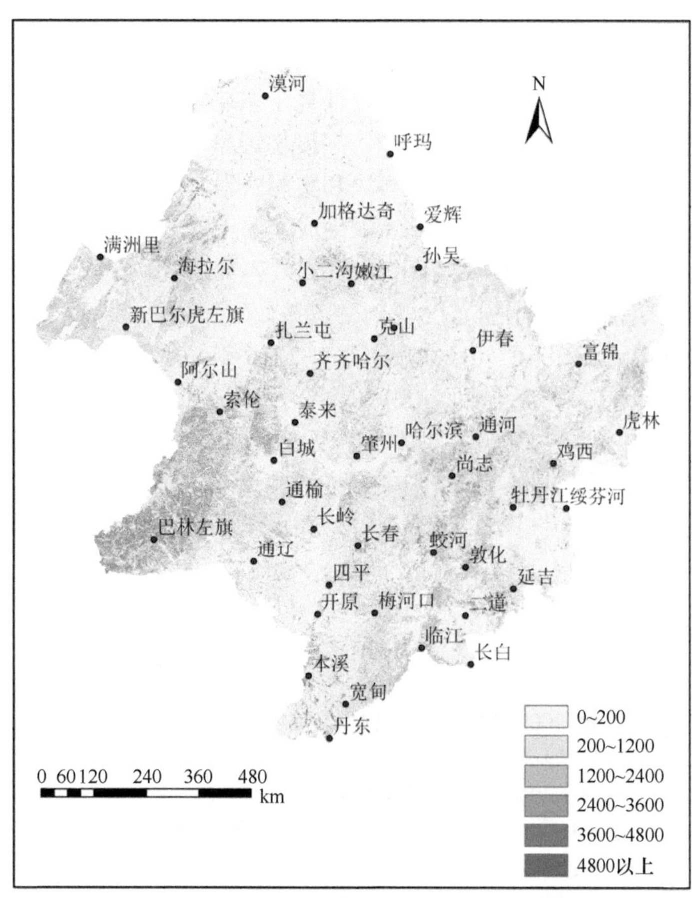

图 7-12　东北黑土区复合侵蚀强度分级图［t/（km^2·a）］

图 7-12 表明，东北黑土区复合侵蚀轻度-强烈侵蚀分布面积占全区总面积的 38.1%，各侵蚀强度中以轻度侵蚀为主，其分布面积占全区面积的 18.8%，分布较为分散。剧烈侵蚀区主要分布在大兴安岭东南山地丘陵区，强烈侵蚀绝大部分位于东北漫川漫岗区，在其他区域基本零散分布于剧烈侵蚀和中度侵蚀区的边缘轻度侵蚀区主要集中在大小兴安岭和长白山地区，在其他区域以零星片状分布为主。

7.5　结　　语

本章以 30 m 分辨率的 DEM 为基础，基于中国土壤流失方程（CSLE）、风蚀方程

(WEQ）和通用土壤流失方程（USLE)，分别估算东北黑土区水力侵蚀、风力侵蚀和融雪侵蚀强度，分别生成黑土区水力侵蚀、风力侵蚀和融雪侵蚀强度分级图，然后通过三类侵蚀强度分级图的空间叠加运算，生成了黑土区复合侵蚀强度分级图，主要研究结论如下：

（1）基于中国土壤流失方程，估算了东北黑土区水力侵蚀强度，借助 GIS 平台，生成了黑土区水力侵蚀强度分级图。全区轻度水力侵蚀主要分布在大小兴安岭地区，呼伦贝尔平原区和松辽平原风沙区以轻度和中度水力侵蚀为主，强烈水力侵蚀多发生在漫川漫岗地区，极强烈和剧烈水力侵蚀主要集中在大兴安岭东南山地丘陵区。

（2）通过对风蚀方程中各因子的计算，估算了东北黑土区风力侵蚀强度，借助 GIS 平台，生成了黑土区风力侵蚀强度分级图。轻度侵蚀集中在通辽—开鲁一带。

（3）基于通用土壤流失方程的冬季模块和实测资料，对方程中各因子计算，估算了东北黑土区融雪侵蚀强度，基于 GIS 平台，生成了黑土区融雪侵蚀强度分级图。轻度侵蚀主要集中在大兴安岭东南低山丘陵区，大兴安岭南部地区和小兴安岭地区，漫川漫岗地区融雪侵蚀以中度和强烈为主。

（4）基于东北黑土区 93 个气象站点 1987～2016 年气象数据，划分年内水力、风力和融雪侵蚀的时间分布。然后借助 GIS 工具，对水力侵蚀、风力侵蚀和融雪侵蚀强度分级图进行空间叠加运算，生成东北黑土区复合侵蚀强度分级图。黑土区复合侵蚀强度以轻度侵蚀为主，剧烈侵蚀主要集中在大兴安岭东南山地丘陵区，强烈侵蚀绝大部分位于东北漫川漫岗区，中度侵蚀分布最为分散，轻度侵蚀主要集中在大小兴安岭和长白山地区。

主要参考文献

蔡崇法, 丁树文, 史志华, 等. 2000. 应用 USLE 模型与地理信息系统 IDRISI 预测小流域土壤侵蚀量的研究. 水土保持学报, 14: 19-24.

蔡强国, 刘宝元, 刘纪根. 2003. 中国土壤侵蚀模型研究进展. 中美水土保持研讨会.

董玉祥, 康国定. 1994. 中国干旱半干旱地区风蚀气候侵蚀力的计算与分析. 水土保持学报, 8(3): 1-7.

符素华, 刘宝元, 周贵云, 等. 2015. 坡长坡度因子计算工具. 中国水土保持科学, 13(5): 105-110.

符素华, 张卫国, 刘宝元, 等. 2001. 北京山区小流域土壤侵蚀模型. 水土保持研究, (4): 114-120.

郭乾坤, 刘宝元, 朱少波, 等. 2013. 中国主要水土保持耕作措施因子. 中国水土保持, 2013(10): 22-26.

华文杏, 范昊明, 许秀泉, 等. 2017. 东北坡耕地春季融雪侵蚀观测研究. 水土保持学报, 31(2): 92-96.

李智广, 符素华, 刘宝元. 2012. 我国水力侵蚀抽样调查方法. 中国水土保持科学, 10(1): 77-81.

梁音, 刘宪春, 曹龙熹, 等. 2013. 中国水蚀区土壤可蚀性 K 值计算与宏观分布. 中国水土保持, 10: 35-39.

刘宝元, 郭索彦, 李智广, 等. 2013a. 中国水力侵蚀抽样调查. 中国水土保持, (10): 26-34.

刘宝元, 刘瑛娜, 张科利, 等. 2013b. 中国水土保持措施分类. 水土保持学报, 27(2): 80-84.

水利部水土保持监测中心. 2018. 区域水土流失动态监测技术规定.

王妍. 2006. 基于 DEM 的地形信息提取与景观空间格局分析. 重庆: 西南大学硕士学位论文.

王岩松, 姜艳艳, 常诚, 等. 2019. 2018 年度松辽流域水土流失动态监测结果分析. 中国水土保持, (12): 7-10.

王治国, 陈伟, 沈波, 等. 2016. 中国水土保持区划. 北京: 中国水利水电出版社.

肖俊波. 2017. 季节性冻融对土壤可蚀性影响的试验研究. 杨凌: 西北农林科技大学硕士学位论文.

谢云, 刘宝元, 章文波. 2000. 侵蚀性降雨标准研究. 水土保持学报, (4): 6-11.

岳美. 2013. 基于 RS/GIS 的黑龙江省鹤岗市东方红小流域土壤侵蚀评价. 长春: 东北师范大学硕士学位论文.

张科利, 彭文英, 杨红丽. 2007. 中国土壤可蚀性值及其估算. 土壤学报, 44(1): 7-13.

张宪奎, 许靖华, 卢秀琴, 等. 1992. 黑龙江省土壤流失方程的研究. 水土保持通报, 12(4): 1-9.

章文波, 谢云, 刘宝元. 2003. 利用日雨量计算降雨侵蚀力的方法研究. 地理科学, 22(6): 705-711.

中华人民共和国水利部. 2009. 黑土区水土流失综合防治技术标准(SL446-2009). 北京: 中国水利水电出版社.

Chepil W, Siddoway F, Armbrust D. 1962. Climatic factor for estimat-ing wind erodibility fields. Journal of Soil and Water Conservation, 17(4): 162-165.

Hudson N W. 1995. Soil Conservation. Iowa: Iowa State University Press.

Mandakh N, Tsogtbaatar J, Dash D, et al. 2016. Spatial assessment of soil wind erosion using WEQ approach in Mongolia. Journal of Geographical Sciences, 26(04): 473-483.

Williams J R, Shaffer J M, Renard K G et al. 1990. EPIC-erosion/Productivity Impact Calculator: 1. Model Documentation. Technical Bulletin Number 1768. Washington D C: United States Department of Agriculture.

Wischmeier W H, Smith D D. 1978. Predicting rainfall erosion losses-a guide to conservation planning. Agriculture Handbook, USDA.

Woodruff N P, Siddoway F H. 1965. A wind erosion equation. Soil Science Society of America Proceedings, 29(5): 602-608.

第 8 章 黑土区坡面水土保持措施阻控复合侵蚀的路径与力学机制

复合侵蚀是自然条件下多种侵蚀营力（水力、风力、重力、冻融等）交错或交互复合作用的过程（Hu，2012；Boardman，2006）。坡面水土保持措施通过对水力、风力及冻融等侵蚀营力的作用形式、作用强度和阻控路径进行影响，进而发挥其防治复合土壤侵蚀的效果。现有研究大多针对单一侵蚀营力作用下不同典型坡面水土保持措施的防蚀效果开展土壤侵蚀过程机制研究，并取得了卓越的进展，为水土资源的可持续利用和区域粮食安全保障做出了重要贡献（史志华和宋长青，2016；Knapen et al.，2007；Boardman，2006；Shi et al.，2004）。然而，自然条件下多侵蚀营力相互作用的复合侵蚀现象普遍存在。坡面水土保持措施如何在季节性冻融环境下阻控复合侵蚀过程并发挥作用的机制仍不明晰，一定程度上限制了对水土保持措施科学配置及对多侵蚀营力复合侵蚀过程的深入理解和认识。为此，本章基于野外定位观测、控制条件试验、模型模拟等方法，并借助改进的 PIV 坡面流特征测量技术，分析坡面主要水土保持措施阻控多营力复合侵蚀的路径和力学机制，以期为坡面水土保持措施的科学配置提供理论基础。

8.1 基于粒子图像测速（PIV）的坡面水流特征测量技术

8.1.1 基于 PIV 的坡面水流特征测量原理

粒子图像测速（particle image velocimetry，PIV）是一种无干扰式的流速测量技术，结合计算机图像处理可以实现对被测流体多点、瞬时的测量。与传统测量技术相比，PIV 技术具有无水面接触干扰、多点同时测量空间流场和精确捕获流体瞬时流场结构等优点。鉴于该技术可测得二维平面或三维立体空间内多个测点的二维或三维流速矢量（图 8-1），目前在实验流体力学、水力学与河流动力学等领域被广泛应用，并逐步被引入坡面和沟道侵蚀过程中的流场结构分析及床面剪力计算。

PIV 测量流体流速的基本原理是将与待测流体跟随性好、密度相近的示踪粒子施放入待测流体中，采用片光源激光器（连续型或脉冲型）照亮观测区域，随后调整高速相机在极短的时间间隔并使用单帧或多帧图像采集观测窗口粒子产生的散射光；通过后期的图像处理，可确定两次激光脉冲间的粒子图像位移，并进行流场及结构分析。假设高速相机在时间间隔 Δt（单位：s）内获取两张图像，示踪粒子的平移距离为 Δx

（单位：m），则可通过互相关运算求得示踪粒子的速度 $u=\Delta x/\Delta t$，并获取二维流场矩阵（图 8-2）。

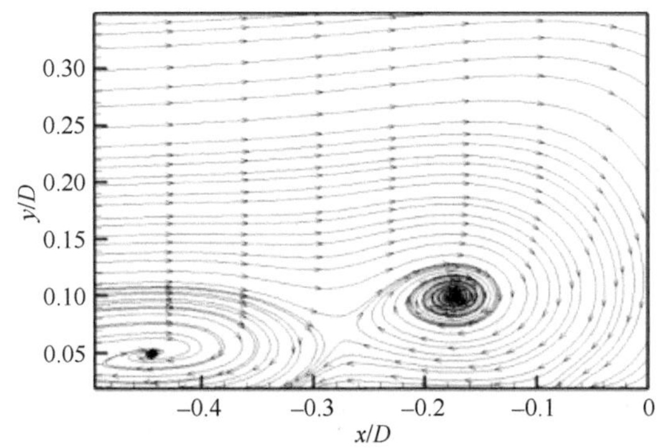

图 8-1　PIV 实测坡面水流流速场

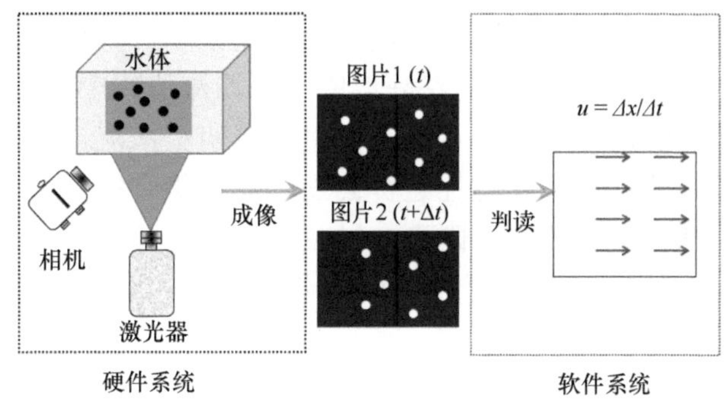

图 8-2　PIV 测量原理示意图（陈启刚等，2017）

根据 PIV 的基本原理，PIV 测量需要两个步骤，即粒子图像获取和粒子图像的流速信息提取。PIV 粒子测速系统包括硬件和软件两类。硬件主要包括示踪粒子、光源系统和成像系统。示踪粒子用于标定被测流体，其首要特征是良好的跟随性，即密度与被测流体相近以避免上浮或者下沉从而造成测量的偏差。其次，粒子要有良好的散光性，容易被成像系统捕获（图 8-3）。目前常用的示踪粒子有聚苯乙烯微珠、聚酰胺微珠和空心玻璃微珠等（杨坪坪，2019；陈启刚，2014）。

图 8-3　高速相机拍摄的示踪粒子图像

光源系统的作用是照亮示踪粒子，根据其工作方式可以划分为连续激光和脉冲激光。目前通用的是高强度连续激光，激光通过透镜扩展光路，将单点源激光扩展成为激光片光以满足二维平面的测量要求。成像系统是拍摄示踪粒子的工具，主要使用高速摄像机在极短时间间隔内对粒子图像进行曝光，其性能决定了PIV粒子示踪的质量。软件主要支持连续两张图片相应点位移的计算。通过将图片划分为多个细小单元，采用互相关运算、错误矢量剔除、多重网格迭代等多种复杂算法相结合计算每一个细小单元的位移，而后基于相机的频率计算小单元的速度。

8.1.2　基于PIV的坡面水流特征测量试验方法

坡面薄层水流因受地表诸多因素的影响，致使其边界条件难以确定。目前可用于坡面薄层水流的有效数值模拟手段仍较少，较为普遍采用的研究手段以试验观测为主，包括室内模拟试验和野外观测；主要测定方法有染色剂示踪、盐溶液、热膜测速、电解质示踪及热成像法等。上述坡面流测速技术可直接观测坡面薄层流表面的最大一维流速，且需采用校正系数法获取断面平均流速。PIV技术在明渠流中的应用已较为成熟，而坡面薄层水流是否能够借用经典明渠水流计算方法，且不同下垫面条件下坡面薄层水流水动力学特性是否会发生变化仍有待探讨。坡面薄层水流水动力学特性主要包括流速、流态、阻力，以及与坡面土壤侵蚀密切相关的界面切应力等；利用流体力学的基本切应力定律，PIV流速测量技术为获取近床面切应力提供了可能。

1）坡面薄层水流测量试验装置与参数设置

试验在北京林业大学水土保持学院水蚀机理与过程实验室完成。试验水槽长12.4 m、宽0.3 m、高0.3 m，坡度可调范围0～1.5%。试验水槽由供水段、实验段和集水段组成。流量由供水段变频器、水泵和电磁流量计控制，水槽出水口摆放蜂窝状PVC管，以平稳水流。利用超声波水位计、千分尺分别观测总体和局部水深，水温采用温度计进行计量（±0.1℃）；水槽尾端设置尾门，用于调节水位等条件。试验过程中控制试验水槽内水流最小宽深度比为5.7；该条件下可忽略侧壁对流体的影响，保证薄层水流为准二维流动状态（Nezu，2005）。

对清华大学研制的PIV测量系统（陈启刚，2014）进行改进，使之适用于坡面流流场结构的观测。试验过程中，将试验段设置在距出水口7 m位置，以保证水流结构充分发展并达到稳定状态。测量区域由微距摄像系统对试验段流场进行拍摄。微距摄像是基于放大镜成像原理拉近镜头与被摄物体的距离，增加镜头与相机感光元件的距离，从而极大程度提高相机分辨率。采用CCD相机，通过微距调节，使相机分辨率达63像素/mm；PIV诊断窗口为16像素×16像素，单个测点空间尺寸80像元×80像元，沿水深方向可获取20～40个测点，从而保证PIV图像处理所需的测点密度。相机频率为452 Hz（1 s内拍摄452张影像）。同时，将高频激光光源调整为1 mm×3 cm矩形，以获得高质量的激光片光。加入水体的示踪粒子（空心玻璃微珠）平均直径为10 μm，密度为1.06×

10^3 kg/m^3（与水相近）；因其与水流具有较好的跟随性，故可满足不同流场的观测试验。示踪粒子被激光片光照亮后可被 CCD 相机捕捉，通过相邻两张图片相对位移的互相关运算可获得瞬时流场（图 8-4）。

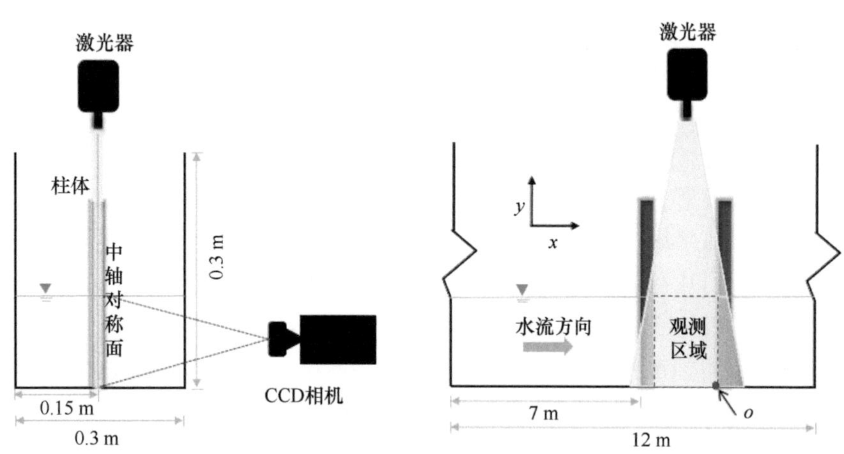

图 8-4　PIV 薄层水流流场测量示意图

2）植物茎秆作用下的水流结构测量试验方法

采用 PVC 圆柱模拟植物茎秆，通过在单根柱体上、中、下部相对位置设置辅助柱体，探讨植物茎秆及其空间变化对主柱体前端水流动力特性的影响，开展坡面残茬覆盖措施中秸秆茎秆阻控坡面径流路径的水动力学机理研究。试验中采用直径（D）为 1 cm 的聚乙烯管作为柱体，此种材质能够有效地防止激光片光在柱体表面形成高光溢出，从而确保图像质量。进口流量分别设置为 0.15 L/s、0.20 L/s、0.35 L/s、0.40 L/s 和 0.54 L/s，采用千分尺在主柱体正上方测量水深。主柱体设置于距水槽入口 7 m 处的断面中心线位置，以保证来流稳定且水流结构充分发展［图 8-5（a）］。同时，为明确主柱体影响范围内的水流微团间互作影响，在主柱体的柱前、平行和柱后相距 1 D 距离分别布设辅助柱体［图 8-5（b）］。

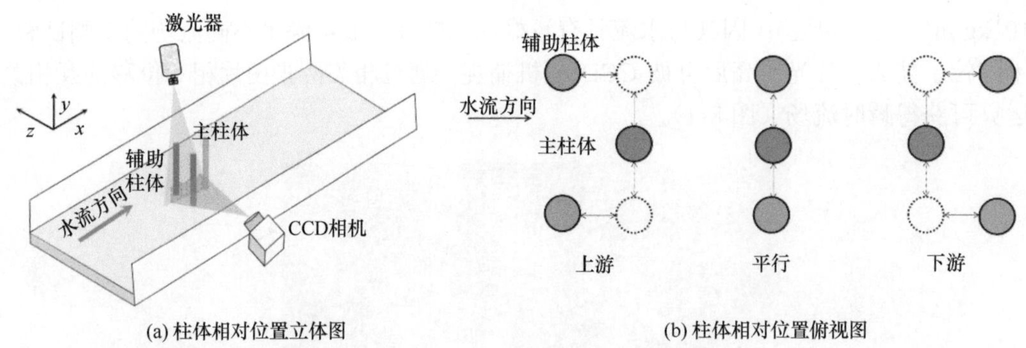

(a) 柱体相对位置立体图　　(b) 柱体相对位置俯视图

图 8-5　植物茎秆作用下的水流结构测量试验示意图

8.1.3　基于 PIV 的坡面薄层水流特征提取方法

1）水面线的提取

基于图像变形的多次判读和多重网格迭代对 PIV 捕获的粒子图像进行处理（陈启刚等，2017），利用高斯中值滤波法剔除图片中的背景噪声；通过相邻两期图片中具有最大相关系数的灰度值矩阵距离和对应时间差，计算得到跟踪点流速值（杨坪坪，2019；陈启刚，2014）。试验中，计算窗口的大小为 16 像素×16 像素，重叠率为 50%，迭代计算 3 次，即两相邻测点的实际距离为 8 像素。随后对获取的瞬时流场进行 3×3 的高斯中值滤波对噪声和错误信息进行去除；时均流场由 5000 对瞬时流场平均后获得。最终，采用同一高度的流速平均求得对应高度的流速，得到由床面至水面的时均流速廓线。

通过图片平均、中值拉升和二值化等图像处理可精确地获取试验段水面线及水深变化。处理前的图片上部白色条带为水面，下部亮带为床面［图 8-6（a）］；处理后将白色粒子有效去除可清晰地获取水面线［图 8-6（b）］。获取的水面线如与床面平行则表明对应场次试验准确地将水流条件控制为均匀流，并可准确获得对应的水面线高度（水位 H）。

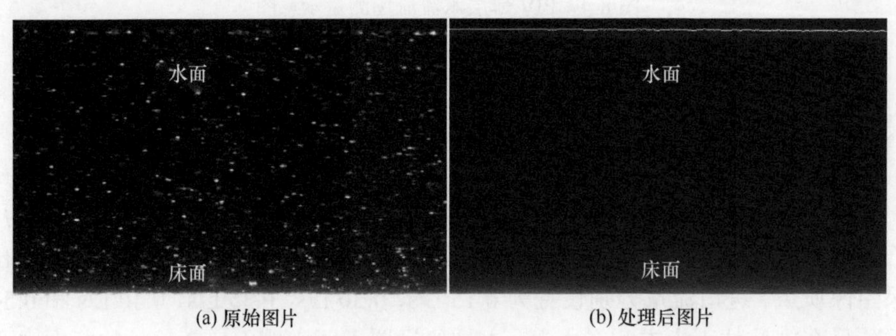

(a) 原始图片　　(b) 处理后图片

图 8-6　水面线提取

2）流速廓线获取

坡面薄层流的流速廓线与明渠流存在一定差异，但仍可视为一种水深较浅的特殊明

渠流进行理论分析。对下垫面光滑的二维薄层流流体，可通过 N-S 方程推导得到水流剪切力 τ 为

$$\frac{\tau}{\rho}=-\overline{u'v'}+v\frac{\partial u}{\partial y}=u_*^2\left(1-\varepsilon\right) \tag{8-1}$$

式中，$\varepsilon=y/H$，(m)；y 为距床面的深度（m）；H 为水深（m）；$-\overline{u'v'}$ 为雷诺应力，表征流体微团间相互撞击所产生的应力；$v\frac{\partial u}{\partial y}$ 为黏性应力，表征床面阻力作用下流体黏性对流体产生的应力；u_* 为摩阻流速，一定程度上可反映床面应力的大小（m/s）；ρ 为水的密度，4℃时取值为 1000 kg/m^3；v 为动力黏滞系数（m^2/s）。

令 $u^+=u/u_*$，$y^+=yu_*/v$，$Re_*=u_*H/v$，可将式（8-1）简化为

$$\frac{-\overline{u'v'}}{u_*^2}+\frac{\mathrm{d}(u^+)}{\mathrm{d}(y^+)}=1-\frac{y^+}{Re_*} \tag{8-2}$$

考虑床面黏性应力的影响，越靠近床面（y^+越小）雷诺数 $Re\gg y^+$，即可将 y^+/Re_*忽略。因此，对于水层厚度较浅的坡面薄层流或靠近床面部分的水流，可将式（8-2）进一步简化为

$$\frac{-\overline{u'v'}}{u_*^2}+\frac{\mathrm{d}(u^+)}{\mathrm{d}(y^+)}=1 \tag{8-3}$$

由普朗特混合长度理论可得：

$$-\overline{u'v'}=l^2\left(\frac{\mathrm{d}u}{\mathrm{d}y}\right)^2 \tag{8-4}$$

$$l^+=\frac{lu_*}{v} \tag{8-5}$$

式中，l 为混合长度（m）；l^+为无量纲的混合长度。将式（8-4）、式（8-5）代入式（8-3）后可得：

$$l^{+2}\left[\frac{\mathrm{d}(u^+)}{\mathrm{d}(y^+)}\right]^2+\frac{\mathrm{d}(u^+)}{\mathrm{d}(y^+)}=1 \tag{8-6}$$

$$\frac{\mathrm{d}(u^+)}{\mathrm{d}(y^+)}=\frac{2}{1+\sqrt{1+4l^{+2}}} \tag{8-7}$$

$$u^+=\int_0^{y^+}\frac{2}{1+\sqrt{1+4l^{+2}}}\mathrm{d}y^+ \tag{8-8}$$

同时，结合 van Driest（1956）可求算靠近床面的无量纲混合长度：

$$l^+=ky^+\left(1-\mathrm{e}^{-\frac{y^+}{A^+}}\right) \tag{8-9}$$

式中，k 为卡门常数；$A^+=Au_*/v$，为无量纲阻尼系数。

3）流速与二维空间剪力

PIV 作为一种二维/准三维测量手段可为坡面流动力特性研究提供一种新的手段。径流剪切力是引起床面侵蚀的主要动力，剪切力主要取决于流速梯度的大小。根据牛顿内摩擦定律计算空间任意一点的剪切力：

$$\tau_{xy}=\mu\left(\frac{\partial u}{\partial y}+\frac{\partial v}{\partial x}\right) \tag{8-10}$$

式中，τ_{xy} 为 x，y 处任一点的径流剪切力（N/m^2）；μ 为动力黏度（$N\cdot s/m^2$）。

8.1.4　残茬茎秆对径流和剪切力分布的影响

本试验在 5 组水流条件下进行，设计流量范围为 0.15～0.54 L/s（表 8-1）。各水流条件下水深均小于 1 cm，故认为水流条件为浅薄层水流（杨坪坪，2019；Selby，1993）。试验各水流条件下的雷诺数变化为 356～1830；依据明渠流中层紊流定义，本试验各水流条件均属层流和过度流流态，属于低柱体雷诺数条件下的流动。柱体雷诺数的变化范围为 1214～2630，弗汝德数的范围为 0.69～1.04；柱前、平行和柱后三种设置条件下，除 0.54 L/s 最大流量外，均属于缓流流态。定义柱体上游的端点位置为坐标零点（图 8-4 中“O”），相机拍摄范围为主柱体上游 2.2 cm，顺水流方向为 x 轴，沿水深向上为 y 轴。

表 8-1　水流条件及 PIV 参数

辅助柱位置	流量 Q/（L/s）	水深 h/cm	雷诺数 Re	柱体雷诺数 Re_D	相机频率 f/Hz	弗汝德数
柱前	0.15	0.30	356	1214	450	0.71
	0.20	0.38	677	1829	465	0.90
	0.35	0.50	1121	2206	345	0.93
	0.40	0.60	1272	2317	420	0.95
	0.54	0.72	1705	2482	322	1.04
平行	0.16	0.30	519	1545	320	0.73
	0.20	0.45	674	1765	320	0.79
	0.35	0.60	1113	1931	186	0.89
	0.50	0.70	1581	2364	345	0.98
	0.58	0.73	1830	2630	345	1.03
柱后	0.15	0.30	486	1517	420	0.69
	0.20	0.48	705	1655	420	0.89
	0.30	0.50	960	1986	450	0.90
	0.40	0.60	1272	2206	345	0.96
	0.54	0.68	1709	2628	345	1.01

图 8-7 表明，纵向流速在靠近床面时有明显的减小，红色高流速区域分布在水流上层，蓝色低流速区域分布在水流下层。减速区在靠近柱体时不断扩大。由纵向流速等值线可见，水流在趋近柱体时流速降低主要是柱体对水流的阻拦作用；其次是在水面附近形成局部逆流导致行进流减速；最后是水流在边界层发生分离，造成低速流体向上挤压，引起水流减速范围增大。辅助柱体位置的改变能够明显地改变低流速区的总面积，对比三种柱体位置，低流速带的占比为柱后条件>平行条件>柱前条件，说明柱后配置辅助柱体的减速缓流效果更佳。

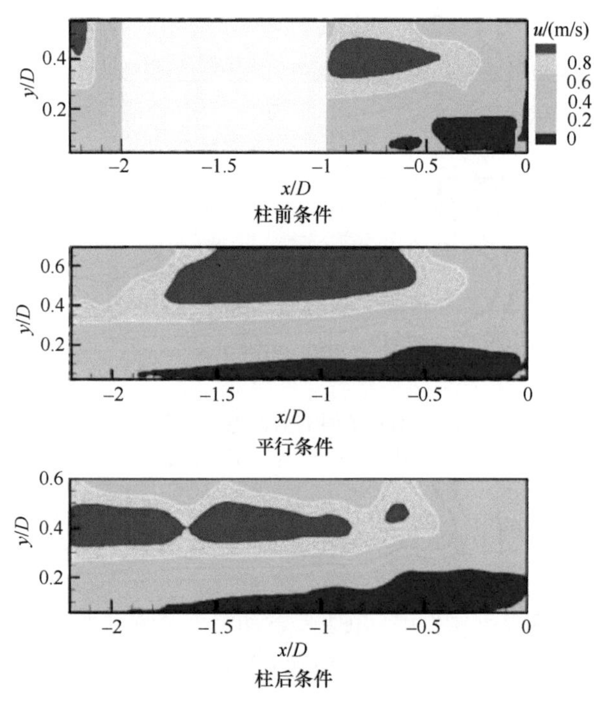

图 8-7　纵向流速二维分布图

图中灰色区域为上游辅助柱体阻挡无法拍摄区域

坡面径流侵蚀过程是一个做功耗能过程，而径流剪切力是引起床面被冲刷和破坏的主要动力。由于来流与逆向回流的相互作用会在植被基部前端产生漩涡结构（Wang et al.，2020；Yang et al.，2019），漩涡旋转形成的剪切力往往导致植被基部产生局部侵蚀；柱体基部的侵蚀与水流剪切力之间关系密切，水流剪切力相对值越大则柱体基部的侵蚀越强。由图 8-8 可见，主柱体柱前对称面上的剪切力大都为负向剪切力，导致该现象的原因是下降流流速显著小于回流流速，致使回流剪切力显著大于受下降流影响的剪切力。分析比较主柱体前部（–1～0 cm）靠近床面区域剪切力大小，发现柱前>平行>柱后，说明主柱体柱前放置辅助柱体，会加剧主柱体基部的侵蚀程度。因此，可通过调整不同条件下坡面水土保持措施下坡面流床面剪力，以寻求适宜的坡面侵蚀防治措施配置。

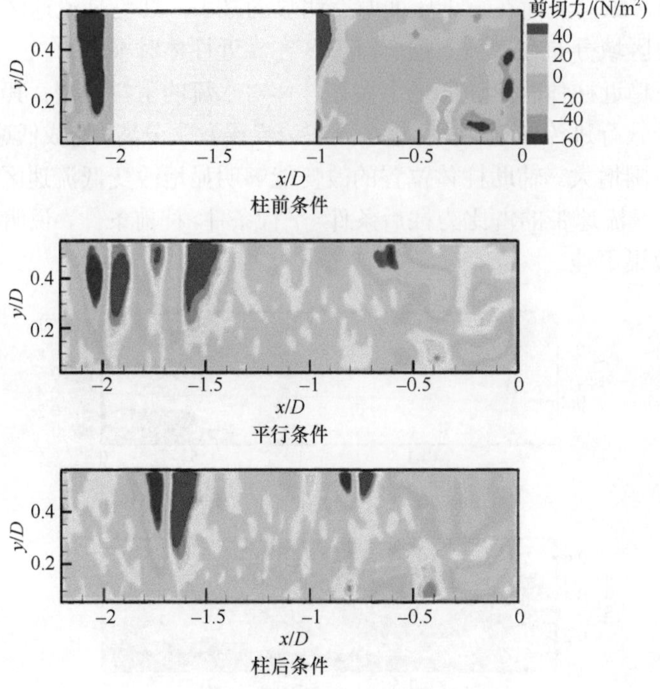

图 8-8　不同条件下剪切力二维分布图

图中灰色区域为上游辅助柱体阻挡无法拍摄区域

8.2　坡面水土保持措施对土壤剖面水热分布的调控

东北黑土区冬春—初夏冻融作用、融雪侵蚀和降雨径流侵蚀复合交错作用的特殊现象（图 8-9）使其侵蚀强度明显加强（张科利和刘宏远，2018；Liu et al.，2017；阎百兴等，

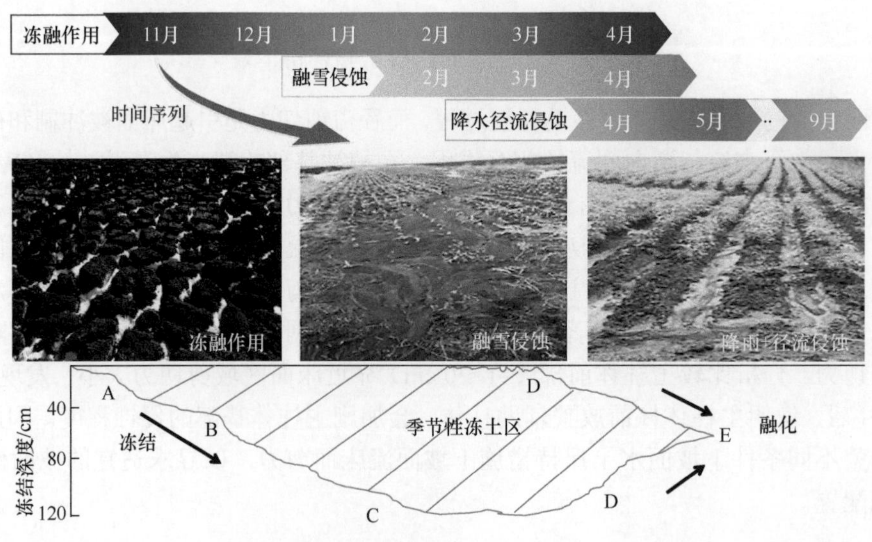

图 8-9　冻融–水力复合侵蚀土壤剖面水热分布示意图

2008；范昊明等，2004；王玉玺等，2002）。土壤剖面温度和水分运移过程密切联系，且土壤温度决定了土壤剖面冻结特征（冷冻锋、冰–土界面等）。季节性冻融期内，秸秆还田（覆盖、碎混）、免耕和少耕等水土保持措施会对土壤剖面温度产生影响，进而改变土壤剖面的冻结特征。鉴于此，为明晰主要坡面水土保持措施对季节性冻融条件下土壤剖面水热时空分布特征的作用影响，并为后续的冻融条件下土体力学响应机制分析提供依据，本节分别采用野外原位观测和 SHAW 模型模拟的手段，研究不同坡面水土保持措施对土壤剖面水热迁移特征的影响。

8.2.1　土壤剖面水热迁移特征定位监测方法

1. 研究区概况

为探明东北典型黑土区坡耕地秸秆还田（覆盖、碎混）、免耕和留茬深松等水土保持措施对土壤剖面水热迁移的影响，并为不同冻融循环条件下土壤团聚体稳定性、微结构和界面应力的研究提供基础依据，本节在九三农场（S1）和克山农场（S2）分别设置了土壤剖面温度水分定位观测场（图 8-10）。

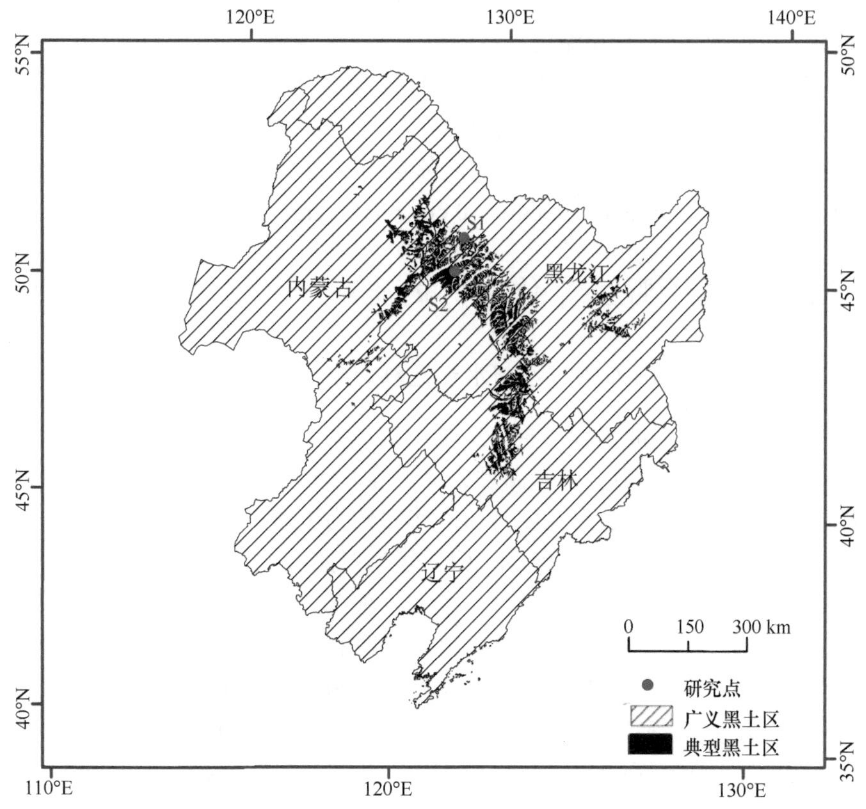

图 8-10　不同水土保持措施土壤剖面水、热定位监测点位置示意图

S1 为九三农场观测点；S2 为克山农场观测点

九三农场（S1）定位观测场位于黑龙江省黑河市嫩江县九三农场鹤北 2 号小流域（125°17′10″E，48°59′46″N）。该观测点年平均气温 4.4 ℃，≥10 ℃的积温 2826 ℃，无霜期 90～150 天。通常每年 10 月下旬土壤开始封冻，到次年的 3～4 月解冻，冻土深度 1.1～4.93 m。全年日照总时数为 2400～2900 h，日照百分率为 55%～70%。克山农场（S2）定位观测场位于黑龙江省齐齐哈尔市克山县克山农场（125°20′31″E，48°18′06″N）。该观测点年平均气温 2.4 ℃，年均降水量 500 mm 左右，年均蒸发量 1189.7 mm，无霜期 122 天，日照时间较短，气温日较差大。

2. 试验布设与观测

分别在九三农场（S1）设置玉米秸秆覆盖还田、免耕和留茬深松措施的原位观测场（5 m×5 m），在克山农场和克山水土保持实验站（S2）设置留茬深松措施和玉米秸秆碎混还田措施（2 m×2 m）的原位观测场。依据当地秸秆还田的实际情况，设置了 0.6 t/hm^2（HT0.6）、1.2 t/hm^2（HT1.2）和 1.8 t/hm^2（HT1.8）三个玉米秸秆还田量（覆盖、碎混），以裸露农地（CK）作为对照。为保证各观测场土壤剖面中水分和热量的垂直迁移，并减少各观测场间的干扰；在各观测场间设置>1 m 的隔离带，阻隔不同区块间的水热交换。

采用 EM50/5TE 八通道土壤温度、水分和水势探头对玉米秸秆覆盖还田、玉米秸秆碎混还田和对照农地（CK）观测场进行定位监测，监测深度为 10 cm、20 cm、40 cm、60 cm、80 cm 和 100 cm（秸秆碎混还田措施监测深度至 35 cm）。数据自动采样间隔为 1 h，日平均值采用全天 24 次测定值的算术平均值。采用 TRIME-T3 探管式土壤水分测定仪对免耕、留茬深松和对照农地（CK）各观测场的土壤剖面含水量进行测定，观测深度为 10 cm、20 cm、40 cm、60 cm、80 cm 和 100 cm，测量频度为 1 次/5d。

8.2.2 基于野外原位监测的土壤剖面水热迁移特征

1. 对照农地土壤剖面冻融过程与水热迁移特征

季节性冻融期土壤剖面水分运移主要受土壤性质（土壤质地、剖面容重、初始含水率等），气象因素（大气辐射、大气温度、降雪等）和土壤剖面温度（导热率、覆盖等）等因素的影响。本节将土壤剖面温度日均值<0℃作为土壤冻结温度临界。通过克山农场（2018～2019 年）和九三农场（2008～2017 年）对照农地（CK）的土壤剖面温度、水分监测数据可见，东北黑土区的季节性冻融期一般为 11 月至次年 4 月中旬，历时 5 个月左右（图 8-9）。由两个定位监测点平均数据获得的土壤剖面冻融过程曲线可将冻融期分为三个阶段：初冻期（A→B）、稳定冻结期（B→C）和双向融冻期（C→D→E）。其中：①初冻期（A→B）多发于 11 月中旬前，并集中活跃在 0～8 cm 表层土壤。此阶段，表层土壤的平均温度在 0℃左右波动下降，并表现为夜冻昼融的现象；②稳定冻结期（B→C）多发于 11 月中旬至次年 3 月初，此阶段土壤冻结锋（土壤剖面内结冰-土交界锋面）快速向下发生一维冻结，冻结锋最大前进速率可达 24.2 mm/d，观测期内均在 2 月中旬达到最大冻结深度（土壤温度<0℃），极值为 115.4 cm；③双向融冻期（D→E）

包括初融阶段（C→D）和双向融冻阶段（D→E），达到最大冻深后的 1 个月左右深层土壤率先发生缓慢的融化，冻结深度缓慢减小；随后，表层土壤在大气温度回升的影响下发生昼融夜冻的现象，且融解速率逐步加快，直至 4 月中下旬土壤剖面内的融解锋（土壤剖面融解产生的冰–土交界面）相互融通。上述现象与部分学者在哈尔滨、宾县和三江源平原等地的研究结果相近（王一菲等，2019；付强等，2015；吕红玉等，2012），但最大冻融深度较上述研究略深，其主要原因应为本节所选研究区纬度相对较高所致。

土壤剖面水分的运移主要与水的相态（液相或固相）、大气降水（降雨、降雪）、土壤冻融过程及剖面热量迁移特征等因素有关。土壤剖面水分含量（包含液相和固相）采用土壤总体积含水率来表示，测量深度为 10 cm、20 cm、40 cm、60 cm 和 100 cm。由观测结果可见，由于对照农地（CK）无地表覆盖，表层土壤蒸发量较大，10 cm 土层的含水率最低（图 8-11）。初冻期及稳定冻结期各土壤剖面深度的土壤总体积含水率较为稳定，集中变化于 20%～24%；此阶段由于冻结锋向下运移的影响，导致土壤剖面 40～60 cm 土壤总含水率增高，而深层土壤（60～100 cm）土壤含水率则相对稳定。进入双向融化期后，土壤温度逐渐升高表土层开始融化，表层积雪融化并下渗导致 0～20 cm 土层的含水率呈明显的波动增加趋势，9～17 天后随着大气温度升高及表层蒸发量的加强表层土壤含水率快速下降后趋于稳定；同时，此阶段深层土壤剖面的总含水率变化较小，说明表层土壤融化所带来的液态水无法补给深层土壤。

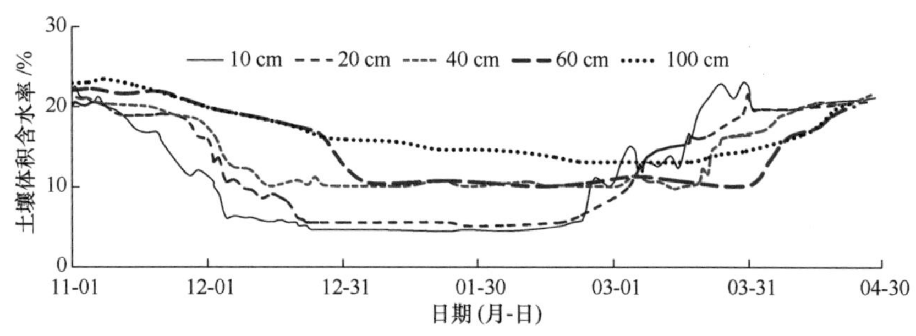

图 8-11　季节性冻融期土壤剖面不同深度含水率变化

2. 秸秆覆盖还田措施对土壤剖面水热迁移特征的影响

秸秆覆盖还田措施作为一种主要的水土保持措施已被广泛地应用于东北黑土区坡耕地。秸秆覆盖可有效增加地表粗糙度、增加土壤水分入渗、限制水分蒸发、调节土壤温度（Eltom et al.，2015；Lal et al.，2007；Gill and Jalota，1996），可明显改变剖面土壤水热分布特征，进而影响冻融-风力-水力复合侵蚀过程。

1）秸秆覆盖还田措施对土壤剖面温度的影响

相较于对照农地，秸秆覆盖还田措施对土壤剖面温度迁移整体表现出滞后性影响，且随还田量的增加其滞后效应明显增强。由观测结果可见（图 8-12），各秸秆覆盖还田处理与对照农地间的初始土壤剖面温度未表现出显著性差异，说明各试验处理间的土壤结构及初始水热条件相近，具有可比性。初冻期，各处理土壤剖面温度的变化趋势基本

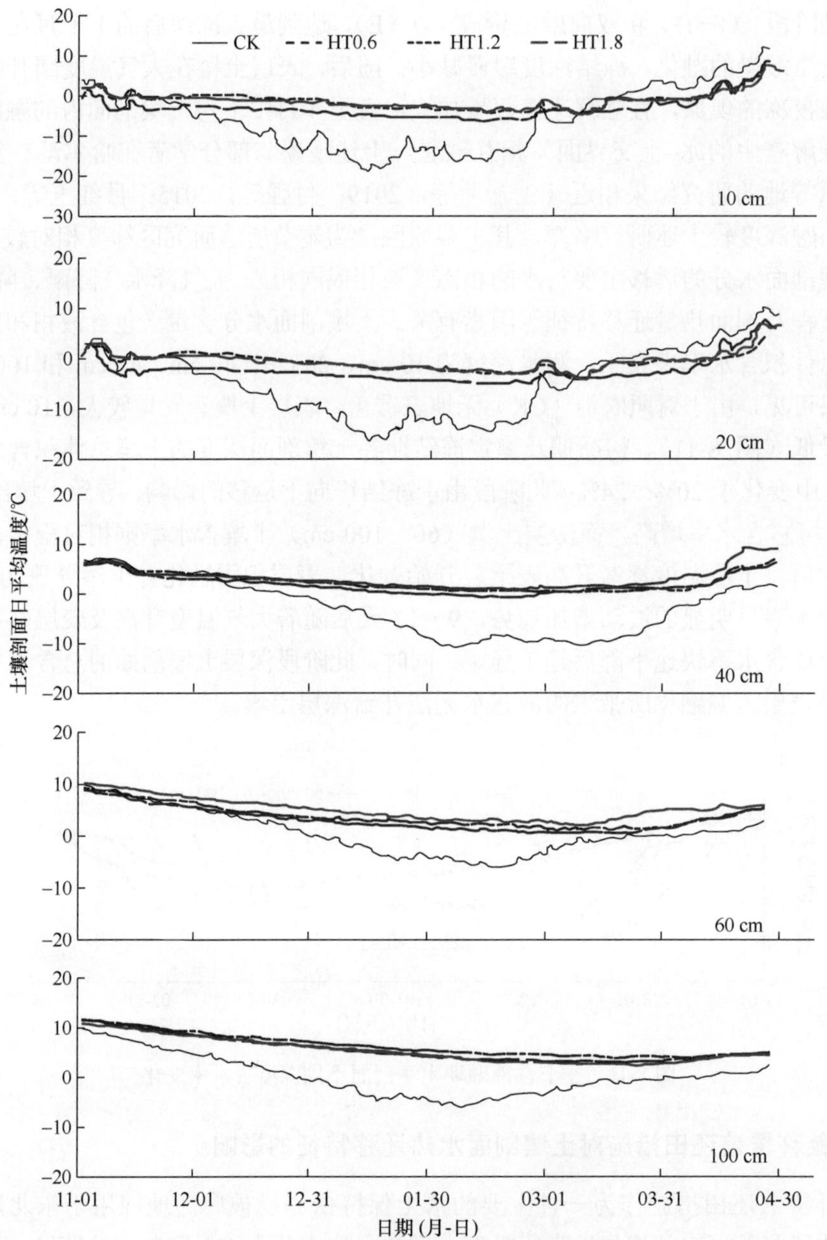

图 8-12　不同秸秆覆盖还田量下土壤剖面温度变化

CK 为无秸秆覆盖；HT0.6 为 0.6 t/hm^2 秸秆还田量；HT1.2 为 1.2 t/hm^2 秸秆还田量；HT1.8 为 1.8 t/hm^2 秸秆还田量

一致，均呈波动降低的趋势。表层 0～10 cm 土壤温度明显低于下层土壤温度，说明大气温度对土壤温度的作用强度呈一维递减趋势。随着秸秆还田量的增加，各层次土壤剖面温度的变化幅度相应减小且更趋于平缓，且均显著低于对照农地的土壤剖面温度变化；说明秸秆覆盖对土壤剖面有明显的保温作用，其作用强度为 HT1.8>HT1.2>HT0.6 > CK。同时，秸秆覆盖还田措施对土壤剖面温度具有明显的滞后效应，随着秸秆还田量和土层深度的增加滞后作用更为明显。分别以表层 10 cm 和深层 60 cm 土层为例，10 cm

土壤剖面处 HT0.6、HT1.2 和 HT1.8 秸秆还田量处理下土壤达到最低温度的时间较对照农地 CK 分别延迟了 5 d、21 d 和 38 d；而对 60 cm 土层则分别延迟了 36 d、41 d 和 52 d。因此，秸秆覆盖还田措施对土壤剖面温度迁移具有明显的保温作用，且伴随秸秆还田量的增加延缓土壤剖面温度迁移速率。

2）秸秆覆盖还田措施对土壤剖面含水率的影响

秸秆覆盖还田措施对剖面土壤含水率均有增加的趋势，且对表层 0～10 cm 土壤水分运移作用的影响最为显著。初冻期，土壤剖面含水率分布特征与对照农地 CK 相似，不同秸秆还田量处理均在 40～60 cm 土层处达到最大含水率，随着土层深度的加深剖面土壤含水率逐渐降低并稳定在 16.9%～19.7%。稳定冻结阶段，不同还田量处理下各层次剖面土壤含水率均呈现先增加后降低的趋势，秸秆还田量的增水效应为 HT1.2>HT1.8≈HT0.6>CK（图 8-13）。其原因应为此阶段冻结锋面向下迁移过程中与下层未冻结土壤形成了水势梯度，并在其作用下使得下层土壤水分聚集至冻结锋面；该作用在 40 cm 深时最为明显（付强等，2016，2015）。双向融冻阶段，气温和地温均整体回升，地表积雪融化和土壤孔隙冰晶融化使得各层次剖面土壤含水率均明显上升，随着冻结锋面连通及地面蒸发量的增大土壤含水率又迅速平衡降低并稳定在 20.1%～23.4%。与不同秸秆覆盖还田处理下的剖面温度滞后变化趋势相似，土壤含水率变化也表现出一定的滞后现象，且随秸秆覆盖还田量和土层深度的增加（0～60 cm）延迟效应愈加明显。分别以表层 10 cm 和深层 40 cm 土层为例，在 10 cm 处 HT0.6、HT1.2 和 HT1.8 秸秆还田量处理下土壤含水率增加的拐点时间较裸地在初冻期分别延迟了 4 d、7 d 和 12 d，在双向融冻期分别延迟了 1 d、3 d 和 4 d；而对于 40 cm 土层则在初冻期分别延迟了 8 d、12 d 和 13 d，在双向融冻期分别延迟了 2 d、5 d 和 6 d。其原因主要是秸秆覆盖还田措施改变了土壤-大气界面的连通状态，改变了界面处的蒸发势梯度和土壤剖面的温度分布特征；另外，在双向融冻期表层积雪融化产生的融水被秸秆截留和延缓，进一步增强了剖面水分分布的异质性。

3. 秸秆碎混还田措施对土壤剖面水热迁移特征的影响

秸秆碎混还田措施具有改善土壤结构、提高土壤肥力和水稳性团聚体含量、改善土壤孔隙和水分状况等作用，已被广泛应用于东北黑土区坡耕地实践中。现有研究表明秸秆碎混还田可明显改变剖面土壤水热分布特征，进而对冻融–风力–水力复合侵蚀过程产生影响。

依据当地秸秆还田的实际情况，设置秸秆全量还田（约 1.2 t/hm^2，HT1.2）和秸秆质量的一半还田（约 0.6 t/hm^2，HT0.6）两种玉米秸秆还田量，并以裸露农地（CK）作为对照。鉴于秸秆碎混还田深度多为 20 cm，故设置 10 cm、25 cm 和 35 cm 三个观测深度对两种秸秆还田条件的土壤剖面水热迁移响应特征进行分析。各处理条件的土壤剖面平均温度与大气温度变化趋势一致；7～8 月达到土壤剖面最高温度，11 月至次年 4 月为季节性冻融期。与秸秆覆盖还田措施对土壤剖面温度迁移的作用相似，季节性冻融期秸秆碎混还田措施也表现出明显的保温效果，秸秆碎混量的作用程度为 HT1.2>HT0.6>

CK（图 8-14）；与秸秆覆盖还田对剖面温度分布具有延迟效应不同，秸秆碎混还田措施在各土壤层次未表现出明显的延迟效果，其原因可能与不同措施下土壤表面辐射强度及土壤导热率变化有关。

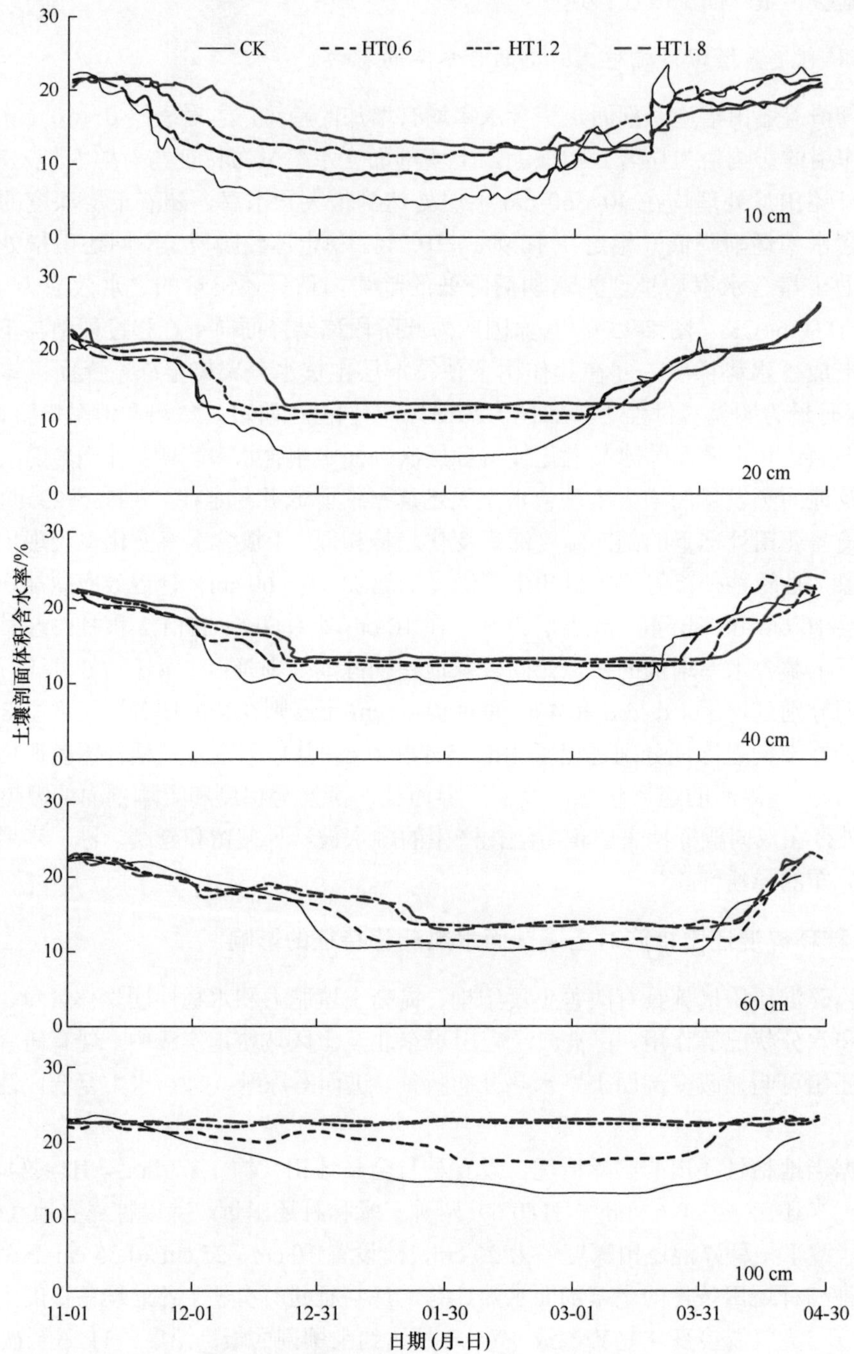

图 8-13　不同秸秆覆盖还田下土壤剖面体积含水率变化

CK 为无秸秆覆盖；HT0.6 为 0.6 t/hm^2 秸秆还田量；HT1.2 为 1.2 t/hm^2 秸秆还田量；HT1.8 为 1.8 t/hm^2 秸秆还田量

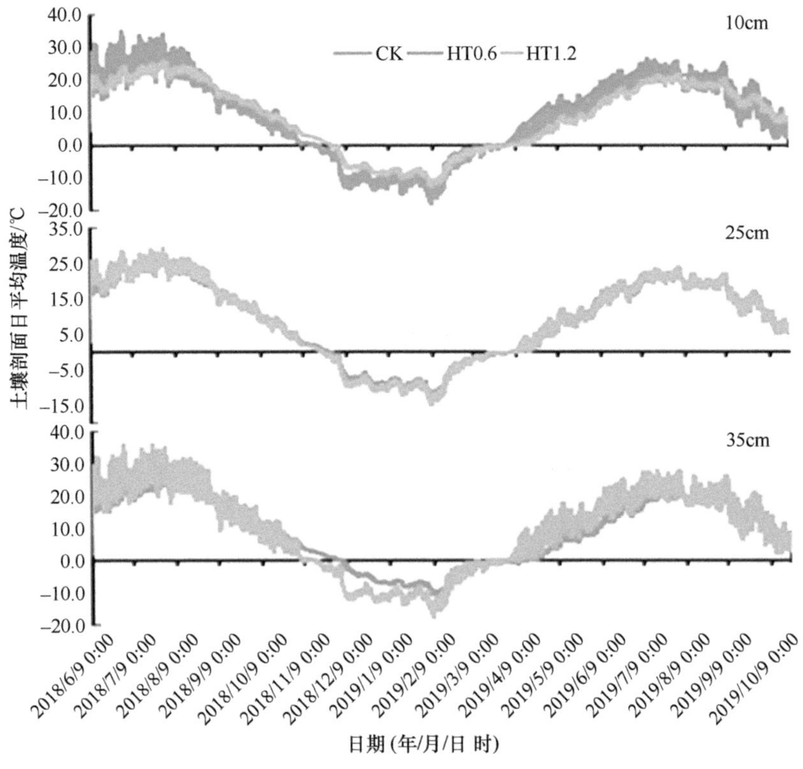

图 8-14　不同秸秆碎混措施下的土壤剖面温度变化

CK 为农地对照，HT0.6 为 0.6 t/hm^2 秸秆还田量，HT1.2 为 1.2 t/hm^2 秸秆还田量

大气降水对各层次土壤剖面含水率具有决定性影响，土壤剖面含水量主要通过大气降水进行补给，12 月至翌年 4 月季节性冻融期内土壤含水量达到低值。与秸秆覆盖还田措施不同，季节性冻融期内秸秆碎混还田措施未表现出增墒作用，反而在 10 cm 和 35 cm 土层处两种秸秆碎混还田处理下的土壤含水率均低于裸地条件，仅在 25 cm 处表现出秸秆还田的增墒作用（图 8-15）。分析其原因应为秸秆碎混还田增加了土壤孔隙度，由于土壤表面的蒸发势作用导致表层土壤水分以蒸发或凝华的方式散失到大气；而 35 cm 处的土壤水分则在冻结锋的影响下通过秸秆碎混还田增加的孔隙通道运移至界面处，导致相应土壤含水率降低。因此，在应用秸秆碎混还田措施时应适当考虑土壤墒情的调节。

4. 免耕、留茬深松措施对土壤剖面土壤含水率的影响

免耕和留茬深松措施对季节性冻融期土壤剖面含水量的影响与秸秆还田措施表现不同。相较于农田对照 CK，免耕和留茬深松措施作用下冻融季结束后土壤剖面各层次含水率均较冻融季前有所降低。免耕措施（NT）处理下，冻融季结束后土壤平均含水率降低了 4.3%～9.8%；留茬深松措施（ST）处理下，冻融季结束后土壤平均含水率降低了 0.8%～12.3%；CK 处理下，冻融季结束后土壤平均含水率降低了 2.2%～23.3%，但在 20～40 cm 深度表现出水分迁移聚集的现象（图 8-16）。分析其原因应为观测年度间降雪融水对土壤剖面水分补给较少，保护性耕作产生了较多的孔隙结构致使水汽蒸发大于农田对照。该发现与秸秆碎混还田措施相似，在应用相应措施时应适当考虑其对土壤墒情的影响。

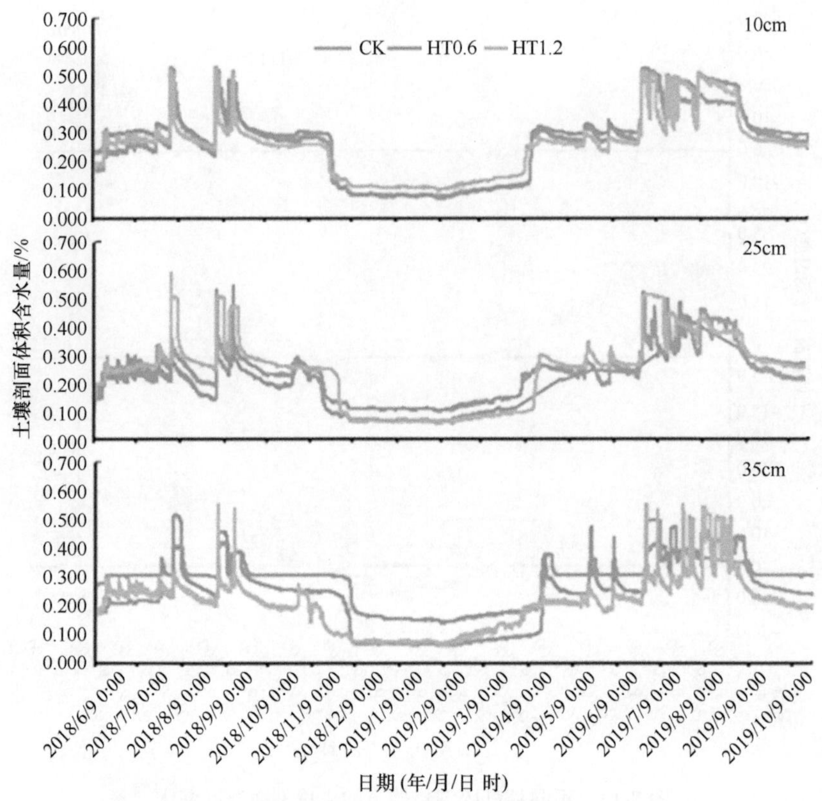

图 8-15 不同秸秆碎混还田量的土壤剖面含水率变化

CK 为农地对照，HT0.6 为 0.6 t/hm^2 秸秆还田量，HT1.2 为 1.2 t/hm^2 秸秆还田量

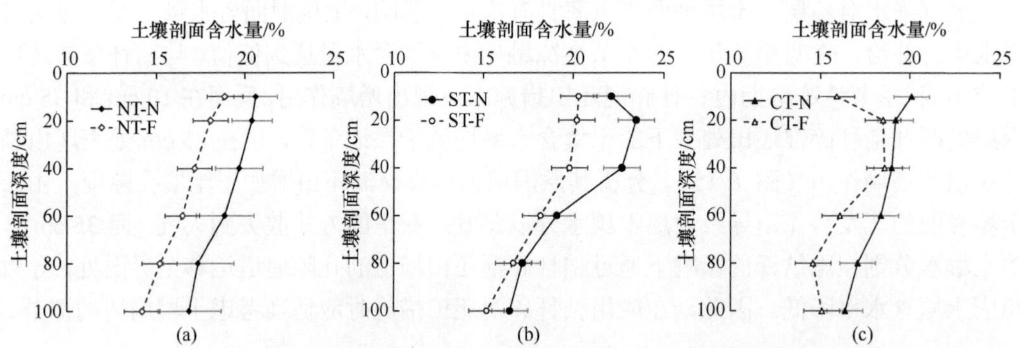

图 8-16 季节冻融季保护性耕作土壤剖面含水率变化

（a）免耕措施：NT-N 为冻融季前，NT-F 为冻融季后；（b）留茬深松措施：ST-N 为冻融季前，ST-F 为冻融季后；（c）无水土保持措施（对照）：CT-N 为冻融季前，CT-F 为冻融季后

8.2.3 基于 SHAW 模型的土壤剖面水热迁移特征

构建复合侵蚀预报模型的关键在于如何定量刻画描述冻融过程。SHAW（simultaneous heat and water）模型（Flerchinger and Saxton，1989）由美国农业部西北流域研究中心开发，是目前公认的模拟融雪和土壤冻融过程效果优异且模块最为详细的模型之一。大量研究表明，SHAW 模型能够准确地模拟大范围内土壤的冻结深度、温度和地表

条件，并可对冻融过程中土壤剖面水热动态变化影响下的土壤渗流和地表径流进行预报（沈来银等，2020；刘杨等，2013）。同时，Nassar 等（2000）、成向荣等（2007）和 Bullied 等（2014）的研究表明，SHAW 模型对不同区域土壤剖面温度具有较好的模拟效果，而对剖面水分的迁移受土壤自身特性的影响较大，且表现出随剖面深度加深模拟效果提升的现象。因此，本节基于野外实测数据对 SHAW 模型的适用性进行评价，并定量刻画初冻期、稳定冻结期和双向融冻期的土壤剖面水热迁移动态变化过程，进而通过水热迁移将冻融、融雪、降雨各侵蚀过程联系在一起。

1. SHAW 模型边界与参数率定

SHAW 模型主要模块所需的输入参数包括初始值及边界值、气象数据、模拟点基本信息、地表条件（植被覆盖、积雪、残积层厚度）和水力特性参数等。本节选用克山实验站日尺度气象资料为上边界气象条件，模拟点基本信息设置为海拔 236.9 m，纬度 47°50′N，干、湿土壤反射率为 0.15 和 0.30（图 8-17）。其中，各模块的控制方程分别如下（Flerchinger and Saxton，1989）：

（1）能量通量控制方程：

$$\frac{\partial}{\partial z}\left(k_{\mathrm{s}}\frac{\partial T}{\partial z}\right)-\rho_{\mathrm{l}}c_{\mathrm{l}}\frac{\partial(q_{\mathrm{l}}T)}{\partial z}+S=C_{\mathrm{s}}\frac{\partial T}{\partial t}-\rho_{\mathrm{i}}L_{\mathrm{f}}\frac{\partial\theta_{\mathrm{i}}}{\partial t}+L_{\mathrm{v}}\left(\frac{\partial q_{\mathrm{v}}}{\partial z}+\frac{\partial\rho_{\mathrm{v}}}{\partial t}\right)\qquad(8\text{-}11)$$

式中，z 为土壤深度（m）；k_{s} 为土壤的热导率［W/（m·℃）］；T 为土壤温度（℃）；ρ_{l} 为液态水密度（1000 kg/m^3）；c_{l} 为液态水的比热［4200 J/（kg·℃）］；q_{l} 为液态水通量［kg/（m^2·s）］；C_{s} 为土壤体积热容［W/（m·℃）］；t 为时间（s）；ρ_{i} 为土壤固态水密度（920 kg/m^3）；L_{f} 为融化潜热（3350 kJ/kg）；θ_{i} 为体积含冰率（m^3/m^3）；q_{v} 为气态水通量［kg/（m^2·s）］；ρ_{v} 为土壤孔隙中的水汽密度（kg/m^3）。

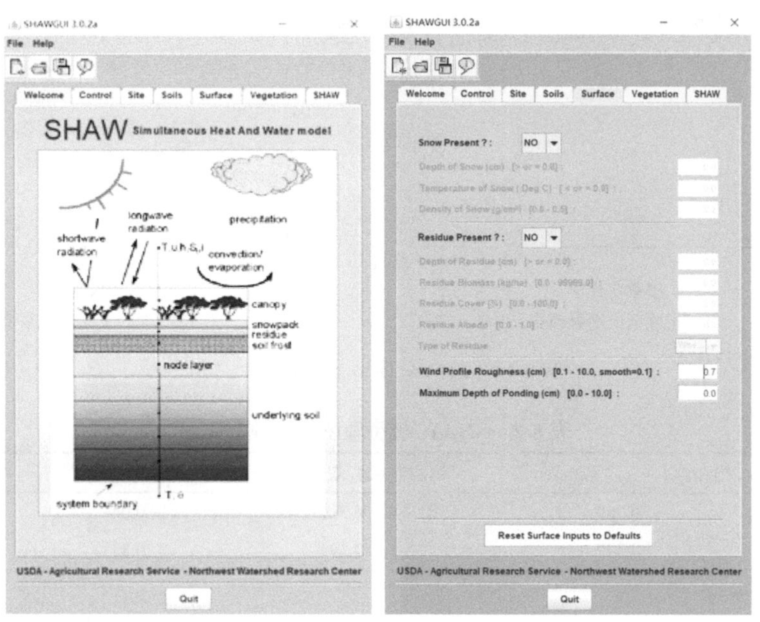

图 8-17　SHAW 模型操作界面

（2）水量通量控制方程：

$$\frac{\partial \theta_l}{\partial t}-\frac{\rho_i}{\rho_l}\frac{\partial \theta_i}{\partial t}=\frac{\partial}{\partial z}\left[K\left(\frac{\partial \varphi}{\partial z}+1\right)\right]+\frac{1}{\rho_l}\frac{\partial q_v}{\partial z}+U \tag{8-12}$$

式中，K 为非饱和导水率（m/s）；φ 为土壤基质势（m）；θ_l 为液态水体积含水率（m^3/m^3）。

（3）溶质通量控制方程：

$$\rho_b\frac{\partial S}{\partial t}=\rho_l\frac{\partial}{\partial z}\left[\left(D_H+D_m\right)\frac{\partial c}{\partial z}\right]-\rho_l\frac{\partial (q_l c)}{\partial z}-\rho_b V \tag{8-13}$$

式中，ρ_b 为土壤容重（kg/m^3）；S 为单位质量土壤中的总溶质量（mol/kg）；D_H 为水动力弥散系数（m^2/s）；D_m 为分子扩散系数（m^2/s）；c 为土壤溶液的溶质浓度（mol/kg）；V 为土壤降解和根吸收的项（无量纲）。

利用 2018 年 6 月 9 日至 2019 年 4 月 28 日克山实验站 10 cm 和 35 cm 深度无秸秆还田和 HT0.6（0.6 t/hm^2 还田量）多通道土壤水分、温度动态观测数据对 SHAW 模型进行率定，采用同时期其他通道动态观测数据对模型进行验证。参数敏感性分析表明，饱和导水率 K_s 和进气势 φ_e 对土壤水分和温度模拟结果的影响较小，而模拟结果对饱和含水率 θ_s 最为敏感。土壤温度模拟中，孔隙指数 b 对温度模拟的影响略大于 K_s 和 φ_e［图 8-18（a）］；而土壤水分模拟中，孔隙指数 b 和饱和含水率 θ_s 较为敏感［图 8-18（b）］。模型默认参数会导致高估土壤剖面各层次的含水率且对温度模拟存在较明显的滞后现象，手动调节上述敏感参数后可将剖面土壤温度（表 8-2）和含水率模拟结果的 RMSE 降低至 4.2%～27.3%。

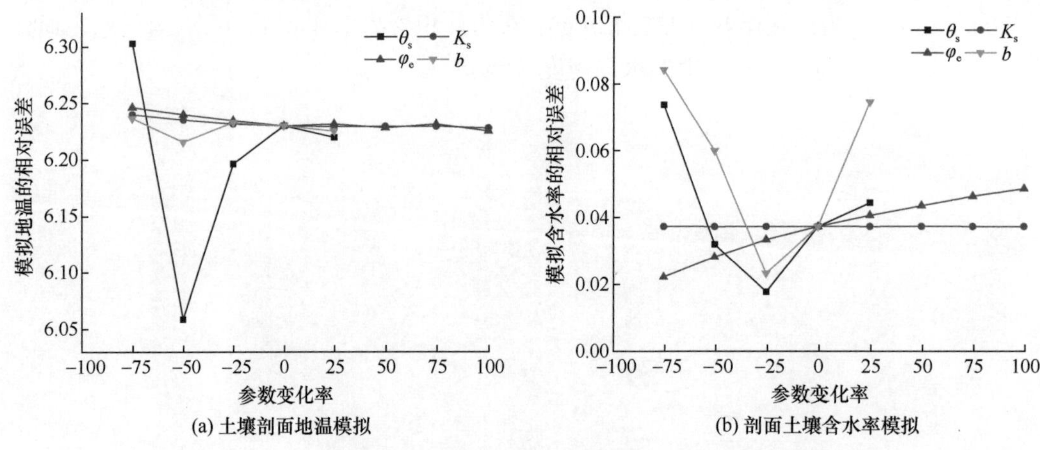

图 8-18　SHAW 模型参数敏感性分析

表 8-2　SHAW 模型敏感性参数率定值

	饱和含水率 θ_s/（cm^3/cm^3）	饱和导水率 K_s/（cm^2/h）	进气势 φ_e/bar①	孔隙指数 b
初始参数	0.529	0.319	0.044	6.961
校正参数	0.397	0.399	0.333	5.221

①1 bar=10^5 Pa。

2. SHAW 模型适应性评价

土壤剖面温度模拟的准确性会直接影响到剖面温度场及水热迁移的准确性。采用另外一组对立数据对秸秆碎混还田条件（CK、HT0.6 和 HT1.2）下不同深度的土壤温度模拟值与观测值进行比较可见，三个不同秸秆还田量情况下各剖面层次的土壤温度模拟值的变化趋势、峰值等均与观测数据符合，较好地拟合了土壤温度在季节性冻融期内的变化情况。对于初冻期和双向融冻期后期（地表融水产生后）土壤温度的模拟值与观测值间存在较大偏差，但总体趋势模拟效果依然较好（图 8-19）。产生该现象的原因应与两个时期特殊的水分条件相关，初冻期地表辐射波动较大而融雪径流产生后特殊的渗流条件使得剖面温度迁移更为复杂；而模型中温度算法中土壤物理结构和水热参数未对上述两个特殊时期的土壤条件变化进行描述，导致了一定的偏差。同时，秸秆还田下土壤温度拟合值变化趋势与实测值基本一致，平均相对误差为 1.4%～32.4%；说明模型对剖面导热率变化下的模拟效果较好，可以满足对不同措施下温度场动态变化模拟的需求。

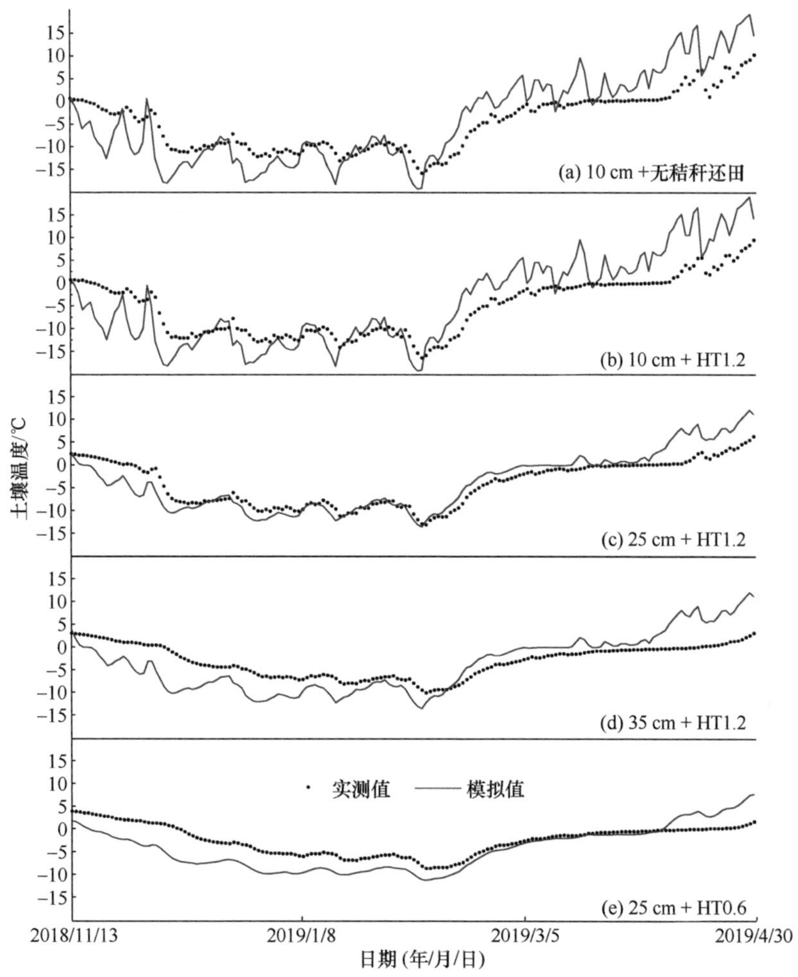

图 8-19　不同秸秆还田条件下 SHAW 模型土壤温度模拟值与实测值

季节性冻土剖面土壤水分迁移过程对土壤感热和潜热通量、土壤剖面温度分布及界面冻结锋均有较大影响。季节性冻融期，土壤剖面水分状况的定量刻画与模拟是复合侵蚀过程模拟的关键问题之一。由于 SHAW 模型输出结果为总含水量和固态水含水量（冰晶），采用 0.92 为校正系数对观测含水量进行修正以和实测值进行比较（Flerchinger，2000）。

结果表明，季节性冻融期 SHAW 模型对黑土剖面含水率的模拟效果整体低于对温度的模拟，且在不同土壤深度和不同的秸秆还田情况下表现出明显差异。在初冻期和稳定冻结期，SHAW 模型对表层 10 cm 土壤的模拟结果较好，拟合值与实测值间的平均相对误差为 6.2%；而对于 25 cm 和 35 cm 土层的模拟效果较差，均存在显著的高估现象，平均高估 217.2%（图 8-20）。其原因应为秸秆混翻入土壤后使得孔隙连通性发生改变，原有的入渗过程被大孔隙和秸秆层截断；而模型中未能将此种变化进行描述，故导致秸秆还田情况下模型拟合精度急剧下降。在双向融冻阶段后期，各处理情况下均出现拟合失真的现象，且均未能捕捉到融雪径流产生后土壤含水率快速回升的现象。分析

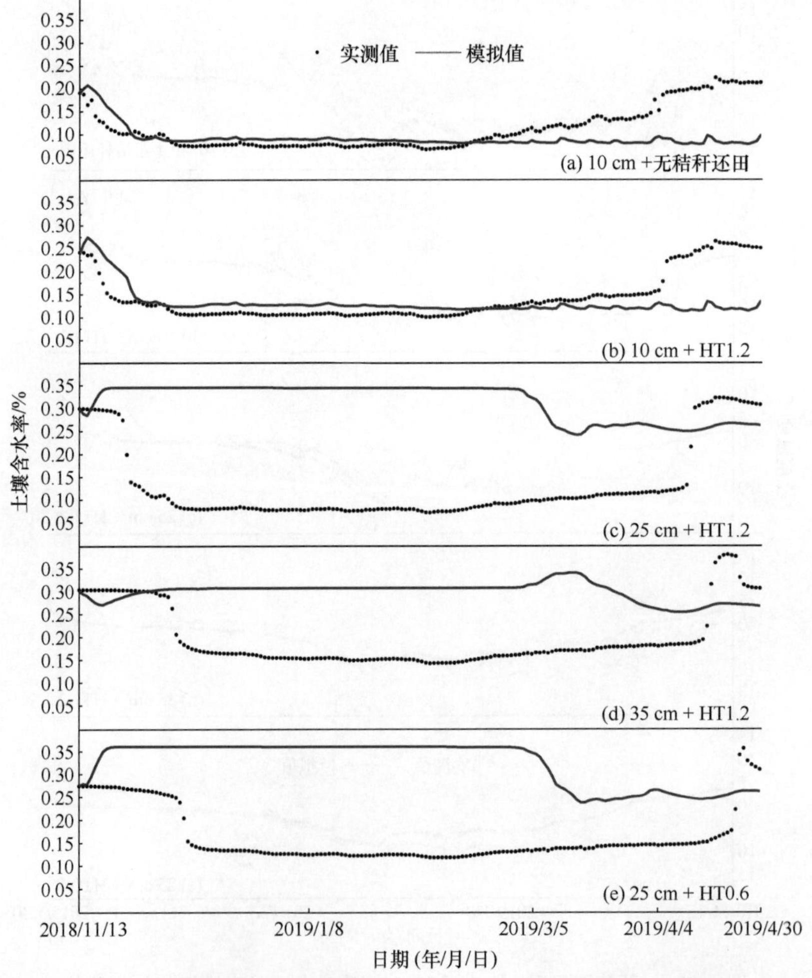

图 8-20　不同秸秆还田条件下 SHAW 模型土壤含水率模拟值与实测值

其原因，克山县在双向融冻期内多出现翻浆和融雪径流情况，而模型未对类似情况进行考虑。因此，在进行不同措施下黑土剖面水分分布和渗流场模拟时，应充分考虑融雪过程和融化过程中相对不透水面对水分迁移的影响。

8.3　水土保持措施对坡面径流路径的阻控分析

残茬覆盖（秸秆茎秆）和植被缓冲带等坡面水土保持措施有助于改变径流路径、缓解坡面侵蚀、固定边坡和促进泥沙沉降淤积（Zeng and Chen，2011）；并可改变坡面流水流结构和湍动特性（Huai et al.，2009），增加水流阻力。研究坡面和沟道中残茬覆盖（茎秆）和植被缓冲带等典型措施的水流结构和阻力特性，对理解典型水土保持措施的坡面土壤侵蚀的阻控机制具有重要作用（Aberle and Jarvela，2013；Wang et al.，2013；Nepf，1999）。本节采用 PVC 圆柱（刚性植物）和仿真植被（柔性植物）分别模拟黑土坡耕地广泛采用的残茬覆盖（茎秆）和植被缓冲带措施，借助 PIV 粒子测速技术和二维空间流场分析，开展不同坡面径流形态下典型水土保持措施对水流动力特性影响的研究，深化理解水土保持措施对坡面径流路径及水动力学特性的阻控机制，为坡面土壤侵蚀防治措施的优化配置提供基础理论依据。

8.3.1　秸秆茎秆对坡面径流路径的阻控分析

残茬覆盖（秸秆茎秆）措施防治坡面土壤侵蚀的能力与其密度、形态特征、糙度系数及水流条件密切相关；地表条件的改变又进一步加强了径流紊动能量的沿程和断面分布的复杂性。开展不同坡面径流形态下秸秆茎秆对水流动力学特性影响的研究，能够明晰该措施与坡面径流的相互作用关系。

1. 试验设计与研究方法

1）试验装置与试验设计

本试验在北京林业大学水土保持学院沟蚀机理与过程实验室进行。采用高精度明渠自循环定坡水槽（图 8-21），并在水槽上设置高精度 PIV 流速观测和人工模拟植被系统。同时使用精度为 0.1 mm 千分尺观测水深，使用精度为 0.1℃的温度计观测水温。

本试验明渠水流的宽深比较大，水流受侧壁的影响较小，紊动性较弱，可简化为二维流动。分别在模拟秸秆茎秆（刚性植物）段入口处和刚性植物段出口处设置两个 PIV 测量断面；断面长约 3 cm，并定义柱体前端与下垫面接触的端点为坐标零点。水深测量采用千分尺，沿程从刚性植物段前 5 cm 到刚性植物段后 10 cm 处每隔 5 cm 布设一测量断面，共计 24 个（每个测量断面含 3 个测量点）；同时，在距离边壁 0 cm、7.5 cm 和 15 cm 处测定断面水深，并取其平均值作为断面平均水深（图 8-22）。

试验操作步骤如下：在水中加入示踪粒子后使用高速相机触发模式捕捉粒子图片，相机频率为 600 Hz，拍摄时间大约为 40 s；对试验采集的 24000 余张粒子图像，通过流体力学专业软件 JFM 计算后获得相互独立的 1000 帧瞬时流场。流场计算时，最终判读窗口大小为 16 像素×16 像素，水平和垂直方向的重叠率为 50%，迭代次数为 2 次。最后，采用 MATLAB 软件对 1000 张照片进行速度合成和平均流速计算。x 轴为顺水流方向，y 轴垂直于水槽侧壁，z 轴与水槽底面垂直。x、y、z 方向的瞬时流速分别用 U_x、U_y、U_z 表示，x、y、z 方向的时均流速分别用 u、v、w 表示。试验设置两组工况来描述秸秆茎秆对不同运动形态水流动力学特征的影响（表 8-3）。

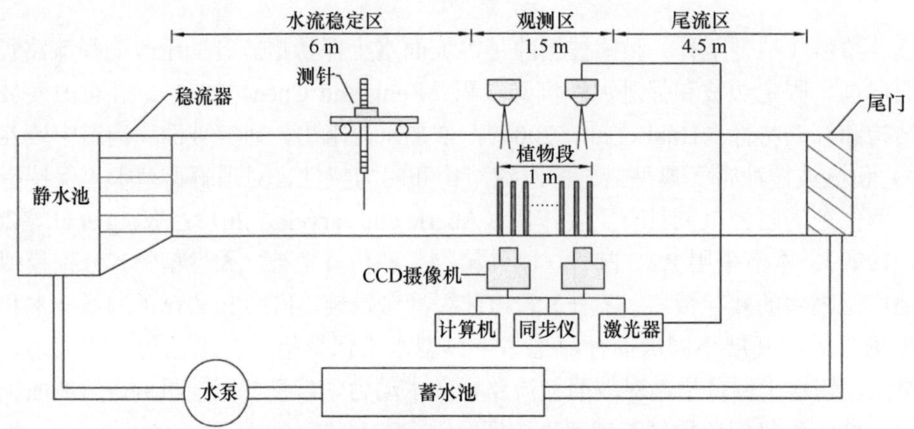

图 8-21 刚性植物对坡面径流路径的阻控试验装置示意图

图 8-22 模拟秸秆茎秆（刚性植被）与测点布设

表 8-3 刚性植物对坡面径流路径的阻控试验设计

试验处理	流量 Q/（L/s）	水深 H/cm	流速 v/（cm/s）	雷诺数	弗汝德数
刚性植物	2.52	4.76	19.38	6457.48	0.28
空白对照	2.52	2.12	39.62	7359.81	0.87

2）水动力学参数计算

（1）紊动能 TKE。将水流的瞬时流速看作由时均值和脉动值两个部分组成，在把紊流的运动要素进行时间平均后，紊流运动就简化为没有脉动的时均流动，这样就可以对时均流动与脉动分别加以研究。脉动流的动能的时均值可简称为紊动能，紊动能是处理

紊动黏度而引入的一个量，能反映脉动能，体现脉动振幅的变化规律。紊动能 TKE 的计算公式为（李坤芳等，2017）

$$\mathrm{TKE}=\left[\overline{(U_x')^2}+\overline{(U_y')^2}+\overline{(U_z')^2}\right]\Big/2U^2 \tag{8-14}$$

式中，U_x'为 x 方向的脉动流速（瞬时流速与时均流速之差，m/s）；U_y'为 y 方向的脉动流速（m/s）；U_z'为 z 方向的脉动流速（m/s）。

（2）雷诺应力 τ_{ji}。流体做湍流运动时所产生的应力，除了黏性应力外尚有附加的应力，包括法向附加应力和切向附加应力，这些附加的应力都是湍流所特有的，称为雷诺应力。雷诺应力是由于流场中流速分布不均而产生的，反映了脉动流速对平均流动的贡献，一般用其表示水流中的脉动强度。其计算式为（张罗号，2012）

$$\tau_{ji}=-\rho\overline{U_i'U_j'} \tag{8-15}$$

式中，ρ 为水的密度（kg/m^3）；$i\neq j$ 时，τ_{ji} 为切向应力；U_i'、U_j'分别为 i、j 方向的脉动流速（m/s）。

2. 秸秆茎秆影响下的断面径流流速分布特征

秸秆茎秆改变了坡面径流的流速分布。与农田对照相比，坡面秸秆茎秆有效地减小了水流流速，且茎秆前断面的纵向流速显著高于后断面，这与断面平均流速沿程变化一致；证明了秸秆茎秆的消能作用，顺水流方向动能降低、流速减小（图 8-23）。

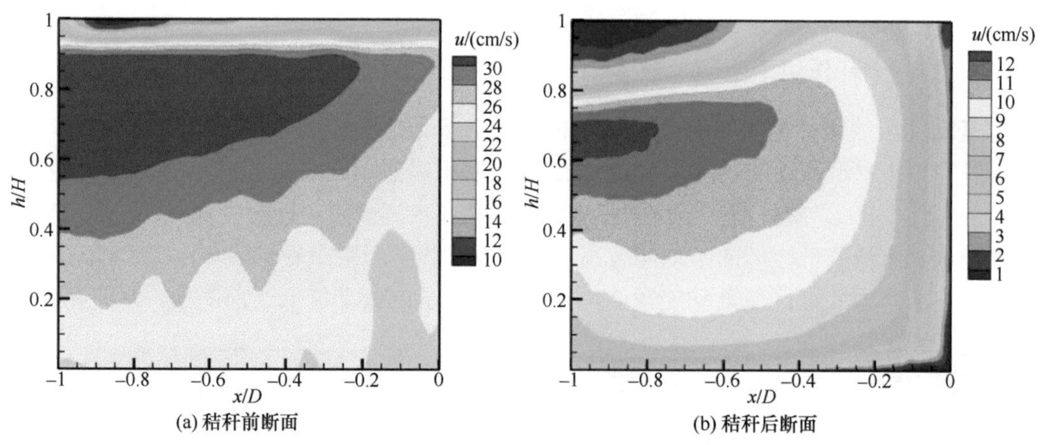

图 8-23　特征断面纵向流速分布

H 为水深（cm）；D 为茎秆直径（cm），下同

纵向流速分布反映了秸秆茎秆对水流沿程运动的影响。纵向流速随秸秆距离的缩短而逐渐减小，后断面相较于前断面柱前流速的衰减更为明显。流速轮廓线与无措施的“J”形分布不同，沿水深方向，秸秆茎秆处水流纵向流速随高度增加而增大，但在靠近水面处流速出现急剧减小，流速分布呈“S”形，且在后断面更为明显。该现象与王忖和王超（2010）的发现一致，应为茎秆的存在使坡面水流受到阻挡，水面波动消耗水流动能，造成水面附近流速减小。垂向流速分布反映了秸秆茎秆对水流垂向动量交换的影响。有

秸秆茎秆情况下，坡面流速范围为–2.5～3.5 cm/s，垂向流速较无覆盖的农田对照措施大，茎秆的扰流作用增强了不同水层之间的掺混，导致垂向流速增大；同时，水流的垂向流速远低于纵向流速，进一步说明水流的各向异性（图 8-24）。茎秆前断面的流速分布变化平缓，而后断面垂向流速出现极值区域，最大值出现在断面的中上部；柱前出现垂向流速绝对值次大值，水流方向向下，在后断面水流出现下降流。上述现象说明，秸秆茎秆后断面对水流的阻挡作用更为显著，而水流经过刚性植物段前端时，秸秆茎秆对水流的阻控作用并不充分。由垂向流速轮廓线可见，秸秆茎秆的作用致使水流垂向流速在上部水域出现最大值，并在靠近水面处出现衰减。

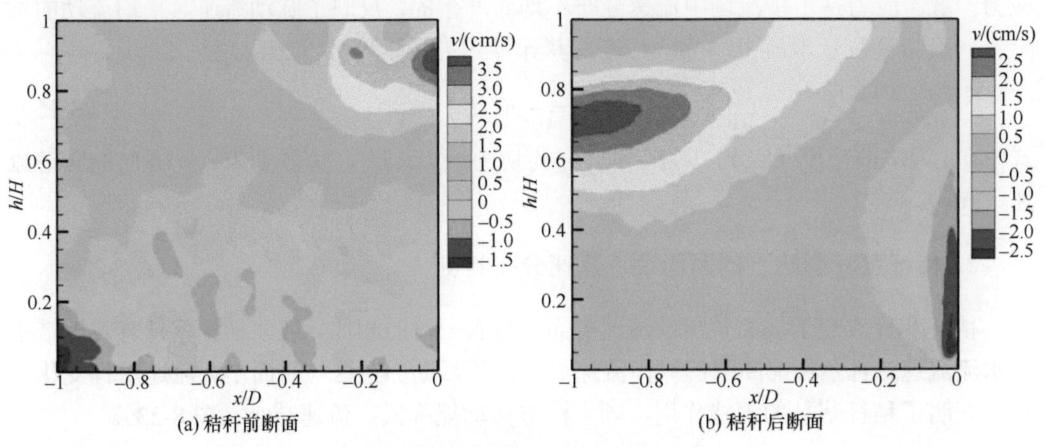

图 8-24　特征断面垂向流速分布

3. 秸秆茎秆作用下断面径流紊动性分布特征

紊动能反映水体微团间混合、碰撞的程度，紊动能越大说明水流紊动性越剧烈。秸秆茎秆作用下水流紊动能范围为 0.02～0.32，与农田对照相比增加了 18～100 倍；残茬覆盖措施（秸秆茎秆）整体增强了坡面径流的紊动性和水流微团碰撞的能量损耗（图 8-25）。在前断面，水流底部区域的紊动能较高，随着距柱体间距减小底部区域的紊动能逐渐降低；而在后断面底部区域紊动能较低，且柱前和底层的紊动能低于前断面，水流在流经

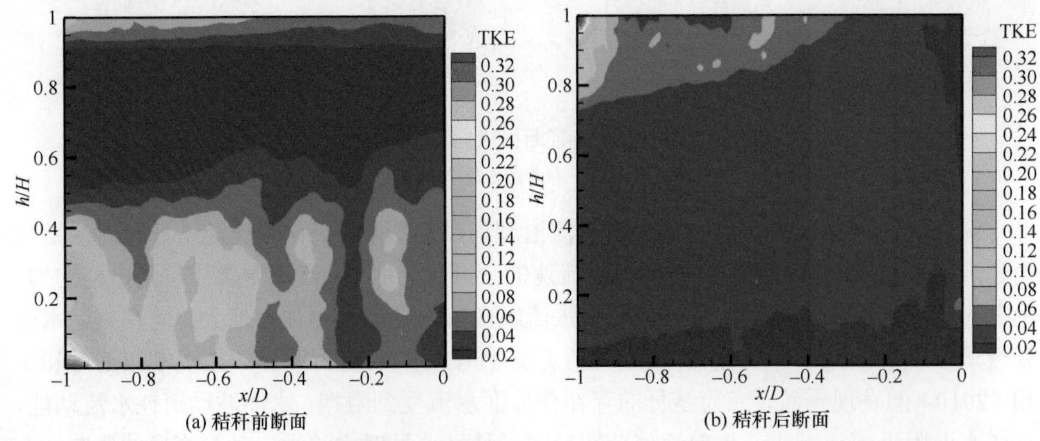

图 8-25　特征断面径流紊动能分布

残茬后，底部水域的紊动能降低。该现象说明，残茬秸秆通过扰动消耗水流能量，造成坡面流紊动强度降低。由秸秆前后断面的紊动能轮廓线可见，前断面的紊动能随高度升高而减小，在靠近水面处急剧增加；后断面的紊动能随高度增加而增大，在下部水域增长趋势较缓，靠近水面处急剧增加。与无措施情况明显不同，残茬覆盖下前后断面的紊动能在水面处均表现出急剧增大的趋势；其原因应为残茬加剧了水面波动，经过残茬覆盖消能作用，后段水流的紊动能分布更加均匀。

8.3.2　植被缓冲带阻控侵蚀的路径分析

草本植被作为缓冲带的重要组成部分对水流产生阻碍作用，并通过改变坡面水流流速和径流剪切力，影响土壤颗粒的起动、输移和沉降，最终对土壤侵蚀产生阻控作用（潘岱立，2019）。植被缓冲带拦蓄径流和过滤泥沙的能力与其形态特征密切相关，包括盖度或叶面积指数，茎秆间距（Lambrechts et al.，2014），植被缓冲带曼宁糙度（Zhao et al.，2015）等。另外，坡面水流由于受下垫面条件（García-Serrana et al.，2017）、土壤入渗和降雨（Assouline et al.，2015；Wang et al.，2015）等因素的影响，水流流经植被群时，沿程水力要素发生变化，表现为明显的非均匀流。在这种情况下，植被对水流的阻力特性相对于均匀流更加复杂（Chen et al.，2013；Green，2005）。相应地，非均匀流条件下的泥沙沉降输移特性亦产生变化。研究非均匀流条件下草本植被阻流过程的水动力学机制，可为坡面泥沙沉降（Elliott，2000）、水土保持植物措施优化配置（Blackman et al.，2018）等提供科学依据，研究结果有助于支撑复合侵蚀营力作用下的黑土坡面侵蚀过程调控。

1. 试验设计与研究方法

本节通过室内控制条件下模拟试验手段，关注植被缓冲带措施在非均匀流和不同水深条件下草本（柔性）植被水流阻力特性变化，通过开展循环水流水槽试验，利用水位千分尺测量水深、ADV 测量流速和高清相机拍摄水面线变化，通过理论分析，结合试验测量数据，建立拖曳力系数公式，探究非均匀流条件下柔性植被拖曳力系数垂向和流向变化过程机理。在不同流量、植被密度条件下，开展多处理条件的对比试验，进而分析各因素对拖曳力系数沿水深和沿程变化的影响。

1）不同水深条件下植被水流阻力特性试验

根据野外实际观测，植被缓冲带或草水道等措施常会出现汇流深度（H）小于草本植被高度（h）和瞬时汇流深度高于草本植被高度两种情况。故设计 $H/h>1$ 和 $H/h<1$ 两组水深条件，模拟不同水深条件下草本植被在植被缓冲带和草水道中的阻流情况。对于各水深类型设置 4 种流量和 3 种密度（76 株/m^2、179 株/m^2、305 株/m^2），共 24 种试验处理；每一组试验处理对应 12 个水深值 H，共 288 场次试验。通过测量和计算每一试验处理下的植物水深比（H/h）、流速分布、植被弯曲度和曼宁系数，探究不同水深条件下草本植被的阻流机制（表 8-4）。

表 8-4 不同水深条件下的植被阻流机制试验设计

植物高度与水深比	流量/（L/s）	密度/（株/m^2）	水深/cm
$H/h > 1$	13.36 14.50 15.52 17.10	76 179 305	11.4～16.6
$H/h < 1$	3.80 5.60 6.05 7.10	76 179 305	1.9～10.9

（1）不同水深条件下植被水流阻力特性试验布设。试验布设包括：①试验采用直径为 3.2 mm 的聚乙烯仿真水草来模拟柔性植被，模拟材料的高度 h=16.20 cm，水深为 H；②在水槽底部放置长 1 m、宽 0.3 m 的带孔有机玻璃薄板，分别设置 3 种植被密度的处理条件：m=76 株/m^2、179 株/m^2、305 株/m^2；③调整流量和尾门，设置 4 种流量 Q=13.36 L/s、14.50 L/s、15.52 L/s、17.10 L/s，并控制试验设计中的 24 个水深条件。水流的流态为恒定且充分发展的湍流，在植被区为恒定均匀流。

（2）不同水深条件下植被水流阻力特性试验的水力学参数量测。①在放置植被进行正式试验测量之前，首先将带孔有机玻璃薄板放置于水槽底部，不设置植被，测量水流的流速、流量、水位等参数，计算得到水槽床面和边壁的糙率 n，在随后的分析中剔除糙率 n 的影响，以减小误差；②测量不同试验处理下的流速分布，利用 ADV 测量纵向水流流速垂向分布。测点布设在植被区中，在该位置流动已经达到充分发展。每次测量时，抽除该处的植被原件以便减小植被对 ADV 探头产生的干扰。测量时从水槽底部开始，每隔 5 mm 为一个测点，直到水面为止。基于 ADV 测量数据，获得流速分布，计算得到不同淹没度条件下的雷诺应力和湍动能等数据。

2）非均匀流条件下植被水流阻力特性试验

设计 6 种草本（柔性）植被密度、6 种流量条件共 36 个处理。通过测量并记录每一处理下的沿程水深、流速和植被弯曲变化情况，探究非均匀流条件下柔性植被拖曳力系数沿程变化规律和植被阻流的作用机制（表 8-5）。

表 8-5 不同密度和流量交互作用下植被阻力变化的试验设计

试验处理	植被密度 A_f/（株/m^2）	初始水深 H_0/m	临界水深 H_{cr}/m
A	7437	0.121	0.058
B	4460	0.097	0.022
C	3777	0.097	0.029
D	1197	0.072	0.029
E	711.4	0.063	0.031

（1）非均匀流条件下植被水流阻力特性试验布设。①在水槽底部放置长 1 m、宽 0.3 m 的带孔有机玻璃薄板，根据对密集度的定义 $\Phi=m\pi d^2/4$（m 为单位面积上的植被数量；d 为植被直径），分别设置 5 种植被密度 Φ=0.009、0.015、0.047、0.055、0.092 和无植被对照（Φ=0）；②调整流量和尾门，设置 6 种流量 Q=3.80 L/s、4.91 L/s、5.60 L/s、6.05 L/s、7.10 L/s 和 7.61 L/s，水流流态为恒定且充分发展的湍流，在植被区为恒定非均匀流。

（2）非均匀流条件下植被水流阻力特性试验的水力学参数量测。①调节流量 Q 和尾门，得到不同的初始水深 H_0 和临界水深 H_{cr}，得到不同试验处理下水面线变化和植被弯曲角度变化情况，分别测量在不同水深条件下的流速分布数据，分析流量和植被密度条件对拖曳力系数纵向变化的影响机制。②试验采用电磁流量计控制并测定试验流量。在保持流量恒定的情况下，通过调节尾门和流量计，使特定工况下植被区水位变化显著（$\Delta H/\Delta L>8\%$），植被区前后上下游水面线平稳且为非均匀流状态；③测量不同试验处理下的沿程水深 H，利用水位测针（精度 0.01mm）测定试验水深，选择植被区 5 个断面（含植被）进行研究，每个断面选择水槽宽度的 1/4 处、1/2 处、3/4 处共 3 个点进行水面线测量得到水深值。④量测不同试验处理下的水面线变化，采用 PIV 高清相机记录不同处理下水面线沿流向变化情况和植被弯曲变形情况。相机设置在水槽侧面，垂直水面拍摄，拍摄像素为 2420×2420，通过水槽刻度尺进行尺寸标定，当水流达到稳定后，通过水槽侧面的相机拍摄到各个工况下的水面线 H（x）。

2. 植被缓冲带植被阻力效应

植被缓冲带通过地表植被对水流施加阻碍作用，改变水流结构和湍动特性（Tang et al.，2014；Cheng，2011）。植被缓冲带通常由灌木或草本植被组成带，用以阻控径流中的泥沙和污染物运移出坡面；径流在通过植被缓冲带的同时发生入渗，且其渗透性能随坡长增加而增加，形成了非均匀薄层流（García-Serrana et al.，2017）；而沟道集中股流受降雨和渗流等的影响会发生沿程水面线变化。通常将拖曳力系数 C_d 作为关键参数来表征植被阻力，研究集中于通过三种不同的阻力系数来模拟植被存在下的水流特性：单个植株的拖曳力系数 $C_{d\text{-}iso}$（Wieselsberger，1921），植被群的拖曳力系数 $C_{d\text{-}array}$（Liu and Zeng，2017；Tanino and Nepf，2008），以及局部拖曳力系数 $C_{d\text{-}local}$（Nezu and Sanjou，2009；Ghisalberti and Nepf，2006）。精确获取水流在植被区内的沿程阻力变化规律对理解相关水力过程和生态效应极其重要。

本节对植被引起的水流阻力的主要阻塞因子 B_x 进行分析，探究植被淹没度、密度和空间分布对拖曳力系数沿程变化的影响，揭示柔性植被拖曳力系数变化规律，阐明植被缓冲带对坡面流的水力阻控机制（图 8-26）。

$$B_x=wh/WH \tag{8-16}$$

式中，B_x 为植被迎流面积和过水断面的比例；w 为植被丛的宽度（m）；h 为植被丛的高度（m）；W 为过水断面宽度（m）；H 为水深（m）。

(a) PIV 粒子示踪系统

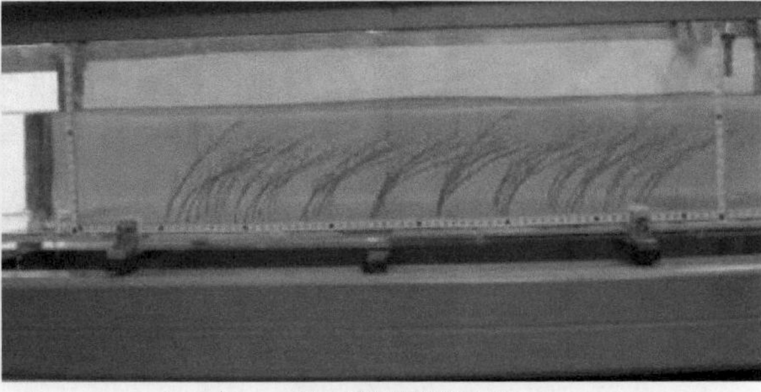

(b) 柔性植物试验段

图 8-26　植被缓冲带水动力学模拟试验

采用淹没比 H/h 来代表植被阻碍因子 B_x，推导出不同淹没条件下 H/h 与曼宁系数 n_M 的关系函数（Nepf，2012）：

$$\begin{cases} n_M\left(\dfrac{\sqrt{g}}{H^{1/6}}\right)=\left(\dfrac{1}{2}C_D aH\right)^{1/2}, & H/h<1 \\ n_M\left(\dfrac{\sqrt{g}}{H^{1/6}}\right)=\left(\dfrac{C^*}{2}\right)^{1/2}\left(1-\dfrac{H}{h}\right)^{-3/2}, & H/h>1 \end{cases} \tag{8-17}$$

式中，C_D 为植被的拖曳力系数；C^*为植被与无植被交界区的剪切应力，取值范围为 0.05～0.13；a 为植被的盖度；g 为重力加速度。

结合 Nepf（2012）的研究结果，将该公式运用于植被参数为 $C_D ah$ =10，C^*=0.1 时，得出曼宁系数 n_M 随淹没比 H/h 变化的变化关系（图 8-27）。结果表明，当 H/h<1（挺水植物），曼宁系数随着 H/h 的增大而增大；当 H/h>1（淹没植被），曼宁系数随着淹没比 H/h 的增大而减小。当进行草本植被配置时，在同等条件下，对于挺水植被，增大径流深能够减缓坡面水流流速，进而增大曼宁系数，使水流对地面的剪切力减小，降低了坡面泥沙起动条件，有助于减缓土壤侵蚀的发生。

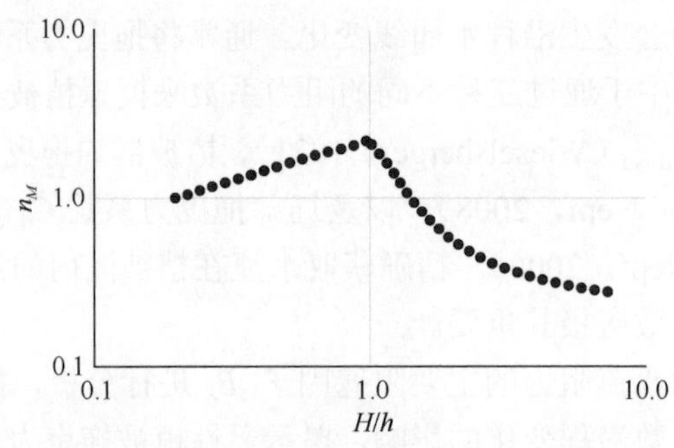

图 8-27　曼宁系数 n_M 随植被水深比（H/h）的变化关系

3. 植被缓冲带阻流过程机理

基于控制条件进行模拟试验，结合圆柱绕流理论研究草本植被（柔性植被）对坡面非均匀流的作用机制，探究植被拖曳力系数沿程变化规律和植被阻流的作用，进一步明晰植被缓冲带（柔性植被）对坡面非均匀流的阻力作用机制（图 8-28）。

(a) 沿程水深测量

(b) 沿程阻流水面线变化

图 8-28　植被缓冲带阻流作用机制模拟实验

通过精确量测水面线的变化，并用多项式方程进行水面线拟合，进而求解植被水体控制方程得出柔性植被拖曳力系数公式：

$$C_{\mathrm{df}}=\frac{2g(1-a)}{A_{\mathrm{f}}\times\bar{d}}\left(\frac{1}{U^2}-\frac{1}{gH}\right)\left(-\frac{\partial H}{\partial x}\right) \tag{8-18}$$

式中，C_{df} 为柔性植被的拖曳力系数；$\bar{d}$ 为单株植被的平均直径；A_{f} 为植被密度；U 为平均流速。

基于植被拖曳力系数的沿程变化情况可见（图 8-29），在非均匀的水流条件下，草本植被拖曳力系数沿程表现出非单调的变化趋势，且随着雷诺数 Re_{d} 的增大先增大后减小（图 8-30），呈现出抛物线的形状。而这与均匀流条件下植被阻力沿程单调变化的情况是不同的。且这种效应随着植被密度的增加而加强。这种现象的产生是水流的非均匀特性和柔性植被弯曲变形导致植被阻力发生重组所产生的。

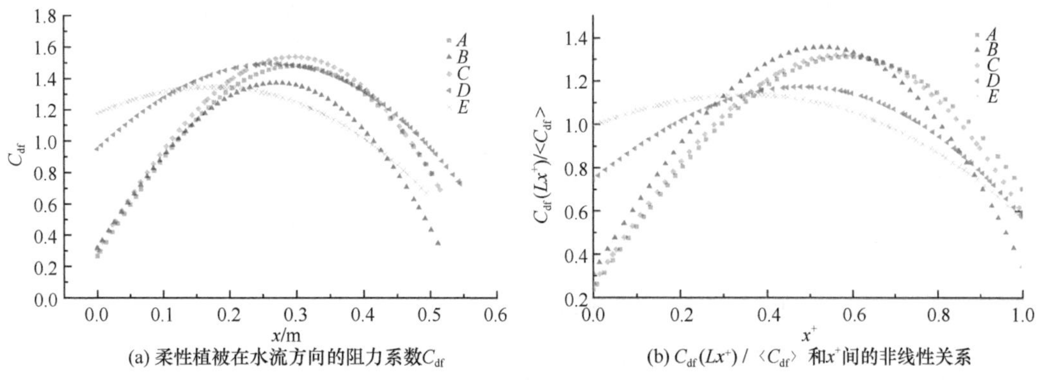

(a) 柔性植被在水流方向的阻力系数C_{df}　(b) $C_{\mathrm{df}}(Lx^+)$ / 〈C_{df}〉 和x^+间的非线性关系

图 8-29　植被拖曳力系数沿程变化

A 为植被密度 A_{f}=7437，B 为植被密度 4460，C 为植被密度 3777，D 为植被密度 1197，E 为植被密度 711

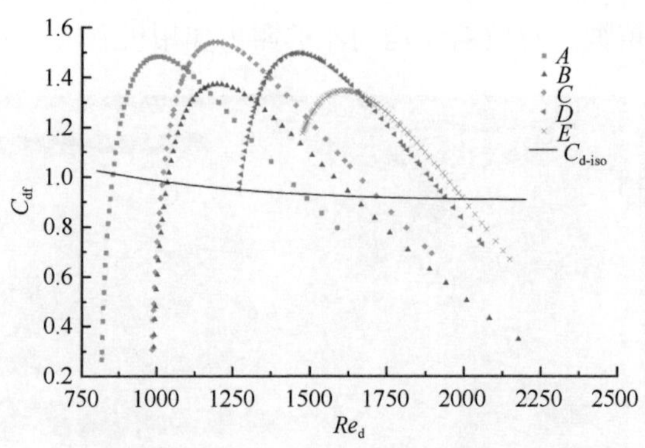

图 8-30 植被拖曳力系数随雷诺数变化

8.4 结 语

本章基于多营力作用下黑土坡面复合侵蚀过程与动力机制的研究成果，采用原位测定、田间定位观测、室内外控制试验、模型模拟等相结合的综合研究方法，对典型坡面水土保持措施（保护性耕作、秸秆还田、植物缓冲带等）对坡面复合侵蚀过程的影响进行量化研究，形成并完善了可用于复合侵蚀过程阻控路径量化分析的 PIV 坡面流特征测量技术，明晰了残茬覆盖（秸秆茎秆）和植被缓冲带等措施的侵蚀阻控路径和水动力学机制。主要结论如下所述。

（1）提供了坡面水土保持措施阻控复合侵蚀的路径量化分析手段。基于 PIV 二维/三维流速矢量精准测量的优点，结合坡面薄层流和沟道股流的特点，形成和完善了可用于坡面薄层流和不同水土保持措施（残茬覆盖和植被缓冲带）的流场结构分析及床面剪力计算的技术方法，为基于径流路径阻控相关分析提供了新的手段。

（2）明晰了典型坡面水土保持措施对季节性冻融条件下土壤剖面的水热时空分布特征。东北季节性冻融期，土壤剖面冻融过程可划分为初冻期、稳定冻结期和双向融冻期三个阶段。秸秆覆盖措施对土壤剖面有明显的保温作用（HT1.8>HT1.2>HT0.6>CK），且对土壤剖面温度有明显的延迟效应；秸秆覆盖措施改变了界面蒸发势梯度和土壤剖面的温度分布特征，在双向融冻期表层积雪融化产生的融水被秸秆截留和延缓，进一步增强了剖面水分分布的异质性。秸秆碎混还田措施也具有明显的保温效果（HT1.2>HT0.6 > CK），但未表现出明显的温度延迟作用；秸秆碎混还田措施未表现出增墒的作用。相较于传统耕作措施，免耕和留茬深松措施作用下冻融季结束后土壤剖面各层次含水率均较冻融季前有所降低，在 20～40 cm 深度表现出水分迁移聚集的现象。

（3）分析了残茬覆盖（秸秆茎秆）和植被缓冲带对径流路径的阻控和水动力学机制。秸秆茎秆改变了坡面流典型断面的流速、紊动能和雷诺应力分布，上述水力参数在顺流方向不再均匀且有极值区域出现，其中流速在靠近柱体处和水面处出现极小值，轮廓线呈“S”形；紊动能和雷诺应力在靠近床面和水面处出现极大值区域，紊动能和雷诺应力分别集中变化于 0.02～0.32 和–0.018～0.012 N/m^2。植被缓冲带措施通过地表植被对水流施加阻碍作用改变水流结构和湍动特性，增大径流深能够减缓坡面水流流速，使水流对地面的剪切力减小并降低坡面泥沙起动条件；草本植被拖曳力系数沿程表现出非单调的变化趋势，且随着雷诺数 Re_d 的增大先增大后减小。

主要参考文献

陈启刚. 2014. 基于高频 PIV 的明渠湍流涡结构研究. 北京: 清华大学博士学位论文.

陈启刚, 陈槐, 钟强, 等. 2017. 高频粒子图像测速系统原理与实践. 北京: 清华大学出版社.

成向荣, 黄明斌, 邵明安. 2007. 基于 SHAW 模型的黄土高原半干旱区农田土壤水分动态模拟. 农业工程学报, (11): 1-7.

范昊明, 蔡强国, 王红闪. 2004. 东北黑土区土壤侵蚀环境. 水土保持学报, 18(2): 66-70.

付强, 侯仁杰, 李天霄, 等. 2016. 冻融土壤水热迁移与作用机理研究. 农业机械学报, 47(12): 99-110.

付强, 侯仁杰, 王子龙, 等. 2015. 冻融期积雪覆盖下土壤水热交互效应. 农业工程学报, 31(15): 101-107.

李坤芳, 王丹, 杨克君, 等. 2017. 植被群落作用下河道水流紊动能分布. 水电能源科学, 35(2): 116-118.

刘杨, 赵林, 李韧. 2013. 基于 SHAW 模型的青藏高原唐古拉地区活动层土壤水热特征模拟. 冰川冻土, 35(2): 280-290.

吕红玉, 张林媛, 张宏茹, 等. 2012. 1981—2010 年三江平原 40—320cm 深地温变化特征. 冰川冻土, 34(6): 1346-1352.

潘岱立. 2019. 黄土坡面牧草植被过滤带降雨径流调控效应模拟研究. 杨凌: 西北农林科技大学博士学位论文.

沈来银, 胡铁松, 周珊, 等. 2020. 基于 SHAW 模型的河套灌区秋浇渠系优化配水模型研究. 水利学报, 51(4): 458-467.

史志华, 宋长青. 2016. 土壤水蚀过程研究回顾. 水土保持学报, 30(5): 1-10.

王忖, 王超. 2010. 含挺水植物和沉水植物水流紊动特性. 水科学进展, 21(6): 816-822.

王一菲, 郑粉莉, 周秀杰, 等. 2019. 黑土农田冻结-融化期土壤剖面温度变化特征. 水土保持通报, 39(3): 57-64.

王玉玺, 解运杰, 王萍. 2002. 东北黑土区水土流失成因分析. 水土保持科技情报, (3): 27-29.

阎百兴, 杨育红, 刘兴土, 等. 2008. 东北黑土区土壤侵蚀现状与演变趋势. 中国水土保持, 12: 26-30.

杨坪坪. 2019. 坡面薄层流水动力学特性研究. 北京: 北京林业大学博士学位论文.

张科利, 刘宏远. 2018. 东北黑土区冻融侵蚀研究进展与展望. 中国水土保持科学, 16(1): 17-24.

张罗号. 2012. 明渠水流阻力研究现状分析. 水利学报, 43(10): 24-32.

Aberle J, Jarvela J. 2013. Flow resistance of emergent rigid and flexible floodplain vegetation. Journal of Hydraulic Research, 51(1): 33-45.

Assouline S, Thompson S E, Chen L, et al. 2015. The dual role of soil crusts in desertification. Journal of Geophysical Research-Biogeosciences, 120(10): 2108-2119.

Blackman K, Perret L, Savory E. 2018. Effects of the upstream-flow regime and canyon aspect ratio on non-linear interactions between a street-canyon flow and the overlying boundary layer. Boundary-Layer Meteorology, 169(3): 537-558.

Boardman J. 2006. Soil erosion science: reflections on the limitations of current approaches. Catena, 68: 73-86.

Bullied W J, Flerchinger G N, Bullock P R, et al. 2014. Process-based modeling of temperature and water profiles in the seedling recruitment zone: Part I. Model validation. Agricultural and Forest Meteorology, 188.

Chen L, Sela S, Svoray T, et al. 2013. The role of soil-surface sealing, microtopography, and vegetation patches in rainfall-runoff processes in semiarid areas. Water Resources Research, 49(9): 5585-5599.

Cheng N S. 2011. Representative roughness height of submerged vegetation. Water Resources Research, 47(8): 1-18.

Elliott A H. 2000. Settling of fine sediment in flow channel with emergent vegetation. Journal of Hydraulic Engineering, 126(8): 570-577.

Eltom A E F, Ding W M, Ding Q S, et al. 2015. Field investigation of a trash-board, tillage depth and low speed effect on the displacement and burial of straw. Catena, 133: 385-393.

Flerchinger G N. 2000. The Simulation Heat and Water Model (SHAW): Technical Document. Idaho: Northwest Watershed Research Center, USDA-ARS.

Flerchinger G N, Saxton K E. 1989. Simultaneous heat and water model of a freezing snow-residue-soil system Ⅱ. Field Verification, 32(2): 573-578.

García-Serrana M, Gulliver J S, Nieber J L. 2017. Non-uniform overland flow-infiltration model for roadside swales. Journal of Hydrology, 552: 586-599.

Ghisalberti M, Nepf H. 2006. The structure of the shear layer in flows over rigid and flexible canopies. Environmental Fluid Mechanics, 6(3): 277-301.

Gill B S, Jalota S K. 1996. Evaporation from soil in relation to residue rate, mixing depth, soil texture and evaporativity. Soil Technology, 8(4): 293-301.

Green J C. 2005. Modelling flow resistance in vegetated streams: review and development of new theory. Hydrological Processes, 19(6): 1245-1259.

Hu L J. 2012. Towards exploring the hybrid soil erosion processes: Theoretical considerations. Journal of Soil and Water Conservation, 67(6): 155-157.

Huai W X, Han J, Zeng Y, et al. 2009. Velocity distribution of flow with submerged flexible vegetations based on mixing-length approach. Applied Mathematics and Mechanics-English Edition, 30(3): 343-351.

Knapen A, Poesen J, Govers G, et al. 2007. Resistance of soils to concentrated flow erosion: A review. Earth Science Reviews, 80: 75-109.

Lal R, Reicosky D, Hanson J. 2007. Evolution of the plow over 10, 000 years and the rationale for no-till farming. Soil and Tillage Research, 93: 1-12.

Lambrechts T, François S, Lutts S, et al. 2014. Impact of plant growth and morphology and of sediment concentration on sediment retention efficiency of vegetative filter strips: flume experiments and vfs mod modeling. Journal of Hydrology, 511: 800-810.

Liu H Y, Yang Y, Zhang K L, et al. 2017. Soil erosion as affected by freeze-thaw regime and initial soil moisture content. Soil Science Society of America Journal, 81(3), 459-467.

Liu X G, Zeng Y H. 2017. Drag coefficient for rigid vegetation in subcritical open-channel flow. Environmental Fluid Mechanics, 17(5): 1035-1050.

Nassar N I, Horton R, Flerchinger G N. 2000. Simultaneous heat and mass transfer in soil columns exposed to freezing/thawing conditions. Soil Science, 165(3): 208-216.

Nepf H M. 2012. Hydrodynamics of vegetated channels. Journal of Hydraulic Research, 50(3): 262-279.

Nepf H M. 1999. Drag, turbulence and diffusion in flow through emergent vegetation. Water Resources Research, 35(2): 1985-1986.

Nezu I. 2005. Open-channel flow turbulence and its research prospect in the 21st century. Journal of Hydraulic Engineering, 131(4): 229-246.

Nezu I, Sanjou M. 2009. Turburence structure and coherent motion in vegetated canopy open-channel flows. Journal of Hydro-Environment Research, 2(2): 62-90.

Selby M J. 1993. Hillslope Materials and Processes. Oxford: Oxford University Press.

Shi P, Yan P, Yuan Y, et al. 2004. Wind erosion research in China: past, present and future. Progress in Physical Geography, 28(3): 366-386.

Tang H, Tian Z, Yan J, et al. 2014. Determining drag coefficients and their application in modelling of turbulent flow with submerged vegetation. Advances in Water Resources, 69: 134-145.

Tanino Y, Nepf H M. 2008. Laboratory investigation of mean drag in a random array of rigid, emergent cylinders. Journal of Hydraulic Engineering-ASCE, 134(1): 34-41.

Van Driest E. 1956. On Turbulent flow near a wall. Journal of the Aeronautical Sciences, 23: 1007-1011.

Wang W J, Huai W X, Thompson S, et al. 2015. Steady nonuniform shallow flow within emergent vegetation. Water Resources Research, 51(12): 10047-10064.

Wang P, Wu Z, Chen G Q, et al. 2013. Environmental dispersion in a three-layer wetland flow with free-surface. Communications in Nonlinear Science and Numerical Simulation, 18(12): 3382-3406.

Wang Y T, Zhang H L, Wang Y J, et al. 2020. Influence of auxiliary cylinders on the dynamics of overland flow upstream of the main cylinder based on particle image velocimetry. Journal of cleaner production, 275: 122-815.

Wieselsberger C. 1921. New data on the laws of fluid resistance. Technical Report Archive and Image Library, 22: 321-328.

Yang P P, Zhang H L, Wang Y Q, et al. 2019. Hydrodynamic characteristics in a shallow upstream water flow of a circular cylinder. Physics of Fluids, 31: 127106.

Zeng L, Chen G Q. 2011. Ecological degradation and hydraulic dispersion of contaminant in wetland. Ecological Modelling, 222(2): 293-300.

Zhao C, Gao J E, Huang Y, et al. 2015. Effects of vegetation stems on hydraulics of overland flow under varying water discharges. Land Degradation and Development, 27(3): 748-757.

第9章 黑土区水土保持措施分析与适宜性评价

我国东北黑土区土壤侵蚀严重（郑粉莉等，2019；Ouyang et al.，2018；张兴义等，2014；阎百兴等，2008；范昊明等，2004），坡耕地平均土壤侵蚀强度可达到 1200～2300 t/（km^2·a），甚至更高（Nearing et al.，2017；刘宝元等，2008），远大于该区的允许土壤流失量（谢云等，2011；水利部水土保持司，2008）。为有效保护黑土资源和土地生产能力，保障国家粮食安全，促进水土资源的可持续利用，多年来东北黑土区实施了一系列水土保持措施（牛晓乐等，2019；许晓鸿等，2013；齐智娟等，2012）；但由于缺乏强有力的理论支持和科学依据，水土保持措施的实施和推广受到了较大限制，并显现出一定的局限性，导致水土保持理论研究明显滞后于水土保持实践（张玉斌等，2014）。水土保持措施对于防治土壤侵蚀、维护和改善生态环境有重要作用（刘刚才等，2009），其防治土壤侵蚀效果及适宜性评价是科学优化实施水土保持措施的基础与核心，关系到土壤侵蚀的有效防治及水土保持建设的成败（Zhang et al.，2007；姚文艺等，2004）。但是，目前关于东北黑土区水土保持措施防蚀效果的系统分析及适宜性评价研究较少。鉴于此，本章在对黑土区坡面水土保持措施系统分类的基础上，分析了典型小流域水土保持措施的分布特征、评价了坡面水土保持措施防治土壤侵蚀的效果、对比了坡面水土保持措施配置模式的防蚀效果，最后结合抽样调查资料分析，量化了坡面水土保持措施的能值，构建了坡面水土保持措施的适宜性评价指标体系与评价方法，研究结果深化了黑土区坡面土壤侵蚀防治机理研究，也为黑土区土壤侵蚀退化和生态文明建设提供了科学支撑。

9.1 水土保持措施分类与小流域水土保持措施分布特征

9.1.1 坡面水土保持措施数据库的构建

通过集成已有的数据资料，结合野外调查和实地观测，获取了东北黑土区水土保持措施资料，构建了东北黑土区水土保持措施数据库（表 9-1）。

构建水土保持措施数据库的原则主要有：①遵循科学性、系统性、适用性等基本原则；②参照传统分类成果（刘宝元等，2013；唐克丽，2004；袁希平和雷廷武，2004；Hudson，1995；辛树帜和蒋德麒，1982；Owen，1980），将水土保持措施分为耕作措施、

表 9-1　黑土区坡面水土保持措施数据库

单一措施	布设特点	复合措施	综合措施
T1 横坡改垄	将坡耕地中的顺坡或斜坡垄改为沿等高线的横坡垄，增加入渗，减少土壤侵蚀的治理措施	T1T4，T1T6，T1T7，T1T11，T1T12，T1T13；T1E2，T1E3，T1E4，T1E10，T1E11；T1B7，T1B10	T1E4B7
T2 大垄	将常规垄（垄宽 65 cm 左右）改为大垄，大垄宽度为 90～140 cm，其中 110 cm 垄宽的大垄比较常见。大垄种植可有效提高作物产量	T2T4，T2T6，T2T11，T2T12；T2E11；T2B7	T2E11B7
T3 垄向区田	坡耕地上沿着垄向每隔一定距离在垄沟内修筑的高度略低于垄高的土埂治理措施	T3T4，T3T6，T3T11，T3T12；T3E11；T3B7	T3E11B7
T4 中耕	作物生育期中，在株行间进行的表土耕作。中耕可疏松表土、增加土壤通气性，提高地温等	T4T6，T4T7，T4T11，T4T12，T4T13；T4E1，T4E2，T4E3，T4E4，T4E11；T4B7，T4B10，T4B13	T4E4B7
T5 平播	无深翻深松基础的地块，进行伏秋翻或耙茬深松整地，耕翻深度为 18～20 cm，耙茬深度 12～15 cm，深松深度 25 cm 以上，伏翻、秋翻或耙茬深松整地要达到待播状态。 有深翻深松基础的地块，可进行秋耙茬，耙深 12～15 cm，耙平耙细。其后不起垄，直接播种的种植方式。平播后可适当密植，防治水土流失，增加作物产量	T5T6，T5T10，T5T11；T5B10	
T6 轮作	在同一块田地上，有顺序地在年间轮换种植不同的作物或复种组合的一种种植方式，如一年一熟的玉米—大豆—马铃薯轮作。轮作可均衡利用土壤养分，调节土壤肥力等	T6T7，T6T9，T6T11，T6T12；T6E1，T6E2，T6E3，T6E4，T6E11；T6B7，T6B10，T6B13	T6E10B7
T7 等高带状间作	基本上沿等高线呈条带状隔带种植不同植物。每带宽度相等，带宽一般为 5～10 m。主要是农作物与牧草或密植作物隔带	T7T9，T7T11，T7T12，T7T13；T7E4，T7E11；T7B7，T7B10	T7E10B7
T8 休闲地绿肥	作物收获前，在作物行间顺等高线地面播种绿肥植物，作物收获后，绿肥植物加快生长，迅速覆盖地面		T8E1B7
T9 留茬少耕	在传统耕作基础上，尽量减少整地次数和减少土层翻动，并将作物残茬覆盖在地表的措施。作物种植之后残茬覆盖度至少达到 30%	T9T12，T9T13；T9B7	T9E2B7
T10 免耕	作物播种前不单独进行耕作，直接在前茬地上播种，在作物生育期间不使用农机具进行中耕松土的耕作方法。一般留茬在 50%～100%即被认为属于免耕	T10E1；T10B7	T10E1B7
T11 深松耕	每年秋收后或春季播种前，用深松犁对农地进行深耕，疏松而不翻动土壤，打破犁底层，提高土壤入渗能力的耕作方法	T11T12；T11E11；T11B7	T11E4B10
T12 秸秆还田	把不宜直接作饲料的秸秆直接或堆积腐熟后施入土壤中的一种方法。秸秆还田形式主要包括：秸秆粉碎翻压还田、秸秆覆盖还田、堆沤还田、焚烧还田、过腹还田。秸秆还田既可改善土壤理化性状，也可供应一定的钾等养分，从而促进农业增产增效、防治水土流失，实现农业可持续发展	T12E1；T12B7	T12E10B7
T13 侧垄种植	在沟垄种植的基础上，第一年度在垄面的一侧种植作物，第二年度不进行灭茬、耙地、起垄等处理，直接在垄面的另一侧种植作物	T13B7	T13E10B7
E1 水平梯田	坡地修成台阶状，田面水平，陡坡地田宽一般 5～15 m，缓坡地一般宽 20～40 m（梯田根据坡度不同可减少耕地 13%～20%）	E1B7，E1B9	
E2 坡式梯田	与水平梯田类似，田面一般比水平梯田宽，田坎比水平梯田低，田面比原来坡度小，但没有达到水平，仍有坡度（梯田根据坡度不同可减少耕地 13%～20%）	E2B7	
E3 隔坡梯田	坡面上修建的每一台水平梯田，其上方都留出一定面积的原坡面不修，是平、坡相间的复式梯田（梯田根据坡度不同可减少耕地 13%～20%）	E3B7	

续表

单一措施	布设特点	复合措施	综合措施
E4 地埂	在坡耕地上沿横向培修土埂。若在土埂上种植灌木或多年生草本植物，该措施可称为地埂植物带，该措施可截短坡长、调蓄径流（减少耕地 6%左右）	E4B7	
E5 水平阶	坡面修成台阶状，阶面宽 1.0～1.5 m，具有 3°～5°反坡，也称反坡梯田。主要是造林整地方式		
E6 水平沟	沿等高线开挖沟槽，沟口上宽 0.6～1.0 m，沟底宽 0.3～0.5 m，沟深 0.4～0.6 m，主要是造林整地方式		
E7 竹节壕	坡面或道路旁，修筑深度 0.5～1.0 m 的沟，每隔 2～5 m 留一土挡，分段开挖似“竹节”，具有留蓄雨水、减缓径流、积留表土的作用	E7E13；E7B9，E7B11	
E8 鱼鳞坑	半圆形坑，长径 0.8～1.5 m，短径 0.5～0.8 m，坑深 0.3～0.5 m。各坑沿等高线布设，上下两行呈“品”字形错开排列。坑的两端开挖宽深各 0.2～0.3 m，呈倒“八”字形的截水沟	E8B1，E8B2，E8B3	
E9 竹节梯田	在微地形复杂的经果林地上，修筑局部独立水平、田块连接的坡面治理措施，也称为池田或果树台田	E9B8	
E10 坡面蓄排工程	坡面上开挖沟槽，拦截上方来水。主要包括截水沟、排水沟、蓄水池和沉沙池等设施	E10E11	
E11 地下管-道	沿坡面在地下布设渗水排水管，同时采用专用鼠道犁在耕作层之下挤压形成人工鼠道，增加土壤入渗，减少地表径流的治理措施		
E12 沙障	沙障是用柴草、活性沙生植物的枝茎或其他材料平铺或直立于风蚀沙丘地面，以增加地面粗糙度，削弱近地层风速，固定地面沙粒，减缓和制止沙丘流动	E12B9	
E13 工程护路	在道路开挖面或堆砌面建设工程，保护道路，防治水土流失	E13B11	
B1 人工乔木林	人工种植乔木林		
B2 人工灌木林	人工种植灌木林		
B3 人工混交林	人工种植 2 种或 2 种以上乔木或灌木组成的林木		
B4 生态恢复乔木林	原始植被遭到破坏后，通过政策、法规和其他管理办法等，限制人畜进入，经长期恢复为乔木林		
B5 生态恢复灌木林	原始植被遭到破坏后，通过政策、法规和其他管理办法等，限制人畜进入，经长期恢复为灌木林		
B6 生态恢复草地	由于过度放牧等导致草场退化，通过政策、法规和其他管理办法等，限制牲畜进入，恢复植被		
B7 农田防护林	以防风为目的在农田种植以乔木为主的树木，主带一般宽 8～12 m，副带宽 4～6 m	B7B10	
B8 经果林	人工种植经济果树林		
B9 四旁林	在非林地的村旁、宅旁、路旁、水旁等栽植树木		
B10 植物带	在农田内，每隔一定距离种植以灌木为主的多年生植物，以截断径流、防治水土流失。其中农耕地较宽，多年生植物带较窄		
B11 植物护路	在道路开挖面和堆砌面种植植物，保护道路，防止水土流失	B11B13	
B12 人工种草	人工种植草本植物		
B13 草水路	在坡面浅沟底、谷底或道路两侧等容易形成切沟的地方种植草本植物，安全排水防止冲刷		

注：T 表示耕作措施，E 表示工程措施，B 表示生物措施。

工程措施、生物措施三大类；③结合水土保持措施布设特点，将东北黑土区坡面水土保持措施数据库按单一措施、复合措施和综合措施进行整合，构建坡面水土保持措施数据库，其中单一措施即坡面仅布设一种水土保持措施类型，复合措施即坡面布设了两种或两种以上的水土保持措施类型，综合措施即涵盖三大类措施的 3 种单一措施的组合类型。由表 9-1 可知，构建的东北黑土区坡面水土保持措施数据库包含单一措施 39 种，复合措施 90 种，综合措施 12 种，总计 141 种水土保持措施类型。在水土保持生产实践中，可参照本数据库，开展黑土区坡面水土保持情况调查、指导水土保持规划工作的实施，进而为科学评价黑土区坡面水土保持措施效益提供参考。

9.1.2　适应于水蚀和风蚀防治的坡面水土保持措施类型划分

基于黑土区坡面水土保持措施数据库，按照突出主要土壤侵蚀营力、科学实用性和最优化原则等，划分了适应于水力或风力为主的单一侵蚀类型防治的黑土区坡面水土保持措施类型（表 9-2）。表 9-2 表明，针对水力侵蚀防治的水土保持措施类型明显多于针对风力侵蚀防治的水土保持措施类型，且基于水力侵蚀防治的相关水土保持措施研究成果也较多（王磊等，2018；Ouyang et al.，2018；Fang and Sun，2017；张兴义等，2014；范建荣等，2011），而基于风力侵蚀防治的水土保持措施研究还有待进一步深化。值得注意的是，多数坡面水土保持措施既适应于防治水力侵蚀，又适应于防治风力侵蚀。因此，有必要对适应于防治坡面复合侵蚀的水土保持措施类型进行系统划分，从而促进水土保持措施的科学配置，提高水土保持措施综合效益。

表 9-2　适应于水力侵蚀和风力侵蚀防治的水土保持措施类型

水力侵蚀	风力侵蚀
横坡改垄、大垄、垄向区田、中耕、平播、轮作、等高带状间作、休闲地绿肥、留茬少耕、免耕、深松耕、秸秆还田、侧垄种植，水平梯田、坡式梯田、隔坡梯田、地埂、水平阶、水平沟、竹节壕、鱼鳞坑、竹节梯田、坡面蓄排工程、地下排水措施、工程护路，人工乔木林、人工灌木林、人工混交林、生态恢复乔木林、生态恢复灌木林、生态恢复草地、农田防护林、经果林、四旁林、植物带、植物护路、人工种草、草水路	垄向区田、轮作、等高带状间作、休闲地绿肥、留茬少耕、免耕、秸秆还田、侧垄种植，水平梯田、坡式梯田、隔坡梯田、地埂、沙障、工程护路，人工乔木林、人工灌木林、人工混交林、生态恢复乔木林、生态恢复灌木林、生态恢复草地、农田防护林、经果林、四旁林、植物带、植物护路、人工种草、草水路

9.1.3　适应于复合侵蚀防治的坡面水土保持措施类型划分

东北黑土区坡面土壤侵蚀是在水力、风力、冻融和融雪等多种侵蚀营力互作下发生的复合侵蚀，其侵蚀特征与单一侵蚀营力作用相比更为复杂，使土壤侵蚀强度增加（郑粉莉等，2019）。复合侵蚀既在空间叠加，又在年内不同季节呈现以某种侵蚀营力为主的季节性交替特征（张攀等，2019）。因此，有必要针对黑土区坡面复合侵蚀特征，划分适应于不同侵蚀营力为主复合侵蚀防治的水土保持措施类型。具体是在黑土区坡面水土保持措施数据库基础上，通过成果集成和专家咨询等方式，按照以下原则划分适应于复合侵蚀防治的水土保持措施类型：①主要侵蚀营力与次要侵蚀营力相结合原则；②以减少土壤侵蚀、调控侵蚀过程为主的原则；③科学实用性原则；④预防、保护、治理与开发利用协调发展的原则；⑤最优化原则。基于上述原则，划分了适应于水力、风力、冻融、融雪为主复合侵蚀防治的黑土区坡面水土保持措施类型（表 9-3）。其中，适应于防治水力、风力为主复合侵蚀的水土保持措施类型明显多于适应于防治冻融、融雪为主复合侵蚀的水土保持措施类型。今后，随着复合侵蚀研究的深入，其对应的水土保持措施类型划分和筛选也将具有更加重要的指导作用，从而科学有效防治黑土区坡面复合土壤侵蚀，保护宝贵的黑土资源。

表 9-3　适应于水力、风力、冻融、融雪为主复合侵蚀防治的水土保持措施类型

	水力侵蚀为主	风力侵蚀为主	冻融侵蚀为主	融雪侵蚀为主
水力侵蚀	横坡改垄、大垄、垄向区田、中耕、平播、轮作、等高带状间作、休闲地绿肥、留茬少耕、免耕、深松耕、秸秆还田、侧垄种植，水平梯田、坡式梯田、隔坡梯田、地埂、水平阶、水平沟、竹节壕、鱼鳞坑、竹节梯田、坡面蓄排工程、地下排水措施、工程护路，人工乔木林、人工灌木林、人工混交林、生态恢复乔木林、生态恢复灌木林、生态恢复草地、农田防护林、经果林、四旁林、植物带、植物护路、人工种草、草水路	垄向区田、轮作、等高带状间作、休闲地绿肥、留茬少耕、免耕、秸秆还田、侧垄种植，水平梯田、坡式梯田、隔坡梯田、地埂、竹节梯田、工程护路，人工乔木林、人工灌木林、人工混交林、生态恢复乔木林、生态恢复灌木林、生态恢复草地、农田防护林、经果林、四旁林、植物带、植物护路、人工种草、草水路	横坡改垄、垄向区田、留茬少耕、免耕、深松耕、秸秆还田，水平梯田、坡式梯田、隔坡梯田、地埂、竹节梯田、工程护路，植物护路、人工种草、草水路	横坡改垄、垄向区田、留茬少耕、免耕、深松耕、秸秆还田，水平梯田、坡式梯田、隔坡梯田、地埂、竹节梯田，植物护路、人工种草、草水路
风力侵蚀	垄向区田、轮作、等高带状间作、休闲地绿肥、留茬少耕、免耕、秸秆还田、侧垄种植，水平梯田、坡式梯田、隔坡梯田、地埂、鱼鳞坑、竹节梯田、工程护路，人工乔木林、人工灌木林、人工混交林、生态恢复乔木林、生态恢复灌木林、生态恢复草地、农田防护林、经果林、四旁林、植物带、植物护路、人工种草、草水路	垄向区田、轮作、等高带状间作、休闲地绿肥、留茬少耕、免耕、秸秆还田、侧垄种植，水平梯田、坡式梯田、隔坡梯田、地埂、沙障、工程护路，人工乔木林、人工灌木林、人工混交林、生态恢复乔木林、生态恢复灌木林、生态恢复草地、农田防护林、经果林、四旁林、植物带、植物护路、人工种草、草水路	留茬少耕、免耕、深松耕、秸秆还田，地埂、竹节梯田、工程护路，植物护路、人工种草、草水路	留茬少耕、免耕、深松耕、秸秆还田，地埂、竹节梯田，植物护路、人工种草、草水路
冻融侵蚀	横坡改垄、大垄、垄向区田、轮作、留茬少耕、免耕、深松耕、秸秆还田，水平梯田、坡式梯田、隔坡梯田、地埂、竹节梯田、工程护路，植物护路、人工种草、草水路	留茬少耕、免耕、秸秆还田，地埂，植物护路、人工种草、草水路	横坡改垄、垄向区田、留茬少耕、免耕、深松耕、秸秆还田，水平梯田、坡式梯田、隔坡梯田、地埂、竹节梯田、工程护路，植物护路、人工种草、草水路	留茬少耕、免耕、深松耕、秸秆还田，地埂、竹节梯田，植物护路、人工种草、草水路
融雪侵蚀	横坡改垄、大垄、垄向区田、轮作、留茬少耕、免耕、深松耕、秸秆还田，水平梯田、坡式梯田、隔坡梯田、地埂、竹节梯田，植物护路、人工种草、草水路	留茬少耕、免耕、秸秆还田，地埂，植物护路、人工种草、草水路	留茬少耕、免耕、深松耕、秸秆还田，地埂、竹节梯田，植物护路、人工种草、草水路	横坡改垄、垄向区田、留茬少耕、免耕、深松耕，秸秆还田、水平梯田、坡式梯田、隔坡梯田、地埂、竹节梯田、植物护路、人工种草、草水路

9.1.4　典型坡面水土保持措施布设案例分析

坡度是影响黑土区坡面土壤侵蚀的重要因素，其通过影响径流的冲刷能力对坡面土壤侵蚀起作用（李桂芳等，2015）。在一定条件下，黑土区坡面土壤侵蚀速率随着坡度的增加而增大（杨维鸽等，2016）。因此，如何消减坡度对土壤侵蚀的影响是坡面水土保持措施有效实施的关键（和继军等，2010）。中华人民共和国水利行业标准之《黑土区水土流失综合防治技术标准》（SL 446—2009）中，坡度也是判别黑土区坡面土壤侵蚀强度的重要指标，其采取的坡度值分别是 3°、5°、8°、15°和 25°。以东北漫川漫岗黑土区乌裕尔河项目区典型坡面为例，将坡度因子作为重要判别指标，并结合对《松辽水利委员会水土保持成果汇编》（水利部松辽水利委员会，2017）资料的集成分析，揭示黑土区典型坡面水土保持措施空间分布特征（表 9-4）。

表 9-4　典型坡面水土保持措施空间配置

坡度/（°）	主导水土保持措施
<3	横坡改垄
3～5	地埂植物带
5～8	坡式梯田
>8	水平梯田

乌裕尔河项目区位于东北黑土区土地资源最肥沃的中心地带，其地貌特点是坡度较缓、坡长较长，耕地中的 60%为坡耕地，加之黑土抗蚀性较差等因素，导致该区土壤侵蚀严重。因此，必须采取适应于该区自然环境特征和社会经济条件的水土保持措施，特别是加强对坡耕地的保护和治理，从而提高其水土保持效果。在实施东北黑土区水土流失综合防治试点工程之前，该区坡耕地多采用顺坡垄作或斜坡垄作，一旦发生侵蚀性降雨，地表径流沿坡长不断汇集，极易造成坡耕地侵蚀沟的发生发展。因此，必须根据坡度、坡长和土层厚度等选择不同的坡面水土保持措施，并进行科学配置。坡面主要采取的水土保持措施包括横坡改垄、地埂植物带、坡式梯田和水平梯田等（表 9-4），这些措施能够有效调控和拦蓄地表径流，控制坡面土壤侵蚀的发展。

对于<3°的坡面，采取的主要水土保持措施是改顺坡垄作或斜坡垄作为横坡垄作，即横坡改垄（表 9-4）。具体为，耕翻之后，沿等高线进行横坡耕作，从而减缓径流冲刷作用，涵养水分，保土保墒。同时，为了便于耕作，按“大弯就势、小弯取直”的原则作垄。此外，结合采用深耕松土和增施有机肥等措施，实现改良土壤理化性质、调控土壤入渗能力、提高土壤抗蚀性，进而减轻坡面土壤侵蚀的目的。

对于 3°～5°的坡面，采取的主要水土保持措施是修筑地埂植物带（表 9-4）。在横坡改垄的基础上，按照坡度和土层厚度的不同，沿坡面每隔一定宽度修筑一条土埂，土埂之上可栽植苕条、紫穗槐等经济灌木，形成一条植物防护带，其作用是截短坡长、降低水势、调控坡面径流，实现防治黑土区坡面土壤侵蚀、提高土地生产力的目的。

对于 5°～8°的坡面，采取的主要水土保持措施是修筑坡式梯田（表 9-4）。坡式梯田的修筑原则与地埂植物带相似，亦根据坡度和土层厚度进行设计，二者的差异是坡式梯田土埂的修筑标准要比地埂植物带高，此外，前者宽度小于后者。通过修筑坡式梯田，能够有效拦蓄特大暴雨条件下的径流量和坡面土壤侵蚀量，实现保障基本农田数量和质量的目的。

对于>8°且土层较厚的坡面，采取的主要水土保持措施是修筑水平梯田（表 9-4）。

修筑水平梯田必须按照规划设计要求定线，田坎施工务必清基，并分层夯实。同时，为了有效保护梯田田坎不被冲刷和破坏，应在田坎上种植胡枝子、黄花菜和紫穗槐等具有经济价值的植物，从而实现保护坡耕地、提高生态效益和经济效益的目的。

总之，黑土区坡面常采用的水土保持措施类型主要包括横坡改垄（宽垄、窄垄）、水平梯田、坡式梯田、等高带状间作、垄向区田、地埂、免耕少耕、秸秆还田、轮作、农田防护林和农田排水工程等措施；其中，横坡改垄（宽垄、窄垄）、秸秆还田/残茬覆盖、免耕少耕、地埂和梯田等措施采用较多，在农场经营地区多配有农田排水工程，能够防止生产道路的侵蚀，而农户经营的农地几乎未配备排水工程，导致农田浅沟侵蚀和生产道路侵蚀非常严重。

9.1.5　典型农业小流域的水土保持措施空间分布特征

为了准确掌握黑土区小流域水土保持措施的实施情况，这里分别选取在东北黑土区已经开展水土流失防治工程的克山县察霍勒屯小流域（图 9-1）、伊通县椽子沟小流域（图 9-2）、拜泉县通双小流域（图 9-3），剖析这 3 个小流域水土保持措施空间分布特征及各项水土保持措施的面积分布情况（表 9-5），以期为优化小流域水土保持措施布设提供基础数据。

克山县察霍勒屯小流域（图 9-1）的坡面水土保持措施类型主要包括生态恢复林草地、顺坡垄作、横坡改垄、水平梯田、地埂、农田防护林、坡面小型蓄排工程及等高植物篱等。2010～2018 年，生态恢复林草地、水平梯田及农田防护林措施配置面积无明显变化；顺坡垄作和地埂措施的配置面积有一定减少，特别是顺坡垄作措施，其配置

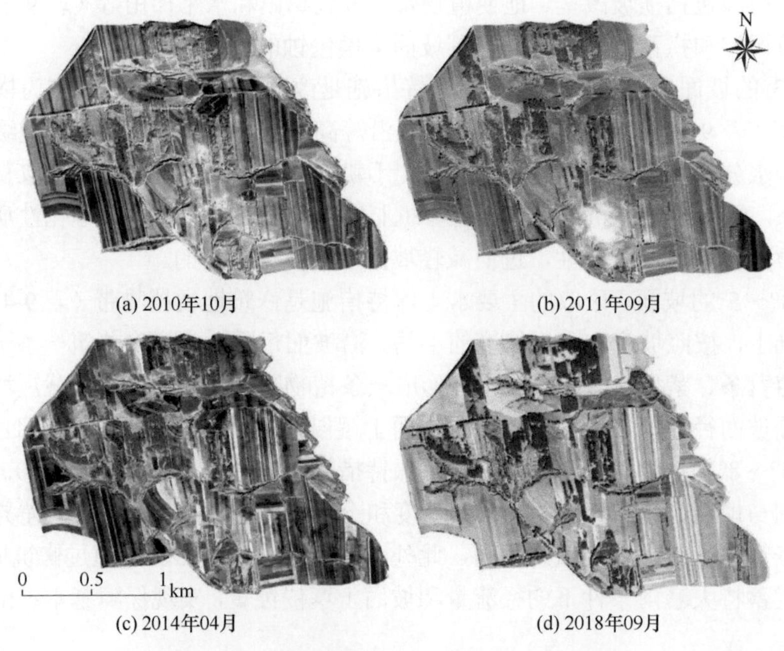

图 9-1　克山县察霍勒屯小流域水土保持措施

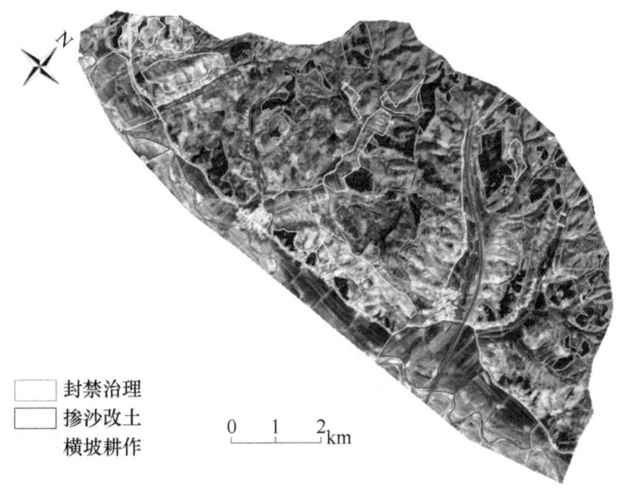

图 9-2　伊通县椽子沟小流域水土保持措施

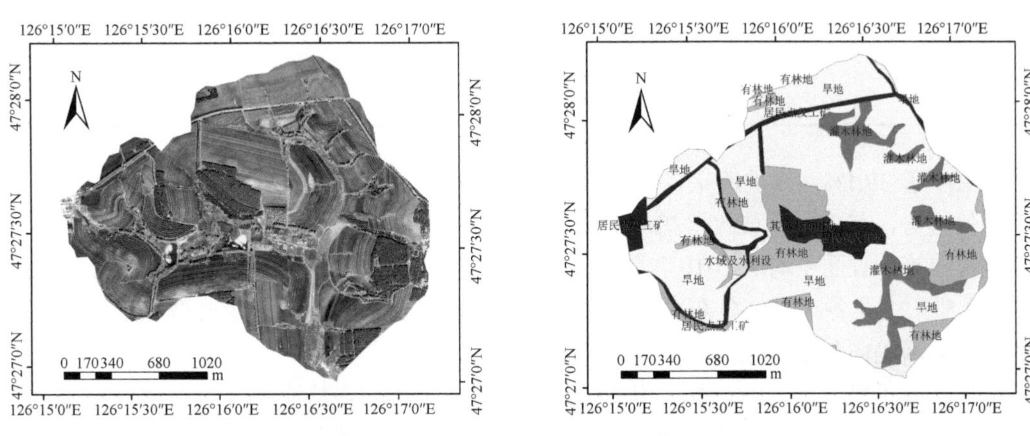

图 9-3　拜泉县通双小流域水土保持措施

表 9-5　3 个小流域水土保持措施种类及面积统计表

小流域名称	调查年份	坡面措施种类	措施面积/km^2	所占比例/%
克山县察霍勒屯小流域（3.84 km^2）	2010	生态恢复林草地	0.81	21.12
		顺坡垄作	0.72	18.77
		横坡改垄	1.12	29.20
		水平梯田	0.59	15.38
		地埂	0.29	7.71
		农田防护林	0.19	4.95
	2014	生态恢复林草地	0.76	19.82
		顺坡垄作	0.70	18.25
		横坡改垄	1.15	29.99
		水平梯田	0.59	15.38
		地埂	0.29	7.56
		农田防护林	0.17	4.43
		坡面小型蓄排工程	0.06	1.56

续表

小流域名称	调查年份	坡面措施种类	措施面积/km²	所占比例/%
克山县察霍勒屯小流域（3.84 km²）	2018	生态恢复林草地	0.82	21.38
		顺坡垄作	0.51	13.30
		横坡改垄	1.28	33.38
		水平梯田	0.56	14.60
		地埂	0.26	6.78
		农田防护林	0.19	4.95
		坡面小型蓄排工程（浆砌石+天然植草沟）	0.11	2.87
		等高植物篱	0.08	2.08
伊通县椽子沟小流域（19.20 km²）	2018	封禁治理	3.43	17.91
		横坡改垄	1.54	8.00
		掺沙改土	1.50	7.83
拜泉县通双小流域（3.61 km²）	2018	横坡改垄	0.38	10.60
		梯田+横坡改垄	1.50	41.70
		地埂+横坡改垄	0.06	1.70
		植物带+横坡改垄	0.21	5.70

面积减少了 29.1%；横坡改垄、坡面小型蓄排工程和等高植物篱措施的配置面积均呈现增加的趋势，其中，横坡改垄措施的配置面积增加了 14.3%，坡面小型蓄排工程和等高植物篱措施配置面积均从 2010 年的尚未配置分别增加为 2018 年的 0.11 km² 和 0.08 km²（表 9-5）。上述各项措施分布面积的动态变化表明，察霍勒屯小流域典型水土保持措施的配置逐渐趋向科学合理，其空间配置随即发生了一定的变化，从总体来看，察霍勒屯小流域采取了耕作措施、工程措施和生物措施并举的原则，从流域上游到中游和下游进行分区治理和连续治理，从而促进各项水土保持措施防治土壤侵蚀效果的充分发挥。

伊通县椽子沟小流域（图 9-2）的坡面水土保持措施类型主要包括封禁治理、横坡改垄和掺沙改土等。2018 年的调查结果表明，封禁治理、横坡改垄和掺沙改土措施配置面积仅占椽子沟小流域的 33.7%（表 9-5）。可见，该小流域水土保持措施种类较为单一，仅有的措施以耕作措施和生物措施为主，工程措施的应用不足。此外，流域上游以生物措施为主，即采取林草封育措施，从而促进形成乔灌草相结合的防治体系，流域中下游坡面以耕作措施为主，即通过横坡改垄和掺沙改土等措施调控地表径流、改良土壤质地，从而实现小流域综合治理的目的。

拜泉县通双小流域（图 9-3）的坡面水土保持措施类型主要包括横坡改垄、梯田、地埂和植物带等。2018 年的调查结果表明，基于横坡改垄的梯田措施配置面积较大，达 41.7%，其次依次为单一的横坡改垄、植物带+横坡改垄、地埂+横坡改垄措施（表 9-5）。从各项水土保持措施所占流域面积可知，该小流域水土保持措施种类以横坡改垄为主，即以耕作措施为主要推广措施，其他水土保持措施的应用较少。虽然应用的水土保持措施种类较少，但是措施配置面积较大，占总面积的 59.7%，说明通双小流域开展了大量的水土保持工作，并且已经取得了一定的成效。

9.2　坡面水土保持措施防治土壤侵蚀效果评价

9.2.1　不同垄作方式防治坡面土壤侵蚀的效果

垄作是东北黑土区一种非常普遍的耕作方式，具有保土温、提高水分利用效率和作物产量等多方面的优势（Shi et al.，2012；Lal，1990）。根据耕作行与等高线夹角不同，可将垄作方式划分为横坡垄作（何超等，2018；王磊等，2018）、斜坡垄作（桑琦明等，2020；赵玉明等，2012）和顺坡垄作（张晶玲等，2017；边锋等，2016）。东北黑土区地形多为漫川漫岗地，受农户地块不连续特征的影响，以横坡垄作为主的保护性耕作措施不能得到很好的应用，进而致使顺坡垄作、斜坡垄作等成为最普遍的耕作方式（Xu et al.，2018；陈雪等，2008）。顺坡垄作通常被认为会加剧坡面水流汇集，而机械犁耕下的垄丘相对较为疏松，土壤抗侵蚀能力较弱，因此，在强降雨条件下往往会造成严重的坡面土壤侵蚀（王磊等，2018；Xu et al.，2018）。斜坡垄作是顺坡垄作和横坡垄作在不规则地形上的特殊表现，当坡面走向与等高线呈一定夹角时，顺坡垄作和横坡垄作便表现为斜坡垄作。相较于顺坡垄作，斜坡垄作能在一定程度上增加坡面降雨入渗和拦蓄地面径流，从而达到防治坡面土壤侵蚀的目的。根据垄的宽度不同，又可将其分为窄垄和宽垄（王磊等，2019；王庆杰等，2010）。窄垄也称为小垄，一般是指宽度为 30～70 cm 的较小规格垄丘，垄上一般仅种植一行作物（韩毅强等，2014；王晓凌等，2009）。宽垄也称为大垄，一般是指宽度为 90～140 cm 的较大规格垄丘，垄上一般种植 2～6 行作物（汪顺生等，2015；王庆杰等，2010）。垄作方式的具体类型划分及其与坡面土壤侵蚀的关系研究已经取得一定成果（张晶玲等，2017；赵玉明等，2012；张少良等，2009）。然而，目前关于不同垄作方式防治坡面土壤侵蚀效果的系统研究鲜有报道。鉴于此，本节基于野外定位动态监测和模拟降雨试验相结合的研究方法，阐明垄作方式对黑土区坡面土壤侵蚀防治效果的影响，以期为坡耕地土壤侵蚀防治和黑土资源保护提供科学依据。

1. 横坡垄作防治坡面土壤侵蚀的效果

横坡垄作可以有效推迟坡面产流时间，进而控制径流冲刷所引发的土壤侵蚀（Stevens et al.，2009）。然而，横坡垄不同于梯田土埂，其垄丘稳定性较差，所以在遭遇强降雨时容易被径流冲垮发生断垄。此外，由于微地形的差异，横坡垄作难以严格地按照等高线进行修建，水流在较低处汇集仍会引起垄丘的垮塌（An and Liu，2017；Griffith et al.，1990），进而造成更严重的耕层土壤流失（林艺等，2015；Hatfield et al.，1998）。因此，明晰横坡垄作坡面的土壤侵蚀特征，根据不同耕作区的气候、地形、土壤性质等的差异，制定横坡垄作标准以求最大地发挥横坡垄作的水土保持效益是非常有必要的。这里基于 2012～2015 年黑龙江省哈尔滨市野外布设的横坡垄作和无垄作坡面径流小区观测资料（表 9-6）及人工模拟降雨试验数据（表 9-7），评价横坡垄作方式防治黑土区坡面土壤侵蚀的效果。

表 9-6　2012～2015 年横坡垄作与无垄作坡面径流量和侵蚀量的对比

坡度/（°）	年份	无垄作		横坡垄作			
		径流量/mm	侵蚀量/[t/（km²·a）]	径流量/mm	减流效果/%	侵蚀量/[t/（km²·a）]	减蚀效果/%
3	2012	99.7 a	2113.3 a	6.2 b	93.8	0 c	100.0
	2013	74.2 a	725.4 a	3.6 c	95.1	6.5 c	99.1
	2014	4.1 a	37.0 a	0 b	100.0	0 b	100.0
	2015	34.9 a	593.9 a	2.4 c	93.1	15.4 c	97.4
	平均	53.2 a	867.4 a	3.1 c	94.2	5.5 c	99.4
5	2012	88.3 a	3206.9 a	12.6 b	85.7	119.5 b	96.3
	2013	38.4 a	1413.1 a	2.1 b	94.5	3.1 c	99.8
	2014	28.4 a	136.0 a	1.7 b	94.0	4.4 c	96.8
	2015	37.9 a	1574.9 a	2.8 c	92.6	17.0 c	98.9
	平均	51.7 a	1582.7 a	4.8 c	90.7	36.0 c	97.7

注：同一行径流量或侵蚀量不同小写字母表示差异显著（$P<0.05$）。

表 9-7　横坡垄作和无垄作坡面的径流量和侵蚀量对比

降雨强度/（mm/h）	垄作方式	总径流量/（mm/h）	减流效果/%	总侵蚀量/[g/（m²·h）]	减蚀效果/%
50	横坡垄作（断垄前）	0.5	97.7	1.1	99.8
	横坡垄作（断垄后）	—	—	—	—
	无垄作坡面	23.2	—	533.3	—
75	横坡垄作（断垄前）	1.5	97.8	22.2	99.1
	横坡垄作（断垄后）	38.0	44.4	3811.1	–64.1
	无垄作坡面	68.4	—	2322.2	—
100	横坡垄作（断垄前）	2.1	97.7	44.4	99.1
	横坡垄作（断垄后）	49.7	45.0	6077.8	–35.8
	无垄作坡面	90.4	—	4477.8	—

注："—"表示无对应数据。

1）试验设计与研究方法

A. 野外径流小区观测

野外坡面径流小区位于黑龙江省哈尔滨市（127°31′04″～127°34′02″E，45°43′13″～45°46′37″N），属于典型的薄层黑土区。气候类型属于中温带大陆性季风气候，多年平均气温 3.9℃，无霜期 148 天，多年平均降水量 548.5 mm，其中 6～9 月的降水量约占全年降水量的 80%（杨维鸽等，2016）。该区海拔 160～220 m，地形以丘陵漫岗为主，坡度主要在 1°～7°，坡长达数百米，甚至数千米。成土母质为第四世纪中更新黄土状亚黏土，土壤以黑土为主（刘兴土和阎百兴，2009）。由于土壤侵蚀等原因，黑土层厚度明显不同：在地势平缓的区域，黑土层一般为 40～70 cm，个别地方可达 100 cm 以上；在坡度较大或耕作时间较长的区域，黑土层厚度一般为 20～30 cm；在坡度大、耕作时间较长，土壤侵蚀严重的区域，黑土层厚度只有 10 cm 左右，甚至出现"破皮黄"现象。

野外共设计了 4 个坡面径流小区，坡面处理包括横坡垄作和无垄作 2 种，地面坡度为 3°和 5°，小区面积为 5 m×20 m。横坡垄作坡面种植作物为大豆，无垄作坡面处理为裸露休闲。横坡垄的垄高（15 cm）与垄间距（65 cm）均与当地农田中垄的规格相似。每年在 4 月中旬对地表进行翻耕和起垄，在横坡垄作径流小区播种大豆，无垄作径流小区在观测期间保持裸露休闲。天然降雨过程观测采用南京气象仪器有限公司生产的 SL-2 型自记雨量计。径流泥沙观测采取传统集流桶观测方法，共设二级径流桶，其中一级径流桶为分流桶，其直径为 1.5 m，在高度为 100 cm 处设置 11 个直径为 5 cm 分水孔，将径流泥沙引入二级集流桶。每次坡面产流后采集各分流桶和集流桶的径流泥沙样品。具体观测过程：先清理掉径流桶内的枯枝落叶等漂浮物，然后测量各径流桶的水位；测量径流桶水位时，在径流桶 4 个方向测量 4 次水位，目的一是减少人为测量误差，二是减少因径流桶变形引起的误差。采集径流泥沙样品时，首先将分流桶内的水沙搅拌均匀，随后迅速用采样杯取 500 mL 水样装入对应采样瓶，采集径流泥沙样品设计 3 个重复。待泥沙样品采集完成后，打开径流桶底部的放水阀门，放掉收集的径流泥沙，并用清水将集流桶冲洗干净。待清洗完成后，关闭底部阀门，盖好桶盖，为下次径流泥沙收集做好准备。将采集的径流泥沙样品带回实验室，量取每个径流泥沙样品的体积，然后将采集的径流泥沙样品放入 105℃的烘箱烘干称重，用于计算土壤侵蚀量。

B. 室内模拟降雨试验

人工模拟降雨试验在陕西省杨凌区黄土高原土壤侵蚀与旱地农业国家重点实验室人工模拟降雨大厅进行。降雨设备为侧喷式人工模拟降雨装置，降雨高度 16 m，降雨均匀度大于 80%。试验土槽为 8 m（长）×3 m（宽）×0.6 m（深）的固定式液压可升降钢槽，中间用 PVC 板隔成两个 1.5 m 宽的试验土槽。供试土壤为东北黑土区吉林省榆树市刘家镇（126°11′13″E，44°43′17″N）坡耕地表层 20 cm 典型耕作黑土。土壤颗粒组成中黏粒（<2 μm）、粉粒（2～50 μm）与砂粒（50～2000 μm）质量分数分别为 20.3%、76.4%和 3.3%，土壤有机质质量分数为 24.18 g/kg（重铬酸钾氧化-外加热法），pH 为 6.39（水浸提法，水土比 2.5∶1）（王磊等，2018）。

根据野外调查结果和相关文献资料（寇江涛等，2011；Müller et al.，2009），本试验设计犁底层土壤容重为 1.30 g/cm^3，耕层土壤容重为 1.20 g/cm^3，垄层土壤容重控制在 1.10 g/cm^3；设计横垄垄高为 15 cm，垄间距为 65 cm；基于当地顺坡垄作改为横坡垄作的临界坡度（陈雪等，2008），设计试验坡度为 5°。以无垄作坡面（平坡裸地）作为对照，共设计 3 组试验，每组试验 2 个处理，每个试验处理设计 2 个重复，每场次试验降雨历时为 45 min。野外径流小区资料表明，横坡垄作坡面的防治土壤侵蚀效果与降雨强度的大小有关。因此，结合东北黑土区侵蚀性降雨标准（高峰等，1989），设计 3 个降雨强度（50 mm/h、75 mm/h 和 100 mm/h，即 0.83 mm/min、1.25 mm/min 和 1.67 mm/min）。

试验步骤：①装填供试土壤前，用纱布填充试验土槽底部的排水孔，随后填入 5 cm 厚的细沙作为透水层以保证土槽良好的透水性。根据野外测定的犁底层、耕作层和垄层的土壤容重分别采用分层填土法装填试验土壤，每 5 cm 为一层。沙层之上为犁底层，其厚度为 15 cm；犁底层之上为耕作层，其厚度为 20 cm。填土时还要将试验土槽四周边界压实，减少边界效应的影响。在耕作层之上按照设计规格修建横坡垄。②试验前一天，用纱网覆盖试验土槽，用 30 mm/h 降雨强度进行预降雨直至坡面产流为止，以保证试验前期土壤水分条件的一致性。预降雨结束后，为防止试验土槽土壤水分蒸发和减缓结皮形成，用塑料布覆盖试验土槽，静置 12 h 后开始正式降雨。③正式降雨试验开始后，仔细观察坡面产流和侵蚀情况，尤其是断垄后坡面土壤侵蚀状态，记录初始产流时间并接取第一个径流泥沙样品，待产流稳定后每隔 2～3 min 采集径流泥沙样品。降雨结束后，去除径流样的上层清液，放入设置为 105℃的恒温烘箱，烘干后测得土壤侵蚀量。

2）结果与分析

A. 基于野外径流小区观测的横坡垄作防治土壤侵蚀效果分析

野外径流小区观测资料表明，横坡垄作试验处理的径流量和侵蚀量均明显低于无垄作试验处理。与无垄作试验处理相比，横坡垄作试验处理平均减少坡面径流效果和减少坡面侵蚀效果分别为 92.4%和 98.3%（表 9-6）。造成这种结果的主要原因是横坡垄作一方面通过增加地表糙率而增加土壤水分入渗，另一方面通过缩短汇流坡长，从而减少了坡面径流量及侵蚀量（何超等，2018）。可见，黑土区坡面横坡垄作方式具有较好的防治土壤侵蚀作用。

随着坡度的增加，年平均坡面径流量和侵蚀量也呈现出不同的变化趋势（表 9-6）。与 3°坡面相比，5°坡面横坡垄作试验处理的年平均径流量增加 54.8%；而对于无垄作试验处理，2 个坡度下坡面年径流量基本相同。此外，横坡垄作处理的减流效果随着坡度的增加而减小。年平均坡面土壤侵蚀量随坡度的增加而增加，当坡度由 3°增加到 5°时，横坡垄作和无垄作试验处理的土壤侵蚀量分别增加了 5.5 倍和 0.8 倍；其中，横坡垄作试验处理的减少坡面侵蚀效果由 99.4%减小到 97.7%。分析原因是，坡度是影响黑土区坡面土壤侵蚀的重要因素，随着坡度的增加，坡面物质稳定性降低，径流平均流速增大（袁溪等，2016；Römkens et al.，2001），加之横坡垄作垄丘稳定性逐渐降低等，导致横坡垄作试验处理的减流效果和减蚀效果均发生明显变化。值得注意的是，试验条件下，坡度对坡面土壤侵蚀的影响明显大于其对坡面径流的影响。

B. 基于模拟降雨试验的横坡垄作防治土壤侵蚀的效果研究

模拟降雨试验结果表明，不同降雨强度下横坡垄作坡面减流减蚀效果有较大差异。为了更好地区分横坡垄断垄前后的减流和减蚀效果，在 75 mm/h 和 100 mm/h 降雨强度下以断垄时间节点为界，将横坡垄作土壤侵蚀过程分为断垄前和断垄后两部分（表 9-7）。当降雨强度为 50 mm/h 时，横坡垄作坡面基本将降雨就地入渗或者拦蓄在垄沟内，与无垄作坡面对比，横坡垄作坡面的减流效果和减蚀效果分别为 97.7%和 99.8%。当降雨强度为 75 mm/h 时，横坡垄作坡面出现断垄，断垄后横坡垄作坡面径流量和侵蚀量急剧增加，分别为断垄前的 25.9 倍和 171.5 倍；与无垄作试验处理相比，断垄前横坡垄作坡面的减流效果和减蚀效果分别为 97.8%和 99.1%，这与 50 mm/h 降雨强度下的减流和减蚀效果相近；断垄后横坡垄作坡面减流效果为 44.4%，但同时坡面减蚀效果为–64.1%，这是由于断垄后瞬时径流流速急剧增加而导致径流挟沙量增大，从而造成土壤侵蚀量的急剧增加，而受未断垄部分坡面拦蓄作用和前期垄沟积水下渗的影响，径流总量仍小于无垄作坡面。当降雨强度增加到 100 mm/h 时，断垄后横坡垄作坡面径流量和侵蚀量分别为断垄前的 23.3 倍和 136.8 倍；与无垄作坡面相比，断垄前横坡垄作坡面的减流效果和减蚀效果分别为 97.7%和 99.1%，而断垄后坡面减流效果为 45.0%，但坡面减蚀效果为

–35.8%。横坡垄作和无垄作坡面的径流总量和侵蚀总量均随着降雨强度的增大而增大，横坡垄作坡面在 75 mm/h 和 100 mm/h 降雨强度下的径流总量虽然小于无垄作坡面，但侵蚀总量却高于无垄作坡面，这是断垄后坡面土壤侵蚀方式从断垄前的片蚀演变为细沟侵蚀所造成的。

横坡垄作和无垄作坡面径流强度随降雨强度的变化存在明显差异（图 9-4），二者之间的差异分析有助于深入揭示横坡垄作方式防治坡面土壤侵蚀的机理。当降雨强度为 50 mm/h 时，无垄作坡面的径流强度自坡面产流后随时间推移呈现出缓慢上升趋势，降雨 25 min 后逐渐趋于稳定；横坡垄作坡面径流强度明显小于无垄作坡面，其值在 1.0 mm/h 上下变化，且无明显波动。在 75 mm/h 和 100 mm/h 降雨强度下，横坡垄作存在以断垄时间为界的突变。当降雨强度为 75 mm/h 时，无垄作坡面径流强度在缓慢上升至 15 min 后逐渐趋于稳定；横坡垄作坡面在 26.3 min 发生断垄，断垄前径流强度为 0.3 mm/h，其值明显低于无垄作坡面；断垄后径流强度逐渐增大，在 30 min、34 min 和 40 min 连续出现了 3 个峰值，且峰值均高于无垄作坡面。当降雨强度增加到 100 mm/h 时，无垄作坡面径流强度为 77.2～99.8 mm/h；横坡垄作坡面产流时间和断垄时间均有所提前，其中断垄时间比 75 mm/h 降雨强度试验处理提前了 3.4 min，断垄前径流强度相对较小且无明显波动，平均值为 5.6 mm/h，明显低于无垄作坡面；而断垄后径流强度陡然增加，两次峰值均高于无垄作坡面，其余径流强度多与无垄作坡面径流强度相近。结果表明，横坡垄作方式对径流过程的调控作用与是否发生断垄现象存在密切关系，而断垄现象又

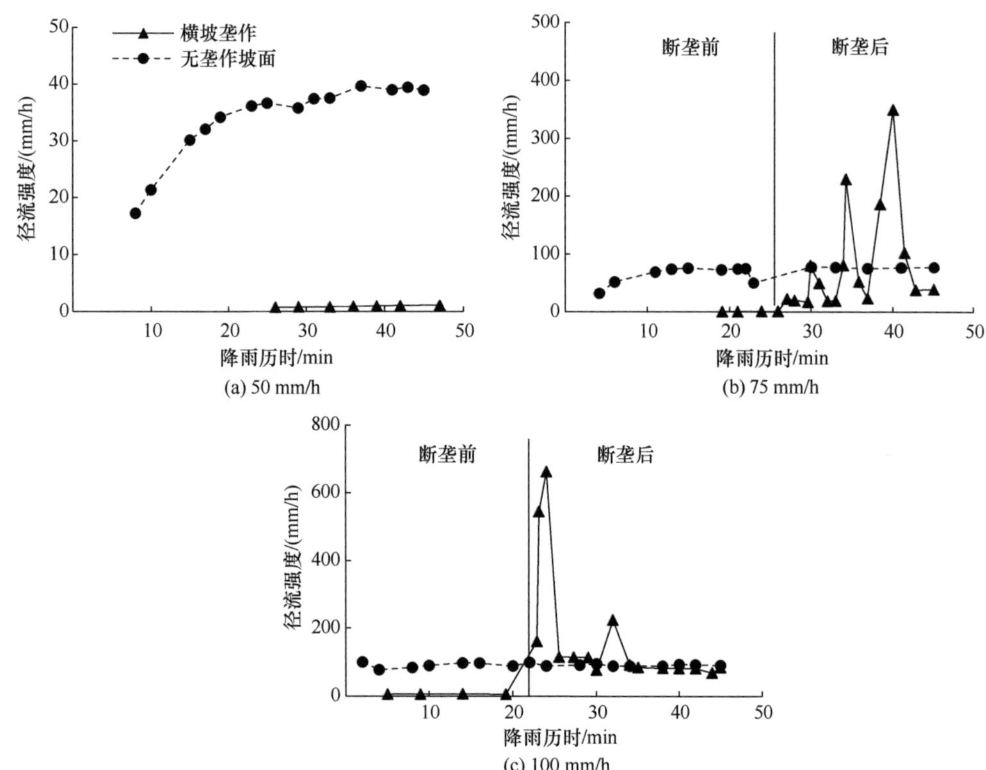

图 9-4　不同降雨强度下横坡垄作和无垄作坡面径流强度的变化过程对比

受降雨强度的影响。因此，在降雨强度较小时，横坡垄作方式具有非常好的径流调控作用，进而有效减缓黑土区坡面径流侵蚀能力；但是，随着降雨强度的增加，横坡垄作方式的径流调控作用逐渐降低，甚至产生负效应。

横坡垄作和无垄作坡面土壤侵蚀速率的变化特征与径流强度呈现出较好的一致性（图 9-5）。当降雨强度为 50 mm/h 时，无垄作坡面土壤侵蚀速率呈现出先增大后减小的变化趋势；横坡垄作坡面的土壤侵蚀速率为 1.8×10^{-3}～3.3×10^{-3} kg/（m^2·h），平均值为 2.7×10^{-3} kg/（m^2·h），明显低于无垄作坡面。当降雨强度为 75 mm/h 时，无垄作坡面在降雨历时 15 min 时峰值土壤侵蚀速率为 6.4 kg/（m^2·h），之后逐渐下降并趋于平稳；横坡垄作坡面断垄前土壤侵蚀速率为 0～1.0 kg/（m^2·h），明显低于无垄作坡面，断垄后土壤侵蚀速率逐渐增大，并出现 2 个峰值，峰值土壤侵蚀速率明显高于无垄作坡面。当降雨强度增加到 100 mm/h 时，无垄作坡面土壤侵蚀速率亦呈现出先增大后减小的变化趋势；横坡垄作坡面断垄前土壤侵蚀速率为 0～1.0 kg/（m^2·h），明显低于无垄作坡面，而断垄后土壤侵蚀速率陡然增加到 62.0 kg/（m^2·h），之后迅速波动减小，在 32 min 出现第 2 个峰值后缓慢减小并逐渐趋于稳定，但是土壤侵蚀速率明显高于无垄作坡面。分析原因是，横坡垄在断垄后由于积蓄在垄沟内的雨水瞬间倾泻导致横坡垄被冲垮，断垄后的垄丘土体是横坡垄作坡面泥沙的主要来源。结果表明，横坡垄作方式对土壤侵蚀过程的调控作用也受降雨强度的影响，与是否发生断垄现象存在更加密切的关系。因此，在降雨强度较小时，横坡垄作方式具有非常好的防治土壤侵蚀作用。但是，随着降雨强度的增加，横坡垄作方式防治土壤侵蚀的作用逐渐降低，甚至可能加剧坡面土壤侵蚀的发生。

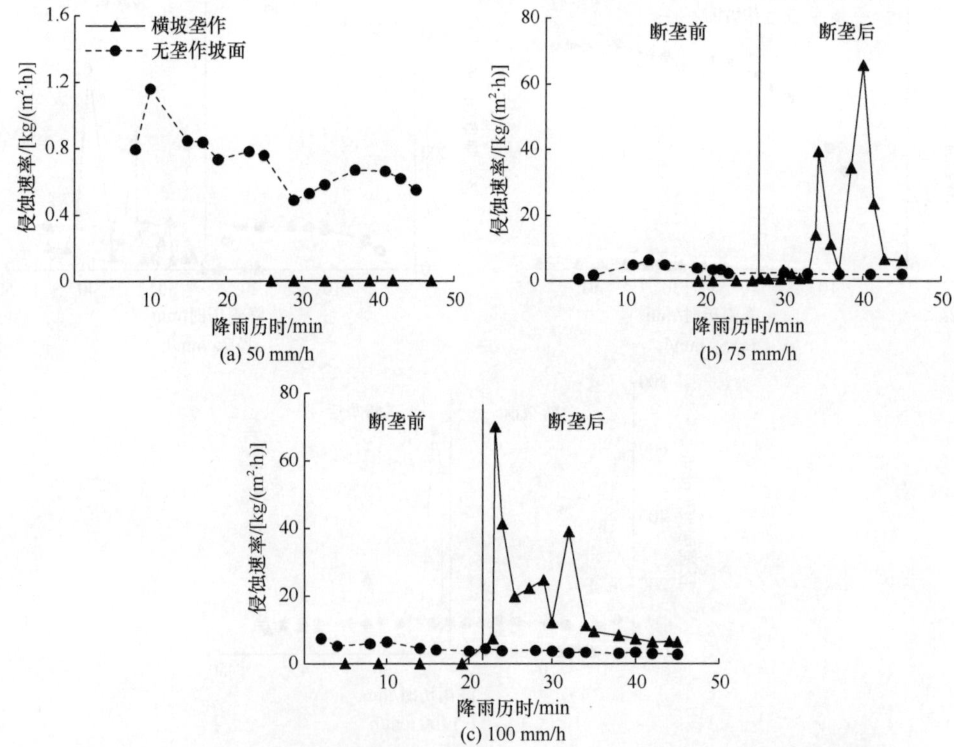

图 9-5　不同降雨强度下横坡垄作和无垄作坡面土壤侵蚀速率的变化过程对比

横坡垄作的防治坡面土壤侵蚀效果主要取决于径流量的大小和垄丘的拦蓄能力。在 50 mm/h 降雨强度下，横坡垄作可以有效减少坡面径流量和侵蚀量（Xu et al.，2018；林艺等，2015）。但在≥75 mm/h 降雨强度下，垄内积水漫出垄丘以较高的流速泄出发生断垄，其水土保持效益急剧降低，这与前人的研究结果一致（Xu et al.，2018；Liu et al.，2014b）。本试验在 45 min 的降雨历时中，75 mm/h 和 100 mm/h 降雨强度下横坡垄作坡面的产流产沙过程可以明显分为断垄前和断垄后 2 个阶段。断垄前横坡垄作坡面基本能完全将径流拦蓄在垄沟内。然而随着积水不断增多漫出垄沟，垄丘下坡在上方来水的冲刷和渗流作用下形成细沟沟头［图 9-6（a）］，由于水流掏涮在沟头下方产生水涮窝并促使沟头不断溯源，当垄丘剩余土体土壤颗粒间的黏结力小于土体自身重力和径流剪切力时，即出现断垄（覃超等，2018）［图 9-6（b）、（c）］，断垄的出现使径流流速由断垄前的 0～3.2 cm/s 增加到断垄后的 6.7～19.3 cm/s，加速了垄沟内积水的外泄及径流的冲刷动力［图 9-6（d）］。断垄前横坡垄作坡面以片蚀为主，断垄后原本汇集在横坡垄沟内的积水汇集形成股流便开始了细沟侵蚀过程［图 9-6（e）］。试验过程表明断垄与降雨强度和降雨历时及垄丘的稳定性有关（Liu et al.，2014a），根据野外调查，东北黑土区机械犁耕下垄丘的土壤容重仅为 0.90～1.10 g/cm^3，孔隙度高、透水性好，稳定性相对较差，当降雨强度较大或降雨历时较长时，垄沟内迅速积蓄大量雨水，积水一方面在重力作用下对下方垄丘产生压力，另一方面由于垄丘土质疏松，积水穿过垄丘形成渗流，在坡度的影响下加快垄丘土体的崩解，最终断垄导致大量的水土流失。综上可见，横坡垄作坡面的防蚀效果与降雨强度的大小有关，而横坡垄的规格及其抵抗径流冲毁的能力是需要进一步加强研究的内容。

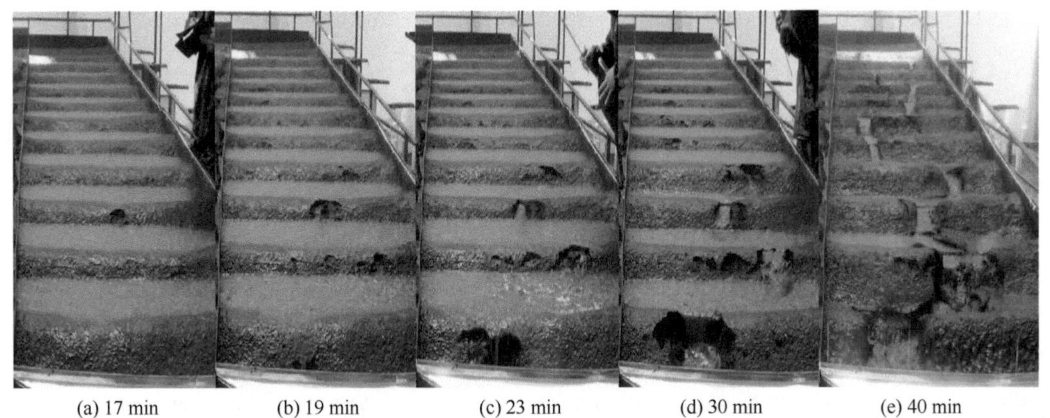

(a) 17 min　(b) 19 min　(c) 23 min　(d) 30 min　(e) 40 min

图 9-6　横坡垄的断垄过程（100 mm/h）

通过对比天然降雨条件与模拟降雨条件下横坡垄作试验处理的减流和减蚀效果，发现二者之间具有一定差异。天然降雨条件下，2012～2015 年黑龙江省哈尔滨市野外布设的横坡垄作坡面径流小区观测结果表明，横坡垄作处理整体具有较好的防治坡面土壤侵蚀效果。人工模拟降雨条件下，如果不发生断垄现象，则横坡垄作处理亦具有较好的防治坡面土壤侵蚀效果。但是，一旦发生断垄现象，其防治坡面土壤侵蚀效果明显降低，甚至增加土壤侵蚀量。造成二者差异的主要原因是室内模拟降雨试验进行了预降雨处理，供试土壤水分基本处于饱和状态，在正式降雨试验开始后，极易造成径流汇集，发生断垄现象；而野外坡面径流小区由于前期降雨、降雨强度及次降雨量等因素的影响，导致其结果与室内模拟降雨试验结果有所差异。可见，人工模拟降雨试验条件下横坡垄作处理的防治坡面土壤侵蚀效果研究还有待进一步深入，进而更加客观地反映横坡垄作措施的水土保持效益。

2. 宽垄防治坡面土壤侵蚀的效果

野外调查发现，在我国东北黑土区，大型农机具耕作的集约化经营农场，宽垄耕作方式已得到大面积推广。王庆杰等（2010）认为宽垄耕作方式能够改善土壤结构，增加土壤蓄水保水能力，是东北黑土区一种比较理想的保护性耕作技术。汪顺生等（2015）研究表明，与常规种植模式相比，宽垄种植模式下小麦水分生产效率最高，产能最优。韩毅强等（2014）通过对比宽垄和窄垄 2 种耕作方式，认为宽垄处理可以有效提高 0～20 cm 耕层土壤含水量，同时增加光照强度和玉米产量。近年来，国内外学者对不同垄作方式下坡面土壤侵蚀特征进行了大量研究（王磊等，2018；Xu et al.，2018；郑粉莉等，2016；Liu et al.，2014a），而对宽垄耕作方式的研究大多局限于作物产量、土壤水热变化等（汪顺生等，2015；Hatfield et al.，1998；Griffith et al.，1990），针对顺坡宽垄耕作的坡面土壤侵蚀定量研究鲜见报道，而分析宽垄耕作对坡面土壤侵蚀的防治效果将对黑土资源保护和指导农业生产具有重要意义。鉴于此，这里基于野外大型坡面径流场观测资料和室内模拟降雨试验数据，对比分析东北黑土区坡耕地顺坡宽垄和窄垄耕作的坡面土壤侵蚀特征，评价顺坡宽垄耕作措施的防蚀效果。

1）试验设计与研究方法

A. 野外大型坡面径流场观测

研究区位于黑龙江省克山县城西北粮食沟流域（125°49′48″E，48°3′52″N），属于典型中层黑土区。地形总体趋势为东北高、西南低，从丘陵起伏的山脉向漫川漫岗的平原过渡，平均海拔 236.9 m，农田地面坡度为 1°～7°。克山县属寒温带大陆季风气候，年平均气温 2.4℃，降雨集中在 6～9 月，年平均降水量 500 mm，雨热同季。在克山县粮食沟流域坡耕地上建立了长缓坡大型自然坡面径流场 2 个，其分别为 320 m（长）×3 m（宽）顺坡宽垄坡耕地和 320 m（长）×2 m（宽）顺坡窄垄坡耕地，二者地形条件完全相似，地面坡度变化于 2°～7°。根据当地宽垄和窄垄规格，选取的顺坡宽垄垄高为 15 cm，垄间距 110 cm，垄丘顶宽 70 cm；顺坡窄垄垄高 15 cm，垄间距 65 cm，垄丘顶宽 20 cm（图 9-7）。在每个径流场出口处安装 xyz-2 型径流泥沙自动收集装置一套，实时监测次降雨下 2 个大型坡面径流场的径流侵蚀过程；并安装美国 Onset Computer Corporation 公司生产的 HOBO 气象站进行天然降雨过程的观测。对于 2 个野外大型自然坡面径流场，坡面径流泥沙自动收集装置为哈尔滨柏亮科技开发有限公司生产的 xyz-2 型无动力水土流失过程自动监测装置，径流收集方式为翻斗式。每场次侵蚀性降雨结束后，导出数据采集器中的径流量数据，并收集自动取样瓶中的泥沙，同时重新更换取样瓶，以便下次观测。将采集的径流泥沙样品带入室内，量取每个取样瓶中径流泥沙样品重量，然后将采集的径流泥沙样品放入 105℃的烘箱烘干称重，用于计算土壤侵蚀量。

(a)顺坡宽垄　(b)顺坡窄垄

图 9-7　野外径流场顺坡宽垄和顺坡窄垄坡面照片

B. 室内模拟降雨试验

室内模拟降雨试验在陕西省杨凌区黄土高原土壤侵蚀与旱地农业国家重点实验室人工模拟降雨大厅进行。顺坡窄垄和顺坡宽垄规格与野外大型坡面径流场的顺坡窄垄和顺坡宽垄规格完全相同。顺坡宽垄供试试验土槽规格为 8 m（长）×2.2 m（宽）×0.6 m（深），顺坡窄垄供试试验土槽规格为 8 m（长）×1.3 m（宽）×0.6 m（深）（图 9-8）。本试验坡度设计为 5°。根据东北黑土区侵蚀性降雨特征（张宪奎等，1992），造成严重土壤侵蚀的降雨强度变化为 23.4～103.2 mm/h，降雨历时 20～80 min，因此，设计模拟降雨强度为 50 mm/h、75 mm/h 和 100 mm/h，降雨历时 60 min。每个试验处理设计 2 个重复。

(a)顺坡宽垄　(b)顺坡窄垄

图 9-8　室内模拟顺坡宽垄和顺坡窄垄坡面照片

供试土壤为采集于黑龙江省克山县城西北粮食沟流域野外大型坡面径流场附近坡耕地的 0～20 cm 耕层黑土，其土壤性质与野外大型坡面试验场的土壤性质相同。土壤颗粒组成为砂粒（>50 μm）质量分数占 10.7%，粉粒（2～50 μm）质量分数占 48.7%，黏粒（<2 μm）质量分数占 40.6%，有机质质量比为 37.2 g/kg（重铬酸钾-外加热法）。试验过程中，每场次模拟降雨试验结束后，试验土槽重新填土制作顺坡宽垄或顺坡窄垄

坡面（王磊等，2018），以备下一场次模拟降雨试验的开展。

2）结果与分析

A. 基于野外大型坡面径流场观测的宽垄防治土壤侵蚀效果分析

野外大型坡面径流场观测资料表明，2018 年度共收集侵蚀性降雨资料 5 场次，次降雨量均>20 mm，次侵蚀性降雨量变化为 22.6～67.8 mm，对应的最大 30 min 降雨强度（I_{30}）变化为 10.8～35.2 mm/h（表 9-8）。该 5 场次降雨均具有降雨量较大、降雨历时较短、I_{30} 较大的特征，降雨特征符合东北黑土区侵蚀性降雨标准（高峰等，1989），具有较强的代表性。基于克山县 1961～2014 年日降雨观测资料，采用 Pearson-Ⅲ 概率分布推算各次降雨的重现期（林两位和王莉萍，2005），得出 P1 场次降雨为三年一遇的侵蚀性强降雨，P2～P5 均为一年一遇降雨。

表 9-8　2018 年次侵蚀性降雨特征

次降雨编号	降雨量/mm	降雨历时/min	平均雨强/（mm/h）	I_{30}/（mm/h）	PI_{30}
P1	67.8	1954	2.1	25.2	1708.6
P2	42.8	975	2.6	10.8	462.2
P3	43.2	635	4.1	35.2	1520.6
P4	22.6	960	1.4	19.2	433.9
P5	24.4	225	6.5	24.8	605.1

注：I_{30} 为最大 30 min 降雨强度；PI_{30} 为降雨侵蚀力。

由表 9-9 可知，5 场次侵蚀性降雨下顺坡宽垄坡面径流量和侵蚀量分别为 1.1～13.2 mm 和 3.0～188.3 t/km^2，顺坡窄垄坡面径流量和侵蚀量分别为 3.4～30.6 mm 和 25.4～562.6 t/km^2。顺坡窄垄坡面径流量和侵蚀量分别是顺坡宽垄坡面径流量和侵蚀量的 2.1～3.3 倍和 2.8～10.4 倍。在相同降雨条件下，与顺坡窄垄耕作处理相比，顺坡宽垄耕作处理的减流效果和减蚀效果分别为 51.3%～70.0%和 64.4%～90.4%，具体减流和减蚀效果的差异受降雨特征的影响。分析原因是，单位面积顺坡窄垄坡面拥有比顺坡宽垄坡面更多的垄沟，每条垄沟都成为一个小型集水区，这些集水区促使了坡面径流的汇集。此外，由于宽垄垄丘平面面积较大且垄丘与垄沟间的横向比降小，因此，垄丘向垄沟方向的径流汇集速率小于窄垄，雨水在垄丘上的滞留时间相对较长，从而导致降水入渗率大于窄垄坡面，而径流量和侵蚀量小于窄垄坡面。综上可见，顺坡宽垄耕作措施具有较好的减流和减蚀效果。

表 9-9　顺坡宽垄与顺坡窄垄的坡面径流量和侵蚀量对比

降雨场次	径流量/mm		宽垄减流效果/%	侵蚀量/（t/km^2）		宽垄减蚀效果/%
	宽垄	窄垄		宽垄	窄垄	
P1	13.2	30.6	56.9	188.3	562.6	66.5
P2	1.5	5.0	70.0	3.0	31.2	90.4
P3	11.3	23.2	51.3	156.7	440.6	64.4
P4	1.1	3.4	67.6	6.4	25.4	74.8
P5	1.2	3.6	66.7	9.7	40.7	76.2

值得注意的是，P1 和 P3 的 2 场次降雨下，顺坡宽垄耕作处理的减流效果分别为 56.9%和 51.3%，减蚀效果分别为 66.5%和 64.4%，均明显小于 P2、P4 和 P5 降雨条件下的减流效果和减蚀效果（表 9-9）。分析原因是，P1 和 P3 的 2 场次降雨的 I_{30} 均较大，分别为 25.2 mm/h 和 35.2 mm/h，短历时高强度降雨降低了降水入渗作用，无论是顺坡宽垄还是顺坡窄垄耕作处理的多条垄沟的汇水作用均加快了地表径流过程。由此可见，顺坡宽垄耕作处理的减流效果和减蚀效果受降雨特征的影响，其中，降雨强度的影响较为显著。

B. 基于模拟降雨试验的宽垄防治土壤侵蚀的效果研究

室内模拟降雨试验可进一步剖析顺坡宽垄的防蚀效果（表 9-10）。在 50 mm/h、75 mm/h 和 100 mm/h 共 3 种降雨强度下，2 种垄作模式的坡面土壤侵蚀变化与野外观测结果相似，即顺坡宽垄坡面的侵蚀量明显小于顺坡窄垄坡面，与顺坡窄垄耕作处理相比，顺坡宽垄耕作处理的减蚀效果为 33.2%～57.9%。而在 3 种降雨强度下，顺坡宽垄和顺坡窄垄坡面径流变化规律与野外观测结果有差异，其中，在 50 mm/h 降雨强度下，顺坡宽垄坡面的减流效果为 14.8%；在 75 mm/h 降雨强度下，二者的径流量基本相同；在 100 mm/h 降雨强度下，顺坡宽垄坡面的减流效果为–26.8%。其原因是正式模拟降雨试验前进行了前期降雨试验，即正式试验前一天，采用 30 mm/h 降雨强度进行预降雨至坡面产流为止，导致土壤水分基本处于饱和状态；而野外坡面由于前期降雨及汇流面积和地表糙度等因素的影响，与室内模拟降雨试验的结果有所差异。结果表明，顺坡宽垄耕作措施具有较好的减蚀效果，但是其减流效果相对较低，甚至出现负效应；具体减流效果与降雨强度有关，即随着降雨强度的增加，顺坡宽垄耕作措施的减流效果逐渐降低。

表 9-10　室内模拟试验的顺坡宽垄和顺坡窄垄坡面的径流量和侵蚀量对比

降雨强度/（mm/h）	径流量/（mm/h）		宽垄减流效果/%	侵蚀量/（t/km^2）		宽垄减蚀效果/%
	宽垄	窄垄		宽垄	窄垄	
50	10.4±0.6	12.2±0.6	14.8	162.4±37.8	265.7±36.3	38.9
75	20.1±1.6	19.9±0.6	–1.0	534.1±43.0	799.7±49.1	33.2
100	29.8±3.9	23.5±4.0	–26.8	905.8±43.9	2151.6±77.3	57.9

注：表中数据为平均值±标准差。

图 9-9 表明，基于野外坡面径流场观测和室内模拟降雨试验的 2 种垄作坡面土壤侵蚀量与径流量均呈现良好的线性关系（R^2>0.81），通过对该线性方程进行趋势预测，可以看出基于野外观测的顺坡宽垄坡面土壤侵蚀量随径流量增加的增加幅度小于顺坡窄垄坡面，这与室内模拟试验的结果一致。

综上可见，室内模拟试验和野外径流场观测结果均表明，与窄垄耕作相比，宽垄耕作可减少坡面土壤侵蚀，具有较好的防蚀效果。此外，多数研究结果均表明宽垄耕作措施可以有效提高单位面积作物产量，主要表现为种植密度的增加（王晓凌等，2009）。东北黑土区的相关研究也表明宽垄（大垄）双行耕作方式比传统窄垄耕作玉米产量提高了 6.70%～9.49%（王庆杰等，2010）。目前，宽垄耕作方式在大型集约化农场应用比较广泛，而尚未普及到个体农户，原因可能是农户缺少大型机械，现有农机具较小且适用于传统窄垄耕作方式，造成窄垄耕作普适性较高。因此，今后在个体农户中普及宽垄耕作方式有望在提高单位面积产量的同时，也有效减少坡面土壤侵蚀，有利于黑土资源的保护。

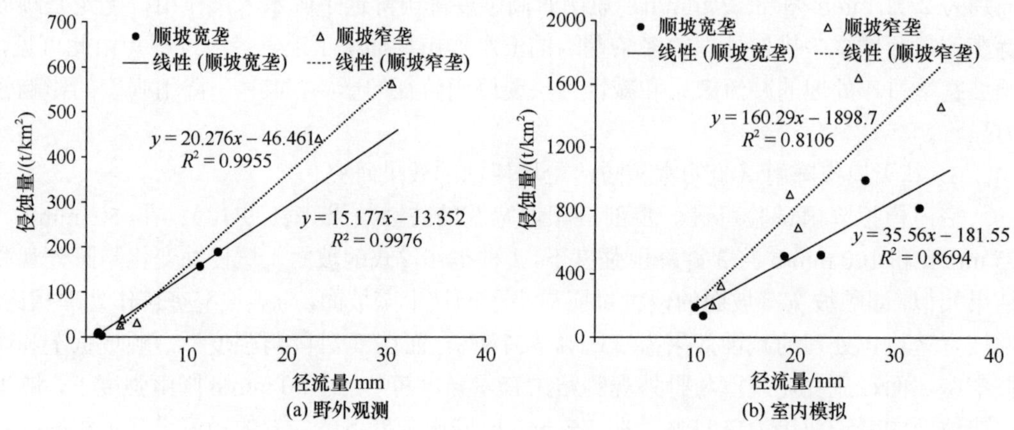

图 9-9 野外观测和室内模拟条件下顺坡宽垄和顺坡窄垄坡面土壤侵蚀量与径流量的关系

3. 斜坡垄作防治坡面土壤侵蚀的效果

尽管横坡垄作能够有效防治坡面土壤侵蚀（王磊等，2018；罗键等，2016；张少良等，2009），但是一旦发生断垄现象，横坡垄作反而会加剧坡面土壤侵蚀（安娟等，2017）。相对于横坡垄作，野外坡耕地上斜坡垄作则更为普遍（赵玉明等，2012）。宁静等（2016）研究也指出坡度与坡长交互的“大坡度＋小坡长”或“大坡度＋大坡长”条件下斜坡垄作是最优的选择。然而，目前关于斜坡垄作坡面土壤侵蚀的相关研究鲜有报道。为此，这里基于室内模拟降雨试验，设计 2 个降雨强度（50 mm/h 和 100 mm/h）和 2 种垄作方式（斜坡垄作和顺坡垄作），分析东北黑土区坡耕地斜坡垄作与顺坡垄作坡面土壤侵蚀的差异，评价斜坡垄作方式防治坡面土壤侵蚀的效果。

1）试验设计与研究方法

模拟降雨试验在陕西省杨凌区黄土高原土壤侵蚀与旱地农业国家重点实验室人工模拟降雨大厅进行。根据野外调查结果，东北黑土区斜坡垄垄向为 32°～55°，并以 40°～50°居多。宁静等（2016）研究也表明斜坡垄作在东北黑土区非常普遍，且其垄向为 30°～60°。基于此，设计斜坡垄垄向为 45°（图 9-10）（桑琦明等，2020）。基于野外调查，设计的斜坡垄规格为垄高 15 cm，垄间距 65 cm，垄丘顶宽 20 cm。本试验设计地表坡度为 5°，降雨强度为 50 mm/h 和 100 mm/h，每场降雨试验历时 45 min。每个试验处理设计 2 个重复。

2）结果与分析

试验条件下，斜坡垄作试验处理均发生了断垄现象。以顺坡垄作试验处理作为对照，断垄前，50 mm/h 和 100 mm/h 降雨强度下，斜坡垄作坡面的减流效果分别为 96.7%和 98.7%，减蚀效果分别为 99.8%和 99.9%；而断垄后，斜坡垄作坡面在两种降雨强度下的减流效果分别为 18.7%和 6.1%，减蚀效果分别为–24.1%和–3.2%（表 9-11）。这是由于斜坡垄作坡面在断垄前能很好地拦蓄径流泥沙，断垄后侵蚀方式演变为以细沟侵蚀为主，相应的汇流作用增强，土壤侵蚀强度也随之增大。可见，如果不发生断垄现象，斜坡垄作坡面能够有效防治黑土区坡面土壤侵蚀；一旦发生断垄现象，与顺坡垄作坡面相比，斜坡垄作坡面仍具有一定的减流效果，但是无减蚀效果，甚至能够增加坡面土壤侵蚀量。

(a)顺坡垄作 (b)斜坡垄作

图 9-10 室内模拟顺坡垄作和斜坡垄作坡面照片

表 9-11 斜坡垄作和顺坡垄作坡面的总径流量和总侵蚀量的对比

降雨强度/（mm/h）	垄作方式	总径流量/（mm/h）	减流效果/%	总侵蚀量/[g/（m^2·h）]	减蚀效果/%
50	顺坡垄作	28.5	—	2165.6	—
	斜坡垄作断垄前	0.9	96.7	4.4	99.8
	斜坡垄作断垄后	23.2	18.7	2687.8	–24.1
100	顺坡垄作	69.5	—	5662.2	—
	斜坡垄作断垄前	0.9	98.7	5.6	99.9
	斜坡垄作断垄后	65.2	6.1	5843.3	–3.2

注：“—”表示无对应数据。

随着降雨强度的增加，2 种垄作方式下坡面的总径流量和总侵蚀量均增大（表 9-11）。降雨强度越大，断垄前斜坡垄作坡面的减流效果和减蚀效果越大，断垄后斜坡垄作坡面的减流效果减小，减蚀效果的负效应增大。可见，斜坡垄作措施防治土壤侵蚀的效果也与降雨强度的大小有关。

通过与基于模拟降雨试验的横坡垄作防治土壤侵蚀效果的研究结果进行对比，发现在 50 mm/h 降雨强度下，斜坡垄作坡面总径流量和总侵蚀量均高于横坡垄作坡面（表 9-7 和表 9-11），即斜坡垄作较横坡垄作坡面总径流量和总侵蚀量分别增加 44 倍和 2422 倍，其原因是该降雨强度下横坡垄作坡面不发生断垄现象，而斜坡垄作坡面发生了断垄现象。但是，在 100 mm/h 降雨强度下，斜坡垄作处理与横坡垄作处理均发生了断垄现象，斜坡垄作较横坡垄作坡面的总径流量增加 0.27 倍，但总土壤侵蚀量减小 0.04 倍；而两者在断垄前坡面总径流量和总土壤侵蚀量差异很小，且坡面 90%以上的径流泥沙均来自断垄后。综上可见，试验条件下，斜坡垄作坡面较横坡垄作坡面更容易发生断垄现象，特别是在降雨强度相对比较小的情况下。因此，建议在东北黑土区坡耕地上应尽量应用横坡垄作措施。

进一步分析径流强度随降雨历时的变化，发现斜坡垄作与顺坡垄作坡面之间存在明显差异（图 9-11），二者之间的差异分析有助于深入揭示斜坡垄作方式防治坡面土壤侵蚀的机理。在 50 mm/h 降雨强度下，顺坡垄作坡面径流强度随降雨历时的变化呈现先增加后趋于稳定的变化趋势，坡面径流强度变化范围为 11.0～36.0 mm/h；斜坡垄作坡面径流强度随降雨历时的变化与断垄现象密切相关，断垄前坡面径流强度明显低于顺坡垄作坡面，而在 17.5 min 断垄后坡面径流强度迅速增加，并呈现出波动幅度较大的变化趋势，直至试验结束，共计出现 3 个峰值，其值分别为 117.3 mm/h、109.5 mm/h、94.7 mm/h，均明显高于顺坡垄作坡面。分析原因是，发生断垄后垄沟内所蓄积的水沿断垄路径迅速下泄，造成单位时间内径流量急剧增加；其后，随着垄沟溢流和断垄的继续进行，坡面径流强度呈现明显的波动变化。在 100 mm/h 降雨强度下，顺坡垄作坡面径流强度随降雨历时的变化也呈现先增加后趋于相对稳定的变化趋势，其值变化于 61.1～83.3 mm/h；斜坡垄作坡面在降雨历时为 16.3 min 时发生断垄，断垄前坡面径流强度接近 0，明显低于顺坡垄作坡面，而断垄后在降雨历时为 17.4 min 时出现坡面径流强度为 486.1 mm/h 的最大峰值，此后坡面径流强度稳定在 70.1～88.6 mm/h，与顺坡垄作坡面径流强度波动范围相近。分析原因是，斜坡垄作坡面在降雨历时为 18 min 时所有坡面基本全部断垄，从断垄出现到所有断垄形成仅发生在 2.5 min 之内；之后径流强度随降雨历时的变化特点与顺坡垄作类似。结果表明，斜坡垄作方式对径流过程的调控作用与是否发生断垄现象存在密切关系，断垄前斜坡垄作方式具有较好的径流调控作用，进而减缓黑土区坡面径流侵蚀能力；但是，断垄后斜坡垄作方式的径流调控作用逐渐降低。

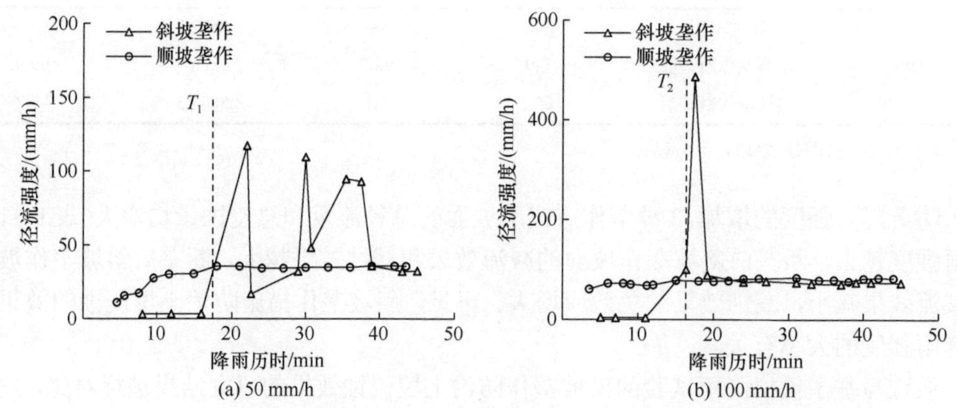

图 9-11　50 mm/h 和 100 mm/h 降雨强度下斜坡垄作和顺坡垄作坡面径流强度的变化

T_1、T_2 分别表示 50 mm/h、100 mm/h 降雨强度下斜坡垄作发生断垄的时间；虚线左侧表示断垄前，虚线右侧表示断垄后

通过分析坡面土壤侵蚀速率随降雨历时的变化，发现斜坡垄作坡面土壤侵蚀速率随降雨历时变化与径流强度随降雨历时变化具有较好的一致性（图 9-12）。降雨过程中斜坡垄作坡面土壤侵蚀速率的变化由于断垄现象的发生出现峰值，并明显高于顺坡垄作坡面。在 50 mm/h 降雨强度下，顺坡垄作坡面土壤侵蚀速率随降雨历时呈先逐渐增加后减

小并趋于相对稳定的变化趋势，其坡面土壤侵蚀速率稳定在 1.5 kg/（m^2·h）上下；斜坡垄作坡面断垄前土壤侵蚀速率明显低于顺坡垄作坡面，但是，断垄后土壤侵蚀速率迅速增加，共计出现 3 个峰值，其值分别为 7.1 kg/（m^2·h）、21.3 kg/（m^2·h）、1.6 kg/（m^2·h），均明显高于顺坡垄作坡面。在 100 mm/h 降雨强度下，顺坡垄作坡面土壤侵蚀速率随降雨历时亦呈先增加后减小并趋于相对稳定的变化趋势，在降雨历时为 40 min 后，其值稳定在 4.1 kg/（m^2·h）上下；斜坡垄作坡面土壤侵蚀速率在断垄后先迅速增加并达到峰值，具体表现为坡面土壤侵蚀速率在降雨历时为 17.4 min 时达到峰值，其值为 83.5 kg/（m^2·h），明显高于顺坡垄作坡面，且在 2.5 min 内坡面断垄全部形成，其后斜坡垄作坡面土壤侵蚀速率逐渐减小，在降雨历时为 37 min 后其值稳定在 1.7 kg/（m^2·h），明显低于顺坡垄作坡面。结果表明，斜坡垄作方式对土壤侵蚀过程的调控作用也与是否发生断垄现象存在密切的关系，断垄现象发生前，斜坡垄作方式具有较好的防治土壤侵蚀作用；但是，断垄现象发生后，斜坡垄作方式防治土壤侵蚀的作用明显降低，甚至进一步加剧了坡面土壤侵蚀的发生。

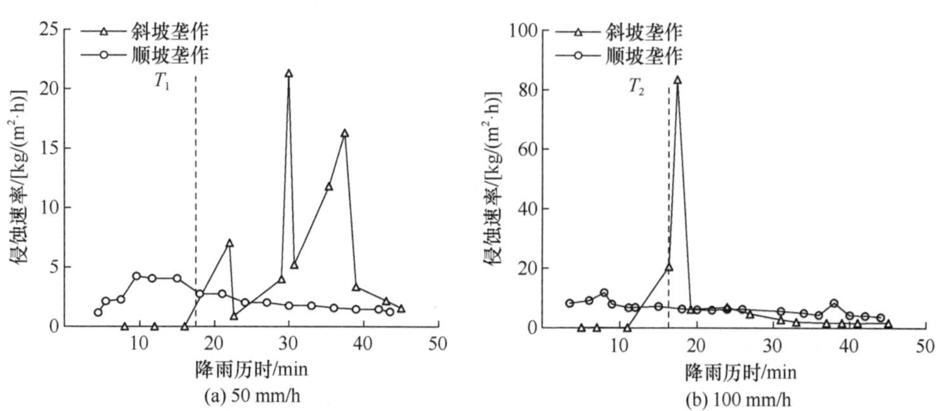

图 9-12　50 mm/h 和 100 mm/h 降雨强度下斜坡垄作和顺坡垄作坡面土壤侵蚀速率的变化

斜坡垄作发生断垄后坡面土壤侵蚀方式由片蚀演变为细沟侵蚀，且随着坡面上下断垄的连通，坡面径流汇流量急剧增大，使坡面径流侵蚀能力也急剧增大，从而导致坡面径流强度和土壤侵蚀速率均很好地响应断垄现象，出现 1 个或多个峰值，甚至高于顺坡垄作坡面径流强度和土壤侵蚀速率（图 9-11、图 9-12）。峰值出现的多少受断垄过程及坡面所有断垄部位连通性的影响。综上可见，有效遏制断垄现象的发生，有助于调控黑土区坡面斜坡垄作方式的径流侵蚀过程，进而提高斜坡垄作措施对坡面土壤侵蚀的防治效果。

9.2.2　不同秸秆还田方式防治坡面土壤侵蚀的效果

东北黑土区秸秆产量丰富，秸秆还田作为一项重要的水土保持措施，也是实现农业可持续发展的重要途径之一（龚振平等，2019）。秸秆还田方式呈现多元化的发展趋势，主要包括秸秆深还、秸秆碎混还田、秸秆覆盖还田、堆沤还田、焚烧还田和过腹还田等

（高洪军等，2019）。已有研究表明，秸秆还田既可有效调控地表径流、防治土壤侵蚀，又可促进土壤微粒的团聚，改善土壤结构和提高土壤肥力，从而遏制黑土退化，增加土壤抗蚀性，并改善土壤和生态环境（杨青森等，2011；汪军等，2010；王珍和冯浩，2009）。黑土区相关研究表明，与传统耕作处理相比，秸秆粉碎还田处理可使坡面径流量减少60.0%～66.7%，侵蚀量减少 85.4%～86.4%（许晓鸿等，2013）；免耕+秸秆覆盖处理可使坡面径流量减少 97.7%，侵蚀量减少 98.9%（张少良等，2009）。可见，不同秸秆还田方式对坡耕地减流效果和减蚀效果的影响呈现一定差异。此外，现有研究多基于定位监测方法获取秸秆还田方式防治土壤侵蚀的效果，缺少其减流和减蚀的过程性研究成果（许晓鸿等，2013；张少良等，2009）；即使基于人工模拟降雨试验方法开展的相关研究（温磊磊等，2014），也不能完全揭示野外自然条件下秸秆还田方式对坡面侵蚀的影响及秸秆还田的防蚀效果。鉴于此，本节采用田间原位径流冲刷试验及模拟降雨试验相结合的研究方法，分析黑土区坡耕地不同秸秆还田方式防治坡面土壤侵蚀的效果，以期为东北黑土区坡耕地土壤侵蚀防治提供理论指导。

1. 试验设计与研究方法

1）径流冲刷试验

试验在吉林省长春市吉林农业大学水土保持科研基地（125°21′E，43°52′N）天然径流小区内进行。研究区属于北温带大陆性季风气候，具有干湿适中、四季分明的气候特征；年均气温 4.8℃，年均降水量 617 mm（朱姝等，2015）。试验样地位于典型黑土区，土壤为黑土，砂粒（当量粒径大于 50 μm）质量分数为 10.2%，粉粒（当量粒径 50～2 μm）质量分数为 80.2%，黏粒（当量粒径小于 2 μm）质量分数为 9.6%，有机质（重铬酸钾氧化-外加热法）质量比 25.6 g/kg（Shen et al.，2019）。天然径流小区规格为 20 m（水平投影长）×5 m（宽），耕作层平均土壤容重为 1.20 g/cm^3，坡度依据东北黑土区坡耕地地形特征设计为 5°和 10°（姜义亮等，2017；Wen et al.，2015）。径流小区底部设集流装置，用于收集试验过程中的径流泥沙样品。径流小区上部设供水装置，供水装置由供水管、恒定水头箱、稳流箱和稳流板 4 部分组成，稳流箱规格为 0.5 m（长）×5 m（宽）×0.5 m（深），稳流箱中设置稳流板，以提供稳定径流均匀流向黑土坡面。根据吉林省长春国家基准气候站 1983～2012 年的暴雨资料，20 年一遇的每小时降雨量接近 60 mm（刘志生等，2014），将其换算为径流率即为本节设计的径流冲刷流量 1 L/min。2017 年秋季玉米收获后，将秸秆分别按照 0、50%（0.06 t/km^2）和 100%（0.12 t/ km^2）3 种覆盖度覆盖于地表，其后分别在 2017 年秋季（代表季节性冻融循环发生之前）及 2018 年春季（代表季节性冻融循环发生之后）开展径流冲刷试验，试验历时 40 min，每个试验处理重复 2 次。径流冲刷试验开始前，采集 0～10 cm 土层土壤样品，并用烘干法和环刀法测定土壤质量含水量和土壤容重。为了确保径流冲刷试验的准确性，试验开始前对径流冲刷流量进行率定，实测冲刷流量与目标冲刷流量的差值小于 5%时方可进行正式模拟试验。坡面开始产流后即接取径流泥沙样品，取样间隔为 1 min 或 2 min。径流冲刷试验停止后，称取径流泥沙的总质量，静置后倒掉其上清液，转移至铝盒中并放入烘箱，在 105℃下烘干称取质量。

2）模拟降雨试验

本模拟降雨试验也在吉林省长春市吉林农业大学水土保持科研基地进行。于 2018 年 7～8 月完成人工模拟降雨试验。试验径流小区坡面处理包括免耕+残茬覆盖、秸秆深还、秸秆碎混和传统顺坡垄作（对照）4 种。①免耕+残茬覆盖：径流小区在秋收后不进行翻耕处理，并将径流小区内全部玉米秸秆直接覆盖还田；②秸秆深还：将径流小区内全部玉米秸秆通过机械进行粉碎（长度小于 5 cm）备用，将径流小区 0～25 cm 土层土壤取出，再将已粉碎的玉米秸秆与 25～35 cm 土层的土壤均匀混合，最后用表层土壤将径流小区填平起垄；③秸秆碎混：将径流小区内 50%的玉米秸秆通过机械进行粉碎（长度小于 5 cm）备用，将径流小区 0～15 cm 土层土壤取出，再将已粉碎的玉米秸秆与径流小区 15～25 cm 土层土壤均匀混合，随后将径流小区填平起垄，最后将剩余的 50%玉米秸秆直接覆盖还田；④传统顺坡垄作：坡面处理为翻耕裸露，按照野外坡耕地垄规格实测资料和相关研究成果（边锋等，2016），将顺坡常规垄规格设计为垄高 15 cm、垄间距 65 cm、垄丘顶宽 20 cm。试验径流小区坡度为 5°，降雨强度设计为 50 mm/h 和 100 mm/h，为保证降雨总量（50 mm）相同，降雨历时分别为 60 min 和 30 min。每个试验处理设计 2 个重复。

降雨设备采用侧喷式单喷头降雨装置（胡伟等，2016），降雨高度为 6 m，降雨均匀度大于 85%，降雨强度主要通过调节压力阀和喷头孔板直径大小（5～12 mm）来控制，降雨强度可调节范围为 30～165 mm/h。试验径流小区修筑在野外原位坡耕地上，耕作层平均土壤容重为 1.20 g/cm^3。径流小区规格为 5 m（水平投影长度）×2 m（宽度）。径流小区边壁材料选用聚丙烯板，将其埋入地下 30 cm，用于防止水分入渗的影响；地表留出 20 cm，用于防止雨滴击溅及地表径流溢出，从而保证形成相对完整独立的径流小区。径流小区底部设有集蓄装置，用于收集试验过程中的径流泥沙样品。径流小区土壤为黑土，其颗粒组成为砂粒（>50 μm）质量分数占 18.4%，粉粒（2～50 μm）质量分数占 78.9%，黏粒（<2 μm）质量分数占 2.7%，有机质含量为 25.9 g/kg。

2. 结果与分析

1）基于径流冲刷试验的秸秆还田方式防治土壤侵蚀效果分析

通过对比 5°和 10°条件下秋季春季坡耕地不同秸秆覆盖度的径流量，发现对于无秸秆覆盖处理（秸秆覆盖度为 0），在经过一个季节性冻融周期后，其径流量与冻融周期开始之前相比增加了 0.2～5.7 倍（表 9-12）。这可能与土壤质量含水量的变化有关，即经过一个冻融周期后，土壤含水量增加，土壤抗侵蚀能力降低（Hou et al.，2019；Maurer and Bowling，2014），从而造成入渗量减少，径流量增加。但是，对于 5°坡度下有秸秆覆盖处理，在经过一个季节性冻融周期后，坡面并未产生径流，减流效果达到 100%；对于 10°坡度下有秸秆覆盖处理，在一个季节性冻融周期前后，其径流量未呈现显著差异，但是减流效果略有增加。可见，尽管秸秆覆盖处理的土壤质量含水量在经过冻融作用后增大了，但是坡面秸秆对径流的调控作用更加显著（Jourgholami and Abari，2017），尤其是对于坡度比较平缓的黑土区坡面。

表 9-12 5°和 10°条件下秋季春季坡耕地不同秸秆覆盖度的径流量和侵蚀率的对比

覆盖度/%	季节	5°				10°			
		径流量/(mm/h)	减流效果/%	侵蚀率/[g/(m²·h)]	减蚀效果/%	径流量/(mm/h)	减流效果/%	侵蚀率/[g/(m²·h)]	减蚀效果/%
0	秋季	1.2 Bb	—	11.0 Bb	—	7.1 Ab	—	87.1 Ab	—
	春季	8.1 Aa	—	274.8 Ba	—	8.7 Aa	—	299.6 Aa	—
50	秋季	1.4 Bb	–14.6	9.4 Bb	14.5	6.6 Ab	6.9	126.0 Ab	–44.7
	春季	0 Bc	100.0	0 Bb	100.0	7.7 Aab	11.5	295.4 Aa	1.4
100	秋季	1.4 Bb	–17.2	5.0 Bb	54.5	7.3 Ab	–3.3	113.7 Ab	–30.5
	春季	0 Bc	100.0	0 Bb	100.0	6.6 Ab	24.7	296.1 Aa	1.2

注：同行不同大写字母表示不同坡度下径流量或土壤侵蚀率间经独立样本 *t* 检验差异显著，同列不同小写字母表示各个径流量或土壤侵蚀率间经 LSD 检验差异显著（$P<0.05$）；“—”表示无对应数据。

在季节性冻融周期开始之前，相同坡度下不同秸秆覆盖度处理之间径流量无显著性差异（表 9-12）。但是，在季节性冻融周期之后，随着秸秆覆盖度由 0 增加到 50%，5°坡面径流量从 8.1 mm/h 减小到 0，减流效果为 100%；随着秸秆覆盖度由 0 增加到 100%，10°坡面径流量从 8.7 mm/h 减小到 6.6 mm/h，减流效果为 24.7%。结果表明，在 5°坡面，秸秆覆盖度达到 50%即可有效调控坡面径流量；但是，在 10°坡面，秸秆覆盖度达到 100%方可在一定程度上调控坡面径流量。

当坡度由 5°增加为 10°，秸秆覆盖处理的径流量明显增大，但是其减流效果降低（表 9-12）。在季节性冻融周期开始之前，10°坡面径流量是 5°坡面径流量的 4.7～5.8 倍；在季节性冻融周期之后，由于 5°坡面秸秆覆盖处理未产生径流，所以其径流量依然明显小于 10°坡面秸秆覆盖处理。结果表明，坡度对黑土区坡面径流特征及秸秆覆盖措施的减流效果具有重要影响。

对于 5°和 10°坡度下无秸秆覆盖处理（秸秆覆盖度为 0），在经过一个季节性冻融周期后，其土壤侵蚀率从 11.0～87.1 g/(m²·h) 显著增加为 274.8～299.6 g/(m²·h)（表 9-12）。对于有秸秆覆盖处理，在经过一个季节性冻融周期后，5°坡面由于未产生径流，所以其土壤侵蚀率为 0，减蚀效果达到 100%，而 10°坡面土壤侵蚀率显著增加 1.3～1.6 倍，减蚀效果亦增加。该结果与已有研究结果相似，即发生冻融作用的土壤侵蚀率是其他时期土壤侵蚀率的 2～3 倍（Chow et al.，2000）。这是由于冻融循环作用会导致土壤水分含量、土壤温度、土壤容重及其他土壤性质相应发生变化（Hou et al.，2019；Zhang et al.，2016），从而增加土壤可蚀性（张科利和刘宏远，2018；Bajracharya et al.，1998）。结果表明，东北黑土区坡面土壤侵蚀受季节性冻融周期的影响而加剧，特别是对于无秸秆覆盖处理及坡度较大条件下的有秸秆覆盖处理，此时秸秆覆盖措施对黑土区坡面土壤侵蚀的防治效果受冻融作用的影响而减弱。

在季节性冻融周期开始之前，相同坡度下不同秸秆覆盖度处理之间土壤侵蚀率无显著性差异（表 9-12），分析原因是，这一时期秸秆覆盖还田时间较短，尚未明显地发挥减少坡面土壤侵蚀作用。在经过一个季节性冻融周期后，随着秸秆覆盖度的逐渐增加，5°坡面土壤侵蚀率显著减小，减蚀效果显著，而 10°坡面土壤侵蚀率未呈现显著性变化，减蚀效果较小。在坡度为 5°时，秸秆覆盖度达到 50%即可有效防治水力与冻融复合侵蚀作用。但是，在坡度为 10°时，秸秆覆盖度达到 100%，其对水力与冻融复合侵蚀的防治作用也不显著，即使该覆盖度处理能够有效减缓径流量。因此，对于东北黑土区相对平缓（5°左右）的坡耕地，比较适合应用秸秆覆盖还田措施；但是对于坡度较大（10°左右）的坡耕地，不是非常适合单独应用秸秆覆盖措施。所以，必须结合其他水土保持措施，方能有效防治黑土区坡面复合土壤侵蚀。

当坡度由 5°增加为 10°，无论是否发生季节性冻融循环，无论秸秆覆盖度大小如何，所有试验处理的土壤侵蚀率均显著增大，但是秸秆覆盖措施的减蚀效果降低（表 9-12）。结果表明，坡度对黑土区坡面水力与冻融复合侵蚀的影响较冻融作用及秸秆覆盖作用更大（Lu et al.，2016）。因此，用于减缓坡度效应的水土保持措施在东北黑土区坡耕地上的适用性研究更加重要。

2）基于模拟降雨试验的秸秆还田方式防治土壤侵蚀的效果研究

不同试验处理的径流强度均随降雨历时的增加而逐渐增大（图 9-13）。在 50 mm/h 降雨强度下，传统顺坡垄作、秸秆深还、秸秆碎混、免耕+残茬覆盖处理平均径流强度分别为 4.40 L/（m^2·h）、3.45 L/（m^2·h）、2.50 L/（m^2·h）、1.94 L/（m^2·h）；在 100 mm/h 降雨强度下，其平均径流强度依次为 9.76 L/（m^2·h）、6.54 L/（m^2·h）、4.49 L/（m^2·h）和 3.51 L/（m^2·h）。可见，试验条件下，径流强度大小表现为传统顺坡垄作>秸秆深还>秸秆碎混>免耕+残茬覆盖。分析原因是，免耕+残茬覆盖处理既能减少土层扰动、增加土壤有机质、改善土壤结构、增加土壤抗蚀性，又能增加地表覆盖、减小雨滴打击作用（闫雷等，2019；温磊磊等，2014），所以其土壤水分入渗率最高，对应的坡面径流强度最低。秸秆碎混处理也有助于改善土壤结构、增加土壤团聚体含量（许晓鸿等，2013），其秸秆还田深度为径流小区 15～25 cm 土层，坡面覆盖 50%的秸秆量亦能够消减雨滴动能，因此，能够明显影响土壤水分入渗率，造成较低的坡面径流强度。而秸秆深还处理虽然能够改良土壤孔隙结构及水分状况等（朱姝等，2015），但是由于其还田深度为径流小区 25～35 cm 土层，其对次降雨土壤水分入渗的影响不及免耕+残茬覆盖和秸秆碎混处理，所以在 3 种秸秆还田方式中，秸秆深还方式对坡面径流强度的影响最小。综上可见，秸秆深还、秸秆碎混和免耕+残茬覆盖还田方式均有助于调控黑土区坡面径流，增加土壤蓄水能力，具有非常好的防治黑土区坡耕地径流侵蚀的作用。

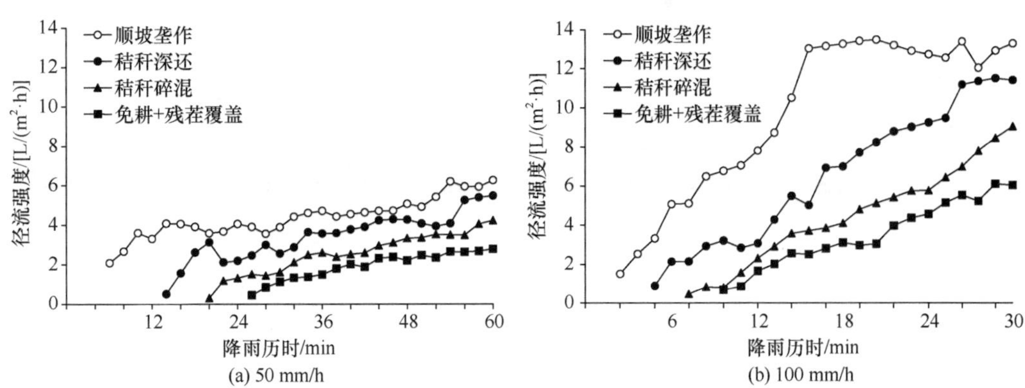

图 9-13　秸秆深还、秸秆碎混、免耕+残茬覆盖及顺坡垄作处理径流强度随降雨历时变化的对比

随着降雨强度的增加，相同秸秆还田方式的坡面径流强度均明显增大，且径流强度随降雨历时变化的波动幅度明显增加（图 9-13）。分析原因是，降雨强度及秸秆还田方式的变化可使径流水动力特征发生变化，而径流水动力学参数的大小对坡面径流侵蚀能力和挟沙能力的大小有重要影响；降雨强度越大，其在短时间内的土壤入渗能力受到的影响越大，从而导致径流强度明显增大（沈海鸥等，2017）。因此，降雨强度对不同秸秆还田方式的径流强度变化具有一定的影响，其直接影响径流强度大小及波动幅度。

通过分析不同试验处理土壤侵蚀速率随降雨历时变化过程，发现传统顺坡垄作处理土壤侵蚀速率随降雨历时的变化呈现先快速增加后减小并逐渐趋于相对稳定的趋势（图 9-14），这是由于顺坡垄作坡面为裸露处理，降雨初期其坡面含有大量松散碎屑物质，径流优先搬运这些物质，导致土壤侵蚀速率迅速增加并达到峰值（Parsons and Stone，2006），其后，随着降雨的持续进行，坡面可供搬运的物质逐渐减少，导致其土壤侵蚀速率逐渐减小并趋于相对稳定（苏鹏等，2019）。50 mm/h 和 100 mm/h 降雨强度下，顺坡垄作处理的稳定土壤侵蚀速率分别约为 0.644 kg/（m^2·h）和 1.958 kg/（m^2·h）。值得注意的是，秸秆深还、秸秆碎混和免耕+残茬覆盖处理的土壤侵蚀速率均明显低于传统顺坡垄作，呈现相对比较稳定的变化趋势。但是，3 种秸秆还田方式之间土壤侵蚀速率随降雨历时的变化也具有一定的差异，其大小表现为秸秆深还>秸秆碎混>免耕+残茬覆盖，这是由于免耕+残茬覆盖处理对降雨和径流有最好的消减作用和调控作用，从而影响径流侵蚀力及土壤侵蚀过程；秸秆碎混处理秸秆还田深度相对较浅，且坡面覆盖有 50%的秸秆量，这些秸秆能够有效降低雨滴动能，充分调控坡面径流，对降雨和径流有较好的消减作用和调控作用；秸秆深还处理秸秆还田深度较深，且坡面无秸秆覆盖，所以其对径流侵蚀的影响相对较小。径流水动力特征的差异导致其侵蚀能力和挟沙能力的差异，所以秸秆深还、秸秆碎混和免耕+残茬覆盖处理的土壤侵蚀速率均明显低于顺坡垄作处理，具有较好的防治土壤侵蚀速率变化的作用。结果表明，不同秸秆还田方式在调控坡面径流过程的同时，也能有效控制坡面土壤侵蚀过程（Jourgholami and Abari，2017；许晓鸿等，2013）。

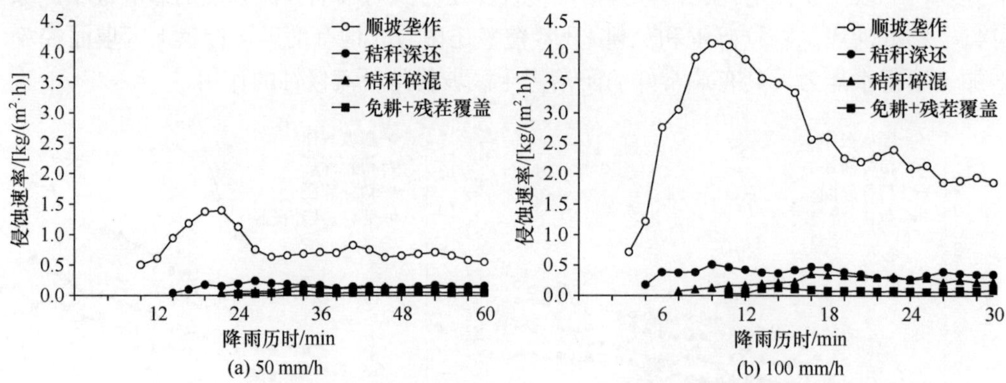

图 9-14　秸秆深还、秸秆碎混、免耕+残茬覆盖及顺坡垄作处理侵蚀速率随降雨历时变化的对比

随着降雨强度的增加，相同秸秆还田方式的坡面土壤侵蚀速率均增大，且土壤侵蚀速率随降雨历时变化的波动幅度也随之增大（图 9-14）。原因是降雨侵蚀力和径流侵蚀

力均随降雨强度的增加而增大，从而导致土壤侵蚀速率增加（沈海鸥等，2017）。其中，顺坡垄作处理土壤侵蚀速率随降雨历时的变化在 50 mm/h 和 100 mm/h 降雨强度下差异最明显。此外，降雨强度越大，秸秆深还、秸秆碎混和免耕+残茬覆盖还田方式间土壤侵蚀速率随降雨历时的增加幅度与顺坡垄作处理相比越小。原因也是降雨强度及秸秆还田方式的变化可使坡面径流侵蚀能力和挟沙能力发生变化，从而影响土壤侵蚀速率变化特征（苏鹏等，2019；沈海鸥等，2015）。结果表明，降雨强度对不同秸秆还田方式的土壤侵蚀速率变化也有一定的影响（许晓鸿等，2013）。因此，在筛选具体秸秆还田方式时，应充分考虑其对降雨雨滴动能及径流侵蚀能力的消减作用，从而有效防治黑土区坡面土壤侵蚀。

通过对比不同秸秆还田方式下的坡耕地径流量和侵蚀量，发现其大小顺序均表现为顺坡垄作>秸秆深还>秸秆碎混>免耕+残茬覆盖（表 9-13）。对于径流量，50 mm/h 降雨强度下顺坡垄作处理的径流量分别是秸秆深还、秸秆碎混和免耕+残茬覆盖处理的 1.6 倍、2.3 倍和 3.0 倍；100 mm/h 降雨强度下，分别为 1.6 倍、2.0 倍和 2.9 倍。对于侵蚀量，50 mm/h 降雨强度下顺坡垄作处理的侵蚀量分别是秸秆深还、秸秆碎混和免耕+残茬覆盖处理的 7.8 倍、11.4 倍和 31.5 倍；100 mm/h 降雨强度下，分别为 5.8 倍、9.4 倍和 31.0 倍。结果表明，不同降雨强度下，秸秆还田措施均能有效减少坡耕地径流量和侵蚀量，其对土壤侵蚀量的防治作用明显高于对径流量的减缓作用。原因主要包括 3 方面：一是覆盖于地表的秸秆能够消减雨滴动能，秸秆覆盖度越高，其消减雨滴动能作用越显著（温磊磊等，2014；唐涛等，2008）；二是覆盖于地表或者还于地下的秸秆能够调控地表径流，通过影响径流流速，进而改变径流侵蚀力和挟沙力（Jourgholami and Abari，2017；张翼夫等，2015）；三是秸秆还田能够改善土壤结构、改变土壤孔隙结构、增加土壤水稳性团聚体含量等，从而增加土壤抗蚀能力（朱姝等，2015；许晓鸿等，2013）。此外，随着降雨强度的增加，相同秸秆还田方式下，侵蚀量的增加幅度明显高于径流量的变化，该结果与我国其他地区秸秆还田方式相关研究结果相似（徐勤学等，2017；车明轩等，2016）。综上可见，不同秸秆还田方式均具有非常好的水土保持效果，能够有效防治黑土区坡面土壤侵蚀。

表 9-13　不同秸秆还田方式下坡面径流量和侵蚀量的对比

秸秆还田方式	降雨强度/（mm/h）	总径流量/（mm/h）	总侵蚀量/［g/（m^2·h）］	减流效果/%	减蚀效果/%
顺坡垄作	50	42.2 Ba	884.4 Ba	—	—
	100	89.0 Aa	1850.0 Aa	—	—
秸秆深还	50	26.6 Bb	113.6 Bb	37.0	87.2
	100	56.4 Ab	321.7 Ab	36.6	82.6
秸秆碎混	50	18.1 Bc	77.8 Bbc	57.1	91.2
	100	44.0 Abc	197.4 Ac	50.6	89.3
免耕+残茬覆盖	50	14.1 Bc	28.1 Ac	66.6	96.8
	100	31.2 Ac	59.7 Ad	64.9	96.8

注：同一列不同大写字母表示相同秸秆还田方式下不同降雨强度间的各指标在 $P<0.05$ 水平上的差异显著，同一列不同小写字母表示相同降雨强度下不同秸秆还田方式间的各指标在 $P<0.05$ 水平上的差异显著；“—”表示无对应数据。

通过分析不同秸秆还田方式对坡耕地径流量及侵蚀量的影响，以顺坡垄作处理作为对照，分别计算秸秆深还、秸秆碎混和免耕+残茬覆盖处理的减流效果和减蚀效果（表 9-13）。50 mm/h 和 100 mm/h 降雨强度下，3 种秸秆还田处理的减流效果分别为 37.0%～66.6%和 36.6%～64.9%，减蚀效果分别为 87.2%～96.8%和 82.6%～96.8%。结果表明，随着降雨强度的增加，不同秸秆还田方式的减流效果和减蚀效果均减小，但是减小幅度不显著。相同降雨强度下，减流效果和减蚀效果最好的秸秆还田方式均为免耕+残茬覆盖，其次为秸秆碎混，最后为秸秆深还。此外，秸秆深还、秸秆碎混和免耕+残茬覆盖还田方式的减蚀效果均高于减流效果。综上可知，秸秆深还、秸秆碎混和免耕+残茬覆盖还田方式均具有较好的减流和减蚀作用，即具有很好的水土保持效果。因此，建议在此基础上，结合考虑不同黑土类型区社会经济情况综合评价不同秸秆还田方式的适宜性，从而提高秸秆还田措施在东北黑土区实施的科学性和适用性。

9.2.3　植物缓冲带防治坡面土壤侵蚀的效果

植物缓冲带是在坡面一定间距内布设密植的灌木、草本或灌草结合的等高植物带，带间种植农作物。植物缓冲带能拦截沿坡面下移的侵蚀泥沙，使其在植物缓冲带处沉积，同时也可减缓坡面径流流速，增加土壤水分入渗（Hille et al.，2018）和减弱坡面径流侵蚀能力。已有研究表明，植物缓冲带具有显著的减流（22.0%～66.2%）和减蚀（72.2%～98.0%）效果，且减蚀效果明显优于减流效果（苏鹏等，2019；蔡强国和卜崇峰，2004）。目前关于植物缓冲带防治坡面土壤侵蚀的研究已经取得一定的成果（王润泽等，2018；Akram et al.，2014；蒲玉琳等，2013；Alegre and Rao，1996），但有关东北黑土区植物缓冲带防治坡面土壤侵蚀的效果研究还相对较少。为此，本节基于野外原位径流冲刷试验，探究植物缓冲带防治黑土区坡面土壤侵蚀效果，以期为合理布设坡面植物缓冲带措施提供科学依据。

1. 试验设计与研究方法

试验在吉林省长春市吉林农业大学水土保持科研基地天然径流小区内完成。试验径流小区坡面处理分别为植物缓冲带和翻耕裸露处理（对照）。缓冲带是在坡面 5 m、10 m、15 m 和 20 m 处布设的宽为 1 m 草带，坡面其他位置为翻耕裸露处理。试验径流小区规格为 20 m（水平投影长）×5 m（宽），耕作层平均土壤容重为 1.20 g/cm^3，坡度为 5°和 10°（沈海鸥等，2019）。径流冲刷流量设计为 1 L/min，试验历时设计为 60 min。每个试验处理设计 2 个重复。

2. 结果与分析

在 1 L/min 径流冲刷流量条件下，5°和 10°地面坡度的径流量分别变化于 6.0～6.4 mm/h 和 16.8～20.4 mm/h（表 9-14）。在坡度为 5°时，植物缓冲带与翻耕裸露对照处理径流量无显著差异；而在坡度为 10°时，植物缓冲带与翻耕裸露对照处理的径流量差异显著。与翻耕裸露对照处理相比，5°和 10°地面坡度下，植物缓冲带处理的减流效果分别为 6.3%和 17.6%。分析原因是，植物缓冲带能够分散径流、降低径流流速、消减径流能量，而植物缓冲带根系对土壤性质的改良使土壤入渗及持水能力增强（李铁等，2019；张雪莲等，2019）。当坡度由 5°增加到 10°时，翻耕裸露对照处理坡面径流量的增加幅度（2.2 倍）大于植物缓冲带处理（1.8 倍），所以植物缓冲带的径流调控作用在 10°坡面上呈现的效果更好。在 5°地面坡度下，植物缓冲带处理的坡面径流强度随时间的变化呈现先增加后趋于平稳的趋势，而翻耕裸露处理的坡面径流强度随时间的变化表现为逐渐增加的趋势，尤其是在试验后期，植物缓冲带处理的径流强度明显小于翻耕裸露对照处理的径流强度。在 10°地面坡度下，植物缓冲带和翻耕裸露对照处理的坡面径流强度随时间的变化均表现为逐渐增加的趋势，在试验前期（20 min 前），植物缓冲带处理的径流强度明显小于翻耕裸露对照处理的径流强度，但是，在试验后期（20 min 后），植物缓冲带处理的径流强度略高于翻耕裸露对照处理的径流强度（图 9-15）。可见，随着坡度的增加，植物缓冲带在不同时间表现出的径流调控作用具有一定差异。

表 9-14　植物缓冲带和翻耕裸露处理的坡面径流量和侵蚀率的对比

试验处理	5°				10°			
	径流量/（mm/h）	减流效果/%	侵蚀率/［g/（m²·h）］	减蚀效果/%	径流量/（mm/h）	减流效果/%	侵蚀率/［g/（m²·h）］	减蚀效果/%
翻耕裸露地	6.4 a	—	286.7 a	—	20.4 a	—	2125.3 a	—
植物缓冲带	6.0 a	6.3	176.0 a	38.6	16.8 b	17.6	1087.5 b	48.8

注：不同字母表示各个径流量或土壤侵蚀率间经 LSD 检验差异显著（$P<0.05$），“—”表示无对应数据。

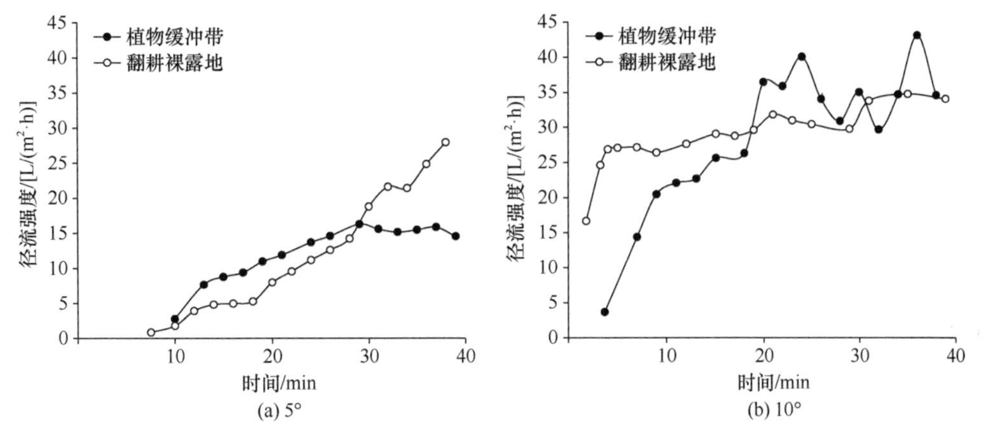

图 9-15　植物缓冲带和翻耕裸露处理下径流强度随时间变化的变化对比

试验条件下，植物缓冲带处理的土壤侵蚀速率均低于翻耕裸露对照处理的土壤侵蚀速率，后者是前者的 1.6～2.0 倍（表 9-14）。与翻耕裸露对照处理相比，5°和 10°地面坡度下，植物缓冲带试验处理的减蚀效果分别为 38.6%和 48.8%。随着坡度的增加，翻耕裸露对照处理和植物缓冲带处理的坡面土壤侵蚀率分别增加 6.4 倍和 5.2 倍。可见，试验条件下，无论坡度大小，植物缓冲带均具有较好的减蚀效果。该结果与已有研究结果（杨世琦等，2019；马云等，2011）比较一致。与翻耕裸露对照处理相比，植物缓冲带处理的径流含沙量大小及波动均明显减小（图 9-16）。在 5°地面坡度下，植物缓冲带和翻耕裸露对照处理的径流含沙量随时间的变化均呈现先波动增加后趋于相对平稳的趋势，原因是在坡度比较平缓的条件下，径流流速相对较低，径流能量亦较低，难以挟带搬运大量泥沙，特别是在布设植物缓冲带坡面上，其径流挟沙能力受到更大的限制，导致该坡度下径流含沙量相对较小，且随时间的变化未表现出明显的增加或减弱趋势。在10°地面坡度下，植物缓冲带和翻耕裸露对照处理的径流含沙量随时间的变化均表现为逐渐减小的趋势，分析原因是试验初期，2 种试验处理坡面含有大量松散碎屑物质（Parsons and Stone，2006），在该坡度条件下，其径流具有较强的侵蚀能力和挟沙能力（Römkens et al.，2001），能够迅速搬运这些松散物质，所以在试验初期，植物缓冲带和翻耕裸露对照处理径流含沙量迅速达到最大值，其后，随着径流的持续冲刷，坡面可供搬运的物质逐渐减少，特别是由于植物缓冲带的有效拦截作用（杨帅等，2017），导致 2 个试验处理的径流含沙量均逐渐减少，且植物缓冲带处理的减少值更加明显。

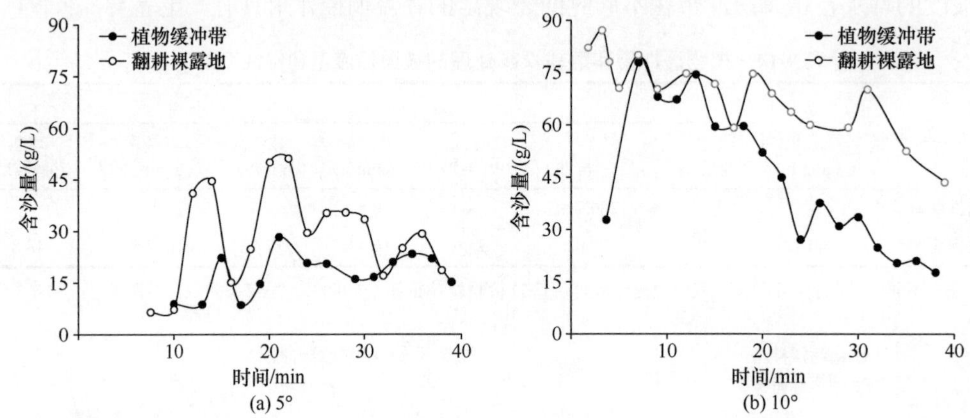

图 9-16 植物缓冲带和翻耕裸露处理下径流含沙量随时间变化的变化对比

值得注意的是，通过对比径流强度和径流含沙量随时间变化的变化（图 9-15、图 9-16），发现二者变化趋势具有一定差异性（Shen et al.，2019），即较高的径流强度不一定能够搬运更多的泥沙，特别是在植物缓冲带试验处理下，这种差异性表现得更加明显。分析原因是，坡面土壤侵蚀既受土壤剥蚀能力影响，又受径流搬运能力的影响（苏鹏等，2019；Polyakov and Nearing，2003），一旦坡面布设植物缓冲带等水土保持措施，这种影响就更加复杂。

9.2.4 作物轮作防治坡面土壤侵蚀的效果

《东北黑土地保护规划纲要（2017—2030 年）》指出，调整优化结构，养地补肥，探索、推广适宜的轮作模式是提升黑土资源利用和生产能力可持续性的技术手段之一。作物轮作可以在提高土壤质量和经济效益的同时减缓坡面土壤侵蚀（富涵等，2019；肖继兵等，2016；龚伟等，2009），并提高土壤水分利用率和恢复能力。目前对作物轮作的研究多集中于作物轮作对土壤性质、土壤水分及作物产量的影响（宋丽萍等，2015；杨宁等，2012；黄高宝等，2006），且研究区域多集中在陕北（卢宗凡等，1993）和华北

（龚伟等，2009）地区。而在黑土区关于作物轮作减少坡面土壤侵蚀效果的研究较少（吴限等，2015；张雪花等，2006）。据此，本节基于东北薄层黑土区连续 6 年径流泥沙观测资料，分析大豆—红小豆轮作措施防治坡面土壤侵蚀的效果，以期为该地区坡面水土保持措施布设提供科学依据。

1. 试验设计与研究方法

野外径流小区布设在黑龙江省哈尔滨市的典型薄层黑土区的坡耕地，该区主要土壤侵蚀类型为水力侵蚀，主要农作物为玉米和大豆。本试验设计 2 个地表处理的径流小区，分别为大豆—红小豆轮作和裸露休闲（对照），各径流小区的长度为 5 m，宽度为 2 m，地面坡度为 5°。作物轮作小区在每年 4 月初进行播种前的翻耕整地，然后在 4 月底播种大豆或红小豆，10 月下旬进行收获。裸露休闲小区也在每年 4 月进行翻耕整地，其整地方式与轮作小区相同，在每年观测期间定期对地表进行除草处理，消除植被对坡面土壤侵蚀的影响。

2. 结果与分析

通过对比轮作小区与裸露小区 2011～2016 年的多年平均径流量和土壤侵蚀量数据，发现对于 5°作物轮作小区，其多年平均径流量和土壤侵蚀量分别为 19.5 mm 和 166.7 t/（km^2·a），其土壤侵蚀量小于黑土区允许土壤流失量［200 t/（km^2·a）］（水利部水土保持司，2008）。但对于 5°裸露休闲对照小区，多年平均径流量和土壤侵蚀量分别为 48.4 mm 和 1388.2 t/（km^2·a）（表 9-15），其土壤侵蚀量远大于黑土区允许土壤流失量。与裸露休闲小区相比，轮作小区多年平均减流效果和减蚀效果分别为 59.7%和 88.0%，说明作物轮作防治坡面土壤侵蚀效果较好，其减流效果变化幅度为 27.3%～91.4%，减蚀效果变化幅度为 53.6%～99.3%。该研究结果与肖继兵等（2016）在辽西地区和卢宗凡等（1993）在陕北地区的研究结果类似。肖继兵等（2016）的研究表明，多年作物轮作在 10°小区上的减流效果和减蚀效果分别为 81.7%和 96.1%，但在 5°小区坡面上未发生土壤侵蚀，其原因是肖继兵等的作物轮作小区还有水土保持保护性耕作措施。本节中，作物轮作小区没有耕作措施而是采用平坡耕作，所以在 5°坡面上发生了土壤侵蚀。而卢宗凡等（1993）的研究表明，与裸露休闲小区相比，作物轮作措施减流效果和减蚀效果分别为

表 9-15　轮作小区与裸露小区多年平均径流量和土壤侵蚀量的对比

年份	裸露休闲小区		作物轮作小区			
	径流量/mm	土壤侵蚀量/［t/（km^2·a）］	径流量/mm	减流效果/%	土壤侵蚀量/［t/（km^2·a）］	减蚀效果/%
2011	43.8	3372.6	22.5	48.6	149.7	95.6
2012	68.3	1983.0	49.6	27.3	549.9	72.3
2013	81.5	1022.9	7.0	91.4	7.4	99.3
2014	29.4	139.8	8.9	69.7	56.6	59.5
2015	37.9	1574.9	17.3	54.3	127.1	91.9
2016	29.3	236.0	11.5	60.8	109.4	53.6
平均	48.4	1388.2	19.5	59.7	166.7	88.0

1.5%～44.8%和 5.9%～77.1%，其防治坡面土壤侵蚀的效果小于本节研究结果，原因可能为卢宗凡等的试验小区在黄土区，其试验土壤、坡度和坡长等均与本节试验小区不同而造成的差异。综上可见，大豆—红小豆年际轮作能有效减少东北薄层黑土区坡面径流量和土壤侵蚀量，具有较好的防治黑土区坡面土壤侵蚀的效果。

通过分析作物轮作小区与裸露休闲小区径流量和土壤侵蚀量的年际变化（图 9-17），发现作物轮作小区的年径流量和土壤侵蚀量均低于裸露休闲小区，且作物轮作小区各年平均土壤侵蚀量皆小于黑土区允许土壤流失量［200 t/（km^2·a）］。对比作物轮作小区和裸露休闲小区年径流量和土壤侵蚀量的年际变化，发现作物轮作小区的年径流量波动变化趋势与裸露休闲小区相近，但作物轮作小区土壤侵蚀量的波动幅度明显低于裸露休闲小区。这种波动变化趋势发生的原因主要与年际间侵蚀性降雨变化特征及侵蚀性降雨发生时间与作物生长期有关。例如，2013 年侵蚀性降雨量是 2016 年的 1.5 倍，但 2013 年作物轮作小区的径流量和土壤侵蚀量分别较 2016 年减少了 39.1%和 93.2%，其原因是 2013 年的侵蚀性降雨主要发生在 7～8 月，尤其是 8 月为豆类作物开花结荚期，地表覆盖度、叶面积指数和根系生物量均达到最大，能有效防治坡面土壤侵蚀的发生。而 2016 年侵蚀性降雨主要发生的 6～7 月和 9～10 月，期间作物地表覆盖度、叶面积指数和根系生物量均小于开花结荚期，两年种植作物不同进而导致 2016 年小区的土壤侵蚀量较大。虽然 2016 年侵蚀性降雨量大于 2011 年，但裸露休闲小区在 2016 年的径流量和土壤侵蚀量小于 2011 年，其主要原因是裸露休闲小区在 2016 年第一次侵蚀性降雨发生前的两个月，因降雨极少导致土壤长期处于干燥状态，使得土壤降雨入渗量较大，进而径流量和土壤侵蚀量较少。而 2011 年 4 月发生了多次非侵蚀性降雨，其平均降雨量为 4.2 mm，平均 I_{30} 仅为 4.7 mm/h，使得前期土壤含水量在 5 月侵蚀性降雨发生前达到较大值，从而导致坡面径流量和土壤侵蚀量增加。图 9-17(b)还表明，2013～2016 年，裸露休闲小区土壤侵蚀量呈波动变化趋势，而作物轮作小区土壤侵蚀量差异不明显，且从 2015 年开始趋于稳定，说明经过多年轮作，作物轮作措施的防蚀效果呈增加的趋势，其原因可能与大豆—红小豆轮作提高了土壤抗侵蚀性有关，还需要进一步研究。

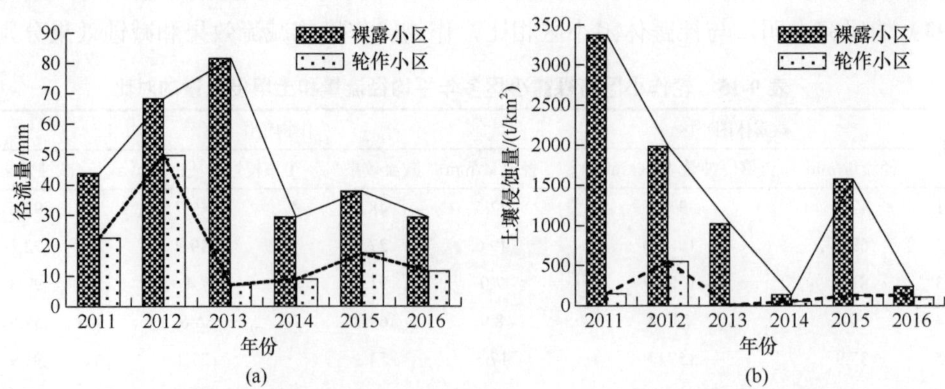

图 9-17　轮作小区与裸露小区年径流量和土壤侵蚀量年际变化的对比

9.3　坡面水土保持措施配置模式防治土壤侵蚀效果的对比

关于水土保持措施防治土壤侵蚀效果的评价，往往针对坡面单一的水土保持措施开展，而较少考虑坡面不同部位土壤侵蚀特征及水土保持措施配置模式的差异（Cui et al., 2007；范昊明等，2005）。水土保持措施配置模式不同，可能影响其防治土壤侵蚀的效果（姚文艺等，2004）。现有研究多是通过水土保持措施效益评价和适宜性评价等，间接地研究水土保持措施配置模式问题，而与其直接相关的研究较少（徐伟铭等，2016）。坡耕地作为我国东北黑土区重要的耕地资源，其土壤侵蚀问题严峻，属于农村生态环境中最脆弱的部分。可见，开展黑土区坡耕地水土保持措施配置模式研究有助于提高土地生产力、防治土壤侵蚀，促进该区农村土地的可持续经营。因此，本节基于野外调查和 ^{137}Cs 示踪相结合的方法，对比坡面不同水土保持措施配置模式的防治土壤侵蚀效果，以期为优化现有坡面水土保持措施布设提供基础数据。

9.3.1　试验设计与研究方法

研究区位于黑龙江省克山县古北乡黑龙江省水利科学研究院克山水土保持试验站所辖范围（125.31°E，48.24°N），属于典型黑土区，黑土层平均厚度 30 cm 左右。根据 1961～2004 年克山站气象资料统计，研究区年均降水量 500 mm，年均无霜期 124 天，年均日照时数 2661 h，年均风速 2.76 m/s。

于 2018 年 4 月春播前在克山水土保持试验站附近的坡耕地选取 3 块坡长为 480～540 m 的不同水土保持措施布设的农地作为研究样地（表 9-16）：①传统顺坡垄作（对照），垄的规格为垄高 15 cm、垄间距 65 cm、垄丘顶宽 20 cm；②横坡垄作+地埂植物带配置模式，全坡面以横坡垄作为基础，在坡长为 220～320 m 和 320～410 m 的坡段布设地埂植物带，横坡垄的垄高和垄间距与顺坡垄作相同；③水平梯田+横坡垄作配置模式，在坡面上方坡长为 0～170 m 的坡段布设水平梯田（田面宽度为 20 m）；水平梯田下方 170～500 m 坡段的水土保持措施为横坡垄作。

表 9-16　三种坡面水土保持措施布设样地的基本情况

配置模式	平均坡度/（°）	坡长/m	措施坡段/m	措施类型（规格）
传统顺坡垄作	2.7	484	全坡面顺坡垄作	对照
横坡垄作+地埂植物带	3.5	491	220～320	地埂植物带（间距 30 m）
			320～410	地埂植物带（间距 15 m）
水平梯田+横坡垄作	3.1	533	0～170	水平梯田（田面宽 20 m）

在野外具体采集土壤 ^{137}Cs 样品时，在坡顶到坡脚设置间隔为 50～100 m 的样线，沿样线在坡面不同位置布设采样点，对于坡度变化较大的坡段、水土保持措施过渡的坡段、坡脚沉积处适当增加采样点。共采集土壤 ^{137}Cs 样品 61 个，其中传统顺坡垄作对照

坡面采样点数为 17 个，两种水土保持措施配置模式坡面采样点数各为 22 个。另外，还在附近无扰动地块采集土壤 ^{137}Cs 背景值样品 7 个。

根据前人研究结果（杨维鸽等，2016；An et al.，2014；刘志强等，2009；阎百兴和汤洁，2005），研究区坡耕地土壤 ^{137}Cs 含量集中分布在土层 30 cm 内，在坡脚等沉积区 ^{137}Cs 含量分布可到达 50 cm，因而所确定的土壤 ^{137}Cs 样品采样深度一般为 30 cm，而在坡脚等部位的沉积区采样深度为 50 cm。野外土壤 ^{137}Cs 样品采集和室内样品测定分析与第 6 章相同。

根据测定的土壤样品 ^{137}Cs 活度含量，采用 Walling 公式（Walling and Quine，1999）计算面积活度，采用张信宝质量平衡模型（Zhang et al.，1999）确定土壤侵蚀强度（王佳楠，2019）。

9.3.2　结果与分析

研究区测定的土壤 ^{137}Cs 背景值为 2489 Bq/m^2，变异系数为 9%；与阎百兴和汤洁（2005）、Fang 等（2006）、王禹（2010）及杨维鸽等（2016）确定的背景值接近（2377～2500 Bq/m^2）。

根据张信宝质量平衡模型（Zhang et al.，1999）估算，传统顺坡垄作对照坡面平均土壤侵蚀强度为 3924 t/（km^2·a），横坡垄作+地埂植物带配置模式和水平梯田+横坡垄作配置模式的坡面平均土壤侵蚀强度分别为 1238 t/（km^2·a）和 1174 t/（km^2·a）（图 9-18）。对于传统顺坡垄作对照处理，坡面侵蚀–沉积变化速率为–194～10152 t/（km^2·a）（正值代表侵蚀，负值代表沉积），其中在坡面 17 个采样点中（表 9-17），有 16 个样点表现为侵蚀，1 个样点表现为沉积，分别占样点总数的 94%和 6%，说明整个坡面以侵蚀为主。对于横坡垄作+地埂植物带配置模式，坡面侵蚀–沉积速率变化范围为–376～2143 t/（km^2·a），坡面 22 个采样点中，有 20 个样点表现为侵蚀，2 个样点表现为沉积，分别占样点总数的 91%和 9%，说明即使布设了坡面水土保持措施，整个坡面仍以侵蚀为主。对于水

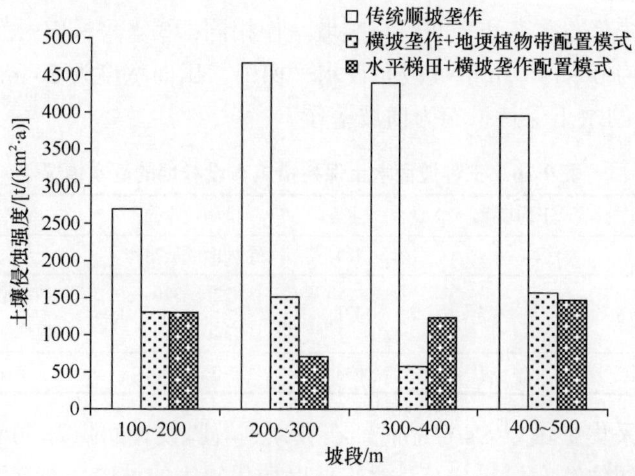

图 9-18　不同水土保持措施配置模式不同坡段土壤侵蚀强度的对比

表 9-17　三种坡面水土保持措施布设样地的侵蚀和沉积样点数对比

配置模式	侵蚀样点/个				沉积样点/个	总采样点/个
	微度	轻度	中度	强度		
传统顺坡垄作	0	2	10	4	1	17
横坡垄作+地埂植物带	2	18	0	0	2	22
水平梯田+横坡垄作	2	18	0	0	2	22

平梯田+横坡垄作配置模式，坡面侵蚀-沉积速率变化范围为−728～2168 t/（km^2·a），坡面 22 个采样点数中，有 20 个样点表现为侵蚀，2 个样点表现为沉积，分别占样点总数的 91%和 9%，说明整个坡面也同样以侵蚀为主。Xu 等（2010）研究表明，东北漫川漫岗区坡耕地土壤侵蚀强度范围在 3000～5000 t/（km^2·a），王禹等（2010）研究也指出，黑土区典型坡耕地平均土壤侵蚀强度为 3054 t/（km^2·a）。本节基于 ^{137}Cs 示踪的研究区坡面土壤侵蚀强度与前人的结果基本相同。

根据中华人民共和国水利部统一颁布的《土壤侵蚀分类分级标准》（SL 190—2007）（水利部水土保持司，2008），土壤侵蚀强度<200 t/（km^2·a）为微度侵蚀，200～2500 t/（km^2·a）为轻度侵蚀，2500～5000 t/（km^2·a）为中度侵蚀，5000～8000 t/（km^2·a）为强度侵蚀。表 9-17 表明，传统顺坡垄作对照坡面 16 个侵蚀样点中，轻度侵蚀样点 2 个，中度侵蚀样点 10 个，强度侵蚀样点 4 个，说明传统顺坡垄作对照坡面以中度侵蚀为主，但仍有 25%的采样点发生了强度侵蚀。对于横坡垄作+地埂植物带配置模式和水平梯田+横坡垄作配置模式，在坡面 20 个侵蚀样点中，微度侵蚀样点各 2 个，轻度侵蚀样点各 18 个，说明在两种坡面水土保持措施配置模式下坡面侵蚀均以轻度侵蚀为主。因此，两种坡面水土保持措施配置模式均有防治坡面土壤侵蚀的效果，可使坡面侵蚀强度由中度降到轻度。与传统顺坡垄作对照坡面相比，横坡垄作+地埂植物带配置模式全坡面土壤侵蚀量减少 68.5%，水平梯田+横坡垄作配置模式全坡面土壤侵蚀量减少 70.1%（图 9-18）。另外，《土壤侵蚀分类分级标准》（SL 190—2007）规定东北黑土区允许土壤流失量为 200 t/（km^2·a），谢云等（2011）认为黑土允许土壤流失量应为 129 t/（km^2·a），但无论根据二者中的哪一标准，本节 3 个坡面的平均土壤侵蚀强度均超过了黑土区允许土壤流失量。这说明尽管两种坡面水土保持措施配置模式皆有减少土壤侵蚀的效果，但其坡面土壤侵蚀强度仍超过研究区的允许土壤流失量，因此仍需要加强对现有坡面水土保持措施配置模式的优化研究，以实现黑土不退化的目标。

由于横坡垄作+地埂植物带配置模式和水平梯田+横坡垄作配置模式上的水土保持措施布设位置不同，导致坡面不同坡段土壤侵蚀强度的变化具有一定差异（图 9-18）。传统顺坡垄作对照坡面不同坡段土壤侵蚀强度顺序为 200～300 m>300～400 m>400～500 m>100～200 m，具有东北黑土区漫川漫岗坡耕地自上而下的侵蚀—沉积典型特征（范昊明等，2005），即从坡上到坡下呈现侵蚀先增强后减弱并逐渐沉积的变化。而两种水土保持措施配置模式在防治黑土区坡面土壤侵蚀的同时，也改变了坡面土壤侵蚀强度空间分布特征。横坡垄作+地埂植物带配置模式坡面不同坡段平均土壤侵蚀强度排序为 400～500 m>200～300 m>100～200 m>300～400 m；水平梯田+横坡垄作配置模式坡面各坡段平均土壤侵蚀强度排序为 400～500 m>100～200 m>300～400 m>200～300 m。可见，两种水土保持措施配置模式的坡面土壤侵蚀强度最大值均出现在 400～500 m 坡段，但是最小值出现的坡段位置不同，横坡垄作+地埂植物带配置模式和水平梯田+横坡垄作配置模式的坡面土壤侵蚀强度最小值分别出现在 300～400 m 和 200～300 m 坡段，这是由于地埂植物带与水平梯田在坡面配置的位置不同，从而影响了不同水土保持措施配置模式防蚀效果的呈现位置。值得注意的是，水平梯田+横坡垄作配置模式的坡面土壤侵蚀强度最小值出现的坡段为传统顺坡垄作对照坡面土壤侵蚀强度最大值出现的坡段。综上可见，坡面水土保持措施布设在坡面上部坡段比坡面下部坡段更能发挥防治黑土区坡面土壤侵蚀的作用。

9.4 坡面水土保持措施适用性的农户满意度调查分析与能值量化

9.4.1 坡面水土保持措施应用的农户满意度调查分析

坡耕地是东北黑土区土壤侵蚀最严重的部位（Cui et al.，2007），土壤侵蚀导致土地生产力下降，已经严重制约黑土区的农业生产和经济发展，威胁着我国的生态环境安全（Yao et al.，2017；刘宝元等，2008）。水土保持措施在防治土壤侵蚀，保护、改良和合理利用水土资源方面发挥了重要作用（Fang and Sun，2017；张玉斌等，2014；袁希平和雷廷武，2004）。因此，科学评价黑土区坡耕地水土保持措施适宜性将为坡面水土保持措施配置提供重要的科学依据。上面分析了各项坡面水土保持措施的防蚀效果，但是在水土保持措施实施后，当地农户（包括国营农场）对各项水土保持措施适用性的满意度如何？目前尚缺少相关报道。而此项工作直接关系到水土保持措施是否可持续，以及水土保持建设的成败。为此，本节通过实地走访调研和问卷调查，明确当地农户对坡耕地实施各项水土保持措施适用性的理解，以期为黑土区坡耕地水土保持措施适宜性评价提供科学数据。

1. 研究方法

调查区域包括吉林省东辽县，黑龙江省克山县、拜泉县、甘南县、宾县、青冈县、依安县及克山农场、红五月农场，内蒙古自治区阿荣旗、格尼河农场及大河湾农场，基本覆盖了各类黑土类型区和各项主导水土保持措施（横坡垄作、地埂植物带、秸秆还田、水平梯田和农田防护林等），调查对象包括农户、集体合作社和国营农场。具体调查时间是在 2018 年 4～5 月，研究组对上述调查范围内的 70 多个村庄和国营农场进行走访和问卷调查，共获得有效调查问卷 602 份。问卷调查的内容涉及调查地点地理坐标、社会经济情况及水土保持措施的相关信息等，具体调查内容包括：①受访农户的受教育情况、家庭劳动力情况、年均家庭收入等基本信息；②当地土壤侵蚀状况及农户对水土保持的了解程度；③水土保持措施的布设时间及保存情况；④水土保持措施防蚀效果的总体满意度；⑤各项水土保持措施的资本投入（包括土地整地成本，肥料种子成本，机械价格、油耗及维修成本）等（表 9-18）。通过问卷调查，可以充分了解当地水土保持

表 9-18　水土保持措施问卷调查表

编号				记录人：										说明
时间	年　月　日			地点			省：			乡镇及村屯：				
经纬度	N:　E:			全村土地面积：			土地利用占比：玉米（　）大豆（　）其他（　）							
受访者姓名				家庭人口总数：			男：			女：				
受教育情况	小学：			初中：			高中：			大专以上：				
劳动力情况	劳动力：			外出务工人数：										
年均家庭收入	总收入：			种地收入占比：			其他收入占比：			年均生活消费支出：				
对水土保持的了解情况	不了解（　）			一般（　）			熟悉（　）			非常熟悉（　）				
水土保持措施名称	横垄	顺垄	宽垄	免耕	植物缓冲带	地埂植物带	秸秆覆盖还田	秸秆粉碎还田	坡式梯田	水平梯田	农田防护林	排水沟或截水沟	经果林；草水路等	
水土保持措施规格（长宽高等）														
水土保持措施布设时间及生效时间														
措施保存情况(1 完好 2 局部破坏 3 完全破坏)														
措施防治效果（1 不好 2 一般 3 中等 4 好）														
对措施的满意度(1 不满意 2 满意 3 非常满意)														
实施措施的投资主体及资本总投入（元/亩）														
实施水保措施的整地成本（元/亩）														
肥料成本（元/亩）(+肥料种类及施用量)														
作物种类（1 玉米 2 大豆 3 其他）														
种子成本（元/亩）														
机械耕作成本（实施措施前/后）(元/亩)														
机械型号及犁铧数														
机械油耗（元/亩）														
机械价格及维修费用														
机械使用价格及每天工作时间														
土地粮食产量（kg/亩）及单价（元/斤）														
水土保持措施布设地形	坡度：			坡长：			土壤类型及质地：			土层厚度：				
土壤侵蚀状况	1. 微度（　）　2. 轻度（　）　3. 中度（　）　4. 强度（　）　5. 极强（　）　6. 剧烈（　）													
耕地中侵蚀沟分布	是（　）　侵蚀沟大小：　侵蚀沟发育速度：									否（　）				
备注（意见及建议）														

措施保存情况、措施防蚀效果、农户对措施的满意度情况（表 9-19），并依据调查数据估算各项水土保持措施的能值等（表 9-21）。

2. 结果与分析

1）对水土保持措施保存情况的调查分析

将水土保持措施保存情况分为完好、局部破坏、完全破坏 3 种类型。调查结果表明，坡耕地各项水土保持措施整体保存较好（表 9-19）。大约 75%的水土保持措施在布设后能够保存完好，如梯田、地埂植物带和农田防护林等。其原因是这些措施可有效切断坡面径流路径，延长径流在坡耕地的滞留时间，从而减缓坡面径流流速和流量，削弱径流挟沙能力。因此这些措施具有很好的防蚀能力，不易被人为毁坏，且有较好的水土保持效益（和继军等，2010）。大约 20%的水土保持措施在布设后会受到局部破坏，这可能是措施设计不合理、对措施区域适用性考虑不足、极端降雨损毁、人为破坏或管护不当等原因造成的（An and Liu，2017；Griffith et al.，1990）。另外，5%左右的水土保持措施被完全破坏，其主要的原因是极端降雨的发生导致坡耕地径流量在短时间内迅速增加，其对横坡垄作或秸秆还田等措施造成破坏（王磊等，2018；Xu et al.，2018），直接影响这些措施水土保持效益的发挥，甚至造成坡耕地更严重的土壤侵蚀（林艺等，2015）。以横坡垄作为例，由于微地形差异，横垄难以严格按照等高线修筑，加之垄丘土质疏松、稳定性较差，导致发生极端降雨时的径流在较低处汇集，造成横垄垄丘垮塌，导致侵蚀方式由细沟间侵蚀转变为细沟侵蚀，土壤侵蚀急剧加剧（Liu et al.，2014b）。研究结果表明，尽管黑土区坡耕地有 75%的水土保持措施能够保存完好，但对于遭到局部破坏的水土保持措施应加强管护，对于遭到完全破坏的水土保持措施应该考虑措施的区域适用性，在科学评价其有效性的基础上，应重新配置适宜的水土保持措施，实现黑土不退化的目标。

表 9-19　水土保持措施保存比例、防蚀效果及农户满意度情况对比

指标及级别	保存比例			防蚀效果				满意度		
	完好	局部破坏	完全破坏	不好	一般	中等	好	不满意	满意	非常满意
比例/%	75	20	5	10	20	60	10	10	85	5

2）对水土保持措施防治土壤侵蚀效果的调查分析

将水土保持措施防治土壤侵蚀效果分为不好、一般、中等、好 4 个级别。调查结果发现，坡耕地各项水土保持措施防治土壤侵蚀效果多达到了中等以上水平（表 9-19），其中，60%的受访农户认为水土保持措施防治土壤侵蚀效果达到了中等，仅有 10%的受访农户认为水土保持措施防治效果较好，30%的受访农户认为已布设水土保持措施的防治土壤侵蚀效果不好或一般。在东北黑土区水土流失综合防治试点工程实施中发现，在漫川漫岗地区，当坡度较小时（<3°），实行横坡垄作措施对土壤侵蚀有较好的防治作用；随着坡度的增加（3°～5°），仅采用横坡垄作措施的防治土壤侵蚀效果减弱，可结合布设地埂植物带，植物带间距一般为 20～30 m，从而增加水土保持措施的防治土壤侵蚀效果；

当坡度继续增加（5°～8°），可采用坡式梯田措施实现较好的水土保持效果；当坡度较大时（>8°），修建水平梯田能够起到最好的保水保肥效果（水利部松辽水利委员会，2017；陈雪等，2008）。大量试验研究也表明黑土区坡耕地水土保持措施具有较好的防治土壤侵蚀效果（何超等，2018；Fang and Sun，2017；陈雪等，2008）。以上分析表明，研究区农户与科研和项目工程人员对黑土区坡耕地水土保持措施防治土壤侵蚀效果的评价具有一定差异，原因可能是由于农户对土壤侵蚀的认识不足，更加关注措施实施后的社会经济效益（代富强和刘刚才，2011）。因此，今后有必要进一步对当地农户开展水土保持相关知识的宣传教育。同时，也应充分考虑研究区农户对水土保持措施防治土壤侵蚀效果的评价，对于防治效果比较好的措施，在经过科学论证后，进行推广应用；对于防治效果一般或不好的措施，应重新科学评估其区域适用性。

3）对水土保持措施满意度的调查分析

将受访农户对水土保持措施的满意度分为不满意、满意、非常满意 3 个级别。调查结果表明，受访农户对坡耕地各项水土保持措施的满意度较高（表 9-19）。其中，5%的受访农户对已经实施的坡耕地水土保持措施非常满意，85%的受访农户对已经实施的坡耕地水土保持措施满意，另有 10%的受访农户对已经实施的坡耕地水土保持措施不满意。对于少数不满意的农户，其理由是水土保持措施占地面积较大，如 1 条地埂（或田埂）占地面积相当于 2～3 条常规垄。已有资料也表明，与传统顺坡垄作相比，横坡垄作、地埂植物带及梯田可分别减少耕地面积 3%、6%和 13%～20%（水利部松辽水利委员会，2017）。因此，要大力推广应用这些坡耕地水土保持措施，进一步提高农户对措施的满意度，必须考虑其对种植面积和农户收入的影响，并在今后工作中应充分解决这一难题。

9.4.2　坡面水土保持措施能值分析方法的构建及其能值对比

为了保护黑土地，东北黑土区实施了一系列水土保持工程，其坡面水土保持措施防治土壤侵蚀效果方面的研究逐渐增多（Xu et al.，2018；郑粉莉等，2016；许晓鸿等，2013；张兴义等，2010）。但是，针对不同条件下水土保持措施的定量评价还缺少系统研究（Xin et al.，2016；袁希平和雷廷武，2004），导致水土保持措施的理论研究依然滞后于水土保持实践，也使水土保持措施的实施与推广受到很大限制（de Graaff et al.，2013）。能值分析理论是以美国生态学家 Odum 为代表，在 20 世纪 80 年代创立，该理论是以太阳能值为依据，通过将经济系统与生态系统进行有机结合，实现了评价指标度量单位的统一（Odum，1996a）。目前能值分析理论在水土保持中多用于生态效应评价（朱基杰和饶良懿，2017），但在坡面水土保持措施量化研究中应用较少。为此，本节基于上述问卷调查结果，利用能值分析方法对不同坡面水土保持措施的投入进行量化，以期为黑土区坡耕地水土保持措施的科学配置提供指导。

1. 能值分析方法

能值分析的基本方法就是将各种产品、资源所含的能量全部转化为太阳能值，以太阳能值为依据，可将经济系统与生态系统进行有机结合，实现评价指标度量单位的统一，即为能值分析理论（Yan and Odum，2000；Odum，1996a）。而坡耕地水土保持措施能值分析就是将坡耕地水土保持措施的投入和产出的不同形式、不可分析比较的能量转化成统一能值标准，实现不同类型物质、能量与信息的统一评价。

利用问卷调查所得的相关信息，通过能值分析方法对坡耕地水土保持措施的能值进行量化。其计算式为

$$E = TB \tag{9-1}$$

式中，E 为太阳能值（solar emjoules，sej）；T 为太阳能值转化率（sej/g 或 sej/J）；B 为物质所包含的质量（g）或能量（J）。

式（9-1）中能值转化率根据能值计算表（表 9-20）（Odum，1996b）计算。其余指标分别按下列方法计算：①机械价格：地区平均机械价格；②机械油耗：地区平均机械油耗，根据机械油耗价格推出质量；③肥料成本：地区平均肥料成本，根据肥料价格推出质量；④种子成本：地区平均种子成本，根据种子价格推出质量；⑤劳动力投入：地区平均人力投入；⑥粮食产量：地区平均粮食产量；⑦人均收入：地区人均收入；⑧横坡垄作和顺坡垄作：亩地投入价格，机械耕作成本；⑨水平梯田：梯田机械价格表；⑩农田防护林：地区平均造林成本；⑪地埂植物带：平均施工成本；⑫秸秆还田：机械还田成本。

表 9-20 能值计算表

不可更新辅助能投入		可更新能产出	
项目	能值转化率/（sej/单位）	项目	能值转化率/（sej/单位）
汽油/J	6.60×10^{4}	玉米/g	8.52×10^{4}
柴油/J	6.60×10^{4}	豆类/g	6.90×10^{5}
氮肥/g	3.80×10^{9}		
磷肥/g	3.90×10^{9}		
钾肥/g	1.10×10^{9}		
复合肥/g	2.80×10^{9}		
农药/g	1.60×10^{9}		

资料来源：Odum，1996b。

2. 典型坡面水土保持措施能值对比

通过综合分析问卷调查结果及县志、统计资料等，应用能值分析理论，将坡耕地各项典型水土保持措施的投入成本换算成机械油耗后转化成能值（表 9-21）。东北黑土区坡耕地基本都实行垄作，主要方式包括横坡垄作和顺坡垄作，其中横坡垄作是当前推广的坡耕地主要水土保持措施之一（王磊等，2018）。垄作作为坡耕地水土保持措施中维护比较频繁的一种措施，一般每年春季（4～5 月）对其进行修整，每次修整费用为 25～50 元/km^2，投入平均能值为 2.34 亿～4.67 亿 sej。秸秆还田也是每年进行，主要集中在秋收时，需要花费 20～30 元/km^2，投入平均能值为 1.21 亿～2.81 亿 sej。而水平梯田、地埂植物带和农田防护林则在建成后不需要每年进行修整。其中，修建梯田的资本投入是最多的，投入能值也是最大的，平均可达到 107 亿 sej。在东辽县和克山县所测得的

表 9-21　研究样区典型坡面水土保持措施的能值对比

地点	能值/sej																		样本数/份
	横坡垄作			顺坡垄作			水平梯田			农田防护林			秸秆还田			地埂植物带			
	最大值	最小值	平均值	最大值	最小值	平均值	最大值	最小值	平均值	最大值	最小值	平均值	最大值	最小值	平均值	最大值	最小值	平均值	
东辽县	4.68 亿	2.81 亿	3.74 亿	4.68 亿	2.81 亿	3.74 亿	140 亿	74.8 亿	112 亿	1.40 亿	0.748 亿	0.935 亿	4.21 亿	2.34 亿	2.81 亿	28 亿	17.8 亿	21.5 亿	55
克山县	4.21 亿	2.34 亿	3.27 亿	4.21 亿	2.34 亿	3.27 亿	140 亿	74.8 亿	103 亿	1.87 亿	0.935 亿	1.31 亿	3.27 亿	1.40 亿	1.87 亿	24.3 亿	14 亿	17.8 亿	131
拜泉县	3.75 亿	2.34 亿	2.81 亿	3.75 亿	2.34 亿	2.81 亿	—	—	—	1.40 亿	0.933 亿	1.12 亿	4.22 亿	1.87 亿	2.81 亿	—	—	—	31
宾县	5.60 亿	4.20 亿	4.67 亿	5.60 亿	4.20 亿	4.67 亿	—	—	—	1.31 亿	0.840 亿	1.12 亿	2.34 亿	1.40 亿	1.87 亿	—	—	—	81
青冈县	4.22 亿	1.87 亿	2.81 亿	4.22 亿	1.87 亿	2.81 亿	—	—	—	1.41 亿	0.938 亿	1.12 亿	4.22 亿	2.34 亿	2.81 亿	—	—	—	29
依安县	3.74 亿	1.87 亿	2.34 亿	3.74 亿	1.87 亿	2.34 亿	—	—	—	1.31 亿	0.748 亿	0.935 亿	3.74 亿	1.40 亿	2.34 亿	—	—	—	51
阿荣旗	5.61 亿	4.21 亿	4.67 亿	5.61 亿	4.21 亿	4.67 亿	—	—	—	1.31 亿	0.748 亿	0.935 亿	3.74 亿	1.40 亿	2.34 亿	—	—	—	90
甘南县	4.67 亿	2.34 亿	3.27 亿	4.67 亿	2.34 亿	3.27 亿	—	—	—	1.49 亿	0.840 亿	1.12 亿	2.81 亿	1.40 亿	1.87 亿	—	—	—	47
格尼河农场	3.74 亿	2.34 亿	2.81 亿	3.74 亿	2.34 亿	2.81 亿	—	—	—	1.12 亿	0.748 亿	0.935 亿	3.28 亿	1.87 亿	2.34 亿	—	—	—	7
红五月农场	4.22 亿	1.87 亿	2.81 亿	4.22 亿	1.87 亿	2.81 亿	—	—	—	1.31 亿	0.748 亿	1.12 亿	3.28 亿	2.34 亿	2.81 亿	—	—	—	57
大河湾农场	4.22 亿	1.87 亿	2.81 亿	4.22 亿	1.87 亿	2.81 亿	—	—	—	1.31 亿	0.748 亿	0.935 亿	1.82 亿	0.908 亿	1.21 亿	—	—	—	9
克山农场	3.74 亿	2.34 亿	2.81 亿	3.74 亿	2.34 亿	2.81 亿	—	—	—	1.40 亿	0.935 亿	1.12 亿	2.34 亿	1.40 亿	1.87 亿	—	—	—	14

注：能值均以 1 km^2 为基准计算；“—”表示在该地区的问卷调查及实地走访中并未涉及此项水土保持措施。

梯田田面宽度为 7～11 m，原地块坡度为 10°～20°，梯田田面坡度为 0°～5°。再者，由于梯田田面宽度和原地块坡度的不同，修建梯田所投入的能耗也有所不同。地埂植物带投入成本约为 200 元/km^2，埂带距离为 20～30 m，投入平均能值约为 20 亿 sej。农田防护林的投入成本最低，费用为 10～14 元/km^2，平均能值为 0.935 亿～1.31 亿 sej。以上结果表明，三大类水土保持措施的平均能值排序为工程措施>耕作措施>生物措施；各项水土保持措施平均能值大小排序为水平梯田>地埂植物带>垄作>秸秆还田>农田防护林。值得注意的是，在水土保持措施的实际应用中，经常采用两种或两种以上的水土保持措施进行空间配置（王磊等，2018），所以在坡面水土保持措施配置时，除考虑措施的防蚀效果处，还应充分考虑不同措施空间配置的能值，达到既能减少投入成本又能很好防治土壤侵蚀的双赢效果。

由于不同区域自然环境条件和经济条件存在差异（代富强和刘刚才，2011；陈雪等，2008），同一水土保持措施在不同研究样区应用的能值也有一定差异（表 9-21）。垄作措施在依安县投入平均能值为2.34亿sej，而在宾县和阿荣旗投入平均能值可达到4.67亿sej，后者是前者的 2.0 倍。秸秆还田措施在大河湾农场的平均能值投入为 1.21 亿 sej，而在东辽县、拜泉县、青冈县和红五月农场的平均能值投入为 2.81 亿 sej，后者是前者的 2.3 倍。水平梯田措施在克山县和东辽县的平均能值投入分别为 103 亿 sej 和 112 亿 sej，后者是前者的 1.1 倍。地埂植物带措施在克山县和东辽县的平均能值投入分别为 17.8 亿 sej 和 21.5 亿 sej，后者是前者的 1.2 倍。农田防护林措施在东辽县、依安县、阿荣旗、格尼河农场和大河湾农场的平均能值投入最小，均为 0.935 亿 sej，在克山县的平均能值投入最大，为 1.31 亿 sej，后者是前者的 1.4 倍。以上结果表明，秸秆还田和垄作措施在不同地区之间的能值差异最大，其次为农田防护林，而地埂植物带和梯田措施在不同地区之间的能值差异相对较小。

综上可见，相同研究样区坡耕地不同水土保持措施的能值差异较大；相同水土保持措施在不同研究样区坡耕地的能值也有一定差异。因此，通过判断坡耕地各项水土保持措施的能值，有助于进一步分析不同水土保持措施在黑土不同类型区的适用性，从而为东北黑土区坡面水土保持措施配置提供科学指导。

9.5　坡面水土保持措施的适宜性评价

9.5.1　坡面水土保持措施的筛选

东北黑土区坡耕地面广量大，土壤侵蚀严重（Cui et al.，2007）。因此，该区土壤侵蚀防治工作应以保护耕地为中心，注重科学配置耕作措施、工程措施和生物措施，统筹兼顾生态效益、经济效益和社会效益，统一规划，突出重点，因地制宜、因害设防（孟令钦和王念忠，2012）。在此基础上，选用成本低、占地少、施工简便、防治复合土壤侵蚀效果好、能够与当地耕作传统有效结合且当地农户容易接受的水土保持措施，以防治黑土区坡耕地土壤侵蚀，保护珍贵的黑土资源，保障东北黑土区粮食安全和生态经济安全。鉴于此，本节基于野外调查、定位动态监测、模拟试验、能值分析方法等成果，并查阅已有研究资料，分别从地貌类型和土壤侵蚀类型分区角度对黑土区坡面水土保持措施进行筛选，以期指导黑土区坡耕地水土保持措施的科学配置。

1. 按地貌类型分区筛选水土保持措施

根据东北黑土区地形地貌特点及土壤侵蚀发生发展的机理，主要在该区的漫川漫岗区和低山丘陵区进行坡耕地水土保持措施综合配置研究。

1）漫川漫岗区的水土保持措施筛选

漫川漫岗区主要是大、小兴安岭和长白山延伸的山前台地，是东北黑土区土地资源最肥沃的中心地带，土地利用主要为农地。该区坡长坡缓，坡耕地占 60%以上（崔明等，2007）。因此，漫川漫岗区水土流失治理以坡耕地治理为重点，其上实施的水土保持措施类型要根据坡度、坡长和土层厚度等进行选择。根据《松辽水利委员会水土保持成果汇编》（水利部松辽水利委员会，2017）资料，对于漫川漫岗区坡面，在坡度小于 3°时，筛选的水土保持措施为横坡改垄；在坡度为 3°～5°时，筛选的水土保持措施为横坡改垄与地埂植物带复合措施；在坡度为 5°～8°时，筛选的水土保持措施为坡式梯田；在坡度大于 8°时，筛选的水土保持措施为水平梯田（表 9-4）。

基于以上筛选的水土保持措施，并结合以上各项措施的能值分析，在漫川漫岗区坡度较缓的坡耕地，最有效且适宜的水土保持措施为横坡改垄；再结合前面宽垄的防蚀效果分析，在漫川漫岗区，最有效且适宜的水土保持措施为横坡宽垄。但由于横坡垄作坡面的防蚀效果与垄丘质量和降雨强度的大小有关。为了防止极端降雨条件下发生断垄现象，应提高横坡垄作的垄丘质量。

另外，垄向区田措施不需要考虑地块是否为横坡垄作、顺坡垄作或者斜坡垄作，其通过在垄沟中修筑小土挡截短垄沟，将垄沟分成若干小区段，从而在防治垄沟土壤侵蚀的同时，还增加了粮食产量（杨世琦等，2019；杨爱峥等，2011）。因此，建议在东北漫川漫岗区推广垄向区田措施。

对于坡度较大和土层较薄的坡耕地，在坡面措施配置时应考虑横坡改垄与地埂植物带措施的空间组合；对于坡度较大和土层较厚的坡耕地，在坡面措施配置时应考虑横坡改垄和低扰动工程措施（坡式梯田、反坡梯田或水平梯田）的空间组合。

2）低山丘陵区的水土保持措施筛选

东北黑土区的低山丘陵区主要分布在嫩江、松花江（吉林省段）的支流和辽河的中上游及东辽河中上游，坡耕地严重的土壤侵蚀，导致坡耕地支离破碎。因此，低山丘陵区的水土流失治理也以防治坡耕地土壤侵蚀为重点，该区坡耕地一般分布在坡面中下部。根据《松辽水利委员会水土保持成果汇编》（水利部松辽水利委员会，2017）资料，对于低山丘陵区坡耕地，在坡度小于 5°时，筛选的水土保持措施为横坡改垄；在坡度为 5°～10°时，筛选的水土保持措施为横坡改垄+地埂植物带；在坡度为 10°～15°时，筛选的水土保持措施为坡式梯田或水平梯田；在坡度大于 15°时，筛选的水土保持措施为地埂植物带与截流沟复合措施（表 9-22）。

表 9-22　低山丘陵区坡面水土保持措施空间配置

坡度/（°）	主导水土保持措施
<5	横坡改垄
5～10	地埂植物带
10～15	坡式梯田或水平梯田
>15（土层小于 50 cm）	地埂植物带+截流沟

基于以上筛选的水土保持措施，并结合以上各项措施的能值分析，与漫川漫岗区类似，在低山丘陵区坡度较缓的坡耕地，最有效且适宜的水土保持措施仍为横坡改垄；再结合前面宽垄的防蚀效果分析，在低山丘陵区最有效且适宜的水土保持措施应为横坡宽垄。另外，与漫川漫岗区类同，低山丘陵区亦可采用垄向区田措施（杨世琦等，2019；宋玥和张忠学，2011）。

对于坡度较大和土层较薄的坡耕地，在坡面措施配置时应考虑横坡改垄与地埂植物带措施的空间组合，通常将地埂植物带作为框架，框架内实施横坡改垄措施，能够发挥其较好的生态效益和经济效益（鄂竟平，2003）。对于坡度较大和土层较厚的坡耕地，在坡面措施配置时应主要考虑低扰动工程措施（坡式梯田、反坡梯田或水平梯田）。

综上可知，无论是漫川漫岗区还是低山丘陵区，对于坡度较缓的坡耕地，筛选的最适宜的水土保持措施均为横坡宽垄或垄向区田。对于坡度较大和土层相对较薄的坡耕地，筛选的最适宜的水土保持措施均为横坡改垄与地埂植物带的复合措施。对于坡度较大和土层较厚的坡耕地，在漫川漫岗区，筛选的最适宜的水土保持措施为横坡改垄与梯田的复合措施；在低山丘陵区，筛选的最适宜的水土保持措施为低扰动工程措施。基于地貌类型分区筛选适宜的水土保持措施，可为黑土区坡面土壤侵蚀防治工作开展提供指导。

2. 按土壤侵蚀类型分区筛选水土保持措施

东北黑土区土壤侵蚀是在水力、风力、冻融等多种侵蚀营力互作下发生的复合侵蚀，其侵蚀特征与单一侵蚀营力作用下相比更为复杂，使土壤侵蚀强度增加（张攀等，2019；郑粉莉等，2019）。因此，针对不同侵蚀类型区，从水土保持措施防蚀效果、施工难易程度、措施成本（能值）、农户满意度等方面，筛选出适用于不同复合侵蚀类型区的典型坡面水土保持措施。

1）以水力侵蚀为主的复合侵蚀类型区的水土保持措施筛选

在以水力侵蚀为主的坡面复合侵蚀类型区，坡耕地主要遭受降雨雨滴击溅、地表径流冲刷、融雪径流或壤中流侵蚀，而风力侵蚀作用和冻融作用等具有季节性特征（李秋艳等，2010；Xu et al.，2010；焦剑等，2009）。因此，该区实施的水力侵蚀防治措施应以防治降雨雨滴击溅、增加土壤入渗能力、减轻径流冲刷能力、改善土壤结构为主，同时兼顾增加地表粗糙度和调节地表温度的作用（许晓鸿等，2013；杨青森等，2011；汪军等，2010；张少良等，2009）。集成相关资料（郑粉莉等，2019；王磊等，2018；张晶玲等，2017；朱姝等，2015；陈强等，2014；张兴义等，2013；苏子龙等，2012；孙莉英等，2012；陈光等，2006）并结合上述研究结果，防治水力侵蚀的主要措施有：①横坡改垄及秸秆还田措施，一是二者均具有较好的防治复合侵蚀效果，二是这两项水土保持措施的能值明显低于梯田和地埂植物带等措施（表 9-21），三是农户对这两项措施的满意度较高且措施保存也较好；②地埂植物带，一是其在黑土区具有较好的防治土壤侵蚀效果，二是地埂植物带的能值明显低于梯田措施，三是地埂植物带通常作为实施横坡改垄的框架，能够保障横坡改垄措施防蚀效果的充分发挥；③农田防护林，一是其具有拦截地表径流、防治土壤侵蚀的作用，二是其平均能值最低，三是其具有调节农田小气候的作用。据此，筛选出适用于以水力侵蚀为主的坡面复合侵蚀防治的水土保持单一措施为横坡改垄，复合措施为横坡改垄+秸秆还田，综合措施为横坡改垄+地埂植物带+农田防护林（表 9-23）。为了便于查询，结合黑土区坡面水土保持措施数据库（表 9-1），对这些措施进行编码，横坡改垄、横坡改垄+秸秆还田、横坡改垄+地埂植物带+农田防护林对应的编码分别为 T1、T1T12 和 T1E4B7。

表 9-23　以水力侵蚀为主的复合侵蚀类型区坡面水土保持措施筛选结果

复合侵蚀类型区	单一措施	复合措施	综合措施
以水力侵蚀为主的复合侵蚀类型区	横坡改垄	横坡改垄 秸秆还田	横坡改垄 地埂植物带 农田防护林

2）以风力侵蚀为主的复合侵蚀类型区的水土保持措施筛选

对于以风力侵蚀为主的复合侵蚀类型区，一方面风力侵蚀带走大量的表土，另一方面风力的强烈分选作用造成土壤粗化，降低土地生产力。再者，风力侵蚀改变地表形态，影响水力侵蚀过程中降雨的入渗、径流路径和径流流速，进而影响水力侵蚀强度（郑粉莉等，2019；Tuo et al.，2016；何京丽等，2012）。因此，该区实施的水土保持措施应以降低风速、增加地表覆盖、改变地表粗糙度、增加土壤抗蚀性为主，同时兼顾降低雨滴击溅作用和调控地表径流作用等（张攀等，2019；何京丽等，2012）。集成相关研究资料（富涵等，2019；闫雷等，2019；王计磊和李子忠，2018；肖继兵等，2016；陈强等，2014；龚伟等，2009）并结合上述研究结果，防治风力侵蚀的主要措施有：①留茬少耕及轮作措施，一是二者均具有较好的防治复合侵蚀效果，二是其既能提高土壤质量，又能增加经济效益，三是农户对这两项水土保持措施的满意度较高；②坡式梯田或水平梯田，一是其在黑土区坡度较大的坡耕地上具有良好的防治土壤侵蚀效果，二是其具有保障基本农田数量和质量的作用；③农田防护林，一是其具有降低风速的作用，二是其能够调控温度和湿度，三是其能够保障粮食生产。据此，筛选出适用于以风力侵蚀为主的坡面复合侵蚀防治的水土保持单一措施为留茬少耕，复合措施为轮作+留茬少耕，综合措施为留茬少耕+坡式梯田+农田防护林（表 9-24）。为了便于查询，结合黑土区坡面水土保持措施数据库（表 9-1），对这些措施进行编码，留茬少耕、轮作+留茬少耕、留茬少耕+坡式梯田+农田防护林对应的编码分别为 T9、T6T9 和 T9E2B7。

表 9-24 以风力侵蚀为主的复合侵蚀类型区坡面水土保持措施筛选结果

复合侵蚀类型区	单一措施	复合措施	综合措施
以风力侵蚀为主的复合侵蚀类型区	留茬少耕	轮作 留茬少耕	留茬少耕 坡式梯田 农田防护林

3）以冻融侵蚀为主的复合侵蚀类型区的水土保持措施筛选

对于以冻融侵蚀为主的复合侵蚀类型区，由于冻融作用可导致土壤结构破坏和土层疏松，为水力侵蚀和风力侵蚀提供了物质基础；此外，由于冻融作用可使土壤抗剪强度降低，导致土壤抗蚀力减弱，也会明显增加水力和风力侵蚀（姜宇等，2019；张攀等，2019；张科利和刘宏远，2018；Li and Fan，2014；Xu et al.，2010）。因此，该区实施的水土保持措施应以调控土壤温度、降低冻融作用为主，同时兼顾调控地表径流和增加地表粗糙度的作用。集成相关研究资料（郑粉莉等，2019；王磊等，2018；张晶玲等，2017；Liu et al.，2017；陈强等，2014；Wang et al.，2014；许晓鸿等，2013；张兴义等，2013；杨青森等，2011；汪军等，2010；张少良等，2009）并结合上述研究结果，防治冻融侵蚀的主要措施有：①秸秆还田及横坡改垄措施，一是二者均具有较好的防治土壤侵蚀效果，特别是秸秆还田措施，其对土壤温度和土壤质地的调控和改良作用显著，二是这两项水土保持措施能值相对较低，三是农户对其满意度较高；②坡面蓄排工程，一是通过在坡面上开挖沟槽，拦截上方来水，从而减轻土壤水分对冻融作用及复合侵蚀的影响，二是在枯水期供水，提高水资源利用率；③农田防护林，一是其具有调控温度和土壤湿度的作用，二是其能够调控地表径流（方海燕和吴丹瑞，2018；孙家兴等，2018）。据此，筛选出适用于以冻融侵蚀为主的坡面复合侵蚀防治的水土保持单一措施为秸秆还田，复合措施为横坡改垄+秸秆还田，综合措施为秸秆还田+坡面蓄排工程+农田防护林（表 9-25）。为了便于查询，结合黑土区坡面水土保持措施数据库（表 9-1），对这些措施进行编码，秸秆还田、横坡改垄+秸秆还田、秸秆还田+坡面蓄排工程+农田防护林对应的编码分别为 T12、T1T12 和 T12E10B7。

表 9-25 以冻融侵蚀为主的复合侵蚀类型区坡面水土保持措施筛选结果

复合侵蚀类型区	单一措施	复合措施	综合措施
以冻融侵蚀为主的复合侵蚀类型区	秸秆还田	横坡改垄 秸秆还田	秸秆还田 坡面蓄排工程 农田防护林

综上可见，对于以水力侵蚀为主的复合侵蚀类型区，筛选的坡面水土保持单一措施为横坡改垄，复合措施为横坡改垄+秸秆还田，综合措施为横坡改垄+地埂植物带+农田防护林；对于以风力侵蚀为主的复合侵蚀类型区，筛选的坡面水土保持单一措施为留茬少耕，复合措施为轮作+留茬少耕，综合措施为留茬少耕+坡式梯田+农田防护林；对于以冻融侵蚀为主的复合侵蚀类型区，筛选的坡面水土保持单一措施为秸秆还田，复合措施为横坡改垄+秸秆还田，综合措施为秸秆还田+坡面蓄排工程+农田防护林。基于土壤侵蚀类型分区筛选适宜的水土保持措施，可为黑土区坡面水土保持措施精准

布设提供科学依据。

9.5.2　坡面水土保持措施的适宜性评价

水土保持措施适宜性评价是科学和优化实施水土保持措施的基础与核心，关系到土壤侵蚀的防治效果及农业可持续发展等。已有研究表明，水土保持措施的适宜性是以生态效益为核心，同时兼顾经济和社会适宜性方面的性质（张玉斌等，2014）。水土保持措施适宜性评价的含义是指为了选择适宜的水土保持措施，实现防治土壤侵蚀和促进农村社会经济发展的目的，通过建立科学合理的评价指标体系，用科学的方法对不同水土保持措施在某一特定区域的适宜程度进行综合评价的过程（代富强和刘刚才，2011）。水土保持措施的适宜性评价非常复杂，涉及自然生态环境和社会经济各方面因素，且每方面因素又包含多个既相互独立又相互影响的因子。因此，需要应用系统论，结合定性描述和定量分析，构建水土保持措施适宜性评价指标体系及评价方法，对水土保持措施的适宜性进行评价，以期为水土保持措施的优化配置及水土保持总体布局提供科学依据。

1. 水土保持措施适宜性评价方法与指标体系

目前水土保持措施适宜性评价方法主要有成因分析法（水土保持法）或对比分析法（仇亚琴等，2006；陈江南等，2003；包为民，1994）、模糊数学法、数学模型法、多层次续分评价方法（张玉斌等，2014）、基于“求-供”和“产-望”分析提出的“双套对偶评价指标体系”及“双套对偶评价指标差值最小法”等评价方法（刘刚才等，2009）。这里重点介绍多层次续分评价方法及“双套对偶评价指标体系”和“双套对偶评价指标差值最小法”评价方法。

多层次续分的评价体系是大范围评价中常用的方法，其特点是地域范围从大到小、效应从宏观到微观、指标从综合到单一，逐步深入的分级评价方法。张玉斌等（2014）应用多层次续分评价方法从适宜性纲、适宜性类和适宜性 3 方面建立水土保持措施适宜性评价指标体系。此外，水土保持措施在一个区域是否适宜，包含 2 方面：水土保持措施对区域各种条件的要求和区域内的人们对水土保持措施产出效益的期望。据此建立的评价方法为“双套对偶评价指标体系”及“双套对偶评价指标差值最小法”（刘刚才等，2009），根据这一评价方法，水土保持措施的要求指标与对应供给指标之差，加上措施实施后的产出指标与实施地农户对应期望指标之差的和为最小时，表明该水土保持措施或配置模式为最适宜的措施。

基于已经构建的水土保持措施适宜性评价指标体系，采用改进的归一化法对各指标值进行标准化处理；运用主观赋权法（专家经验法、层次分析法）和客观赋权法（熵值法、变异系数法、主成分分析法等）相结合的方法，科学确定各指标值权重（代富强和刘刚才，2011；李猷等，2010）；最后结合加权求和与几何平均方法等对水土保持措施适宜性进行综合评价，得到相同水土保持措施在不同区域的适宜性指数，以及在相同区域不同水土保持措施的适宜性指数。应用适宜性指数，即可对水土保持措施适宜性等级进行确定，姚应龙等（2016）根据适宜性指数由高到低，将水土保持措施适宜性等级分为高度适宜、比较适宜、一般适宜和不适宜 4 个级别；张玉斌等（2014）将适宜性等级分为高度适宜、中等适宜、临界或勉强适宜、当前不适宜和永久不适宜 5 个级别。对水土保持措施适宜性进行等级划分，有助于指导决策者对适宜性评价结果有更加清晰且明确的认识。

综上所述，水土保持措施适宜性评价方法及指标体系较多，目前没有统一且通用的评价方法与评价体系。因此，要根据数据资料来源选定具体的水土保持措施适宜性评价方法，建立评价指标体系，这是进一步评价水土保持措施适宜性的重要基础，进而指导区域水土保持规划，确保我国农业可持续发展。

2. 水土保持措施适宜性评价案例分析

本节应用张玉斌等（2014）的多层次续分评价方法，通过从适宜性纲层面建立的水土保持措施适宜性评价指标体系中筛选减流效果和减蚀效果指标，同时结合水土保持对比分析法（王琦和杨勤科，2010；张胜利等，1994），以及上述典型水土保持措施能值计算结果（表 9-21），评价黑土区坡面典型水土保持措施的适宜性。

基于 9.2 节坡面水土保持措施防治土壤侵蚀效果评价中的各项水土保持措施研究结果（表 9-6、表 9-7、表 9-9～表 9-15），系统分析各项水土保持措施的减流效果和减蚀效果，并对比其权重大小，从水土保持效益及经济效益角度评价其适宜性，以期指导黑土区坡面水土保持措施的科学配置。

首先，确定统一的参照标准，由于传统顺坡垄作是东北黑土区常规的耕作方式，因此，本节以传统顺坡垄作处理作为对照，对于未实施传统顺坡垄作处理的研究，应用传统顺坡垄作与无垄作（裸露休闲）处理之间的转化系数进行统一计算，其减流效果和减蚀效果的转化系数分别为 0.662 和 0.768；其次，确定各项水土保持措施的减流效果权重和减蚀效果权重，通过综合评定不同水土保持措施的减流效果和减蚀效果大小所占比例，应用排序法分别计算各项典型水土保持措施的权重（表 9-26）；最后，界定减流效果和减蚀效果权重临界值，从而评价各项水土保持措施的适宜性评价等级，通过参照已有研究结果（姚应龙等，2016；张玉斌等，2014），将适宜性评价等级划分为高度适宜（权重>0.14）、中等适宜（权重 0.10～0.14）、一般适宜（权重 0.02～0.10）和不适宜（权重<0.02）4 个类别。

表 9-26 黑土区坡面典型水土保持措施减流和减蚀效果及其适宜性级别

水土保持措施	减流效果/%	减蚀效果/%	减流效果权重	减流适宜性级别	减蚀效果权重	减蚀适宜性级别
横坡垄作	63.0	76.0	0.1535	高度适宜	0.1260	中等适宜
宽垄	29.1	58.9	0.0709	一般适宜	0.0977	中等适宜
斜坡垄作	55.1	43.1	0.1343	中等适宜	0.0715	一般适宜
秸秆覆盖	59.1	50.7	0.1441	高度适宜	0.0841	一般适宜
免耕+残茬覆盖	65.8	96.8	0.1604	高度适宜	0.1605	高度适宜
秸秆深还	36.8	84.9	0.0897	一般适宜	0.1408	高度适宜
秸秆碎混	53.9	90.3	0.1314	中等适宜	0.1497	高度适宜
植物缓冲带	7.9	34.8	0.0193	一般适宜	0.0577	一般适宜
作物轮作	39.5	67.6	0.0964	中等适宜	0.1121	中等适宜

由表 9-26 可知，黑土区坡面典型水土保持措施的减流效果为 7.9%～65.8%，平均值为 45.6%；减蚀效果为 34.8%～96.8%，平均值为 67.0%。可见，本节涉及的各项水土保持措施均具有一定的防治坡面土壤侵蚀效果，这是由于这些措施已经在水土保持科学研究及生产实践中进行了应用，并且取得了一定成效（桑琦明等，2020；富涵等，2019；苏鹏等，2019；何超等，2018；王磊等，2018；边锋等，2016；张晶玲等，2017；许晓鸿等，2013；赵玉明等，2012；张少良等，2009）。各项典型水土保持措施减流效果顺序为免耕+残茬覆盖>横坡垄作>秸秆覆盖>斜坡垄作>秸秆碎混>作物轮作>秸秆深还>宽垄>植物缓冲带，减蚀效果顺序为免耕+残茬覆盖>秸秆碎混>秸秆深还>横坡垄作>作物轮作>宽垄>秸秆覆盖>斜坡垄作>植物缓冲带。

通过对比各项水土保持措施所属的适宜性评价等级，发现从水土保持措施减流效果分析，高度适宜的措施包括免耕+残茬覆盖、横坡垄作、秸秆覆盖，中等适宜的措施包括斜坡垄作、秸秆碎混、作物轮作，一般适宜的措施包括秸秆深还、宽垄、植物缓冲带；从水土保持措施减蚀效果分析，高度适宜的措施包括免耕+残茬覆盖、秸秆碎混、秸秆深还，中等适宜的措施包括横坡垄作、作物轮作、宽垄，一般适宜的措施包括秸秆覆盖、斜坡垄作、植物缓冲带（表 9-26）。值得注意的是，本节中无不适宜水土保持措施。

通过综合分析黑土区坡面典型水土保持措施的减流效果和减蚀效果（表 9-26），并结合表 9-21 中各项水土保持措施的能值计算结果，发现秸秆还田措施平均能值投入较低，其值为 1.21 亿～2.81 亿 sej；垄作措施平均能值亦相对较低，其值为 2.34 亿～4.67 亿 sej。可见，秸秆还田措施的适宜性等级较高，其次为垄作措施。因此，在水土保持生产实践中，可以优先应用这两类水土保持措施。

9.6　结　　语

本章基于野外调查、定位动态监测、模拟试验等相结合的研究方法，在对黑土区坡面水土保持措施系统分类的基础上，分析了典型农业小流域水土保持措施的分布特征、评价了坡面水土保持措施防治土壤侵蚀的效果、对比了坡面水土保持措施配置模式的防蚀效果，定量分析了坡面水土保持措施的能值，针对不同侵蚀区域筛选了适宜的坡面水土保持措施，并评价了典型坡面水土保持措施的适宜性。主要结论如下所述。

（1）研究黑土区坡面水土保持措施分类。构建的黑土区坡面水土保持措施数据库包含单一措施 39 种，复合措施 90 种，综合措施 12 种，总计 141 种水土保持措施类型。针对水力侵蚀防治的水土保持措施类型明显多于针对风力侵蚀防治的水土保持措施类型；适应于防治水力、风力为主复合侵蚀的水土保持措施类型明显多于适应于防治冻融、融雪为主复合侵蚀的水土保持措施类型。

（2）探究典型农业小流域水土保持措施的分布特征。黑土区坡面常采用的水土保持措施类型主要包括横坡改垄（宽垄、窄垄）、水平梯田、坡式梯田、等高带状间作、垄向区田、地埂、免耕少耕、秸秆还田、轮作、农田防护林和农田排水工程等措施，并以地形坡度作为选定具体措施的主要依据。典型农业小流域多遵循耕作措施、工程措施和生物措施并举的原则，从流域上游到中游和下游进行分区治理和连续治理，从而促进各项坡面水土保持措施防治土壤侵蚀效果的充分发挥。

（3）明晰坡面水土保持措施防治土壤侵蚀的效果。以传统顺坡垄作坡面作为对照，得到黑土区坡面典型水土保持措施的减流效果为 7.9%～65.8%，平均值为 45.6%；减蚀效果为 34.8%～96.8%，平均值为 67.0%。可见，本章涉及的各项水土保持措施均具有一定的防治土壤侵蚀效果。各项水土保持措施减流效果顺序为免耕+残茬覆盖>横坡垄作>秸秆覆盖>斜坡垄作>秸秆碎混>作物轮作>秸秆深还>宽垄>植物缓冲带，减蚀效果顺序为免耕+残茬覆盖>秸秆碎混>秸秆深还>横坡垄作>作物轮作>宽垄>秸秆覆盖>斜坡垄作>植物缓冲带。

（4）评价坡面水土保持措施配置模式的防蚀效果。采用 ^{137}Cs 示踪技术，研究不同水土保持措施配置模式的防蚀效果，发现水土保持措施配置模式坡面均以轻度侵蚀为主，而传统顺坡垄作对照坡面则以中度侵蚀为主。与传统顺坡垄作对照坡面相比，横坡垄作+地埂植物带配置模式和水平梯田+横坡垄作配置模式的坡面平均土壤侵蚀强度分别降低 68.5%和 70.1%。此外，坡面不同坡段土壤侵蚀强度的变化受水土保持措施配置模式的影响也有一定差异。可见，不同水土保持措施空间配置模式具有较好的防治坡面土壤侵蚀效果，且坡面水土保持措施布设在坡面上部比坡面下部更能发挥防治黑土区坡面土壤侵蚀的作用。

（5）定量分析典型坡面水土保持措施的能值。黑土区坡耕地各项水土保持措施整体保存较好，农户对措施防治土壤侵蚀效果的认识还有待提高，但是受访农户对措施的整体满意度较高。相同研究样区不同水土保持措施的能值差异较大，具体顺序为水平梯田>地埂植物带>垄作>秸秆还田>农田防护林。相同水土保持措施在不同研究样区的能值也有一定差异，秸秆还田和垄作措施在不同地区之间能值最大相差 2.3 倍和 2.0 倍，其次为农田防护林、地埂植物带和梯田措施，它们在不同地区之间能值分别相差 1.4 倍、1.2 倍和 1.1 倍。因此，通过判断坡耕地各项水土保持措施的能值，有助于进一步分析不同水土保持措施在黑土不同类型区的适用性。

（6）筛选典型坡面水土保持措施并评价其适宜性。按地貌类型分区和复合土壤侵蚀类型分区分别筛选黑土区坡面水土保持措施，基于前者筛选的比较适宜的措施包括横坡改垄、垄向区田、地埂植物带、坡式梯田及水平梯田等；基于后者筛选的比较适宜的单一措施包括横坡改垄、留茬少耕、秸秆还田，复合措施包括横坡改垄+秸秆还田、轮作+留茬少耕、横坡改垄+秸秆还田，综合措施包括横坡改垄+地埂植物带+农田防护林、留茬少耕+坡式梯田+农田防护林、秸秆还田+坡面蓄排工程+农田防护林。水土保持措施的适宜性评价非常复杂，涉及自然生态环境和社会经济各方面因素。其中，从水土保持措施减流效果分析，高度适宜的措施包括免耕+残茬覆盖、横坡垄作、秸秆覆盖；从水土保持措施减蚀效果分析，高度适宜的措施包括免耕+残茬覆盖、秸秆碎混、秸秆深还。

主要参考文献

安娟, 于妍, 吴元芝. 2017. 降雨类型对褐土横垄坡面土壤侵蚀过程的影响. 农业工程学报, 33(24): 150-156.

包为民. 1994. 水土保持措施减水减沙效果分离评估研究. 人民黄河, (1): 23-26.

边锋, 郑粉莉, 徐锡蒙, 等. 2016. 东北黑土区顺坡垄作和无垄作坡面侵蚀过程对比. 水土保持通报, 36(1): 11-16.

蔡强国, 卜崇峰. 2004. 植物篱复合农林业技术措施效益分析. 资源科学, 26(7): 7-12.

车明轩, 宫渊波, Muhammad N K, 等. 2016. 不同雨强、坡度对秸秆覆盖保持水土效果的影响. 水土保持学报, 30(2): 131-135, 142.

陈光, 范海峰, 陈浩生, 等. 2006. 东北黑土区水土保持措施减沙效益监测. 中国水土保持科学, 4(6): 13-17.

陈江南, 曾茂林, 康玲玲, 等. 2003. 孤山川流域已有水土保持措施蓄水减沙效益计算成果分析. 水土保持学报, 17(4): 135-138.

陈强, Kravchenko Y S, 陈渊, 等. 2014. 少免耕土壤结构与导水能力的季节变化及其水保效果. 土壤学报, 51(1): 11-21.

陈雪, 蔡强国, 王学强. 2008. 典型黑土区坡耕地水土保持措施适宜性分析. 中国水土保持科学, 6(5): 44-49.

崔明, 蔡强国, 范昊明. 2007. 东北黑土区土壤侵蚀研究进展. 水土保持研究, 14(5): 29-34.

代富强, 刘刚才. 2011. 紫色土丘陵区典型水土保持措施的适宜性评价. 中国水土保持科学, 9(4): 23-30.

鄂竟平. 2003. 加强领导明确重点全力搞好东北黑土区水土流失综合防治试点. 中国水土保持, (11): 1-3.

范昊明, 蔡强国, 崔明. 2005. 东北黑土漫岗区土壤侵蚀垂直分带性研究. 农业工程学报, 21(6): 8-11.

范昊明, 蔡强国, 王红闪. 2004. 中国东北黑土区土壤侵蚀环境. 水土保持学报, 18(2): 66-70.

范建荣, 王念忠, 陈光, 等. 2011. 东北地区水土保持措施因子研究. 中国水土保持科学, 9(3): 75-78.

方海燕, 吴丹瑞. 2018. 黑土区农田防护林带对小流域土壤侵蚀和泥沙沉积的影响. 陕西师范大学学报(自然科学版), 46(1): 104-110.

富涵, 郑粉莉, 覃超, 等. 2019. 东北薄层黑土区作物轮作防治坡面侵蚀的效果与 *C* 值研究. 水土保持学报, 33(1): 14-19.

高峰, 詹敏, 战辉. 1989. 黑土区农地侵蚀性降雨标准研究. 中国水土保持, (11): 19-21.

高洪军, 彭畅, 张秀芝, 等. 2019. 不同秸秆还田模式对黑钙土团聚体特征的影响. 水土保持学报, 33(1): 75-79.

龚伟, 颜晓元, 蔡祖聪. 等. 2009. 长期施肥对华北小麦–玉米轮作土壤物理性质和抗蚀性影响研究. 土壤学报, 46(3): 520-525.

龚振平, 杜婷婷, 闫超, 等. 2019. 玉米秸秆还田及施磷量对黑土磷吸附与解吸特性的影响. 农业工程学报, 35(22): 161-169.

韩毅强, 高亚梅, 郑殿峰, 等. 2014. 寒区玉米大垄双行直播技术研究. 干旱地区农业研究, 32(4): 128-132.

何超, 王磊, 郑粉莉, 等. 2018. 垄作方式对薄层黑土区坡面土壤侵蚀的影响. 水土保持学报, 32(5): 24-28.

何京丽, 李锦荣, 邢恩德, 等. 2012. 半干旱草原潜在土壤风力侵蚀空间格局研究. 水土保持研究, 15(5): 12-15, 22.

和继军, 蔡强国, 王学强. 2010. 北方土石山区坡耕地水土保持措施的空间有效配置. 地理研究, 29(6): 1017-1026.

胡伟, 郑粉莉, 边锋. 2016. 降雨能量对东北典型黑土区土壤溅蚀的影响. 生态学报, 36(15): 4708-4717.

黄高宝, 郭清毅, 张仁陟, 等. 2006. 保护性耕作条件下旱地农田麦豆双序列轮作体系的水分动态及产量效应. 生态学报, 26(4): 1176-1185.

姜义亮, 郑粉莉, 温磊磊, 等. 2017. 降雨和汇流对黑土区坡面土壤侵蚀的影响试验研究. 生态学报, 37(24): 8207-8215.

姜宇, 刘博, 范昊明, 等. 2019. 冻融条件下黑土大孔隙结构特征研究. 土壤学报, 56(2): 340-349.

焦剑, 谢云, 林燕, 等. 2009. 东北地区融雪期径流及产沙特征分析. 地理研究, 28(2): 333-344.

寇江涛, 师尚礼, 王琦, 等. 2011. 垄沟集雨对紫花苜蓿草地土壤水分、容重和孔隙度的影响. 中国生态农业学报, 19(6): 1336-1342.

李桂芳, 郑粉莉, 卢嘉, 等. 2015. 降雨和地形因子对黑土坡面土壤侵蚀过程的影响. 农业机械学报, 46(4): 147-154, 182.

李秋艳, 蔡强国, 方海燕. 2010. 风水复合侵蚀与生态恢复研究进展. 地理科学进展, 29(1): 65-72.

李铁, 谌芸, 何炳辉, 等. 2019. 天然降雨下川中丘陵区不同年限植物篱水土保持效用. 水土保持学报, 33(3): 27-35.

李猷, 王仰麟, 彭建, 等. 2010. 基于景观生态的城市土地开发适宜性评价——以丹东市为例. 生态学报, 30(8): 2141-2150.

林两位, 王莉萍. 2005. 用 Pearson-III概率分布推算重现期年最大日雨量. 气象科技, 33(4): 314-317.

林艺, 秦凤, 郑子成, 等. 2015. 不同降雨条件下垄作坡面地表微地形及土壤侵蚀变化特征. 中国水土保持科学, 13(3): 32-38.

刘宝元, 刘瑛娜, 张科利, 等. 2013. 中国水土保持措施分类. 水土保持学报, 27(2): 80-84.

刘宝元, 阎百兴, 沈波, 等. 2008. 东北黑土区农地水土流失现状与综合治理对策. 中国水土保持科学, 6(1): 1-8.

刘刚才, 张建辉, 杜树汉, 等. 2009. 关于水土保持措施适宜性的评价方法. 中国水土保持科学, 7(1): 108-111.

刘兴土, 阎百兴. 2009. 东北黑土区水土流失与粮食安全. 中国水土保持, (1): 17-19.

刘志强, 杨明义, 刘普灵, 等. 2009. 确定 ^{137}Cs 背景值所需的采样点数与采样面积. 核农学报, 23(3): 482-486.

刘志生, 张莉, 杨志东, 等. 2014. 长春市新一代暴雨强度公式的推求研究. 中国给水排水, 30(9): 147-150.

卢宗凡, 张兴昌, 苏敏, 等. 1993. 陕北坡耕地轮作方式对水保效应的影响. 西北农业学报, 2(2): 81-84.

罗键, 尹忠, 郑子成, 等. 2016. 不同降雨条件下紫色土横垄坡面地表微地形变化特征. 中国农业科学, 49(16): 3162-3173.

马云, 何丙辉, 何建林, 等. 2011. 基于水动力学的紫色土区植物篱控制面源污染的临界带间距确定. 农业工程学报, 27(4): 60-64.

孟令钦, 王念忠. 2012. 坡耕地水土流失防治技术. 北京: 中国水利水电出版社.

宁静, 杨子, 姜涛, 等. 2016. 东北黑土区不同垄向耕地沟蚀与地形耦合规律. 水土保持研究, 23(3): 29-36.

牛晓乐, 秦富仓, 杨振奇, 等. 2019. 黑土区坡耕地几种耕作措施水土保持效益研究. 灌溉排水学报, 38(5): 67-72.

蒲玉琳, 林超文, 谢德体, 等. 2013. 植物篱-农作坡地土壤团聚体组成和稳定性特征. 应用生态学报, 24(1): 122-128.

齐智娟, 张忠学, 杨爱峥, 等. 2012. 黑土坡耕地不同水土保持措施的土壤水蚀特征研究. 水土保持通报, 32(1): 89-97.

覃超, 何超, 郑粉莉, 等. 2018. 黄土坡面细沟沟头溯源侵蚀的量化研究. 农业工程学报, 34(6): 160-167.

仇亚琴, 王水生, 贾仰文, 等. 2006. 汾河流域水土保持措施水文水资源效应初析. 自然资源学报, 21(1): 26-32.

桑琦明, 王磊, 郑粉莉, 等. 2020. 东北黑土区坡耕地斜坡垄作与顺坡垄作土壤侵蚀的对比分析. 水土保持学报, 34(3): 73-78.

沈海鸥, 刘健, 王宇, 等. 2017. 降雨强度和坡度对黑土区土质道路路面侵蚀特征的影响. 水土保持学报, 31(6): 123-126.

沈海鸥, 肖培青, 李洪丽, 等. 2019. 黑土坡面不同粒级泥沙流失特征分析. 农业工程学报, 35(20): 111-117.

沈海鸥, 郑粉莉, 温磊磊, 等. 2015. 雨滴打击对黄土坡面细沟侵蚀特征的影响. 农业机械学报, 46(8): 104-112, 89.

水利部水土保持司. 2008. 土壤侵蚀分类分级标准(SL 190—2007). 北京: 中国水利水电出版社.

水利部松辽水利委员会. 2017. 松辽水利委员会水土保持成果汇编. 北京: 水利部发展研究中心.

宋丽萍, 罗珠珠, 李玲玲, 等. 2015. 陇中黄土高原半干旱区苜蓿–作物轮作对土壤物理性质的影响. 草业学报, 24(7): 12-20.

宋玥, 张忠学. 2011. 不同耕作措施对黑土坡耕地土壤侵蚀的影响. 水土保持研究, 18(2): 14-16, 25.

苏鹏, 贾燕锋, 曹馨月, 等. 2019. 东北黑土区不同坡段等间距植物篱减流减沙特征. 水土保持学报, 33(3): 22-35.

苏子龙, 崔明, 范昊明. 2012. 东北漫岗黑土区防护林带分布对浅沟侵蚀的影响. 水土保持研究, 19(3): 20-23.

孙家兴, 赵雨森, 辛颖, 等. 2018. 黑土区杨树农田防护林土壤团聚体的稳定性. 水土保持通报, 38(3): 66-73.

孙莉英, 蔡强国, 陈生永, 等. 2012. 东北典型黑土区小流域水土流失综合防治体系. 水土保持研究, 19(3): 36-41.

唐克丽. 2004. 中国水土保持. 北京: 科学出版社.

唐涛, 郝明德, 单凤霞. 2008. 人工降雨条件下秸秆覆盖减少水土流失的效应研究. 水土保持研究, 15(1): 9-11, 40.

汪军, 王德建, 张刚, 等. 2010. 连续全量秸秆还田与氮肥用量对农田土壤养分的影响. 水土保持学报, 24(5): 40-44, 62.

汪顺生, 刘慧, 王兴, 等. 2015. 宽垄灌溉方式下冬小麦耗水量及产量相互关系研究. 灌溉排水学报, 34(11): 60-64.

王计磊, 李子忠. 2018. 东北黑土区水力侵蚀研究进展. 农业资源与环境学报, 35(5): 389-397.

王佳楠. 2019. 东北复合侵蚀及理化性质对坡面水土保持措施配置的响应. 沈阳: 沈阳农业大学硕士学位论文.

王磊, 何超, 郑粉莉, 等. 2018. 黑土区坡耕地横坡垄作措施防治土壤侵蚀的土槽试验. 农业工程学报, 34(15): 141-148.

王磊, 师宏强, 刘刚, 等. 2019. 黑土区宽垄和窄垄耕作的顺坡坡面土壤侵蚀对比. 农业工程学报, 35(19): 176-182.

王琦, 杨勤科. 2010. 区域水土保持效益评价指标体系及评价方法研究. 水土保持研究, 17(2): 32-36+40.

王庆杰, 李洪文, 何进, 等. 2010. 大垄宽窄行免耕种植对土壤水分和玉米产量的影响. 农业工程学报, 26(8): 39-43.

王润泽, 谌芸, 李铁, 等. 2018. 紫色土区植物篱篱前淤积带土壤团聚体稳定性特征研究. 水土保持学报, 32(2): 210-216.

王晓凌, 陈明灿, 易现峰, 等. 2009. 垄沟覆膜集雨系统垄宽和密度效应对玉米产量的影响. 农业工程学报, 25(8): 40-47.

王禹. 2010. ^{137}Cs 和 ^{210}Pb$_{ex}$ 复合示踪研究东北黑土区坡耕地土壤侵蚀速率. 杨凌: 中国科学院研究生院(教育部水土保持与生态环境研究中心)硕士学位论文.

王禹, 杨明义, 刘普灵. 2010. 典型黑土直型坡耕地土壤侵蚀强度的小波分析. 核农学报, 24(1): 98-103.

王珍, 冯浩. 2009. 秸秆不同还田方式对土壤结构及土壤蒸发特性的影响. 水土保持学报, 23(6): 224-228, 251.

温磊磊, 郑粉莉, 沈海鸥, 等. 2014. 沟头秸秆覆盖对东北黑土区坡耕地沟蚀发育影响的试验研究. 泥沙研究, (6): 73-80.

吴限, 魏永霞, 王敏, 等. 2015. 不同农田植被条件下黑土坡耕地产流和产沙特征. 水土保持通报, 35(3): 101-104, 111.

肖继兵, 孙占祥, 蒋春光, 等. 2016. 辽西地区坡耕地垄膜沟种对土壤侵蚀和作物产量的影响. 中国农业科学, 49(20): 3904-3917.

谢云, 段兴武, 刘宝元, 等. 2011. 东北黑土区主要黑土土种的容许土壤流失量. 地理学报, 66(7): 940-952.

辛树帜, 蒋德麒. 1982. 中国水土保持概论. 北京: 农业出版社.

徐勤学, 朱晓锋, 方荣杰, 等. 2017. 秸秆覆盖对岩溶区坡耕地产流产沙的影响. 水土保持学报, 31(2): 22-26, 32.

徐伟铭, 陆在宝, 肖桂荣. 2016. 基于遗传算法的水土保持措施空间优化配置. 中国水土保持科学, 14(6): 114-124.

许晓鸿, 隋媛媛, 张瑜, 等. 2013. 黑土区不同耕作措施的水土保持效益. 中国水土保持科学, 11(3): 12-16.

闫雷, 纪晓楠, 孟庆峰, 等. 2019. 免耕措施下黑土区坡耕地土壤肥力质量评价. 东北农业大学学报, 50(5): 43-54.

阎百兴, 汤洁. 2005. 黑土侵蚀速率及其对土壤质量的影响. 地理研究, 24(4): 499-506.

阎百兴, 杨育红, 刘兴土, 等. 2008. 东北黑土区土壤侵蚀现状与演变趋势. 中国水土保持, (12): 26-30.

杨爱峥, 魏永霞, 张忠学, 等. 2011. 坡耕地综合治理技术模式的蓄水保土及增产效应. 农业工程学报, 27(11): 222-226.

杨宁, 赵护兵, 王朝辉, 等. 2012. 豆科作物–小麦轮作方式下旱地小麦花后干物质及养分累积、转移与产量的关系. 生态学报, 32(15): 4827-4835.

杨青森, 郑粉莉, 温磊磊, 等. 2011. 秸秆覆盖对东北黑土区土壤侵蚀及养分流失的影响. 水土保持通报, 31(2): 1-5.

杨世琦, 邢磊, 刘宏远, 等. 2019. 植物篱埂垄向区田技术对坡耕地水土和氮磷流失控制研究. 农业工程学报, 35(22): 209-215.

杨帅, 李永红, 高照良, 等. 2017. 黄土堆积体植物篱减沙效益与泥沙颗粒分形特征研究. 农业机械学报, 48(8): 270-278.

杨维鸽, 郑粉莉, 王占礼, 等. 2016. 地形对黑土区典型坡面侵蚀—沉积空间分布特征的影响. 土壤学报, 53(3): 572-581.

姚文艺, 茹玉英, 康玲玲. 2004. 水土保持措施不同配置体系的滞洪减沙效应. 水土保持学报, 18(2): 28-31.

姚应龙, 徐伟铭, 涂平. 2016. 面向水土保持措施适宜性评价的本体知识库构建. 福建大学学报(自然科学版), 44(2): 188-195.

袁希平, 雷廷武. 2004. 水土保持措施及其减水减沙效益分析. 农业工程学报, 20(2): 296-300.

袁溪, 潘忠成, 李敏, 等. 2016. 雨强和坡度对裸地径流颗粒物及磷素流失的影响. 中国环境科学, 36(10): 3099-3106.

张晶玲, 周丽丽, 马仁明, 等. 2017. 天然降雨条件下横垄与顺垄坡面产流产沙过程. 水土保持学报, 31(5): 114-119.

张科利, 刘宏远. 2018. 东北黑土区冻融侵蚀研究进展与展望. 中国水土保持科学, 16(1): 17-24.

张攀, 姚文艺, 刘国彬, 等. 2019. 土壤复合侵蚀研究进展与展望. 农业工程学报, 35(24): 154-161.

张少良, 张兴义, 刘晓冰, 等. 2009. 典型黑土侵蚀区不同耕作措施的水土保持功效研究. 水土保持学报, 23(3): 11-15.

张胜利, 于一鸣, 姚文艺. 1994. 水土保持措施减水减沙效益计算方法. 北京: 中国环境科学出版社.

[illegible]宪奎, 许靖华, 卢秀琴, 等. 1992. 黑龙江省土壤流失方程的研究. 水土保持通报, 12(4): 1-9.

[illegible]义, 陈强, 陈渊, 等. 2013. 东北北部冷凉区免耕土壤的特性及作物效应. 中国农业科学, 46(11): [illegible]71-2277.

[illegible]王禹宸, 李浩, 等. 2014. 黑土坡耕地水保措施下土壤水分时空变异分析. 东北农业大学学报, [illegible]59-64.

张兴义, 张少良, 刘爽, 等. 2010. 严重侵蚀退化黑土农田地力快速提升技术研究. 水土保持研究, 17(4): 1-5.

张雪花, 侯文志, 王宁. 2006. 东北黑土区土壤侵蚀模型中植被因子 C 值的研究. 农业环境科学学报, 25(3): 797-801.

张雪莲, 赵永志, 廖洪, 等. 2019. 植物篱及过滤带防治水土流失与面源污染的研究进展. 草业科学, 36(3): 677-691.

张翼夫, 李洪文, 何进, 等. 2015. 玉米秸秆覆盖对坡面产流产沙过程的影响. 农业工程学报, 31(7): 118-124.

张玉斌, 王昱程, 郭晋. 2014. 水土保持措施适宜性评价的理论与方法初探. 水土保持研究, 21(1): 47-55.

赵玉明, 刘宝元, 姜洪涛. 2012. 东北黑土区垄向的分布及其对土壤侵蚀的影响. 水土保持研究, 19(5): 1-6.

郑粉莉, 边锋, 卢嘉, 等. 2016. 雨型对东北典型黑土区顺坡垄作坡面土壤侵蚀的影响. 农业机械学报, 47(2): 90-97.

郑粉莉, 张加琼, 刘刚, 等. 2019. 东北黑土区坡耕地土壤侵蚀特征与多营力复合侵蚀的研究重点. 水土保持通报, 39(4): 314-319.

朱基杰, 饶良懿. 2017. 基于能值理论的水土保持生态效应评价——以山西省长治市为例. 中国水土保持科学, 15(4): 78-86.

朱姝, 窦森, 陈丽珍. 2015. 秸秆深还对土壤团聚体中胡敏酸结构特征的影响. 土壤学报, 52(4): 747-758.

Akram S, Yu B, Ghadiri H, et al. 2014. The links between water profile, net deposition and erosion in the design and performance of stiff grass hedges. Journal of Hydrology, 510: 472-479.

Alegre J C, Rao M R. 1996. Soil and water conservation by contour hedging in the humid tropics of Peru. Agriculture Ecosystems and Environment, 57: 17-25.

An J, Liu Q J. 2017. Soil aggregate breakdown in response to wetting rate during the inter-rill and rill stages of erosion in a contour ridge system. Catena, 157: 241-249.

An J, Zheng F L, Wang B. 2014. Using ^{137}Cs technique to investigate the spatial distribution of erosion and deposition regimes for a small catchment in the black soil region, Northeast China. Catena, 123: 243-251.

Bajracharya R M, Lal R, Hall G F. 1998. Temporal variation in properties of an uncropped, ploughed Miamian soil in relation to seasonal erodibility. Hydrological Processes, 12: 1021-1030.

Chow T L, Rees H W, Monteith J. 2000. Seasonal distribution of runoff and soil loss under four tillage treatments in the upper St. John River valley New Brunswick, Canada. Canadian Journal of Soil Science, 80: 649-660.

Cui M, Cai Q G, Zhu A X, et al. 2007. Soil erosion along a long slope in the gentle hilly areas of black soil region in Northeast China. Journal of Geographical Sciences, 17(3): 375-383.

de Graaff J, Aklilu A, Ouessar M, et al. 2013. The development of soil and water conservation policies and practices in five selected countries from 1960 to 2010. Land Use Policy, 32: 165-174.

Fang H Y, Sun L Y. 2017. Modelling soil erosion and its response to the soil conservation measures in the black soil catchment, Northeastern China. Soil & Tillage Research, 165: 23-33.

Fang H, Yang X, Zhang X, et al. 2006. Using ^{137}Cs tracer technique to evaluate erosion and deposition of black soil in Northeast China. Pedosphere, 16(2): 201-209.

Griffith D R, Parsons S D, Mannering J V. 1990. Mechanics and adaptability of ridge-planting for corn and soya bean. Soil & Tillage Research, 18(2): 113-126.

Hatfield J L, Allmaras R R, Rehm G W, et al. 1998. Ridge tillage for corn and soybean production: Environmental quality impacts. Soil & Tillage Research, 48(3): 145-154.

Hille S, Andersen D K, Kronvang B, et al. 2018. Structural and functional characteristics of buffer strip vegetation in an agricultural landscape-high potential for nutrient removal but low potential for plant biodiversity. Science of the Total Environment, 628/629: 805-814.

Hou R J, Li T X, Fu Q, et al. 2019. Effect of snow-straw collocation on the complexity of soil water and heat variation in the Songnen Plain, China. Catena, 172: 190-202.

Hudson N. 1995. Soil Conservation. Ames: Iowa State University Press.

Jourgholami M, Abari M E. 2017. Effectiveness of sawdust and straw mulching on postharvest runoff and soil erosion of a skid trail in a mixed forest. Ecological Engineering, 109: 15-24.

Lal R. 1990. Ridge-tillage. Soil & Tillage Research, 18(2): 107-111.

Li G Y, Fan H M. 2014. Effect of freeze-thaw on water stability of aggregates in a black soil of Northeast China. Pedosphere, 24(2): 285-290.

Liu Q J, Shi Z H, Yu X X, et al. 2014a. Influence of microtopography, ridge geometry and rainfall intensity on soil erosion induced by contouring failure. Soil & Tillage Research, 136: 1-8.

Liu Q J, Zhang H Y, An J, et al. 2014b. Soil erosion processes on row sideslopes within contour ridging systems. Catena, 115: 11-18.

Liu T J, Xu X T, Yang J. 2017. Experimental study on the effect of freezing-thawing cycles on wind erosion of black soil in Northeast China. Cold Regions Science and Technology, 136: 1-8.

Lu J, Zheng F L, Li G F, et al. 2016. The effects of raindrop impact and runoff detachment on hillslope soil erosion and soil aggregate loss in the Mollisol region of Northeast China. Soil & Tillage Research, 161: 79-85.

Maurer G E, Bowling D R. 2014. Seasonal snowpack characteristics influence soil temperature and water content at multiple scales in interior western U.S. mountain ecosystems. Water Resources Research, 50: 5216-5234.

Müller E, Wildhagen H, Quintern M, et al. 2009. Spatial patterns of soil biological and physical properties in a ridge tilled and a ploughed Luvisol. Soil & Tillage Research, 105: 88-95.

Nearing M A, Xie Y, Liu B Y, et al. 2017. Natural and anthropogenic rates of soil erosion. International Soil and Water Conservation Research, 5: 77-84.

Odum H T. 1996a. Energy quality and carrying capacity of the earth. Tropical Ecology, 16: 1-8.

Odum H T. 1996b. Environmental Accounting. Energy and Environmental Decision Making. New York: John Wiley and Sons.

Ouyang W, Wu Y Y, Hao Z C, et al. 2018. Combined impacts of land use and soil property changes on soil erosion in a mollisol area under long-term agricultural development. Science of the Total Environment, 613/614: 798-809.

Owen O S. 1980. Natural Resource Conservation. New York: Macmillan Publishing Company.

Parsons A J, Stone P M. 2006. Effects of intra-storm variations in rainfall intensity on interrill runoff and erosion. Catena, 67: 68-78.

Polyakov V O, Nearing M A. 2003. Sediment transport in rill flow under deposition and detachment conditions. Catena, 51: 33-43.

Römkens M J M, Helming K, Prasad S N. 2001. Soil erosion under different rainfall intensities, surface roughness, and soil water regimes. Catena, 46: 103-123.

Shen H O, He Y F, Hu W, et al. 2019. The temporal evolution of soil erosion for corn and fallow hillslopes in the typical Mollisol region of Northeast China. Soil & Tillage Research, 186: 200-205.

Shi X H, Yang X M, Drury C F, et al. 2012. Impact of ridge tillage on soil organic carbon and selected physical properties of a clay loam in southwestern Ontario. Soil & Tillage Research, 120: 1-7.

Stevens C J, Quinton J N, Bailey A P, et al. 2009. The effects of minimal tillage, contour cultivation and in-field vegetative barriers on soil erosion and phosphorus loss. Soil & Tillage Research, 106: 145-151.

io D F, Xu M X, Gao L Q, et al. 2016. Changed surface roughness by wind erosion accelerates water erosion. Journal of Soils and Sediments, 16: 105-114.

g D E, Quine H. 1999. Improved models for estimating soil erosion rates from cesium-137 measurements. nal of Environment Quality, 28(2): 611-622.

hi Z H, Wu G L, et al. 2014. Freeze/thaw and soil moisture effects on wind erosion. Geomor- 207: 141-148.

Wen L L, Zheng F L, Shen H O, et al. 2015. Rainfall intensity and inflow rate effects on hillslope soil erosion in the Mollisol region of Northeast China. Natural Hazards, 79: 381-395.

Xin Y, Xie Y, Liu Y X, et al. 2016. Residue cover effects on soil erosion and the infiltration in black soil under simulated rainfall experiments. Journal of Hydrology, 543: 651-658.

Xu X M, Zheng F L, Wilson G V, et al. 2018. Comparison of runoff and soil loss in different tillage systems in the Mollisol region of Northeast China. Soil & Tillage Research, 177: 1-11.

Xu X Z, Xu Y, Chen S C, et al. 2010. Soil loss and conservation in the black soil region of Northeast China: A retrospective study. Environmental Science & Policy, 13: 793-800.

Yan M C, Odum H T. 2000. Eco-economic evolution, energy evaluation and policy options for the sustainable development of Tibet. Journal of Chinese Geography, 10(1): 1-27.

Yao Q, Liu J, Yu Z, et al. 2017. Three years of biochar amendment alters soil physiochemical properties and fungal community composition in a black soil of northeast China. Soil Biology & Biochemistry, 110: 56-67.

Zhang Z, Ma W, Feng W J, et al. 2016. Reconstruction of soil particle composition during freeze-thaw cycling: A review. Pedosphere, 26(2): 167-179.

Zhang Y G, Wu Y Q, Liu B Y, et al. 2007. Characteristics and factors controlling the development of ephemeral gullies in cultivated catchments of black soil region, Northeast China. Soil & Tillage Research, 96: 28-41.

Zhang X, Walling D E, He Q. 1999. Simplified mass balance models for assessing soil erosion rates on cultivated land using caesium-137 measurements. Hydrological Sciences Journal, 44(1): 33-45.